"十四五"江苏省职业教育首批在线精品课程配套教材
制冷与空调技术专业国家教学资源库建设项目系列教材

制冷原理与设备

第 2 版

主　编　戴路玲
副主编　蒋李斌　沈学明
参　编　孙利敏　陈友谊
主　审　朱斌祥

机械工业出版社

本书是高等职业教育国家专业教学资源库建设项目系列教材之一，"十四五"江苏省职业教育首批在线精品课程配套教材，也是一本"互联网+"新形态一体化教材。本书共分为4个模块，主要内容包括制冷原理、蒸气压缩式制冷设备、制冷机组与热泵机组、常用制冷装置。各模块细分为若干任务，任务后有素养提升和技能训练内容，力求实现知行合一、德技并修。为方便学生学习，本书制作了大量微课视频，置于对应知识点和技能点处，用手机扫描二维码即可观看，有助于学生理解掌握并提高学习兴趣。

本书可作为高等职业院校制冷与空调技术、供热通风与空调技术、建筑设备工程技术等专业的教材，也可作为相关专业工程技术人员的参考或培训用书。

本书配有课件、教案、题库等丰富多样的教学资源，凡使用本书作为授课教材的教师可登录机械工业出版社教育服务网 www.cmpedu.com，注册后免费下载。咨询电话：010-88379375。

图书在版编目（CIP）数据

制冷原理与设备 / 戴路玲主编. -- 2版. -- 北京：机械工业出版社，2025.5. --（"十四五"江苏省职业教育首批在线精品课程配套教材）. -- ISBN 978-7-111-77723-6

Ⅰ. TB6

中国国家版本馆CIP数据核字第2025E3U218号

机械工业出版社（北京市百万庄大街22号　邮政编码100037）
策划编辑：刘良超　　　　　责任编辑：刘良超
责任校对：梁　园　张　薇　封面设计：张　静
责任印制：张　博
北京机工印刷厂有限公司印刷
2025年7月第2版第1次印刷
184mm×260mm・19印张・470千字
标准书号：ISBN 978-7-111-77723-6
定价：59.00元

电话服务　　　　　　　　网络服务
客服电话：010-88361066　机　工　官　网：www.cmpbook.com
　　　　　010-88379833　机　工　官　博：weibo.com/cmp1952
　　　　　010-68326294　金　书　网：www.golden-book.com
封底无防伪标均为盗版　机工教育服务网：www.cmpedu.com

前　言

本书是高等职业教育国家专业教学资源库建设项目系列教材之一、"十四五"江苏省职业教育首批在线精品课程配套教材，也是一本"互联网+"新形态一体化教材。本书结合了多所高职院校一线教师的丰富教学经验和多家行业企业的生产案例，体现了新技术、新工艺和生产实际，着重培养学生对制冷设备使用、选型和技术改造的能力。本书主要有以下特色。

1）职业性与育人功能的高度统一。本书以职业教育理念进行内容排布和资源开发，兼顾学生终生发展和职业岗位迁移能力的培养，将制冷原理与设备的经典内容和制冷行业的新技术成果有机结合，力求体现现代制冷技术的知识内涵和技能培养目标。采用现行国家标准和有关技术规范、数据及资料，强调实用、实际、实践。链接的资源有机融合素养提升和德育元素，模块下的每个任务后都有"人文·素养·美德·价值"篇，充分融合爱国主义、理想信念、工匠精神等内容，符合职业教育教学改革方向。

2）教、学、做一体，强调学以致用。本书契合专业数字化转型新要求，按照知识、能力、素质的内在联系排布内容，符合学生的认知规律和学习特点。学习任务后安排一系列的技能训练任务，有利于学生增强岗位认知、强化职业技能。本书遵照教育部2025年颁布的专业教学标准，对接岗位需求，以《国家职业技能鉴定标准》中制冷工等典型岗位工种的职业技能标准为依据，以学生的职业能力培养为核心，培养学生综合运用所学知识，分析与解决工程实际问题的能力和创新能力。

3）模块化架构，内容灵活组合。本书采取"模块-学习任务-子任务与技能训练任务"的架构，方便使用者依据需要自主确定教与学的内容。书中链接的数字资源置于相应知识点和技能点处，扫描二维码即可观看，将教材、课堂、教学资源三者有机融合，利于开展信息化教学。与本书相配套的在线精品课程采用同样的内容架构，数字资源更加丰富多样、与时俱进并持续更新。

本书由南京科技职业学院戴路玲担任主编，南京科技职业学院蒋李斌、无锡商业职业技术学院沈学明担任副主编。济南职业学院孙利敏、南京扬子检修安装有限责任公司陈友谊参编。具体分工为：戴路玲编写绪论、模块一的学习任务一～任务六、模块二的任务二、任务四、任务六并负责统稿，蒋李斌编写模块三的任务三和模块四，沈学明编写模块一的任务七、模块三的任务一、任务二，济南职业学院孙利敏编写模块二的任务一，扬子石化检修安装有限责任公司陈友谊编写模块二的任务三。本书由合肥通用机械研究院教授级高级工程师朱斌祥主审。

本书在编写与资源制作过程中，得到了合肥通用机械研究院有限公司、江苏奥林维尔环境设备有限公司、南京天加环境科技有限公司、南京天源冷冻设备有限公司、南京久鼎环境科技股份有限公司、中国石化扬子石油化工有限公司等单位的大力参与和协助，在此一并表示衷心感谢！

由于编者水平有限，书中不妥之处在所难免，恳请广大读者批评指正。

编　者

二维码索引

资源名称	二维码	页码	资源名称	二维码	页码
0-1 制冷技术与现代生活		1	1-7 单级蒸气压缩式制冷实际循环的热力计算		22
1-1 单级蒸气压缩式制冷循环的基本构成及制冷原理		6	1-8 蒸发温度、冷凝温度对制冷循环性能的影响		27
1-2 压缩冷凝机组		7	1-9 一级节流中间不完全冷却循环 $p\text{-}h$ 图		52
1-3 单级蒸气压缩式理论制冷循环在 $p\text{-}h$ 图上的表示		8	1-10 氨泵供液的一级节流中间完全冷却循环 $p\text{-}h$ 图		54
1-4 过冷循环原理		15	1-11 复叠式制冷循环		67
1-5 过热循环		16	1-12 溴化锂水溶液的性质		76
1-6 回热循环		19	1-13 磁制冷原理		85

（续）

资源名称	二维码	页码	资源名称	二维码	页码
1-14 热电制冷原理		86	2-6 涡旋式制冷压缩机		127
1-15 热管换热器		91	2-7 壳管式冷凝器		136
1-16 涡流管制冷装置		93	2-8 套管式冷凝器		137
1-17 太阳能吸附式制冷系统		95	2-9 螺旋板式冷凝器		138
1-18 铜管气焊连接操作		96	2-10 板式冷凝器		139
2-1 制冷压缩机的作用与分类		100	2-11 风冷冷凝器		139
2-2 活塞式制冷压缩机		101	2-12 淋水式冷凝器		140
2-3 螺杆式制冷压缩机		113	2-13 蒸发式冷凝器		141
2-4 离心式制冷压缩机		119	2-14 蒸发器的作用及分类		148
2-5 滚动转子式制冷压缩机		125	2-15 满液式壳管蒸发器		148

二维码索引

V

（续）

资源名称	二维码	页码	资源名称	二维码	页码
2-16 U形管干式蒸发器		149	3-3 如何有效利用水的热源？——水源热泵来帮您		212
2-17 蛇形管式蒸发器		151	3-4 地源热泵		219
2-18 直接蒸发式空气冷却器		152	3-5 螺杆式水（地）源热泵机组		223
2-19 中间冷却器		158	3-6 吸收式制冷的先驱者——溴化锂吸收式制冷		226
2-20 翅片式换热器		162	4-1 风冷冰箱结构		250
2-21 内平衡式热力膨胀阀		166	4-2 食品保存"大胃王"——冷库		259
2-22 外平衡式热力膨胀阀		167	4-3 舞台效果的硬角色——"干冰"		266
2-23 立式盘管式空气分离器		181	4-4 空调器工作原理		271
3-1 氨制冷系统中制冷剂流程		195	4-5 舒适驾乘环境谁营造？——汽车空调当主角		272
3-2 螺杆式中低温机组		198	4-6 小型实验室专用精密空调		280

目 录

前言
二维码索引
绪论 ·· 1
 一、制冷技术及其发展历程 ················ 1
 二、本课程的性质与任务 ······················ 2
 三、本课程教学方法建议 ······················ 2
 人文·素养·美德·价值 ······················ 2
模块一　制冷原理 ································ 5
 学习任务一　单级蒸气压缩式制冷理论循环及
     其热力计算 ·························· 6
  一、单级蒸气压缩式制冷循环的基本构成及
   制冷原理 ·· 6
  二、单级蒸气压缩式制冷循环在压-焓图
   上的表示 ·· 7
  三、单级蒸气压缩式制冷理论循环的热力
   计算 ·· 9
  思考与练习 ·· 12
  人文·素养·美德·价值 ······················ 13
 学习任务二　单级蒸气压缩式制冷的实际
     循环及其热力计算 ············ 13
  一、单级蒸气压缩式制冷的实际循环 ······ 14
  二、单级蒸气压缩式制冷实际循环的热力
   计算 ·· 22
  三、蒸气压缩式制冷循环的影响因素及
   工况 ·· 25
  实验　单级蒸气压缩式制冷原理演示实验 ······ 28
  思考与练习 ·· 30
  人文·素养·美德·价值 ······················ 32
 学习任务三　制冷剂与载冷剂 ················ 32
  一、制冷剂的命名与性能指标 ··············· 33
  二、常用制冷剂及制冷剂的发展 ··········· 37

  三、载冷剂及其常用类型 ······················ 42
  技能训练　制冷剂分装与载冷剂配制 ······ 44
  思考与练习 ·· 46
  人文·素养·美德·价值 ······················ 47
 学习任务四　双级蒸气压缩式制冷循环 ······ 48
  一、双级蒸气压缩式制冷循环的过程与
   原理 ·· 48
  二、双级蒸气压缩式制冷循环的热力
   计算 ·· 55
  三、温度变动对双级蒸气压缩式制冷循环
   制冷机特性的影响 ······························ 62
  技能训练　单级单吸离心泵拆装 ············ 63
  思考与练习 ·· 64
  人文·素养·美德·价值 ······················ 66
 学习任务五　复叠式制冷循环 ················ 67
  一、采用复叠式制冷循环的原因 ··········· 67
  二、复叠式制冷循环的工作原理及热力
   计算 ·· 68
  技能训练　螺杆制冷压缩机冷冻机油更换 ··· 70
  思考与练习 ·· 71
  人文·素养·美德·价值 ······················ 72
 学习任务六　吸收式制冷原理及吸收式
     制冷机组的工质对 ············ 73
  一、吸收式制冷方法与吸收式制冷循环
   原理 ·· 73
  二、吸收式制冷机组的工质对 ··············· 76
  三、二元溶液的混合、加压和节流 ······ 80
  思考与练习 ·· 82
  人文·素养·美德·价值 ······················ 83
 学习任务七　其他制冷方法 ···················· 83
  一、磁制冷 ·· 84
  二、热电制冷 ·· 86

三、热声制冷 …………………………… 88
四、热管制冷 …………………………… 90
五、涡流管制冷 ………………………… 92
六、太阳能制冷 ………………………… 94
技能训练　铜管道制作与连接 …………… 96
思考与练习 ………………………………… 97
人文·素养·美德·价值 ………………… 98

模块二　蒸气压缩式制冷设备 …………… 99
学习任务一　制冷压缩机 ………………… 99
　一、制冷压缩机的作用、分类及应用
　　　范围 ……………………………… 100
　二、活塞式制冷压缩机 ………………… 101
　三、螺杆式制冷压缩机 ………………… 113
　四、离心式制冷压缩机 ………………… 119
　五、滚动转子式制冷压缩机 …………… 125
　六、涡旋式制冷压缩机 ………………… 127
技能训练　制冷压缩机的拆装 …………… 131
思考与练习 ………………………………… 133
人文·素养·美德·价值 ………………… 134
学习任务二　冷凝器 ……………………… 135
　一、冷凝器的作用及分类 ……………… 135
　二、冷凝器的选择计算 ………………… 141
　三、影响冷凝器传热的主要因素 ……… 144
思考与练习 ………………………………… 145
人文·素养·美德·价值 ………………… 147
学习任务三　蒸发器 ……………………… 147
　一、蒸发器的作用及分类 ……………… 148
　二、蒸发器的选择计算 ………………… 153
　三、影响蒸发器传热的主要因素 ……… 155
技能训练　翅片管式换热器与壳管式换热器
　　　　　的清洗 ……………………… 156
思考与练习 ………………………………… 157
人文·素养·美德·价值 ………………… 157
学习任务四　其他热交换设备 …………… 158
　一、中间冷却器 ………………………… 158
　二、回热器 ……………………………… 160
　三、冷凝蒸发器 ………………………… 161
技能训练　识别制冷系统的热交换设备 … 162
思考与练习 ………………………………… 163
人文·素养·美德·价值 ………………… 164
学习任务五　节流机构 …………………… 164
　一、毛细管 ……………………………… 165
　二、热力膨胀阀 ………………………… 165

　三、手动节流阀 ………………………… 168
　四、浮球节流阀 ………………………… 169
　五、电子膨胀阀 ………………………… 170
　六、节流孔板 …………………………… 170
技能训练　热力膨胀阀的安装与调整 …… 171
思考与练习 ………………………………… 172
人文·素养·美德·价值 ………………… 173
学习任务六　制冷系统辅助设备 ………… 174
　一、油分离器 …………………………… 174
　二、集油器 ……………………………… 177
　三、气液分离器 ………………………… 177
　四、储液器 ……………………………… 178
　五、空气分离器 ………………………… 180
　六、过滤器和干燥过滤器 ……………… 182
　七、安全设备 …………………………… 183
　八、湿度-液流指示器 ………………… 184
　九、各类阀件 …………………………… 185
技能训练　辩别制冷系统辅助设备 ……… 189
思考与练习 ………………………………… 190
人文·素养·美德·价值 ………………… 191

模块三　制冷机组与热泵机组 …………… 193
学习任务一　蒸气压缩式制冷机组 ……… 193
　一、活塞式冷水机组 …………………… 194
　二、螺杆式冷水机组 …………………… 197
　三、离心式冷水机组 …………………… 199
　四、涡旋式冷水机组 …………………… 201
　五、模块化冷水机组 …………………… 202
技能训练　解析各类冷水机组 …………… 203
思考与练习 ………………………………… 204
人文·素养·美德·价值 ………………… 205
学习任务二　热泵机组 …………………… 206
　一、热泵的基本概念及分类 …………… 206
　二、空气源热泵机组 …………………… 209
　三、水源热泵机组 ……………………… 212
　四、地源热泵机组 ……………………… 216
　五、热源塔热泵机组 …………………… 220
技能训练　辩别热泵型空调系统 ………… 223
思考与练习 ………………………………… 224
人文·素养·美德·价值 ………………… 225
学习任务三　溴化锂吸收式制冷机组 …… 225
　一、溴化锂吸收式制冷机组的工作原理与
　　　分类 ……………………………… 226
　二、单效溴化锂吸收式制冷机组 ……… 228

三、双效溴化锂吸收式制冷机组……234
　　四、溴化锂吸收式制冷机组的性能影响
　　　　因素及性能提高途径……239
　技能训练　溴化锂吸收式制冷机组气密性
　　　　试验……243
　思考与练习……244
　人文·素养·美德·价值……245

模块四　常用制冷装置……247
　学习任务一　食品冷冻冷藏装置……247
　　一、家用电冰箱……247
　　二、商用电冰箱……251
　　三、运输式冷藏装置……254
　　四、冷库……259
　技能训练　认识冷库……262
　思考与练习……262
　人文·素养·美德·价值……263
　学习任务二　制冰及干冰装置……264
　　一、小型制冰机……264
　　二、干冰的制造……266
　思考与练习……268
　人文·素养·美德·价值……268

　学习任务三　空调用制冷装置……269
　　一、家用分体式空调器……269
　　二、车辆空调……272
　　三、冷冻除湿机……274
　技能训练　辩识常用制冷空调装置……275
　思考与练习……276
　人文·素养·美德·价值……277
　学习任务四　试验用制冷装置……278
　思考与练习……281
　人文·素养·美德·价值……282

附录　常用制冷剂的热力性质表和图……284
　附录A　R717饱和液体及饱和蒸气热力
　　　　性质表……284
　附录B　R22饱和液体及饱和蒸气热力
　　　　性质表……286
　附录C　R134a饱和液体及饱和蒸气热力
　　　　性质表……289
　附录D　R717压-焓图……291
　附录E　R22压-焓图……292
　附录F　R134a压-焓图……293

参考文献……294

绪 论

> **学习目标**
> ◇ 掌握制冷技术的概念。
> ◇ 了解常用人工制冷方法。
> ◇ 了解制冷技术的发展历程及应用。
> ◇ 了解课程性质、任务、教学方法等。

一、制冷技术及其发展历程

随着社会发展和人民生活水平的提高,制冷技术越来越多地应用于生产、生活、科学研究等各个领域。制冷技术是指用人工的方法在一定的时间、空间内从低于环境温度的空间或物体中吸取热量,并将热量不断地转移给外界环境,使该物体保持低温的一门技术。

0-1 制冷技术与现代生活

实现制冷过程所需的机器和设备称为制冷机。由于热量不能自发地从低温传向高温,所以制冷机在制取冷量的同时,必须消耗外界能量,这种能量可以是机械能、电能、热能、太阳能或其他形式的能量。在制冷机中,除压缩机、泵和风机等机器外,其余主要是换热器及各种辅助设备,统称制冷设备。将制冷机同消耗冷量的设备结合在一起的装置称为制冷装置,如电冰箱、空调器、冷库等。

人工制冷的方法有多种,如液体汽化制冷、气体膨胀制冷、热电制冷、固体绝热去磁制冷、热声制冷、涡流管制冷、太阳能制冷等。其中,液体汽化制冷又包括蒸气压缩式制冷、吸收式制冷、吸附式制冷、蒸气喷射式制冷等。表0-1反映了人工制冷的方法及所能达到的温度范围。本书主要介绍蒸气压缩式制冷和吸收式制冷。

表 0-1 人工制冷方法及所能达到的温度范围

人工制冷方法	温度范围	制冷工质	制冷范围
蒸气压缩式制冷 吸收式制冷 蒸气喷射式制冷	环境温度~-153.15℃	氟里昂 氨水、溴化锂溶液 碳氢化合物等	普冷
气体绝热膨胀制冷 绝热放气制冷 半导体制冷 磁制冷	-153.15~-268.94℃	空气 甲烷 氮气 氧气等	低温
磁制冷	-268.94℃以下	氦气等	超低温

1

现代机械制冷技术始于 18 世纪中叶，从 19 世纪中叶开始发展起来，至今已广泛应用于冷藏、空气调节、除湿、工业生产、农牧业、国防工业、医疗卫生事业、建筑业、航空航天、生物工程及人民生活等各个领域，发挥着越来越重要的作用。

 想一想

生活中有哪些场合和设备采用了人工制冷的方法？

二、本课程的性质与任务

"制冷原理与设备"是高等职业教育制冷与空调技术专业的一门专业核心课程，以培养学生制冷设备使用、选型和技术改造能力为目的，在专业的整个课程体系中起着承上启下的作用。其密切相关的先修课有"热工与流体力学基础""制冷工程制图""电工电子技术"，所服务的后续课程有"制冷装置电气与控制技术""空调技术""制冷空调设备检修维护""制冷空调工程施工与运行管理"等。

通过学习本课程，学生应掌握获得低温的方法和相关理论，能结合实际对制冷循环进行热力分析和计算，会合理选用制冷剂，掌握常用制冷设备及装置的结构、原理、特点及应用，能够识读制冷设备及机组结构图，并初步具有设备选型与应用的能力，为后续专业课的学习准备必要的知识，也为今后在制冷空调行业中从事相关技术工作打下良好基础。

三、本课程教学方法建议

本课程是高等职业教育国家专业教学资源库课程和"十四五"江苏省在线精品课程。课程依托中国大学 MOOC 平台，采取"线上+线下"混合式教学，激发学生自主利用数字化资源进行深度学习的潜能，同时注重专业技能的培养和锻炼。教学中有机融合素养提升和品德教育内容，发挥课程的育人功能，增强课程的"宽度"和"温度"，引导学生全面发展。

课程考核建议采取"过程性+结果性""线上+线下"相结合的多元考核方式，全面考查学生的学习情况和学习效果。

人文·素养·美德·价值

制冷技术的应用——中国古代的空调房

俗语有云：大暑小暑，上蒸下煮。在没有电、没有空调的年代，我国古代劳动人民是如何依靠自己的聪明才智在热浪中悠然度日的呢？

早在我国周代，就已经出现了一种叫"冰鉴"的"神器"，它绝对称得上中国古代的黑科技。冰鉴实际上是一个内外两层的青铜容器，里面可以盛放食物水果，夹层放冰，盖子上面特地开了出气孔，夏天丝丝冷气散发出来，储食、降温一举两得。

中国古代也有各式各样的"空调房"。先秦贵族避暑纳凉的"窟室"实际上就是地下室，但比地下室更讲究。打洞掏窑，里面再放置冰块，相当于现代带有制冷设备的"空调房",古人也将其称为"夏房"。达官贵人每到酷热的夏夜就会到窟室中纳凉,夏天一些重要的餐饮活动也会安排在窟室中进行。

到了汉代,皇宫里设有冬夏两用"空调房",冬季用房叫"温调殿",夏季用房叫"清凉殿"。清凉殿内有多重降温装置——以石头为床,用玉晶盘装冰块,还有仆人站在一旁对着扇扇子。如此一来,盛夏时清凉殿仍清凉无比,是皇家的高级避暑用房。《汉书》中记载:"清室则中夏含霜也。"

在唐朝的长安城中也有各种先进的"空调房",那时的富商大户都会修建一种屋子,叫作"凉屋"（图0-1）。"凉屋"建在活水边上,用水车把活水抽到屋顶,顺着屋檐流下来,周而往复,流水就会带走整个屋子的热量。这个水车称为"扇车",在抽动活水的同时,还能驱动屋里的风扇轮子转动,送出凉风,这种机械装置巧夺天工,堪称中国最古老的空调。如果这个凉屋刚好修在山脚下、流水边,直接利用山泉、瀑布、河流的重力势能做功,既能降温,又能送风,还能形成一道水帘瀑布般的风景。唐朝时期水利设施发达,人们运用先进的冷水循环系统建造避暑凉殿——自雨亭（图0-2）。匠人们在亭顶装上水管,利用机械装置将凉水不断引上亭顶,储存于亭顶的水罐中。然后水从房檐四周流下,形成水帘,通过水循环实现人工降雨降温的效果。从运水到洒水,全部都是自动的,降温效果极佳。文人骚客在其中吟诗作赋,好不自在。在唐玄宗时期,还出现了大规模的"中央空调"房,那就是著名的"含凉殿"。大明宫含凉殿是一组大规模避暑宫殿建筑,依水而建。在结构设计上,尽可能地阻隔了阳光直射入室,从而保持了室内的阴凉。而机械化装置是含凉殿媲美中央空调的关键,与现在运用电力制冷不同,它的制冷设备是由水力驱动的。含凉殿建筑内外都设置了许多水车,流水激起扇叶转动,冰凉的水汽和冷风就被送入殿内。较之凉屋、自雨亭,含凉殿规模更大,其清凉自不必言,"阴溜沈吟,仰不见日,四隅积水成帘飞洒,座内含冻。"

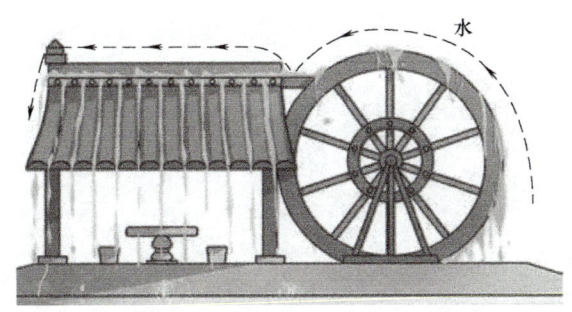

图0-1 凉屋

图0-2 自雨亭

宋代皇宫中降温设施设计时尚,出现了用鼓风机带动的风扇。厅堂里摆几百盆鲜花,"鼓以风轮"对着吹,不但凉快,还能起到"清芬满殿"的效果。宋代火药技术已经非常成熟,人们通过不断改良硝石制冰技术,终于使"冰"这种之前只有贵族阶层才能享用的奢侈品,走入了寻常百姓的生活,同时还带动了冷饮业的发展。明清时代的冰鉴,已经从青铜器演变成了木头等材质,降低了成本,也渐渐地走向了民间。

明清时期,皇家宫殿房间内出现了可移动的冷源,即贮放冰块的柜子,上面镂空,作为冷气出孔,中部空间还可储存食物,如西瓜、冷饮等。这在当时绝对算得上是"高档家电"。现在，在安徽的西递古镇还可以见到一些民居室内的"空调井"。其实就是在屋内挖出一个一两米见方的深坑，上面盖上一块有孔的石头板，板上凿孔，夏天便会有一股股沁凉的冷气冒出来。它是有效利用了常年恒低温的地气与屋内热空气形成温差对流，使整个屋子阴凉舒爽。这种制冷方法，据说三国时期就有了，到了明清时期开始普及。这种利用天时地利的制冷方式，使普通百姓也终于享受到了帝王家的待遇，不禁让人由衷地感叹古代劳动人民的智慧和精湛技艺！

而今，空调已经走进千家万户，成了人们生活中必不可少的重要家用电器。

模块一 制冷原理

> **学习目标**
>
> **(一) 知识目标**
>
> ◇ 了解制冷设备与机组在蒸气压缩式制冷循环及吸收式制冷循环中的作用及应用现状。
>
> ◇ 掌握单级蒸气压缩式制冷循环工作原理、工作循环,以及相应的压-焓图;系统中制冷剂的状态及状态变化;热能传递及热力计算;系统性能的影响因素和措施。
>
> ◇ 熟悉各类制冷剂的热力学和物理化学性质。
>
> ◇ 掌握双级蒸气压缩式制冷循环工作原理、工作循环,以及相应的压-焓图;系统中制冷剂的状态及状态变化;热功传递及热力计算;系统性能的影响因素和措施。
>
> ◇ 掌握复叠式蒸气压缩式制冷的工作原理及特点。
>
> ◇ 掌握溴化锂水溶液吸收式制冷循环工作原理、工作循环,以及相应的 h-ξ 图。
>
> ◇ 熟悉溴化锂水溶液的性质。
>
> ◇ 了解常规制冷方法以外的如磁制冷、热电制冷、热声制冷、热管制冷、涡流管制冷、太阳能制冷等其他制冷方法的工作原理和特点。
>
> **(二) 能力目标**
>
> ◇ 能够根据客户需要,选择适用的制冷循环,提供经济合理的制冷技术方案。
>
> ◇ 能够根据使用实际和环保要求,合理选择制冷剂。
>
> ◇ 能够利用压-焓图分析制冷系统各设备、各循环过程之间的相互影响,以及制冷系统正确的运行状态。
>
> ◇ 能够根据制冷系统耗能的特点及影响因素,有效利用能源和节能。
>
> ◇ 会查阅制冷设备与机组的相关资料、图表、标准、规范、手册等,具有一定的运算能力。

在获得低温的众多方法中,蒸气压缩式制冷是目前发展较完善、应用最广泛的人工制冷方法之一。蒸气压缩式制冷是利用液态工质(如氟利昂、氨等)在汽化时从被冷却物体中吸收热量而实现制冷的。由于蒸气压缩式制冷所需的机器设备紧凑,操作管理方便,制冷温度范围广,从稍低于环境温度至-150℃左右的温度均可实现,且在普冷温度范围内具有较高的循环效率,因此被广泛地应用于国民经济的各个领域。

学习任务一　单级蒸气压缩式制冷理论循环及其热力计算

知识点和技能点

1. 掌握单级蒸气压缩式制冷循环的基本构成及各部分作用。
2. 掌握单级蒸气压缩式制冷循环原理。
3. 了解制冷剂的变化过程。
4. 掌握压-焓图的构成及单级蒸气压缩式制冷理论循环在压-焓图上的表示。
5. 会进行蒸气压缩式制冷理论循环的热力计算。
6. 会对制冷系统进行经济性评价。

重点和难点

1. 单级蒸气压缩式制冷循环的基本构成与作用。
2. 单级蒸气压缩式制冷循环原理。
3. 压-焓图的构成及单级蒸气压缩式制冷理论循环在压-焓图上的表示。
4. 蒸气压缩式制冷理论循环的热力计算。

一、单级蒸气压缩式制冷循环的基本构成及制冷原理

1-1　单级蒸气压缩式制冷循环的基本构成及制冷原理

蒸气压缩式制冷循环根据实际应用可分为单级、多级和复叠式制冷循环。其中，单级蒸气压缩式制冷循环应用最广，且是构成其他制冷循环的基础。所谓单级蒸气压缩式制冷循环，是指制冷剂蒸气在一次循环中只经过一次压缩。

单级蒸气压缩式制冷循环由制冷压缩机、冷凝器、节流阀和蒸发器（俗称四大部件）组成，用管道依次将其连接，形成一个完全封闭的系统，如图1-1所示。制冷剂在这个封闭的制冷系统中以流体状态循环，通过相变，连续不断地从蒸发器中吸收热量和在冷凝器中放出热量，从而实现制冷。

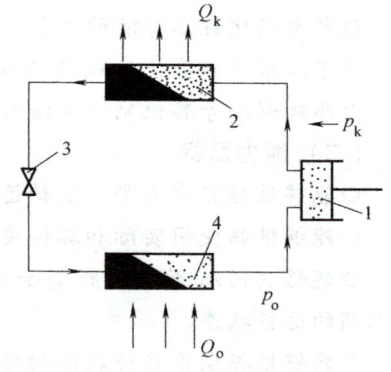

图1-1　单级蒸气压缩式制冷循环的原理
1—制冷压缩机　2—冷凝器　3—节流阀
4—蒸发器

单级蒸气压缩式制冷循环的工作过程是：制冷剂在蒸发器内，在蒸发压力 p_o、蒸发温度 t_o 下汽化，从被冷却对象中吸收热量 Q_o，实现制冷。汽化后的低温低压的制冷剂蒸气被压缩机及时抽出，并压缩至冷凝压力 p_k，送入冷凝器。高温高压的制冷剂蒸气在冷凝器内把热量 Q_k 传递给环境冷却介质，首先被冷却，然后被冷凝为高压常温的制冷剂液体。液态制冷剂通过节流降压机构，降压降温为湿蒸气进入蒸发器，准备再次吸热汽化，从而完成一个单级蒸气压缩式制冷循环。制冷剂在单级蒸气压缩式制冷系统中

周而复始的工作过程即称为单级蒸气压缩式制冷循环。通过制冷循环，制冷剂不断吸收周围空气或物体的热量，从而使室温或物体温度降低，以达到制冷的目的。

在单级蒸气压缩式制冷机中，除了四大部件外，为了保证制冷装置的经济性和运行安全，还增加了其他许多辅助设备，如过滤器、油分离器、储液器等。

1-2 压缩冷凝机组

 想一想

单级蒸气压缩式制冷循环的四大部件有哪些？它们的作用各是什么呢？

二、单级蒸气压缩式制冷循环在压-焓图上的表示

实际制冷循环是一个动态且复杂的循环过程，在此从简单但符合实际规律的理论制冷循环入手，用热力学理论对其进行分析和计算，并在此基础上再修正复杂、多变的实际制冷循环，指导实际制冷循环的应用，使之更有效、更安全地为我们服务。

1. 理论制冷循环的假定条件

所谓理论循环是不同于实际制冷循环的简化了的理想模型，它是在以下几点假设条件下进行的。

① 压缩过程为定熵过程，即压缩过程中无不可逆损失，且压缩机吸气时制冷剂为干饱和蒸气状态。

② 冷凝、蒸发过程均为定压过程，没有传热温差，即冷凝器中制冷剂的冷凝温度等于环境介质（空气或水）温度；蒸发器中制冷剂的蒸发温度等于被冷却对象温度。冷凝温度和蒸发温度均为定值。

③ 离开蒸发器和进入制冷压缩机的制冷剂蒸气为蒸发压力下的饱和蒸气；离开冷凝器和进入节流机构的制冷剂液体为冷凝压力下的饱和液体。

④ 节流过程为等焓过程，且与外界不发生热交换。

⑤ 除节流机构产生节流降压外，制冷剂在设备、管道内的流动没有流动阻力损失（压力降），且与外界环境没有热交换。

2. 压-焓图

压-焓图（p-h 图）如图 1-2 所示，以绝对压力 p（MPa）为纵坐标，以比焓 h（kJ/kg）为横坐标。图中包含如下内容。

"一点"：临界点 C。

"三区"：以临界点 C、两条 x 饱和线将图面分为三个区域，即液相区、两相区（湿蒸气区）、气相区。

"五态"：过冷液状态、饱和液状态、湿蒸气状态、饱和蒸气状态、过热蒸气状态。

"八线"：等压线 p、等焓线 h、饱和液线 $x=0$、饱和蒸气线 $x=1$、等温线 t、等熵线 s、等比体积线

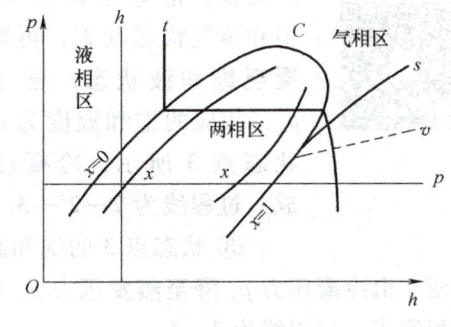
图 1-2 压-焓图（p-h 图）

v 及无数条等干度线 x。

应用 p-h 图时需注意：①等温线在液相区、两相区和气相区三个区域里的走势是变化的，在液相区内几乎为垂直线，在两相区内与等压线平行，为水平线，在气相区内为向右下方弯曲的倾斜线；②等熵线向右上方倾斜，且倾角较大，为一组不平行的实线，越靠图右侧，等熵线走势越平坦，即其数值变化越大；③等比体积线为向右上方倾斜，但比等熵线平坦的虚线。

为了缩小图面尺寸，纵坐标是用压力的对数值 $\lg p$ 来绘制的，有时还将两相区中在实际计算中用不到的部分去掉，使图形更为简洁。

要想掌握单级蒸气压缩式制冷循环，就需要研究制冷循环的每一个过程、过程之间的关系，以及某一过程发生变化时对其他过程的影响。p-h 图能够明确地表达制冷剂的状态点，确定制冷剂状态的变化过程。只要知道温度 t、压力 p、比体积 v、比焓 h、比熵 s、干度 x 等参数中的任意两个状态参数，就可以在 p-h 图上确定过热蒸气或过冷液体的状态点，从而在图中读出该状态下的其他参数。对于饱和状态的蒸气和液体，只需知道一个状态参数，就可根据其干度 $x=1$ 或 $x=0$ 的特点，在图中确定其状态点。

本书附录中给出了一些常用制冷剂的饱和液体及蒸气的热力性质表和相应的 p-h 图。饱和状态的制冷剂热力性质可直接查表获得。

利用 p-h 图还可以研究制冷循环的每个过程，而且可以了解各过程之间的关系及对制冷循环的影响，该图同时还可以反映制冷循环状态变化过程中热量与功率的变化，从而方便进行制冷循环的分析和热力计算。

3. 单级蒸气压缩式理论制冷循环在压-焓图（p-h 图）上的表示

对照理论制冷循环的假定条件，将单级蒸气压缩式理论制冷循环（图 1-1）表示在 p-h 图上，如图 1-3 所示。

① 制冷压缩机从蒸发器抽取蒸发压力 p_o 下的饱和制冷剂蒸气，相应的饱和温度为 t_o，如状态点 1 所示。沿等熵线压缩至冷凝压力 p_k，如状态点 2 所示，压缩过程完成，过程线为 1—2。

② 状态点 2 的高温高压制冷剂蒸气进入冷凝器，经冷凝器与环境介质空气或水进行热交换，沿等压线 p_k 冷却至饱和蒸气状态点 2′，再继续冷凝至饱和液状态，压力仍为 p_k，相应的饱和温度为 t_k，如状态点 3 所示，冷凝过程完成，过程线为 2—2′—3。

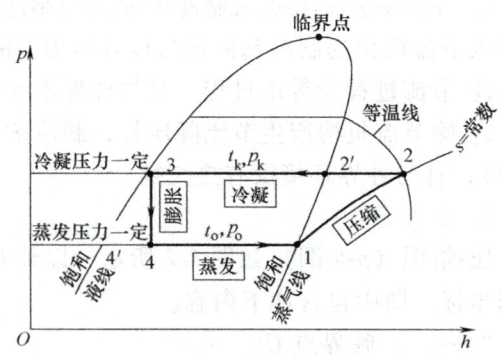

图 1-3 单级蒸气压缩式理论制冷循环在 p-h 图上的表示

1-3 单级蒸气压缩式理论制冷循环在 p-h 图上的表示

③ 状态点 3 的饱和制冷剂液体经节流机构沿等焓线（后面将分析）节流降压，由冷凝压力 p_k 降至蒸发压力 p_o（相应的饱和温度为 t_o），到达湿蒸气状态点 4，节流过程完成，过程线为 3—4。

④ 状态点 4 的制冷剂湿蒸气进入蒸发器，在蒸发器内吸收被冷却对象的热量，沿等压线 p_o 汽化，到达饱和蒸气状态点 1，蒸发过程完成，过程线为 4—1。

经过过程 1—2—2′—3—4—1，一个完整的单级蒸气压缩式理论制冷循环随之完成。

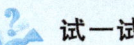 试一试

画出压-焓图，并将单级蒸气压缩式理论制冷循环表示在压-焓图上。

三、单级蒸气压缩式制冷理论循环的热力计算

在制冷空调工程中，确定制冷量、选配制冷压缩机及与其相匹配的冷凝器、蒸发器等，都需以制冷循环的热力计算为理论依据。热力计算是运用热力学原理，对制冷循环内在联系和外部影响进行的理论分析，是制冷系统安装、调试、运行管理和维护的理论基础。

单级蒸气压缩式制冷理论循环是在一定的假设条件下进行的，并不涉及制冷系统的大小和复杂性。因此，理论循环的性能指标包括单位质量制冷量 q_o、理论比功 w_o、单位冷凝器热负荷 q_k、理论循环制冷系数 ε_o 等。理论制冷循环的热力计算就是对这些性能指标进行分析和计算，为后面实际循环的热力计算打下基础。

理论制冷循环中，制冷剂的流动过程可以认为是稳定流动过程。根据热力学第一定律，忽略位能和动能变化，稳定流动过程的能量方程可表示为

$$Q+P=q_m(h_{out}-h_{in}) \tag{1-1}$$

式中 Q——单位时间内外界加给系统的热量（kW）；

P——单位时间内外界加给系统的功（kW）；

q_m——质量流量，即单位时间内流出或流进该系统的制冷剂质量（kg/s）；

h_{out}、h_{in}——1kg 制冷剂在系统出口、进口处的比焓（kJ/kg）。

式（1-1）既可用于整个系统，也可以单独用于制冷系统中的每一个设备。因此，根据式（1-1）、理论制冷循环的假设条件以及图 1-3，可对理论制冷循环的每一过程以及热、功变化进行热力计算。

（1）制冷压缩机　制冷压缩机对制冷剂蒸气的压缩过程是一个等熵过程，与外界无热量交换，$Q=0$。因此可得

$$P_o=q_m(h_2-h_1)=q_m w_o \tag{1-2}$$

式中 P_o——理论功率（kW），表示制冷压缩机在等熵压缩循环中因制冷剂蒸气所消耗的功；

w_o——理论比功（kJ/kg），表示制冷压缩机每压缩输送 1kg 制冷剂蒸气所消耗的功，即

$$w_o=h_2-h_1 \tag{1-3}$$

热力学中，非自发过程的发生需要伴随能量的补偿。理论制冷循环中，热量从被冷却对象通过制冷剂传递给环境介质空气或水，即从低温物体传向高温物体，是非自发过程，因而需要制冷压缩机消耗功率 P_o 才能够实现。

（2）冷凝器　冷凝器中制冷剂蒸气的冷凝过程是一个定压放热过程，向外界放出热量 Q_k，但与外界没有功量交换，$P=0$。因此可得

$$Q_k = q_m(h_3-h_2) = -q_m(h_2-h_3) = q_m q_k \qquad (1-4)$$

式中 Q_k——冷凝器热负荷（kW），表示单位时间内循环的制冷剂在冷凝器中放出的热量（负号仅表示放出热量，可省略）；

q_k——单位冷凝器热负荷（kJ/kg），表示 1kg 制冷剂蒸气在冷凝器中放出的热量，其值为 h_2-h_3。

（3）节流机构　节流过程绝热等焓，与外界无热交换，也不做功，即 $Q=0$，$P=0$。因此有

$$q_m(h_4-h_3) = 0$$
$$q_m \neq 0$$
$$h_4 = h_3$$

故节流前后焓值不变。

由图 1-3 可以看出，制冷剂液体节流后的状态是湿蒸气状态，即点 4 由相同压力下的饱和液体点 4′与饱和蒸气点 1 组成。也就是在节流过程中，部分制冷剂液体汽化为闪发性气体 1，使另一部分制冷剂液体的温度降低。点 4 越靠近点 1，即 $x \to 1$，闪发性气体就越多，点 4 所含的制冷剂液体越少，进入蒸发器后能吸收的热量也越少，不利于制冷循环。而且由于闪发性气体存在，当节流机构后并联几个蒸发器时，容易造成蒸发器的供液不均。

（4）蒸发器　蒸发器中制冷剂的蒸发过程是一个定压吸热过程，从外界吸收热量 Q_o，与外界没有功率交换，$p=0$。因此可得

$$Q_o = q_m(h_1-h_4) = q_m q_o \qquad (1-5)$$

式中 Q_o——制冷量（kW），表示单位时间内循环的制冷剂在蒸发器中从被冷却对象吸收的热量；

q_o——单位质量制冷量（kJ/kg），表示 1kg 制冷剂在蒸发器内从被冷却对象中吸收的热量，它实为制冷剂的汽化潜热，其值为 h_1-h_4。

（5）理论制冷循环的能量转换　理论制冷循环的能量转换如图 1-1 所示。

根据热力学第一定律有

$$Q_o + P_o = Q_k \qquad (1-6)$$

（6）理论循环的制冷系数 ε_o　理论制冷循环中，人们关注的是制取需要的制冷量 Q_o，需要投入多少功率 P_o，以及哪些因素影响着投入和产出。

理论制冷循环中，制冷量与所消耗的理论功率之比称为制冷系数，用 ε_o 表示，即

$$\varepsilon_o = \frac{Q_o}{P_o} = \frac{q_m q_o}{q_m w_o} = \frac{q_o}{w_o} \qquad (1-7)$$

制冷系数 ε_o 越大，制冷循环经济性越好，投入少，产出多；反之则投入多，产出少。

制冷系数 ε_o 只适用于低温热源（被冷却对象）温度 t_c 和高温热源（环境冷却介质）温度 t_h 都相同，且制冷压缩设备是同一类型的制冷循环之间的经济性的比较。而涉及工作于不同的热源温度、消耗着不同能量品位、制冷压缩设备也不同的各类制冷循环之间效率的比较，则须采用热力完善度。热力完善度与制冷系数均为制冷循环的经济性指标。

（7）理论循环的热力完善度 β_o　所谓热力完善度，即制冷循环接近于其理想情况的程度。理论循环的热力完善度 β_o 是理论循环的制冷系数 ε_o 与理想循环的制冷系数 ε_c 的比值，即

$$\beta_o = \frac{\varepsilon_o}{\varepsilon_c} \tag{1-8}$$

式中　ε_c——理想循环的制冷系数。

所谓理想的制冷循环是逆卡诺循环，其工作条件是：没有传热温差，即 $T_c = T_o$（蒸发温度），$T_h = T_k$（冷凝温度）；热源恒温；没有不可逆损失。在给定的热源温度 T_c、T_h 下，逆卡诺循环所消耗的功量最小，制冷系数 ε_c 最大，其值为

$$\varepsilon_c = \frac{T_c}{T_h - T_c} \tag{1-9}$$

【例 1-1】 有一单级蒸气压缩式制冷循环用于空调，假定为理论制冷循环，工作条件是：蒸发温度 $t_o = 5℃$，冷凝温度 $t_k = 40℃$，制冷剂为 R134a，空调房间需要的制冷量是 3kW。试对该理论制冷循环进行热力计算。

解： 首先根据制冷循环的工作温度（蒸发温度 $t_o = 5℃$，冷凝温度 $t_k = 40℃$），在工质 R134a 的 p-h 图上找出理论制冷循环的各状态点，从而绘出整个循环过程，如图 1-4 所示。

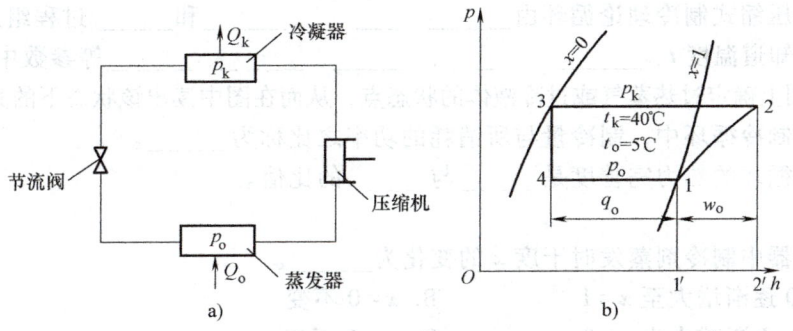

图 1-4　例 1-1 图

a）理论循环系统原理　b）理论循环 p-h 图

点 1 和点 3 的状态参数可直接由工质 R134a 的热力性质表（见附录 C）查得[○]如下：

$$p_1 = p_o = 0.35\text{MPa} \qquad h_1 = 400.9\text{kJ/kg}$$
$$p_3 = p_k = 1.02\text{MPa} \qquad h_3 = 256.4\text{kJ/kg}$$

由图 1-4b 可以看出，点 2 在过热蒸气区，故其状态参数需查 R134a 的 p-h 图，得

$$h_2 = 425.1\text{kJ/kg} \qquad t_2 = 46℃$$

1）单位质量制冷量 q_o　$q_o = h_1 - h_4 = 400.9\text{kJ/kg} - 256.4\text{kJ/kg} = 144.5\text{kJ/kg}$

2）制冷剂的质量流量 q_m　$q_m = Q_o / q_o = 3\text{kW} / 144.5\text{kJ/kg} = 0.021\text{kg/s}$

3）理论比功 w_o　$w_o = h_2 - h_1 = 425.1\text{kJ/kg} - 400.9\text{kJ/kg} = 24.2\text{kJ/kg}$

4）压缩机消耗的理论功率 P_o　$P_o = q_m w_o = 0.021\text{kg/s} \times 24.2\text{kJ/kg} = 0.51\text{kW}$

5）理论循环制冷系数 ε_o　$\varepsilon_o = Q_o / P_o = q_o / w_o = 144.5\text{kJ/kg} / (24.2\text{kJ/kg}) = 5.97$

6）单位冷凝器热负荷 q_k　$q_k = h_2 - h_3 = 425.1\text{kJ/kg} - 256.4\text{kJ/kg} = 168.7\text{kJ/kg}$

7）冷凝器热负荷 Q_k　$Q_k = q_m q_k = 0.021\text{kg/s} \times 168.7\text{kJ/kg} = 3.54\text{kW}$

○　为便于统一计算，本书对查表得到的值保留小数点后一位。

8）热力完善度 β_o。 $T_c = t_o = 5+273 = 278K$，$T_h = t_k = 40+273 = 313K$，因此

$$\varepsilon_c = \frac{T_c}{T_h - T_c} = \frac{278}{313-278} = 7.94$$

$$\beta_o = \frac{\varepsilon_o}{\varepsilon_c} = \frac{5.97}{7.94} = 0.75$$

> **想一想**
>
> 理想制冷循环制冷系数 ε_c 与哪些因素有关呢？其值与理论循环制冷系数 ε_o 相比满足何种关系？

思考与练习

1. 填空题

（1）单级蒸气压缩式制冷循环由_____、_____、_____和_____（俗称四大部件）组成。

（2）蒸气压缩式制冷理论循环由_____、_____、_____和_____过程组成。

（3）只要知道温度 t、_____、_____、_____、_____、_____等参数中的任意两个，就可以在 p-h 图上确定过热蒸气或过冷液体的状态点，从而在图中读出该状态下的其他参数。

（4）理论制冷循环中，制冷量与所消耗的功率之比称为_____。

（5）理论循环的热力完善度是_____与_____的比值。

2. 选择题

（1）蒸发器中制冷剂蒸发时干度 x 的变化为_____。
  A. 由 $x=0$ 逐渐增大至 $x=1$ B. $x=0$ 不变
  C. 由 $x=1$ 逐渐减小为 $x=0$ D. $x=1$ 不变

（2）工质流经冷凝器冷凝_____。
  A. 放出热量，且放热量等于其比焓值的减少
  B. 放出热量，比焓值增加
  C. 吸收外界热量，比焓值增加
  D. 冷凝过程中压力不变，所以比焓值不变

（3）在 p-h 图中，等焓线在过热区与_____垂直。
  A. 等压线   B. 等温线   C. 等比体积线   D. 等熵线

（4）制冷剂流过膨胀阀后应是_____。
  A. 过冷液体   B. 饱和液体   C. 湿蒸气   D. 饱和蒸气

（5）理想制冷循环就是_____。
  A. 可逆循环   B. 不可逆循环   C. 卡诺循环   D. 逆卡诺循环

3. 简答题

（1）蒸气压缩式制冷循环主要由哪些部件组成？各有什么作用？

（2）制冷剂在蒸气压缩式制冷循环中其热力状态是如何变化的？

（3）单级蒸气压缩式制冷理论循环有哪些假设条件？

（4）制冷剂的压-焓图（p-h 图）的构成是怎样的？试将单级蒸气压缩式制冷理论循环

表示在 p-h 图上。

4. 计算题

（1）已知饱和气体氨的温度为 0℃，求该温度下的氨的压力、比焓。

（2）某一单级蒸气压缩式制冷循环用于水果保鲜，使用工质为 R22，需制冷量 Q_o = 55kW，蒸发温度 t_o = −10℃，冷凝温度 t_k = 40℃。若视其为理论制冷循环，由其热力性质表查得相应状态参数为：h_1 = 401.6kJ/kg，h_2 = 439.5kJ/kg，$h_3 = h_4$ = 249.7kJ/kg。试进行制冷机的热力计算。

（3）某一单级蒸气压缩式制冷的理论循环，蒸发温度 t_o = 0℃，冷凝温度 t_k = 40℃，制冷剂为氨，制冷量为 100kW。试对该循环进行热力计算。

人文·素养·美德·价值

用现代信息技术赋能企业，高质量发展成效显著

党的十八大以来，制冷空调行业企业以高质量发展为目标，持续加大供给侧结构性改革的广度和深度，根据自身实际，因地制宜、创新理念、科学应变、主动求变，锻长板、补短板、拓优板，持续多元化整合、融合发展，新模式、新业态不断涌现，并在实践中得到验证推广。在理念上，由单一以生产、以产品、以技术为中心向以服务、以客户、以数据为中心转变；在企业运营方面，由单一关注企业自身生产经营环境改善向营造产业跨界协同环境转变，由企业自身循环向跨领域多主体网络发展转变；在产品研发创新方面，由企业内部单一技术创新项目实施向社会资源共享技术创新与商业模式创新相结合转变；在制造方面，由订单化生产向有产业链及客户多方共同参与的定制化规模生产转变。中国制冷空调工业协会调查显示，典型的成功案例包括：调整并更新整体业务架构、迭代公司愿景或方针、绿色战略制定；采用新建、收购、控股/参股、融合等不同方式，对公司内部的资源优化配置，向其他相关领域进行多元化跨界拓展；从产品制造商转变为系统解决方案提供与服务商，缩短与客户间的距离；与相关物流、运输、电商、连锁家居大卖场或设计装修等公司进行战略合作，整合产业链资源，为最终用户提供一体化、高品质的精准服务方案等。

近年来，行业企业充分利用飞速发展的 5G、工业互联网、大数据、云计算等现代信息技术，以智能制造、服务型制造、绿色制造为方向，数字化赋能传统制造业，全产业链、全生命期内各种不同功能的综合性平台逐渐增多，智能制造车间或基地继续扩大，以大数据、物联网为基础的服务型制造示范效应明显。

学习任务二　单级蒸气压缩式制冷的实际循环及其热力计算

知识点和技能点

1. 理解实际循环与理论循环的区别。
2. 掌握液体过冷、蒸气过热、回热循环及其对系统性能的影响，能够绘制相应的压-焓图。
3. 了解制冷压缩机实际工作过程的性能参数及其确定。
4. 能够进行单级蒸气压缩式制冷实际循环的热力计算。

5. 掌握蒸发温度对制冷循环性能的影响，能够进行性能分析。
6. 掌握冷凝温度对制冷循环性能的影响，能够进行性能分析。
7. 能通过测得的制冷循环性能参数，分析制冷循环过程。

重点和难点

1. 液体过冷、蒸气过热、回热循环及其对系统性能的影响。
2. 制冷压缩机实际工作过程的性能参数及其确定。
3. 单级蒸气压缩式制冷实际循环的热力计算。
4. 蒸发温度、冷凝温度对制冷循环性能的影响。

一、单级蒸气压缩式制冷的实际循环

1. 蒸气压缩式制冷的实际循环与理论循环的区别

理论的制冷循环是在假设条件下的制冷循环，在实际过程中不可能达到。实际循环与理论循环的区别主要表现在：制冷压缩机的压缩过程不是等熵过程，且有流动阻力损失和内泄漏等损失；热交换过程中存在着传热温差，即被冷却对象温度 t_c 高于制冷剂的蒸发温度 t_0，环境介质温度 t_h 低于制冷剂冷凝温度 t_k，即 $t_c > t_0$，$t_h < t_k$；热交换过程中有气体过热、液体过冷现象存在。通常制冷压缩机吸入的是过热蒸气，节流机构前的液体是过冷液体；节流过程不完全是绝热的等焓过程；制冷剂在设备及管道内流动时，存在着流动阻力损失，且与外界有热量交换；制冷系统中存在着不凝性气体。

因此，制冷机的实际制冷循环要比理论循环复杂得多，而且还随着压缩机的类型和制冷剂自身特性而改变。在实际制冷循环的压缩、冷凝、节流、蒸发，以及管道内流动等各热力过程中，既存在外部不可逆损失，也存在内部不可逆损失。由于这些不可逆损失的存在，实际制冷循环的制冷系数必定低于理论循环的制冷系数。

2. 单级蒸气压缩式制冷的实际循环

由于制冷循环的复杂性，在工程设计计算中，通常对实际制冷循环进行适当简化后再进行计算，计算结果符合工程计算要求。简化的原则如下：

① 压缩为非等熵过程，但可用一个简化的压缩过程代替，将吸气压力等同于蒸发压力 p_0，排气压力等同于冷凝压力 p_k。

② 考虑制冷剂与高温热源、低温热源间有传热温差，但仍认为蒸发温度 t_0 和冷凝温度 t_k 为定值。

③ 考虑制冷循环中的液体过冷和蒸气过热现象。

④ 忽略不计节流时制冷剂与环境的换热问题，仍将节流过程近似地看作不可逆的绝热等焓节流过程。

⑤ 不考虑管道和换热设备中的压力降，以及管道的传热和管道内制冷剂的状态变化。

⑥ 不考虑不凝性气体的影响。

（1）液体过冷对实际制冷循环的影响　制冷剂液体的温度低于同一压力下饱和液体的温度称为过冷。两者温度之差称为过冷度，用 Δt_{gl} 表示。例如压力为 1 个标准大气压时，水对应的饱和温度为 100℃，而通常自来水温度只有 20℃，自来水即为过冷液体，其过冷度为 $\Delta t_{gl} = 80℃$。

理论制冷循环中，认为冷凝完毕的制冷剂液体正好处于饱和液状态，忽略制冷剂流动时的热交换，制冷剂到达节流机构前仍为饱和液状态，如图1-3所示的点3。而实际制冷循环中，下列原因会使节流机构前的液体过冷：

① 冷凝器中，选择的冷凝面积往往大于设计所需的冷凝面积。

② 冷凝器选择是根据最热天气、最高的环境介质温度进行的，而在使用中的绝大多数时间内冷凝器在低于上述条件的情况下工作，从而使冷凝面积过剩，为制冷剂过冷创造了条件。

③ 在设计过程中，人为设置一些过冷度，如通常单级蒸气压缩式制冷循环中设置3~5℃的过冷度。

1-4 过冷循环原理

④ 在制冷系统中设置了过冷器。

⑤ 在制冷系统中设置了回热器。

如图1-5所示，在 p-h 图上同时给出了理论制冷循环 1—2—3—4—1 和具有节流前液体过冷的过冷循环 1—2—3′—4′—1。对比两个循环的制冷系数如下：

理论循环 1—2—3—4—1

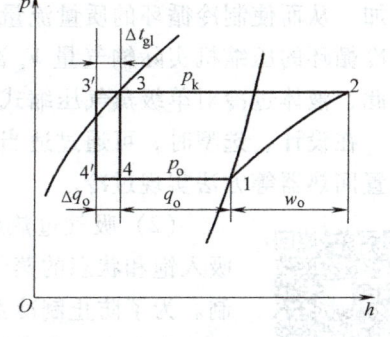

图1-5 理论循环与过冷循环的 p-h 图

$$q_o = h_1 - h_4$$
$$w_o = h_2 - h_1$$
$$\varepsilon_o = \frac{q_o}{w_o}$$

过冷循环 1—2—3′—4′—1

$$q'_o = h_1 - h'_4 = (h_1 - h_4) + (h_4 - h'_4) = q_o + \Delta q_o$$

$$w'_o = h_2 - h_1$$

$$\varepsilon'_o = \frac{q'_o}{w'_o} = \frac{q_o + \Delta q_o}{w_o} = \varepsilon_o + \Delta \varepsilon_o$$

理论分析显示，有过冷的制冷循环，其制冷系数提高了，因此过冷循环对单级蒸气压缩式制冷循环有益，且过冷度越大，对制冷循环越有益。同时从图1-5可见，过冷循环的节流点 4′ 与理论循环的节流点 4 相比，更靠近饱和液线，即过冷循环节流后制冷剂的干度减小，闪发性气体减少。这对制冷循环也是有益的。

【例1-2】 某蔬果冷藏库需制冷量 $Q_o = 55$kW，制冷剂采用R22，要求蒸发温度 $t_o = -10$℃，冷凝温度 $t_k = 40$℃。设计时采用了两种方案：一种为单级蒸气压缩式制冷理论循环，一种为过冷循环，过冷度 $\Delta t_{gl} = 5$℃。试比较两个制冷循环的性能。

解：根据制冷循环工作温度，在工质R22的 p-h 图上绘出制冷循环，如图1-5所示。

由工质R22的热力性质表或图查出各状态点的参数（取小数点后1位）如下：

$h_1 = 401.6$kJ/kg　　　$v_1 = 0.065$m³/kg

$h_2 = 439.5$kJ/kg　　　$h_3 = h_4 = 249.7$kJ/kg　　　$h'_3 = h'_4 = 243.5$kJ/kg

计算结果列表如下：

序号	参数	单位	计算公式		计算结果		变化百分比（%）
			理论	过冷	理论	过冷	
1	单位质量制冷量 q_o	kJ/kg	h_1-h_4	h_1-h_4'	151.9	158.1	4.08
2	理论比功 w_o	kJ/kg	h_2-h_1	h_2-h_1	37.9	37.9	0
3	制冷系数 ε_o		q_o/w_o	q_o'/w_o'	4	4.17	4.25
4	质量流量 q_m	kg/s	Q_o/q_o	Q_o/q_o'	0.36	0.348	-3.33
5	单位体积制冷量 q_v	kJ/m³	q_o/v_1	q_o'/v_1	2336.923	2432.308	4.08
6	压缩机实际输气量 V_s	m³/s	$q_m v_1$	$q_m' v_1$	23.4×10⁻³	22.62×10⁻³	-3.33

计算显示，液体过冷使制冷循环的制冷系数 ε_o 增大；使制冷循环的单位质量制冷量 q_o 增加，从而使制冷循环的质量流量 q_m 减少；使制冷循环的单位体积制冷量 q_v 增加，从而使制冷循环的压缩机实际输气量 V_s 减少，即制冷循环所需要的制冷压缩机的尺寸可以减小。因此，液体过冷对单级蒸气压缩式制冷循环有益。

在设计、选型时，可通过适当增大冷凝面积、在制冷系统中设置过冷器或在制冷系统中设置回热器等方法实现过冷。

1-5 过热循环

（2）吸气过热对实际制冷循环的影响　制冷循环中，制冷压缩机不可能吸入饱和状态的蒸气，因为饱和蒸气是一个临界状态，在实际工程中很难控制。为了防止制冷剂液滴进入制冷压缩机造成液击等事故，要求液体制冷剂在蒸发器中完全蒸发后继续吸收一部分热量，以保证干压缩。此外，来自蒸发器的低温蒸气在通过蒸发器到制冷压缩机之间的吸气管路中，由于制冷剂此时温度低于环境温度（根据制冷定义），会在流动过程中吸收周围空气的热量而温度升高。因此，压缩机吸入的制冷剂蒸气在压缩之前已处于过热状态。

制冷剂蒸气的温度高于同一压力下饱和蒸气的温度称为过热，两者温度之差称为过热度，用 Δt_{gr} 表示。例如，在 1 个标准大气压下，水蒸气对应的饱和温度是 100℃，保持压力不变，对水蒸气继续加热，使水蒸气温度上升至 120℃，水蒸气过热，其过热度为 20℃。

过热分为有效过热和有害过热两种。过热吸收的热量来自被冷却对象，产生了有用的制冷效果，这种过热称为有效过热。反之，过热吸收的热量来自被冷却对象之外，没有产生有用的制冷效果，则称为有害过热。

理论制冷循环中，可以认为制冷剂在蒸发器中蒸发完毕时恰好是饱和蒸气状态，忽略制冷剂蒸气流动时与外界的热交换，因此制冷压缩机吸入的制冷剂蒸气为饱和蒸气，如图 1-3 所示的点 1。但实际制冷循环中，制冷压缩机吸入的制冷剂蒸气往往是过热的蒸气。

实际循环中，由于下列原因会使制冷压缩机的吸气过热：

① 蒸发器的所选择的蒸发面积大于设计所需的蒸发面积（属有效过热）。

② 为了保护制冷压缩机不发生"湿冲程"（即制冷压缩机吸入制冷剂液体），设计时人为地增加了过热过程。

③ 蒸发器与制冷压缩机之间的连接管道吸收外界环境的热量而过热（属有害过热）。

④ 蒸发器与制冷压缩机之间的连接管道吸取被冷却对象的热量而过热（属有效过热）。

⑤ 制冷系统中设置了回热器（属有害过热），但有过冷过程伴随。

⑥ 半封闭、全封闭制冷压缩机中，制冷压缩机吸气需要冷却电动机而过热，属于有害

过热，但是必需的。

如图 1-6 所示，在 p-h 图上同时给出了理论制冷循环 1—2—3—4—1 和具有吸气过热的过热循环 1′—2′—3—4—1′。对比两个循环的制冷系数如下：

理论循环 1—2—3—4—1　　过热循环 1′—2′—3—4—1′

$q_o = h_1 - h_4$　　　　　有效过热 $q'_o = h'_1 - h_4 = q_o + \Delta q_o$

　　　　　　　　　　　　有害过热 $q''_o = q_o = h_1 - h_4$

$w_o = h_2 - h_1$　　　　　有效过热 $w'_o = h'_2 - h'_1 = w_o + \Delta w_o$（等熵线越靠近图右侧走势越平坦，故 $w'_o > w_o$）

　　　　　　　　　　　　有害过热 $w''_o = w'_o = h'_2 - h'_1 = w_o + \Delta w_o$

$\varepsilon_o = \dfrac{q_o}{w_o}$　　　　　　有效过热 $\varepsilon'_o = \dfrac{q'_o}{w'_o} = \dfrac{q_o + \Delta q_o}{w_o + \Delta w_o}$

　　　　　　　　　　　　有害过热 $\varepsilon''_o = \dfrac{q''_o}{w''_o} = \dfrac{q_o}{w_o + \Delta w_o}$

理论分析显示，有害过热使制冷循环的制冷系数减小，对制冷循环不利。因此，节流机构后、制冷压缩机前的低温管道和设备如果暴露在被冷却空间之外，均需包上绝热材料，尽量避免产生有害过热。有效过热对制冷循环的影响不能轻易确定，根据研究人员的进一步分析，有效过热对循环是否有益与制冷剂的种类有关。蒸气有效过热对使用制冷剂 R134a、R290、R502 的循环有益，使它们的制冷系数增加，且制冷系数的增加值与过热度成正比；蒸气有效过热对使用制冷剂 R22、R717 的循环无益，使它们的制冷系数降低，且制冷系数的降低值与过热度成正比，尤其在使用制冷剂 R717 的循环中表现更为突出。

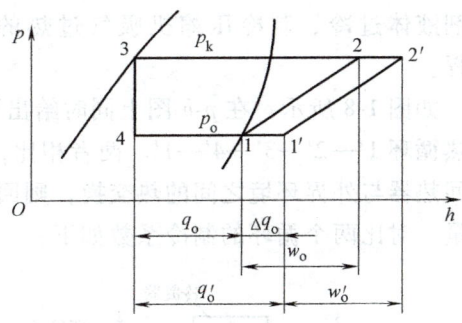

图 1-6　理论制冷循环与过热循环的 p-h 图

在设计时，可考虑适当的过热度，增大蒸发面积。中大型氟制冷系统增加回热器，可以获得较大的过热度，同时获得较大的过冷度。

【例 1-3】　例 1-2 中的某蔬果冷藏库，制冷量、制冷剂、蒸发温度、冷凝温度均不变。设计时采用管道过热循环，过热度为 $\Delta t_{gr} = 10℃$。试进行制冷循环的热力计算，并与例 1-2 的理论制冷循环比较。

解：管道过热循环属于有害过热。

工作条件：蒸发温度 $t_o = -10℃$，冷凝温度 $t_k = 40℃$，吸气温度 $t_{gr} = -10℃ + 10℃ = 0℃$。

根据制冷循环工作温度，在工质 R22 的 p-h 图上绘出制冷循环，如图 1-6 所示。

查取工质 R22 的相应的热力状态参数如下：

$h_1 = 401.6 \text{kJ/kg}$　　　　$h'_1 = 409.2 \text{kJ/kg}$　　　　$h'_2 = 450.0 \text{kJ/kg}$

$h_3 = h_4 = 249.7 \text{kJ/kg}$　　$v'_1 = 0.069 \text{m}^3/\text{kg}$　　$h_2 = 439.5 \text{kJ/kg}$

计算结果列表如下：

序号	参数	单位	计算公式		计算结果		变化情况
			管道过热	理论	管道过热	理论	
1	单位质量制冷量 q_o	kJ/kg	h_1-h_4	h_1-h_4	151.9	151.9	不变
2	理论比功 w_o	kJ/kg	$h_2'-h_1'$	h_2-h_1	40.8	37.9	增大
3	制冷系数 ε_o		q_o''/w_o''	q_o/w_o	3.7	4	降低
4	质量流量 q_m	kg/s	Q_o/q_o	Q_o/q_o	0.362	0.362	不变
5	单位体积制冷量 q_v	kJ/m³	q_o/v_1'	q_o/v_1	2201.449	2324.288	降低
6	压缩机实际输气量 V_s	m³/s	$q_m v_1'$	$q_m v_1$	25.0×10⁻³	23.66×10⁻³	增大

(3) 回热循环对实际制冷循环性能的影响　回热循环如图 1-7 所示，其实质是在普通的制冷循环系统中增加了一个回热器。回热器又称为气液热交换器，是一个热交换设备。冷凝器冷凝后的饱和制冷剂液体用状态点 3 表示，先通过回热器再到节流阀；蒸发器吸热汽化的饱和制冷剂蒸气用状态点 1 表示，先通过回热器再去制冷压缩机。这就使节流阀前常温下的饱和制冷剂液体与制冷压缩机吸入口前低温的饱和制冷剂蒸气进行热交换，达到节流前的制冷剂液体过冷、制冷压缩机吸气过热的目的，3—3′为液体过冷过程，1—1′为吸气过热过程。

如图 1-8 所示，在 p-h 图上同时给出了理论制冷循环 1—2—3—4—1 和具有吸气过热的回热循环 1′—2′—3′—4′—1′。两者相比，多了蒸气过热段 1—1′ 和液体过冷段 3—3′。若不计回热器与外界环境之间的热交换，则回热器内液体过冷放出的热量应等于蒸气过热吸收的热量。对比两个循环的制冷系数如下：

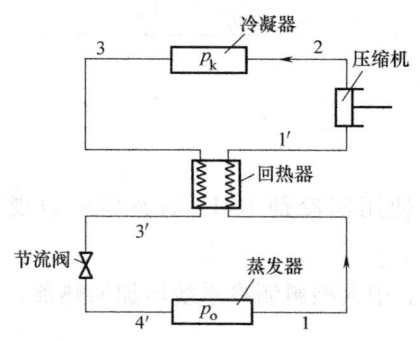

图 1-7　单级蒸气压缩式制冷回热循环系统

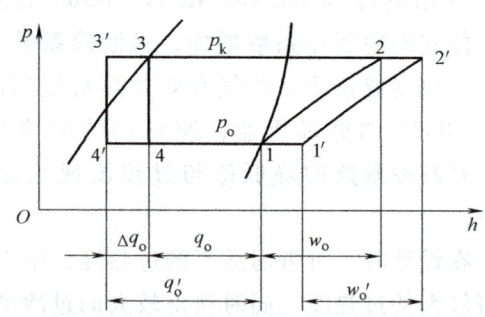

图 1-8　理论循环与回热循环的 p-h 图

理论循环 1—2—3—4—1　　　　回热循环 1′—2′—3′—4′—1′

$q_o = h_1 - h_4$　　　　　　　　$q_o' = h_1 - h_4' = q_o + \Delta q_o$

$w_o = h_2 - h_1$　　　　　　　　$w_o' = h_2' - h_1' = w_o + \Delta w_o$（等熵线越靠近图右侧走势越平坦，故 $w_o' > w_o$）

$\varepsilon_o = q_o/w_o$　　　　　　　　$\varepsilon_o' = q_o'/w_o' = (q_o+\Delta q_o)/(w_o+\Delta w_o)$

回热循环的过冷、过热过程均在各自系统内部完成。过热过程因不在被冷却空间进行，因而没有产生制冷效果，属于有害过热，对循环不利。但它同时置换了一定的过冷度，对制冷循环有益。因此，回热循环对实际制冷循环是否有益，取决于过热和过冷过程对制冷循环影响的程度。对过热度敏感的制冷剂，回热循环对其无益，如用氨做制冷剂的制冷系统是不采用回热循环的。

在实际应用中，氟利昂制冷循环中适合使用回热器。因为氟系统一般采用直接膨胀供液方式给蒸发器供液，为简化系统，一般不设气液分离装置。回热循环的过冷可使节流降压后的闪发性气体减少，从而使节流机构工作稳定、蒸发器的供液均匀。同时回热循环的过热又可使制冷压缩机避免"湿冲程"，保护制冷压缩机。直接膨胀供液是指靠压力差给蒸发器供液，即利用节流阀前、后的高低压差 p_k-p_o 给制冷剂液体提供动力，向蒸发器供液。家用冰箱、空调器即属于直接膨胀供液方式。

1-6 回热循环

在低温制冷装置中也使用回热器，以避免吸气温度过低致使制冷压缩机气缸外壁结霜，润滑条件恶化，同时减少节流后的闪发性气体。对制冷剂 R113、R114 和 RC318 等，宜采用过热或回热循环。在小型氟制冷冷库中，也可以采用将制冷压缩机的低压回气管与节流阀前的高压供液管捆绑在一起的简易做法，同样可起到回热的效果。

【例 1-4】 如例 1-2 中的某蔬果冷藏库，制冷量、制冷剂、蒸发温度、冷凝温度均不变。假设制冷系统设置了回热器改善循环，吸气温度为 0℃。试进行制冷循环的热力计算。

解： 回热器过热循环属于有害过热。

工作条件：蒸发温度 $t_o = -10℃$，冷凝温度 $t_k = 40℃$，吸气温度 $t_{gr} = 0℃$。

在工质 R22 的 p-h 图上绘出制冷循环，如图 1-8 所示。

查取工质 R22 的相应的热力状态参数如下：

$h_1 = 401.6 \text{kJ/kg}$ $h_1' = 409.2 \text{kJ/kg}$ $h_2' = 450.0 \text{kJ/kg}$

$h_3 = h_4 = 249.7 \text{kJ/kg}$ $v_1' = 0.069 \text{m}^3/\text{kg}$ $h_4' = 242.1 \text{kJ/kg}$

根据 $h_3 - h_3' = h_1' - h_1$ 得

$h_3' = h_3 - (h_1' - h_1) = 249.7 \text{kJ/kg} - (409.2 \text{kJ/kg} - 401.6 \text{kJ/kg}) = 242.1 \text{kJ/kg}$

$h_4' = 242.1 \text{kJ/kg}$，因此过点 3 向液体区作等压线，与 $h_3' = 242.1 \text{kJ/kg}$ 等焓线相交得点 3'，再过点 3'作等焓线得蒸发器入口点 4'，1—1'—2'—3—3'—4'—1 组成该回热循环。

计算结果如下：

① 单位质量制冷量 q_o' $q_o' = h_1 - h_4' = 159.5 \text{kJ/kg}$

② 单位体积制冷量 q_v' $q_v' = q_o'/v_1' = 2311.594 \text{kJ/m}^3$

③ 质量流量 q_m' $q_m' = Q_o/q_o' = 0.345 \text{kg/s}$

④ 压缩机实际输气量 V_s' $V_s' = q_m' v_1' = 0.024 \text{m}^3/\text{s}$

⑤ 冷凝器热负荷 Q_k' $Q_k' = q_m' q_k' = q_m'(h_2' - h_3) = 69.104 \text{kW}$

⑥ 回热器热负荷 Q_h' $Q_h' = q_m'(h_1' - h_1) = 2.622 \text{kW}$

⑦ 理论比功 w_o' $w_o' = h_2' - h_1' = 40.8 \text{kJ/kg}$

⑧ 回热循环制冷系数 ε_o' $\varepsilon_o' = q_o'/w_o' = 3.9$

（4）制冷压缩机的实际工作过程 制冷压缩机的工作能力，即实际制冷量的大小主要取决于其实际输气量。以活塞式压缩机为例，由于压缩机气缸中余隙容积的存在，气体经过吸、排气阀及通道处时存在热量交换及流动阻力，活塞与气缸壁间隙处会产生制冷剂泄漏等，这些因素都会使压缩机的实际输气量小于理论输气量，从而使压缩机的功率消耗增大。

1）压缩机的理论输气量 V_h，即理论状态下，单位时间内制冷压缩机能够吸入和压缩的制冷剂蒸气的量。理论输气量仅与压缩机的结构参数和转速有关，与制冷剂的种类和工作条件无关。若已知制冷压缩机的气缸直径 $D(\text{m})$、活塞行程 $S(\text{m})$、转速 $n(\text{r/s})$、气缸数 z（个），则制冷压缩机理论输气量 $V_h(\text{m}^3/\text{s})$ 为

$$V_h = \frac{\pi}{4} D^2 S n z \tag{1-10}$$

2) 压缩机的实际输气量 V_s，即实际压缩过程中，在单位时间内制冷压缩机吸入和压缩的制冷剂蒸气的量。由于实际压缩过程中有余隙容积等各种不可逆损失的存在，实际输气量 V_s 总是小于理论输气量 V_h。

实际输气量 V_s 也称为制冷剂体积流量，与系统质量流量 q_m 的换算关系为

$$V_s = q_m v_{吸} \tag{1-11}$$

式中　q_m——质量流量（kg/s），表示单位时间内循环的制冷剂质量；

　　　$v_{吸}$——制冷压缩机的吸气比体积（m^3/kg）。

3) 压缩机的输气系数 λ。各种损失因素引起的制冷压缩机输气量的减少程度用输气系数 λ（也称为压缩机的容积效率）表示。输气系数 λ 是制冷压缩机的实际输气量与理论输气量之比值，即

$$\lambda = \frac{V_s}{V_h} \tag{1-12}$$

压缩机的输气系数 λ 实际上反映了压缩机气缸工作容积的利用率，可通过经验公式近似计算，工程上也经常用经验图表计算。

4) 制冷压缩机的制冷量 Q_o。制冷压缩机的制冷量即制冷循环的制冷量，是指制冷循环中在单位时间内制冷剂从被冷却对象中吸收的热量 Q_o（kW）。

根据式（1-5）　　　　　　　　$Q_o = q_m q_o$

由式（1-11）得　　　　　　　$q_m = \dfrac{V_s}{v_{吸}}$

因此　　　　　　　　　$Q_o = q_m q_o = \dfrac{V_s q_o}{v_{吸}} = V_s q_v \tag{1-13}$

式中　q_v——单位体积制冷量（kJ/m^3）。

又由式（1-12）得　　　　　　　$V_s = \lambda V_h$

因此，制冷量也可以表示为

$$Q_o = \lambda V_h q_v \tag{1-14}$$

5) 压缩机的指示比功 w_i、指示功率 P_i、指示效率 η_i。实际整个压缩过程中，压缩指数是不断变化的，即实际压缩是偏离等熵过程的。如图 1-9 所示，1—2—3—4—1 为理论制冷循环，1—2′—3—4—1 为考虑了制冷压缩机偏离等熵过程所进行的实际制冷循环。

在图 1-9 中，1—2 为理论循环的等熵压缩过程，压缩机每压缩输送 1kg 制冷剂蒸气所消耗的功，即理论比功 w_o（kJ/kg），按式（1-3）有

$$w_o = h_2 - h_1$$

在单位时间内，压缩机按等熵过程压缩循环中的制

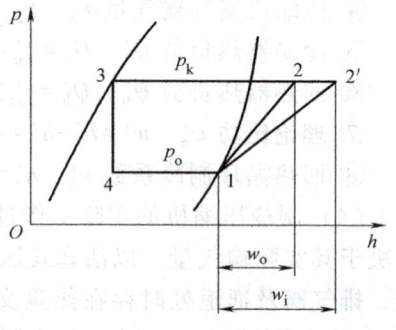

图 1-9　理论制冷循环与偏离等熵过程的实际制冷循环的 $p\text{-}h$ 图

冷剂蒸气所消耗的功，即理论功率 P_o（kW），按式（1-2）有

$$P_o = q_m(h_2 - h_1) = q_m w_o$$

1—2′为偏离等熵过程的实际制冷循环的压缩过程，压缩机每压缩输送 1kg 制冷剂蒸气所实际消耗的功，即指示比功 w_i（kJ/kg），可表示为

$$w_i = h_2' - h_1 \tag{1-15}$$

在单位时间内，制冷压缩机因压缩偏离等熵过程的制冷剂蒸气所消耗的功，即指示功率 P_i（kW），可表示为

$$P_i = q_m w_i \tag{1-16}$$

压缩机在实际循环中偏离等熵过程的程度用指示效率 η_i 表示，即

$$\eta_i = \frac{w_o}{w_i} = \frac{P_o}{P_i} \tag{1-17}$$

将式（1-3）、式（1-15）代入式（1-17），得

$$\eta_i = \frac{w_o}{w_i} = \frac{h_2 - h_1}{h_2' - h_1} \tag{1-18}$$

由此可推导出

$$h_2' = h_1 + \frac{h_2 - h_1}{\eta_i} = h_1 + w_i \tag{1-19}$$

在已知压缩机指示效率 η_i 的条件下，通过 p-h 图求得状态点 1 和状态点 2 的比焓值，之后可利用式（1-19）推导出状态点 2′的比焓值，从而对实际制冷循环进行热力计算。

6）压缩机的实际比功 w_s、实际功率 P_s 和机械效率 η_m。在实际制冷循环中，制冷压缩机还需克服运动部件的机械摩擦和驱动辅助设备（如润滑油泵）。因此，在考虑偏离等熵过程、克服运动部件的摩擦力和驱动辅助设备等诸多影响因素的情况下，制冷压缩机压缩 1kg 制冷剂蒸气实际消耗的功，即实际比功 w_s 比指示比功 w_i 还要大，两者的比值称为压缩机的机械效率，用 η_m 表示，即

$$\eta_m = \frac{w_i}{w_s} \tag{1-20}$$

压缩机的机械效率，反映了在实际压缩过程中摩擦阻力等对压缩过程影响的程度，一般 $\eta_m = 0.8 \sim 0.9$。

由式（1-20）得

$$w_s = \frac{w_i}{\eta_m} \tag{1-21}$$

又由式（1-17）得

$$w_i = \frac{w_o}{\eta_i} \tag{1-22}$$

将式（1-22）代入式（1-21）可得

$$w_s = \frac{w_o}{\eta_i \eta_m} \tag{1-23}$$

在单位时间内，制冷压缩机实际所消耗的功，即实际功率 P_s（kW），也称为压缩机的

轴功率，可表示为

$$P_s = q_m w_o = \frac{q_m w_o}{\eta_i \eta_m} = \frac{P_o}{\eta_i \eta_m} \tag{1-24}$$

7）制冷压缩机的轴效率 η_s。电动机通过轴把机械能传递给制冷压缩机，使制冷压缩机克服偏离等熵过程和摩擦阻力等一系列不利因素，压缩制冷剂蒸气做功。所以，电动机通过轴实际用于压缩制冷剂蒸气做功的效率为轴效率，用 η_s 表示，也称为总效率。即

$$\eta_s = \frac{P_o}{P_s} = \frac{w_o}{w_s} = \eta_i \eta_m \tag{1-25}$$

轴效率反映了压缩机在某一工况下运转时各种损失的程度，一般 $\eta_s = 0.65 \sim 0.72$。

8）制冷压缩机的实际制冷系数 ε_s。实际制冷循环中，由于需要克服各种不利的影响因素，在制取同样制冷量时，制冷循环实际消耗的功率大于理论消耗的功率。因此，制冷循环的实际制冷系数 ε_s 低于理论循环的制冷系数 ε_o，即

$$\varepsilon_s = \frac{Q_o}{P_s} = \frac{q_o}{w_s} = \frac{q_o}{w_o / \eta_s} = \varepsilon_o \eta_s \tag{1-26}$$

9）实际制冷循环的热力完善度 β_s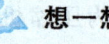。即实际循环接近理想循环的完善程度，是实际循环的制冷系数 ε_s 与工作在相同热源温度 T_c、T_h 条件下的理想循环制冷系数 ε_c 的比值，即

$$\beta_s = \frac{\varepsilon_s}{\varepsilon_c} \tag{1-27}$$

热力完善度 β_s 越大，说明制冷循环的经济性越好；反之，则制冷效果差，效率低。热力完善度 β_s 永远小于 1。

> **想一想**
>
> 带液体过冷、蒸气过热，以及回热循环对制冷循环起到什么有益的作用呢？

二、单级蒸气压缩式制冷实际循环的热力计算

实际制冷循环的热力计算一般分为设计性计算和校核性计算两类。设计性计算的目的是根据需要设计的制冷系统，按工况要求计算出实际制冷循环的性能指标：制冷压缩机的理论输气量、轴功率及冷凝器、蒸发器等热交换设备的热负荷，为设计或选择制冷压缩机、热交换设备及其辅助设备提供理论依据。校核性计算的目的是根据已有的制冷压缩机、热交换设备型号，校核它能否满足预定的制冷系统的要求。

单级蒸气压缩式实际制冷循环的热力计算一般步骤如下：

1）根据需要的制冷系统的使用性质、场合等，确定所需要的制冷剂和制冷循环形式。

2）确定制冷循环的工作参数。

① 蒸发温度 t_o。蒸发温度即制冷剂液体在蒸发器中汽化时的温度，其值取决于被冷却对象的低温要求、制冷剂与被冷却对象之间的传热温差、蒸发

1-7 单级蒸气压缩式制冷实际循环的热力计算

器形式以及所采用的冷媒。

$$t_o = t_c - \Delta t_o \tag{1-28}$$

式中　t_c——被冷却对象的温度（℃）；

　　　Δt_o——蒸发器内的传热温差（℃）。

以空气为冷媒，$\Delta t_o = 8 \sim 12℃$；以水为冷媒，$\Delta t_o = 4 \sim 6℃$。

通常，对冷却淡水和盐水的蒸发器，其传热温差取 $\Delta t_o = 5℃$；对冷却空气的蒸发排管则取 $\Delta t_o = 10℃$。

② 冷凝温度 t_k。冷凝温度即制冷剂蒸气在冷凝器中液化时的温度，其值取决于制冷系统所处地的气象、水文条件，制冷剂与环境冷却介质之间的传热温差以及冷凝器形式。

$$t_k = t_h + \Delta t_k \tag{1-29}$$

式中　t_h——环境冷却介质温度（℃）；

　　　Δt_k——冷凝器内的传热温差（℃）。

冷凝器的形式不同，环境冷却介质温度 t_h 的含义则不同，传热温差 Δt_k 的取值也随之不同。

水冷式冷凝器：t_h 为冷却水进、出口的平均温度，一般取传热温差 $\Delta t_k = 5 \sim 7℃$。

风冷式冷凝器：t_h 为进口空气的干球温度，一般取传热温差 $\Delta t_k = 15℃$。

蒸发式冷凝器：t_h 为进口空气的湿球温度，一般取传热温差 $\Delta t_k = 8 \sim 15℃$。

③ 过热温度 t_{gr}。过热温度即有蒸气过热循环的压缩机吸气温度，其值取决于制冷剂的种类以及所采用的过热方式。应尽量避免有害过热。过热温度 t_{gr} 可以表示为

$$t_{gr} = t_o + \Delta t_{gr} \tag{1-30}$$

式中　Δt_{gr}——过热度（℃），即相同压力下制冷剂饱和蒸气与过热蒸气的温度差。

工程上，过热温度 t_{gr} 可根据名义工况所规定的过热范围来确定，也可按经验确定。

对于用 R717 做制冷剂的制冷循环，过热温度 t_{gr} 见表 1-1。

表 1-1　氨机允许吸气温度　　　　　　　　　　（单位：℃）

t_o	0	-5	-10	-15	-20	-25	-28	-30	-33	-40
t_{gr}	1	-4	-7	-10	-13	-16	-18	-19	-21	-25
Δt_{gr}	1	1	3	5	7	9	10	11	12	15

对于用氟利昂做制冷剂的制冷循环，取过热温度 $t_{gr} \leq 15℃$。对于采用回热器的氟利昂制冷循环，过热温度可取大些。

④ 过冷温度 t_{gl}。过冷温度即有液体过冷循环的节流前制冷剂液体温度，其值取决于制冷剂特性和冷却方式。

过冷对制冷循环有益，因此一般取过冷度 $\Delta t_{gl} = 3 \sim 5℃$，即

$$t_{gl} = t_k - \Delta t_{gl} = t_k - (3 \sim 5)℃ \tag{1-31}$$

式中　Δt_{gl}——过冷度（℃），即相同压力下制冷剂饱和液体与过冷液体的温度差。

3) 根据已确定的制冷剂、制冷循环形式和制冷循环的工作温度，按照实际循环的简化原则，在相应制冷剂的 $p\text{-}h$ 图上，绘制出实际制冷循环的过程曲线，并在曲线上标出相应的状态点，如图 1-10 所示。

图中，1—1′—2′—3—4—5—6—1 为热力分析用简化后的单级蒸气压缩式实际制冷循环。其

中，各过程如下：

1—1'为蒸气过热过程。点 1'是制冷压缩机吸气状态点，为蒸发压力 p_o 下的过热蒸气，t_1' 即为过热温度 t_{gr}。

1'—2'为实际偏离等熵压缩过程。点 2'是实际压缩过程排气状态点，也是进入冷凝器的蒸气状态点，为冷凝压力 p_k 下的过热蒸气。

1'—2 为在相同蒸发压力 p_o 和冷凝压力 p_k 间理论等熵压缩过程。

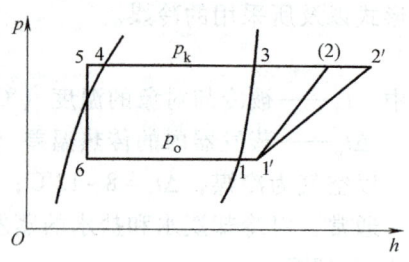

图 1-10 简化的单级蒸气压缩式实际制冷循环的 p-h 图

2'—3—4 为制冷剂蒸气在冷凝压力 p_k 下的饱和液体。

4—5 为制冷剂在冷凝压力 p_k 下的再冷却过程，即液体过冷过程。点 5 是进入节流装置的制冷剂状态点，为冷凝压力 p_k 下的过冷液体，t_5 即为过冷温度 t_{gl}。

5—6 为绝热条件下制冷剂的等焓节流过程。

6—1 为制冷剂在蒸发压力 p_o 下的等压汽化吸热过程，点 1 是蒸发压力 p_o 下的饱和蒸气状态点。

4) 确定各状态点的有关热力参数。在制冷循环的 p-h 图上，处于饱和状态的各点，其热力参数可直接由相应制冷剂的热力性质表查得，如图 1-10 中的点 1、点 3 和点 4。其他各点可通过查 p-h 图或通过推导计算得出。

5) 进行制冷循环的热力计算。根据所确定的各状态点的有关热力参数，计算出制冷循环的制冷量、轴功率、制冷系数、换热器的热负荷等性能参数。

【例 1-5】 某空调用制冷系统，制冷量 $Q_o = 48kW$，空调用冷水温度为 10℃，冷却水温度为 32℃。如果用 R717 做制冷剂，试进行制冷循环的热力计算。计算中取蒸发器传热温差 $\Delta t_o = 5℃$，冷凝器传热温差 $\Delta t_k = 8℃$，液体过冷度 $\Delta t_{gl} = 5℃$，有害过热度 $\Delta t_{gr} = 5℃$，压缩机的输气系数 $\lambda = 0.8$，指示效率 $\eta_i = 0.8$，机械效率 $\eta_m = 0.9$。

解：根据题意，制冷循环热力计算如下：

（1）确定循环的工作参数

蒸发温度：$t_o = t_c - \Delta t_o = 10℃ - 5℃ = 5℃$

冷凝温度：$t_k = t_h + \Delta t_k = 32℃ + 8℃ = 40℃$

过冷温度：$t_{gl} = t_k - \Delta t_{gl} = 40℃ - 5℃ = 35℃$

过热温度：$t_{gr} = t_o + \Delta t_{gr} = 5℃ + 5℃ = 10℃$

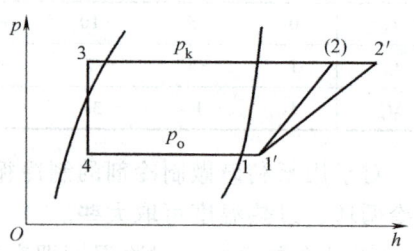

图 1-11 例 1-5 所用制冷循环的 p-h 图

（2）绘制制冷循环的 p-h 图 按题意在 R717 的 p-h 图上绘制制冷循环，如图 1-11 所示。

（3）确定各状态点的热力参数 查附录 A，得

$t_o = 5℃$，$p_o = 516.79kPa$，$h_1 = 1461.7kJ/kg$，$t_k = 40℃$，$p_k = 1556.7kPa$

由题意知：点 1'　$p_1' = p_o = 516.79kPa$　$t_1' = t_{gr} = 10℃$

　　　　　点 2　$p_2 = p_k = 1556.7kPa$　$s_2 = s_1'$

　　　　　点 3　$p_3 = p_k = 1556.7kPa$　$t_3 = t_{gl} = 35℃$

查 p-h 图，得

$h_1' = 1475.2kJ/kg$　　　$v_1' = 0.25 m^3/kg$

$h_2 = 1635.5 \text{kJ/kg}$ $h_3 = h_4 = 366.7 \text{kJ/kg}$

由式（1-18）
$$\eta_i = \frac{w_o}{w_i} = \frac{h_2 - h_1'}{h_2' - h_1'}$$

可以推导出
$$h_2' = h_1' + \frac{h_2 - h_1'}{\eta_i} = 1675.5 \text{kJ/kg}$$

（4）进行制冷循环的热力计算

1）单位质量制冷量 q_o。由题意知吸气过热属于有害过热，故
$$q_o = h_1 - h_4 = 1461.7 \text{kJ/kg} - 366.7 \text{kJ/kg} = 1095 \text{kJ/kg}$$

2）质量流量 q_m。由式（1-5）可得
$$q_m = \frac{Q_o}{q_o} = \frac{48 \text{kW}}{1095 \text{kJ/kg}} = 0.0438 \text{kg/s}$$

3）理论比功 w_o $w_o = h_2 - h_1' = 1635.5 \text{kJ/kg} - 1475.2 \text{kJ/kg} = 160.3 \text{kJ/kg}$

4）单位冷凝器负荷 q_k $q_k = h_2' - h_3 = 1675.5 \text{kJ/kg} - 366.7 \text{kJ/kg} = 1308.8 \text{kJ/kg}$

5）冷凝器热负荷 Q_k $Q_k = q_m q_k = 0.0438 \text{kg/s} \times 1308.8 \text{kJ/kg} = 57.32 \text{kW}$

6）实际比功 w_s $w_s = \dfrac{w_o}{\eta_i \eta_m} = \dfrac{160.3 \text{kJ/kg}}{0.8 \times 0.9} = 222.6 \text{kJ/kg}$

7）理论功率 P_o $P_o = q_m w_o = 0.0438 \text{kg/s} \times 160.3 = 7.02 \text{kW}$

8）实际功率 P_s $P_s = q_m w_s = \dfrac{q_m w_o}{\eta_i \eta_m} = \dfrac{P_o}{\eta_i \eta_m} = \dfrac{7.02 \text{kW}}{0.8 \times 0.9} = 9.75 \text{kW}$

9）实际输气量 V_s $V_s = q_m v_{吸} = q_m v_1' = 0.0438 \text{kg/s} \times 0.25 \text{m}^3/\text{kg} = 0.0109 \text{m}^3/\text{s}$

10）理论输气量 V_h。由式（1-12）可得
$$V_h = \frac{V_s}{\lambda} = \frac{0.0109}{0.8} \text{m}^3/\text{s} = 0.0136 \text{m}^3/\text{s}$$

11）理论循环制冷系数 ε_o $\varepsilon_o = \dfrac{q_o}{w_o} = \dfrac{1095}{160.3} = 6.8$

12）实际循环制冷系数 ε_s $\varepsilon_s = \varepsilon_o \eta_s = \varepsilon_o \eta_i \eta_m = 4.9$

13）理想循环的制冷系数 ε_c $\varepsilon_c = \dfrac{T_c}{T_h - T_c} = \dfrac{10 + 273}{(32 + 273) - (10 + 273)} = 12.86$

14）热力完善度 β_s $\beta_s = \dfrac{\varepsilon_s}{\varepsilon_c} = \dfrac{4.9}{12.86} = 0.38$

想一想

实际制冷循环的热力计算需考虑哪些实际因素的影响？

三、蒸气压缩式制冷循环的影响因素及工况

制冷机在使用中，其循环性能指标、制冷量 Q_o 和功率 P_o 与外界条件（使用目的、地

区、气象水文条件等）的变化密切相关。而外界条件的变化主要导致蒸发温度 t_o 和冷凝温度 t_k 的变化。下面将分析蒸发温度 t_o 和冷凝温度 t_k 等因素对蒸气压缩式制冷循环的影响。

1. 蒸发温度对制冷循环性能的影响

蒸发温度 t_o 的变化主要由生产工艺要求的不同和实际操作工况的变化而引起。在分析蒸发温度 t_o 对制冷循环性能的影响时，假设冷凝温度 t_k 不变。

当蒸发温度由 t_o 降低至 t_o' 时，如图 1-12 所示，制冷循环由原制冷循环 1—2—3—4—1 变为现制冷循环 1'—2'—3—4'—1'。

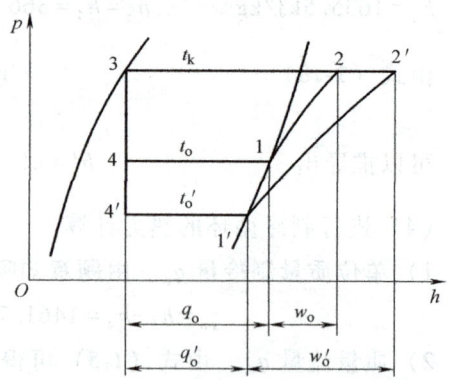

图 1-12　蒸发温度 t_o 降低到 t_o' 变化前后制冷循环的 p-h 图

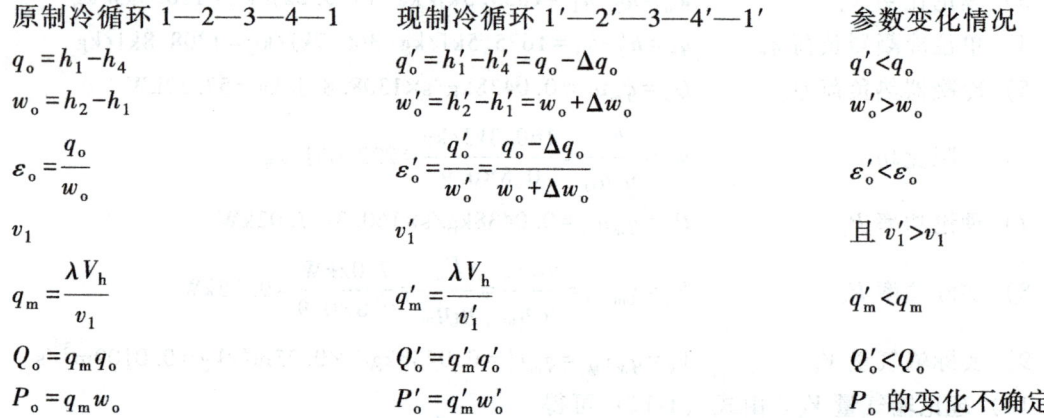

由此可见，蒸发温度降低，制冷循环性能变差，制冷量迅速减少，制冷系数降低；而随着制冷循环的蒸发温度的降低，制冷压缩机所消耗的功率的变化则是不确定的。

制冷循环中压缩机所消耗功率 P_o 随蒸发温度 t_o 变化的规律如图 1-13 所示。当 $t_o = t_k$ 时，$P_o = 0$。随着压缩机起动，蒸发温度 t_o 由 $t_o = t_k$ 逐渐下降到 $t_o = 0$ 的过程中，所消耗的功率开始逐渐增大；当 t_o 降低到图中对应的 B 点时，制冷压缩机所消耗的功率 P_o 达到某一最大值（即点 A）；如蒸发温度继续降低，对应的制冷压缩机消耗的功率 P_o 则又逐渐减少，即制冷循环的耗功不增反减。计算表明，对于常用制冷剂，当压缩比 $p_k/p_o \approx 3$ 时，功率消耗出现最大值。

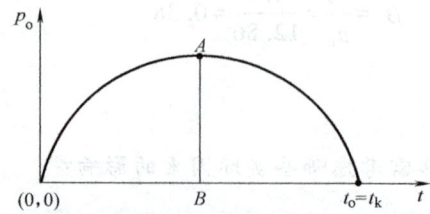

图 1-13　压缩机功率消耗 P_o 与蒸发温度 t_o 的关系

由以上分析可知，当冷凝温度 t_k 不变时，随着蒸发温度 t_o 下降，制冷机的制冷量 Q_o 减小，功率变化则与压缩比 p_k/p_o 有关。当压缩比大约等于 3 时，功率消耗最大，这一通性在压缩机电动机功率选择时具有重要意义，即制冷系统设计时，应避开压缩比 $p_k/p_o \approx 3$，从而避开制冷压缩机消耗功率出现极值。

2. 冷凝温度对制冷循环性能的影响

冷凝温度 t_k 的变化主要是由地区的不同及季节的改变、冷却方式不同等原因引起的。在分析冷凝温度 t_k 对制冷循环性能的影响时，假设蒸发温度 t_o 不变。

图 1-14 冷凝温度 t_k 升高到 t_k' 变化前后制冷循环的 $p\text{-}h$ 图

当冷凝温度由 t_k 升高到 t_k' 时，如图 1-14 所示，制冷循环由原制冷循环 1—2—3—4—1 变为现制冷循环 1—2′—3′—4′—1。

原制冷循环 1—2—3—4—1	现制冷循环 1—2′-3′—4′—1	参数变化情况
$q_o = h_1 - h_4$	$q_o' = h_1 - h_4' = q_o - \Delta q_o$	$q_o' < q_o$
$w_o = h_2 - h_1$	$w_o' = h_2' - h_1 = w_o + \Delta w_o$	$w_o' > w_o$
$\varepsilon_o = \dfrac{q_o}{w_o}$	$\varepsilon_o' = \dfrac{q_o'}{w_o'} = \dfrac{q_o - \Delta q_o}{w_o + \Delta w_o}$	$\varepsilon_o' < \varepsilon_o$

v_1 不变，所以 $q_m = \lambda V_h / v_1$ 不变

| $Q_o = q_m q_o$ | $Q_o' = q_m q_o'$ | $Q_o' < Q_o$ |
| $P_o = q_m w_o'$ | $P_o' = q_m w_o'$ | $P_o' > P_o$ |

由以上分析可得：

① 冷凝温度 t_k 升高，制冷循环性能变差，制冷量减少，制冷系数降低。

② 由于制冷压缩机的吸气比体积没有变化，故循环的质量流量 q_m 没有变化。冷凝温度变化时，制冷量 Q_o 的变化仅取决于单位质量制冷量 q_o 的变化，所以制冷量有所降低。但与蒸发温度 t_o 的变化相比，冷凝温度 t_k 的变化对制冷循环制冷量 Q_o 的影响要小一些。

③ 冷凝温度 t_k 升高，制冷循环性能变差，制冷压缩机消耗功率 P_o 增大；反之，制冷循环性能改善，制冷压缩机消耗功率减少。

④ 冷凝温度 t_k 升高，制冷循环效率降低，制冷系数 ε_o 减小；反之，制冷循环效率增加，制冷系数 ε_o 增大。

实际应用中，应将家用电冰箱放在通风处，空调的室外机在有条件时尽量安置在阴凉处。对于大型冷水机组，有条件时夏季可使用部分深井水，或加入部分温度低一些的自来水替代循环水。

1-8 蒸发温度、冷凝温度对制冷循环性能的影响

3. 制冷工况

（1）制冷工况　由于制冷机的制冷量随工质与工作条件而变，所以在标明制冷机的制冷能力时，应说明制冷机工作时所采用的制冷剂和工作温度，这是比较和评估制冷机性能的基础。因此，人为地规定了一组工作条件（温度）作为制冷机运行状况比较的基础，即制冷压缩机的工况。

所谓工况，是指制冷压缩机工作的状况，即制冷压缩机工作的条件。它的工作参数包括蒸发温度、冷凝温度、吸气温度和过冷温度。

根据我国的实际情况，规定了名义工况、最大压差工况、考核工况、最大轴功率工况等。

名义工况：考核高温、中温、低温用制冷压缩机的名义制冷能力和轴功率。

最大压差工况：考核制冷压缩机的零部件强度、排气温度、油温和电动机绕组温度。

考核工况：用于试验时考核产品合格性能的工作温度条件，合格的制冷压缩机应符合国家有关部门规定的考核工况值。

最大轴功率工况：考核制冷压缩机的噪声、振动及机器能否正常起动。

关于各类制冷压缩机的工况详见有关国家标准。

（2）制冷工况换算 对一台制冷压缩机，当使用的制冷剂一定时，不同工况下的制冷量和轴功率间的换算方法为：

根据式（1-14）

$$Q_o = \lambda V_h q_v$$

可得

$$V_h = \frac{Q_o}{\lambda q_v}$$

制冷压缩机的型号一旦确定，其理论输气量也就确定了，所以有

$$V_h = \frac{Q_{o设}}{\lambda_设 q_{v设}} = \frac{Q_{o名}}{\lambda_名 q_{v名}}$$

即

$$\frac{Q_{o设}}{\lambda_设 q_{v设}} = \frac{Q_{o名}}{\lambda_名 q_{v名}} \tag{1-32}$$

式中 $Q_{o设}$——制冷循环设计工况下的制冷量（kW）；

$Q_{o名}$——制冷循环名义工况下的制冷量（kW）；

$\lambda_设$——制冷循环设计工况下的输气系数；

$\lambda_名$——制冷循环名义工况下的输气系数；

$q_{v设}$——制冷循环设计工况下的单位容积制冷量（kJ/m³）；

$q_{v名}$——制冷循环名义工况下的单位容积制冷量（kJ/m³）。

同理，对于任意两个制冷工况可按式（1-33）进行换算：

$$\frac{Q_{o1}}{\lambda_1 q_{v1}} = \frac{Q_{o2}}{\lambda_2 q_{v2}} \tag{1-33}$$

想一想

其他因素不变，欲增大制冷系数，蒸发温度、冷凝温度该如何变化呢？

实验 单级蒸气压缩式制冷原理演示实验

一、实验目的

1）通过演示制冷（热泵）循环系统工作原理，观察制冷工质的蒸发、冷凝过程和现象。

2）熟悉制冷（热泵）循环系统的操作、调节方法。

3）会进行制冷（热泵）循环系统的热力计算。

二、实验内容与要求

序号	内　容	要　求
1	制冷循环演示	操作、观察并记录相关参数值
2	热泵循环演示	操作、观察并记录相关参数值
3	制冷（热泵）循环系统的热力计算	依据理论公式进行热力计算

三、实验装置

演示装置需220V交流电源；全封闭压缩机、换热器1、换热器2、四通换向阀及管路等组成制冷（热泵）循环系统；转子流量计及换热器内盘管等组成水系统；还设有温度、压力、电流、电压等测量仪表；制冷工质采用中温制冷剂R22。

当装置系统进行制冷（热泵）循环时，换热器1为蒸发器（冷凝器），换热器2为冷凝器（蒸发器），此换热器1和换热器2的功能转换是通过四通换向阀改变制冷剂流向而实现的。

四、实验过程

1. 制冷循环演示

序号	操　作　步　骤
1	将四通换向阀调至"制冷"位置
2	打开连接演示装置的供水阀门，利用转子流量计阀门适当调节蒸发器、冷凝器水流量
3	开启压缩机，观察工质的冷凝、蒸发过程及其现象
4	待系统运行稳定后，即可记录压缩机输入电流、电压；冷凝压力、蒸发压力；冷凝器和蒸发器的进出口温度及转子流量计的读数

2. 热泵循环演示

序号	操　作　步　骤
1	将四通换向阀调至"热泵"位置
2	类似制冷循环演示2~4步骤进行操作与记录

注：实验结束后，首先关闭压缩机，过1min后再关闭供水阀门，最后切断装置的电源。

3. 制冷（热泵）循环系统的热力计算

（1）当系统进行制冷运行时　换热器1的制冷量（kW）为

$$Q_1 = G_1 c_p (t_1 - t_2) + q_1$$

式中　G_1——换热器1的水流量（kg/s）；

t_1、t_2——换热器1的进、出口水的温度（℃）；

c_p——水的比定压热容，$c_p = 4.1868$ kJ/(kg·℃)；

q_1——换热器1的热损失（kW），$q_1 = a(t_a - t_e) \times 10^{-3}$，其中$a$为换热器1的热损失系数（实验标定）(kW/℃)，$t_a$和$t_e$分别为环境温度和工质在蒸发压力下所对应的饱和温度（℃），且t_e通过查表可得。

换热器2的换热量（kW）为

$$Q_2 = G_2 c_p (t_3 - t_4) + q_2$$

式中　G_2——换热器2的水流量（kg/s）；

t_3、t_4——换热器2的进、出口水的温度（℃）；

q_2——换热器2的热损失（kW），$q_2 = b(t_a - t_c) \times 10^{-3}$，其中 b 为换热器2的热损失系数（实验标定）（kW/℃），t_c 为工质在冷凝压力下所对应的饱和温度（℃）。

热平衡误差为

$$\Delta_1 = \frac{Q_1 - (Q_2 - N)}{Q_1} \times 100\%$$

式中　N——压缩机轴功率，$N = \eta \dfrac{VA}{1000}$（kW），$\eta$ 为电动机效率（由指导教师给出），V 为电压（V），A 为电流（A）。

制冷系数为

$$\varepsilon = \frac{Q_1}{N}$$

（2）当系统进行热泵运行时

换热器1的制热量（kW）为

$$Q_1' = G_1' c_p (t_2 - t_1) + q_1'$$

式中　G_1'——换热器1的水流量（kg/s）；

q_1'——换热器1的热损失（kW），$q_1' = a(t_a - t_c) \times 10^{-3}$。

换热器2的换热量（kW）为

$$Q_2' = G_2' c_p (t_4 - t_3) + q_2'$$

式中　G_2'——换热器2的水流量（kg/s）；

q_2'——换热器2的热损失（kW），$q_2' = b(t_a - t_e) \times 10^{-3}$。

热平衡误差为

$$\Delta_2 = \frac{Q_1' - (Q_2' + N)}{Q_1'} \times 100\%$$

制热系数为

$$\varepsilon_2 = \frac{Q_1'}{N}$$

4. 由所测得数据撰写实验报告

1）分析实验结果，指出影响各参数测定精度的因素。

2）指出本系统运行参数的调节手段。

五、注意事项

为确保安全，切忌冷凝器不通水或在无人照管情况下长时间运行。

思考与练习

1. 填空题

（1）制冷剂液体的温度低于同一压力下_____的温度称为过冷。

（2）过热分为＿＿＿＿过热和＿＿＿＿过热两种。

（3）回热循环对实际制冷循环是否有益，取决于＿＿＿＿和＿＿＿＿过程对制冷循环影响的程度。

（4）冷凝温度升高，制冷循环效率＿＿＿＿，制冷系数＿＿＿＿。

（5）＿＿＿＿是人为规定的一组工作条件，作为制冷机运行状况的评估参数。

2. 选择题

（1）实际制冷循环的制冷系数与理论循环制冷系数相比，必定＿＿＿＿。

A. 相等　　　　B. 较大　　　　C. 较小　　　　D. 不确定

（2）冷凝器中冷凝面积的选择与设计所需的冷凝面积相比，往往是＿＿＿＿。

A. 相等　　　　B. 较大　　　　C. 较小　　　　D. 不确定

（3）节流机构后、制冷压缩机前的低温管道和设备如果暴露在被冷却空间之外，均需包绝热材料，尽量避免产生＿＿＿＿。

A. 液体过冷　　B. 回热　　　　C. 有效过热　　D. 有害过热

（4）在实际应用中，＿＿＿＿制冷循环适合使用回热器。

A. 氟利昂　　　B. 氨　　　　　C. CO_2　　　D. 乙醚

（5）蒸发温度降低，制冷循环性能＿＿＿＿。

A. 变差　　　　B. 变好　　　　C. 不变　　　　D. 不确定

3. 判断题

（1）1个标准大气压时，若水的温度为25℃，则其过冷度为25℃。（　　）

（2）过冷度越大，对制冷循环越有利。（　　）

（3）对过热度敏感的制冷剂，回热循环对其有益。（　　）

（4）无论哪种冷凝器，其传热温差都取同一值。（　　）

（5）制冷空调设备的产品铭牌上标注的制冷量为其实际制冷量。（　　）

4. 简答题

（1）单级蒸气压缩式制冷的实际循环与理论循环有何区别？

（2）制冷剂节流前过冷对蒸气压缩式制冷循环有何影响？

（3）实际循环中，哪些因素会使制冷压缩机的吸气过热？

（4）何谓回热循环？哪些制冷剂可以采用回热循环，哪些制冷剂不宜采用回热循环，为什么？

（5）试分析蒸发温度降低、冷凝温度升高时，对制冷循环的影响。

（6）什么是制冷压缩机的工况？工况有几种？各在什么状态下使用有优势？

5. 计算题

（1）某空调用制冷系统，制冷工质为R134a，所需制冷量 Q_o 为50kW，空调用冷水温度 $t_c=10℃$，冷却水温度 $t_w=32℃$，蒸发器端部传热温差取 $\Delta t_o=5℃$，冷凝器端部传热温差取 $\Delta t_k=8℃$，试进行制冷循环的热力计算。计算中取液体过冷度 $\Delta t_{gl}=5℃$，吸气管路有害过热度 $\Delta t_{gr}=5℃$，压缩机的输气系数 $\lambda=0.8$，指示效率 $\eta_i=0.8$。

（2）某空气调节系统需要制冷量25kW，采用氨作为制冷剂，空调用户要求供给10℃的冷冻水，可利用河水作为冷却水，水温最高为32℃，系统不专门设过冷器，液体过冷在冷凝器中进行，试进行制冷装置的热力计算。

人文·素养·美德·价值

从"一片空白"到世界前列

你知道上海第一台窗式空调诞生于何时吗？为何说"一部上海制冷史，就是半部中国制冷空调发展史"？

上海是我国制冷空调制造业的发源地，也是我国最早的制冷空调工程技术的应用地，更是制冷空调学科最早的教学和研发基地。1924年建成的嘉道理大理石大厦（现中国福利会少年宫）中，使用了美国约克公司氨立式2缸和4缸活塞式冷水机组，这是我国第一个安装中央空调的商用建筑。20世纪30年代，制冷空调作为"舶来品"，人们仅仅在和平饭店和大光明电影院等高档场所才能享受到，空调制造业更是一片空白。中华人民共和国成立后，上海吸引了众多外资著名品牌落户，民营企业也如雨后春笋般蓬勃发展。当时全国18家冷冻机厂，就有约1/3在上海。1957年，上海万国冰箱厂制成新中国第一台4000大卡/h（1大卡=4186J）行车降温空调器，供钢铁厂炼钢车间用。1965年，上海冰箱厂研制成功了我国第一台制热量为3.72kW的热泵型窗式空调器。1966年，上海第一冷冻机厂、中国船舶工业总公司上海七零四研究所、合肥通用机械研究所与上海国棉十二厂联合试制成功了我国第一台单效蒸汽型溴化锂吸收式冷水机组。1980年，上海冷气机厂为上海工艺美术服务部设计了我国第一套空气-水热泵空调系统，热泵主机采用了该厂生产的8FS10制冷压缩机，系统中装有48kW辅助电加热器，制冷量为198kW。上海高校及时满足社会需求，为制冷行业持续培养创新人才。1952年，同济大学开设暖通专业；1956年，上海交通大学成立制冷专业；1958年，上海水产学院水产品加工专业开始招生，有力支持了上海乃至全国对制冷空调专业人才的需求。此外，上海制冷技术社会团体和专业活动也成为上海地区制冷空调产业特有的风景线。

如今，我国已发展成为全球最大的制冷产品生产国、消费国和出口国，制冷空调行业已经位居世界前列。以家用空调为例。据统计，2024年我国家用空调器年产量超过2亿台，占全球总产量的80%以上，冰箱产量占全球总产量的50%以上。我国家用空调等制冷产品市场能效水平提升30%以上，绿色高效制冷产品市场占有率提高了20%，实现年节电超1000亿kW·h。面对气候变暖、环境保护等一系列关系人类生存发展的全球问题，我国制冷行业将在高效节能低碳设备、系统解决方案、HCFCs等制冷剂替代以及运行维保等技术上做出进一步的探索和发展，成为从世界制造大国向世界制造强国迈进的践行者。

学习任务三　制冷剂与载冷剂

知识点和技能点

1. 掌握制冷剂的分类和命名方法。
2. 掌握制冷剂的性能指标评价。
3. 掌握常用制冷剂和载冷剂的性质。
4. 了解新型制冷剂的替代路线和应用现状及未来的发展方向。

5. 能够合理选择制冷剂和载冷剂。
6. 会常用制冷剂压-焓图的使用。

重点和难点

1. 制冷剂的分类和命名方法。
2. 常用制冷剂的性质。

一、制冷剂的命名与性能指标

为改善制冷机的性能，除了要寻求尽量完善的制冷循环外，科学选配适宜的工作介质也是十分重要的。这些在制冷系统中流动着的各种工作介质，对制冷循环起着重要的作用。

制冷剂是指在制冷系统中循环流动，通过自身的热力状态循环变化，使制冷系统不断地与外界发生能量的交换，从而达到制冷目的的物质。制冷剂又称为制冷工质。

（1）制冷剂的分类及命名　在实际工程中常用的制冷剂有二三十种，它们归纳起来可分为四类，即无机化合物类制冷剂、卤代烃类制冷剂、烃类制冷剂及混合制冷剂。

1) 无机化合物类制冷剂。无机化合物类制冷剂是较早采用的天然制冷剂，包括水、空气、氨和二氧化碳等。

无机化合物类制冷剂的代号为"R7××"，其中"××"为该无机物的相对分子质量取整数部分。例如：

制冷剂 NH_3　　　　　相对分子质量整数部分 17　　　　符号 R717
制冷剂 CO_2　　　　　相对分子质量整数部分 44　　　　代号 R744

为了区别相对分子质量整数部分相同的两种或两种以上制冷剂，一般在"××"后加上字母 a、b、c……以示区别。例如，CO_2 和 N_2O 分别用 R744 和 R744a 表示。

2) 氟利昂类制冷剂（即卤代烃类制冷剂）。氟利昂是饱和碳氢化合物的人工卤素（主要是氟、氯、溴）衍生物的总称。根据所要求的沸点，将饱和碳氢化合物中的氢元素全部或部分用卤素取代，形成了通常所称的氟利昂类制冷剂。

氟利昂的化学分子式通式为 $C_mH_nF_xCl_yBr_z$，是碳（C）链上链接氢（H）离子、氟（F）离子、氯（Cl）离子和溴（Br）离子，其中字母 m、n、x、y 和 z 表示氟利昂分子上 C、H、F、Cl 和 Br 的离子数，它们之间应满足 $n+x+y+z=2m+2$ 关系。

因此，氟利昂的代号可用 "R$(m-1)(n+1)(x)$B(z)" 表示。第一位数字为 $m-1$，该值为零时则省略不写；第四位数字为 z，如为零时，与字母 "B" 一起省略不写。对于氟利昂中的同分异构体，可根据其不对称程度依次加后缀 a、b、c 等字母。

例如，一氯二氟甲烷分子为 CHF_2Cl，其中 $m=1$，$n=1$，$x=2$，$y=1$，$z=0$，按照代号规定可写为 R22，称为氟利昂 22。

又如四氟乙烷分子为 $C_2H_2F_4$，其中 $m=2$，$n=2$，$x=4$，$y=0$，$z=0$，按照代号规定可写为 R134a，称为氟利昂 134a。

目前对氟利昂采用了另外一种更直观的代号表示法，从而可以方便地判断其对大气臭氧层的破坏程度，即根据氟利昂分子中含氯、氟、氢原子的情况，将其分为下列三类：

① 卤代烃类。代号为 CFC_S。它是原碳氢化合物中的氢原子被氯、氟原子完全置换后的氯氟衍生物，分子中仅含有碳原子、氟原子及氯原子，如 R113（即三氟三氯乙烷

$CF_2ClCFCl_2$)、R12（即二氟二氯甲烷 CF_2Cl_2）。

这类氟利昂属于公害物，严重破坏大气臭氧层，被列为首批禁用制冷剂。

② 氟烃类。代号为 $HCFC_S$。它是原碳氢化合物中的氢原子部分被氯、氟原子置换形成的，是不完全卤代烃，如 R22（即二氟一氯甲烷 CHF_2Cl）、R21（即一氟二氯甲烷 $CHFCl_2$）。

这类氟利昂对大气臭氧层的破坏能力只比 CFC_S 类物质小，属于低公害物质，被列为过渡性制冷剂。

③ 氢氟烃类。代号为 HFC_S。它是原碳氢化合物中的氢原子部分被氟原子置换形成的，分子中不含氯，是无氯卤代烃，如 R134a（即四氟乙烷 $C_2H_2F_4$）、R23（即三氟甲烷 CHF_3）及 R152a（即二氟乙烷 CH_3CHF_2）。

这类氟利昂对大气臭氧层的破坏为零，可作为前两类制冷剂的替代物。但它们中的一些物质能够对环境产生温室效应，最终也将被替代。

3) 烃类制冷剂。烃类制冷剂是碳氢化合物，是完全由碳元素和氢元素组成的天然物质。烃类制冷剂分为烷烃类制冷剂和烯烃类制冷剂等。这类制冷剂经济但易燃烧，安全性很差。

烷烃类制冷剂分子式通式为 C_mH_{2m+2}，命名方法类同氟利昂，采用 "R($m-1$)($n+1$)0" 方法表示（尾数 0 表示无氟）。例如，甲烷分子式为 CH_4，命名为 R50；乙烷分子式为 C_2H_6，命名为 R170；丙烷分子式为 C_3H_8，命名为 R290。

烯烃类制冷剂分子式通式为 C_mH_{2m}，命名方法是先在 R 后加 "1"，后续数字写法类同氟利昂。例如，乙烯分子式为 C_2H_4，命名为 R1150；丙烯分子式为 C_3H_6，命名为 R1270。

以上三类制冷剂均为由单一物质组成的纯质制冷剂。

4) 混合制冷剂。混合制冷剂是为改善纯质制冷剂的性能，扩大制冷剂选择范围，将几种纯质制冷剂按照一定比例混合在一起相互溶解而成的，可以使其优势互补。

按照混合后沸点的性质，混合制冷剂可分为共沸混合制冷剂和非共沸混合制冷剂。

① 共沸混合制冷剂。共沸混合制冷剂中各组成成分的沸点相同或近似相同，采用代号 "R5××" 表示，R 后的第一个数字 5 专指共沸混合制冷剂，"××" 按照发现的先后顺序编号，从 00 开始，如最早命名的共沸混合工质的符号为 R500，以后命名的按先后顺序依次为 R501、R502、…、R509。

② 非共沸混合制冷剂。非共沸混合制冷剂各组成成分沸点相差较大，它是继共沸混合制冷剂之后发展起来的，为寻求性质满意的工质开辟了更宽广的选择范围。非共沸混合制冷剂代号采用 "R4××" 表示，R 后的第一个数字 4 专指非共沸混合制冷剂，"××" 按照发现的先后顺序编号，同组分、不同组成比例的非共沸混合制冷剂可加后缀 A、B、C 等，如 R401A、R401C、R407A、R407B 等。

想一想

四类制冷剂都是如何命名的？

（2）制冷剂的性能指标评价　制冷剂的性能直接影响制冷机的种类、构造、尺寸和运转特性，同时也影响制冷循环的形式、设备结构及经济技术性能。因此，研究制冷剂的性能，有助于我们为各类制冷机寻求或选配性能满意的制冷剂。

评价制冷剂的性能指标主要从以下三个方面进行。

1) 环境指标。

① 臭氧衰减指数 ODP（Ozone Depletion Potential）。当制冷剂、发泡剂、灭火剂及消毒剂排放到大气中之后，这种含氯的化合物扩散到大气同温层，被太阳的紫外线照射而分解，释放出氯原子，氯原子与同温层中的臭氧发生连锁反应，使臭氧层遭到破坏，严重危及人类的健康及生态平衡。以 R11 的臭氧平衡影响作为基准值1，其他物质与它相比较得到的数值为这些物质的 ODP 值。

制冷剂的 ODP 不影响制冷剂效率，但却是一个关键的选择因素。制冷剂在选用中要求其 ODP 值越小越好。ODP=0，则该制冷剂对大气臭氧层无害。

② 全球变暖指数 GWP（Global Warming Potential）。制冷剂中的氟氯碳化合物等温室气体，可以让短波太阳光不受阻挡地通过，而将从地球表面反射出来的长波辐射热挡住，使地球表面保持了一定的温度。当过量的温室气体排放到大气后，会影响气温和降雨量，导致气候变暖，海平面升高，产生温室效应。GWP 是以二氧化碳的温室效应潜能值为1，其他物质与它比较所得的数值。制冷剂的 GWP 值也是越小越好。制冷剂的 GWP 值的高低并不排斥其使用，但在评价时应予以考虑。目前，ODP≤0.05，GWP≤750 的制冷剂被认为是可以接受的。

③ 大气寿命。任何物质排放到大气层被分解一半（数量）所需的时间。

④ 理论 COP。在不受设备或运行工况影响下，工质理想制冷循环的性能表现（即 COP），以每一个单位的能耗给出多少单位的制冷量计算。

表 1-2 给出了部分制冷剂四个主要的环境评价指标。

表 1-2 部分制冷剂的环境评价指标

压力	制冷剂	ODP 值 （R11=1）	GWP 值 （CO_2=1）	大气寿命	理论 COP	受控物质与否
低压	R123	0.02	29	1.3	7.44	（否）
中压	R134a	0	420	14.0	6.94	（否）
高压	R22	0.05	510	12.0	6.98	（否）
	R125	0	860	29.0	6.08	否
	R32	0	675	4.9	6.74	否
混合制冷剂	R410A	0	2088	—	6.56	（否）
	R407C		1700		6.78	（否）

注：1. 理论 COP 来源：REFPROP program from NIST, 1994（工况：蒸发温度40°F，冷凝温度100°F饱和条件）。
2. （否）为过渡性物质，2020年和2040年之间受限。

2) 热力学指标。制冷剂的热力学性质直接影响制冷装置的效率。

① 制冷剂具有较宽的工作温度范围。首先，制冷剂的临界温度要高。临界温度是制冷剂不能靠加压而液化的最低温度，在此温度以上，制冷剂因无法凝结而不能再循环工作。因此，制冷循环必须存在于临界点以下区域。制冷剂的临界点高，则临界温度高，便于用一般冷却水或空气进行冷凝。此外，制冷循环的工作区域越远离临界点，制冷循环越接近逆卡诺循环，节流损失小，制冷系数高；而在低于但靠近临界点运行时，会较难于压缩，导致效率很低，制冷量很小。

其次，制冷剂的凝固温度要低。制冷剂的凝固温度越低，越易得到较低的蒸发温度；反之，会使制冷剂工作温度范围受到限制。例如，水用作制冷剂时，只能用于蒸发温度为0℃以上的空调系统。

最后，制冷剂的标准蒸发温度要低。标准蒸发温度是制冷剂在1个标准大气压下的沸腾温度。标准蒸发温度越低的制冷剂，能达到的制冷温度就越低。例如，氨的标准蒸发温度为-33.4℃，即可以获得-33℃的低温。

② 制冷剂具有适宜的工作压力和压缩比。在满足低温要求的情况下，制冷剂的蒸发压力最好略高于或至少接近大气压力，以免外部空气从不严密处渗入系统的低压部分，造成制冷机的无效耗功增加，还可能加剧制冷系统的腐蚀。同时，要求制冷剂的冷凝压力不要过高，避免使压缩机耗功增加和因提高设备强度、密封性导致的设备投资增加。

制冷循环的压缩比（即冷凝压力与蒸发压力之比）和压力差不应过大。两者较小，可降低压缩机的耗功和排气温度，提高制冷机的输气性能，使压缩机运转机构的受力情况得以改善，从而使制冷机在结构上简化和紧凑，运行中平稳、轻捷、安全。

③ 制冷剂具有较高的单位容积制冷能力。制冷剂的单位容积制冷能力越大，要求产生一定制冷量时，其体积循环量越小，制冷压缩机的尺寸就越小，相应的设备也可以减小。

④ 循环的理论比功小。制冷循环理论比功大，并不意味着压缩过程中消耗的功率就大。但理论比功小，可使压缩终了的制冷剂的排气温度较低，从而保证制冷机的安全运行和使用寿命。排气温度高对制冷循环是有害的。

3) 其他性能指标。

① 流动性好。制冷剂流动性好，则其密度、黏度小，在管道中的流动阻力就小，可以降低压缩机的耗功率和缩小制冷管道的管径。一般相对分子质量大的制冷剂，其黏度也较大，氟利昂类制冷剂属有机物，其相对分子质量往往较大，黏度较高。

② 传热性好。制冷剂的导热系数要高，这样可以提高热交换效率，减少蒸发器、冷凝器等热交换设备的换热面积，进而减小耗材和所占空间。有时可通过增加肋片加强换热。

③ 安全性好。制冷剂的安全性主要指它的毒性、易燃性和易爆性。制冷剂对人的生命和健康应无危害，不具有毒性、窒息性和刺激性。制冷剂的毒性是相对而言的。虽然有些制冷剂无毒或者毒性较低，但当其在空气中达到一定浓度时，仍会对人体造成危害。此外，在高温或明火下，氟利昂物质会分解出剧毒的光气，需要在使用中保障通风顺畅等防范措施。尤其当制冷机房设置在地下室时，应做好通风等防范措施。此外，为了保证制冷系统的安全运行，应选用不燃烧、不爆炸的制冷剂。如果不得不选用易燃制冷剂，则必须做好防火、防爆等安全防范措施。

④ 热稳定性好。一般来讲，制冷剂在普冷范围内是稳定的，但在温度较高时，会与润滑油、铜或铁等长时间摩擦，易发生变质甚至热裂解。制冷系统中如压缩机体、气缸及排气口处温度较高，要求制冷剂、润滑油等具有较好的热稳定性。

⑤ 化学稳定性好。由于制冷系统中设备和管道都是由金属材料制成的，故要求制冷剂不与金属发生化学反应。当制冷剂中含有少量水分时，也不会发生水解、镀铜现象等不良作用。同时，对氟利昂类制冷剂，由于其属于有机化合物，容易与橡胶产生溶解或膨润作用（即变软、膨胀和起泡），因此选用制冷系统密封材料时，不能采用普通天然橡胶，应选用氯丁乙烯、氯丁橡胶和尼龙等耐氟材料。

⑥ 溶解性。溶油性方面，冷冻机润滑油按制造工艺分为天然矿物油和人工合成油两大

类，后者主要有聚醇类、聚酯类和极性合成碳氢化合物等。制冷剂 R600a 与矿物油完全相溶，制冷剂 R717、R134a、R407C 等均与天然矿物油完全不相溶，因此蒸发温度较稳定，制冷剂与润滑油易于分离，但在热交换器的换热表面会因生成油膜而影响传热。制冷剂 R134a 与聚酯类润滑油完全互溶。制冷剂 R22、R502 等与润滑油有限相溶，其互溶性随温度压力的变化而变化。一般来讲，温度越低，溶解度越小。R32 与聚酯类润滑油具有良好的互溶性，R22 对矿物油的溶解能力大于聚酯类油，因而聚酯类油对 R22 的传热性能影响更大。

制冷剂与油相溶时，制冷系统的设计需要考虑系统的回油措施，保证制冷压缩机不缺油。制冷剂与油不相溶时，制冷系统的设计需要考虑系统油的回收。

溶水性方面，制冷剂中除氨极易溶于水外，其他烃类和氟利昂类制冷剂都很难溶于水。对于难溶于水的制冷剂，制冷系统中若有游离水则易形成冰堵，而易溶于水的制冷剂溶水后会对金属有腐蚀作用，故制冷系统中应严格控制水的含量。在使用难溶于水的制冷剂的制冷系统中，还需要加装干燥剂，如氟利昂类制冷剂。

此外，制冷剂的选择还应考虑价廉、易得、生成和储运费用低等方面，这些因素不仅影响着制冷系统的制造、运营成本，而且决定着系统的复杂程度和普及性。

想一想

从哪些方面可以对制冷剂进行性能评价呢？

二、常用制冷剂及制冷剂的发展

1. 常用制冷剂

实际应用中，人们习惯按照标准蒸发温度 t_s 的大小，将制冷剂大致分为三大类：高温低压制冷剂（$t_s > 0℃$）、中温中压制冷剂（$-60℃ \leq t_s \leq 0℃$）和低温高压制冷剂（$t_s < -60℃$）。

（1）R717（NH_3，氨） R717 是应用较广的中温制冷剂，其蒸发温度为 $-33.4℃$，使用范围为 $-70 \sim 5℃$，具有良好的热力性质。在常温和普通低温范围内，R717 的压力比较适中，单位质量制冷量、单位容积制冷量均较大，因此压缩机尺寸可以较小，但压缩终温较高。

R717 黏性小，流动阻力小，传热性好，可有效降低系统换热面积。

R717 几乎不溶于润滑油，但有水分时会降低润滑油的润滑作用。氨液的密度比润滑油小，油会沉积于容器底部，方便排出，但润滑油进入热交换设备易形成油膜，影响传热效果。

R717 能以任意比例与水相互溶解，组成氨水溶液，在低温时水也不会从溶液中析出而冻结成冰，所以氨系统里不必设置干燥器。但氨系统中有水分时会加剧对金属的腐蚀，同时使制冷量减少，所以一般限制氨中的含水量不得超过 0.12%（质量分数），以保证系统的制冷能力。

R717 对黑色金属（如钢铁）无腐蚀作用；若含有水分，对铜和铜合金（磷青铜除外）有腐蚀作用。因此，氨制冷机中管道及阀件材料均不采用铜和铜合金材料。

R717 最大的缺点是毒性大和可燃爆炸性。R717 蒸气无色，具有强烈的刺激性臭味，氨液飞溅到皮肤上时会引起肿胀甚至冻伤。当 R717 蒸气在空气中的体积分数达到 0.5%～0.6% 时，人在其中停留半小时即可中毒；达 11%～14% 时即可点燃（燃烧时呈黄色火焰）；

达 16%～25%时可引起爆炸。因此，机房内空气中 R717 蒸气不得超过 0.02mg/L，且要注意通风换气。

由于氟利昂中的 CFC_S 及 $HCFC_S$ 物质面临被禁用，所以目前 R717 又受到重视，主要用于蒸发温度在-65℃以上的大、中型冷藏、冷库等。

（2）R718（H_2O，水） R718 是高温制冷剂，标准沸点为 100℃，冰点为 0℃，适用于 0℃以上的制冷温度。R718 无毒、无味、不燃、不爆、来源广，是安全而便宜的制冷剂。但水蒸气的比体积大，水的蒸发压力低，使系统处于高真空状态，因此空气易渗入系统，应注意及时排除空气。R718 是一种理想的制冷剂，适用于吸收式和蒸气喷射式空调制冷系统。

（3）R22（CHF_2Cl） R22 是使用最广泛的中温制冷剂，标准蒸发温度为-40.8℃，凝固温度为-160℃。R22 属 $HCFC_S$ 类物质，对大气臭氧层有轻微破坏作用，并产生温室效应，被列入第二批限用与禁用的制冷剂。R22 的热力学性能与 R717 十分相近，单位容积制冷量大，饱和压力高，压缩终温不如 R717 高，但在氟利昂类制冷剂中属高的，若在高压缩比下工作，压缩机要采取冷却措施。R22 无色、无味、不燃、不爆，毒性小，对金属无腐蚀，但对非金属密封材料的腐蚀性较大。R22 不溶于水，系统中含水量超标会引起冰堵和"镀铜"腐蚀，因而系统中须设干燥器。R22 在制冷系统高温侧溶油，低温侧不溶油，所以要有专门的回油措施。

R22 广泛用于冷藏、空调、低温设备中。目前，还没有找到比较理想的工质来替代 R22，研究较多的近期替代物为非共沸混合工质 R407C，而当前大型空调冷水机组的制冷剂往往采用 R134a 来代替。

（4）R123（$C_2HF_3Cl_2$） R123 属高温制冷剂。其热力性质与 R11 很接近，而环境危害又很小，被认为是 R11 的合适替代物。R123 的标准蒸发温度为 27.61℃，凝固温度为-107℃，在大气中的寿命仅 1～4 年，属于过渡期制冷剂。R123 汽化潜热较之 R11 更小，黏性较大，热导率小，液体比热容较大，不燃、不爆，使用安全性好，适用于离心式制冷压缩机。

（5）R32（CH_2F_2） R32 属于氢氟烃类氟利昂制冷剂，化学名称为二氟甲烷，无色、无毒、易溶于油、难溶于水、可燃，在使用时需要采取相应的措施。R32 热力性质与 R410A 非常接近，其 ODP 值为 0，GWP 值仅为 675，远低于 R410A，具有优异的制冷性能和高效能，是一种环保型的制冷剂，在 CO_2 减排方面优于 R410A。

（6）R134a（$C_2H_2F_4$） R134a 属于中温制冷剂，常温常压下为无色无味气体，标准蒸发温度为-26.5℃，凝固温度为-101.0℃，热力性质与 R12 接近，因此使用这种制冷剂的制冷系统的改型比较容易。R134a 的 ODP 值为 0，GWP 值不低，对大气臭氧层无破坏作用，但仍有一定的温室效应。

R134a 的相对分子质量大，流动阻力损失比 R12 大，传热性能比 R12 好，因此制冷剂的用量可大大减少。使用 R134a 的制冷系统与使用 R12 的制冷系统相比具有较高的压力和温度，因此需要较大的冷却风扇。

R134a 难燃、不爆炸、无毒、无刺激性、无腐蚀，且化学反应能力低，稳定性好，具有良好的安全性能。R134a 自身不具备润滑性，但其渗透性强，更易泄漏，且单位质量制冷量和单位体积制冷量较低。

R134a 制造原料贵，工艺复杂，随着生产技术的日臻完善，成本逐步下降，目前已广泛应用于汽车空调、冰箱、中央空调及商业制冷等领域。

（7）R152a（$C_2H_4F_2$） R152a 是中温制冷剂，标准蒸发温度为 -25℃，凝固温度为 -117℃。其 ODP 值为 0，GWP 值很小，在环境可接受性上，它比 R134a 更好。R152a 的热力性质十分适合制冷循环，具有较高的单位容积制冷量，可缩小制冷机体积，液体、气体的比热容、汽化潜热和热导率均较高，可提高热交换效率，使制冷系统具有较高的能效比。

R152a 制冷工艺简单，价格低廉，但其燃烧性强，在空气中体积分数达到 4.5%~17% 就会着火。因此，对其作业场所的安全性要求较高。R152a 一般与其他制冷剂合成混合制冷剂，如 R22/R152a、R22/R152a/R124、R152a/R134a。

（8）R407C（R32/R125/R134a） R407C 是 R32 与 R125、R134a 按质量比 23∶25∶52 配置而成的非共沸混合制冷剂。R407C 低毒，不可燃，属于安全制冷剂。R407C 的蒸发温度、冷凝温度与 R22 很相似，单位容积制冷量、能效比及冷凝压力都与 R22 非常接近，压力也较适中，其环保性能优于 R22，可作为 R22 的一种近期替代品。R407C 在蒸发过程中温度逐渐升高，而在冷凝过程中温度逐渐降低（称为温度滑移），这一变温特性为通过对换热器改型增强换热，进一步改善制冷性能提供了可能。从热力性质来看，R407C 对现有制冷空调系统有着较好的适应性，除更换润滑油、调整系统的制冷剂充注量及节流元件外，对压缩机及其余设备可不做改动。如果要运用其变温特性实现节能，则需要设计新的蒸发盘管，选择不同的使用场合来有效发挥温度滑移而达到节能效果。

（9）R502（R22/R115） R502 是 R22 与 R115 以质量比 48.8∶51.2 组成的共沸混合制冷剂，用于超市冷冻食品陈列柜的制冷系统中。R502 与 R22 相比，具有更好的热力性能，更适用于低温制冷。R22 由于单级压缩比大，排气温度太高（有时高达 149℃），使压缩机故障频繁。采用 R502 取代后，在相同的蒸发温度和冷凝温度条件下压缩比较小，压缩后的排气温度较低，制冷量和能效都得到改善。R502 毒性小，不燃，不爆，对金属材料无腐蚀作用，对橡胶和塑料的腐蚀性也小，适合于蒸发温度在 40~45℃ 的单级、风冷式全封闭、半封闭制冷装置中使用，尤其在冷藏柜中使用较多。

（10）R410A（R32/R125） R410A 是近共沸混合制冷剂，由质量分数为 50% 的 R32 和 50% 的 R125 组成。其 ODP = 0，对大气臭氧层无破坏作用，但 GWP 值较高。R410A 无色，不浑浊，易挥发，化学及热稳定性高，具有良好的传热性及流动性，传热性优于 R407C。其单位体积制冷量可比 R22 提高约 60%，制冷系数也比之大 5% 左右。R410A 不能与矿物性润滑油互溶，但能溶解于聚酯类合成润滑油。其价格及配套的润滑油的价格均较昂贵，还要使用专门的制冷压缩机，因此目前替代成本偏高。R410A 是目前国际公认的用来替代 R22 最合适的冷媒，在欧美、日本等国得到普及。

（11）R454B R454B 的 GWP 值仅为 466，相较于 R32 的 GWP 低约 30%，具有比 R32 更低的整机成本。其运行成本也较低，与 R32 相比具有明显优势。目前，R-454B 在性能上与 R410A 相匹配，可作为 R410A 的替代制冷剂，得到广泛应用。

（12）R290（C_3H_8，丙烷） R290 是较多采用的碳氢化合物，属于中温制冷剂。其 ODP = 0，GWP 很小，几乎可以忽略不计，大气环境特性优良。R290 具有良好的热力学性能，凝固点低，汽化潜热大，热导率高，与水不起化学反应，对金属无腐蚀作用，溶油性好，易于制取，价格便宜。但 R290 易燃、易爆，使用中应使制冷系统内保持正压。R290 充灌、维修场所应注意良好的通风。

除丙烷外，通常用作制冷剂的碳氢化合物还有乙烷（R170）、丙烯（R1270）、乙烯（R1150）。它们在凝固点低、对金属无腐蚀、环境友好性、易燃、易爆等方面与丙烷相似。R170、R1150属低温制冷剂，临界温度都很低，限用于复叠式制冷系统的低温部分。

（13）R600a（C_4H_{10}，异丁烷） R600a的标准蒸发温度为-11.7℃，凝固点为-160℃，属于中温制冷剂，对环境无破坏作用，无毒，但可燃、可爆，在有R600a的制冷管路中不允许采用气焊或电焊。它能与矿物油互溶。目前常在冷藏/冷冻箱中作为R12的替代物。虽然它的排气温度比R12、R134a都低，性能系数也高于R12，但其单位体积制冷量只有R12系统的一半，蒸发过程又是负压过程，影响了它作为单一替代和直接充灌。研究表明，R290/R600a混合物可以达到直接充灌的效果，且从循环性能和与系统组件的相容性来看，具有较大的优势。

（14）R744（CO_2，二氧化碳） R744即二氧化碳，是天然工质，其ODP=0，GWP=1，来源广泛，成本低廉，安全无毒，不可燃，适应各种润滑油，即便在高温下也不分解产生有害气体。R744蒸发潜热较大，单位容积制冷量相当高，故压缩机及部件尺寸较小。R744绝热指数较高，压缩比较小，容积效率相对较大，接近于最佳经济水平，有很大的发展潜力。

想一想

有哪些高温制冷剂、中温制冷剂和低温制冷剂？

2. 制冷剂的发展和环保化替代

追溯制冷技术的发展历程，制冷剂的发现、应用和更替在其中起着巨大的作用。其中，仅在压缩式制冷和热泵装置中，就有几十种物质被用作制冷工质，并获得了不同程度的成功。目前，由于臭氧层遭到破坏以及温室效应的影响，多种制冷剂面临着被禁用和替代的挑战。

乙醚是最早使用的现代制冷剂。1755年，英国的化学家威廉·库仑（William Cullen）经过试验，利用乙醚的蒸发吸热，使水结成了冰。1834年，帕金斯（J. Perkins）发明了蒸气压缩式制冷机，并使用二乙醚（乙基醚）作为制冷剂。1859年，开利（Carre）发明了氨水吸收式制冷系统，并申请了原理专利。1866年，威德豪森（Windhausen）提出使用CO_2作制冷剂。1870年，卡特·林德（Cart Linde）选用氨作制冷剂，大大减小了设备的体积，从此大型制冷机中广泛采用氨作制冷剂，蒸气压缩式制冷机的生产和应用开始占据统治地位。1874年，拉乌尔·皮克特（Paul Pictel）采用SO_2作制冷剂。CO_2和SO_2在历史上曾是比较重要的制冷剂，应用时间长达五六十年。近年来，由于CO_2对大气臭氧层无破坏作用，同时又具有良好的传热性能，因而重新引起人们的广泛研究并在一定场合得到应用。1924年，凯瑞（W. H. Carrier）和沃特菲尔（R. W. Waterfill）进行了开创性的系统研究，最终选择了二氯乙烷异构体（R1130）作为第一台离心式压缩机的制冷剂。

早期制冷剂多数是可燃的或有毒的，甚至两者兼有，某些物质还有很强的反应性，以至造成了当时事故频发。随着制冷机产量的增加，筛选制冷剂的原则转向了安全可靠和性能优良上。20世纪后，制冷技术有了更大的发展。1929～1930年，汤姆斯·米杰里（Thomes Midgley）首先提出将氟利昂用作制冷剂。氟利昂制冷剂的出现给制冷机的使用和制冷技术带来了新的变革,成为制冷业发展的重要里程碑之一。

1974年,美国加利福尼亚大学的莫利纳(M. J. Molina)和罗兰特(F. S. Rowland)教授首先撰文提出,卤代烃中的氯原子会破坏大气臭氧层。事实证明,氟利昂制冷剂中的CFC_S与$HCFC_S$类物质对臭氧层有破坏作用,还会助长温室效应,加速全球气候变暖。自此以后,国际上多次召开会议,明确保护臭氧层的宗旨和原则。1987年9月,36个国家和10个国际组织共同签署了《关于消耗大气臭氧层物质的蒙特利尔议定书》,规定了逐步消减和停止使用CFC_S与$HCFC_S$类物质的时间表。随着保护臭氧层的日益紧迫,国际上又先后通过《伦敦修正书》《哥本哈根修正案》《维也纳修正书》《京都议定书》等,对《蒙特利尔议定书》所列控制物质的种类、消费量基准和禁用时间等作了进一步调整和限制。当前,我国正处于第二代制冷剂淘汰和第三代制冷剂削减的双线管控关键阶段,显然,第三代HFC制冷剂已经不能满足当前中国向低碳社会快速转型的迫切愿望。特别是随着2021年9月《基加利修正案》在我国正式生效,第四代全球变暖潜能值(GWP)制冷剂的推进变得尤为迫切。

近年来,随着制冷剂替代物的研究、开发愈加深入,人们更加努力地探求环保型制冷剂。HFC_S类氟制冷剂因为不会对臭氧层产生影响,是当前氟制冷剂的主流产品,但其存在明显的温室效应。短期内想要淘汰HFC_S类制冷剂要考虑费用和市场接受度问题,但从长期来看,在"碳中和"背景下环境友好型制冷剂未来必将替代现有$HCFC_S$类和HFC_S类制冷剂。制冷空调行业已作出积极响应并采取措施和行动。目前以合成工质和天然工质作为替代物为主,如HFC、氨、二氧化碳、水、碳氢化合物等。表1-3为部分常用制冷剂的替代物及制冷用途。

表1-3 部分常用制冷剂的替代物及制冷用途

原制冷剂	制冷剂替代物	制冷用途
R22	R410A	家用和楼宇空调系统
R22	R407C	空调及热泵系统
R11	R213	新设备及改造设备
R12	R134a	汽车空调、冰箱、中央空调及商业制冷等
R22和R502	R404A	中、低温冷冻冷藏机组和冷库
R22、R12	R125	空调、工商制冷、冷水机组等
R502	R507	低温制冷系统
R12	R600a	家用冰箱
R22	R32	家用空调

从目前替代制冷剂的趋势来看,新的替代物主要遵循以下5点原则:
① 臭氧衰减指数ODP和全球变暖指数GWP越小越好。
② 优良的热力性能。
③ 制冷剂的毒性、可燃性低,有较高的安全性。
④ 系统的耐久性好,包括热力学、化学稳定性和材料与油的相容性等。
⑤ 制冷剂的制造成本要低,生产工艺简单,便于推广。
由此可见,制冷剂朝着天然可再生趋势发展已势不可挡。

想一想

当前都有哪些新型环保制冷剂呢?

三、载冷剂及其常用类型

1. 载冷剂的作用与性质要求

（1）**载冷剂的作用** 载冷剂又称为间接冷媒，是指间接冷却系统中传递热量的物质。载冷剂在蒸发器中被制冷剂冷却后送到被冷却物体或冷却设备中，吸收被冷却物体的热量，再返回蒸发器，将热量传递给制冷剂，载冷剂重新被冷却，如此循环不止，以达到持续制冷的目的。

采用载冷剂的优势如下：

① 可使制冷系统聚集在较小的范围内，便于运行管理。

② 可将冷量送到离制冷系统较远的地方，便于对冷量分配和控制。

③ 可使制冷系统中的制冷剂用量减少，又可使有毒的制冷剂不进入用冷场所。

④ 载冷剂的比热容一般都比较大，因此被冷却对象的温度易于保持稳定。

载冷剂的不足之处在于：增加了独立的载冷剂系统，使整个装置相对复杂；被冷却对象和制冷剂之间的温差也随之加大，需要更低的制冷剂蒸发温度，且增加了冷量损失。

在大型集中式空调制冷系统、制冷工程的盐水制冰系统和冰蓄冷系统中均采用载冷剂。

（2）**对载冷剂性质的要求**

① 比热容大。载冷剂的比热容大，载冷量就大，所需的载冷剂的循环量就小，管路的管径和泵的尺寸就小，节省泵的耗功。

② 在使用温度范围内呈液态。载冷剂的凝固点应低于制冷剂的蒸发温度，沸点应远高于使用温度。一般要求载冷剂的冷凝温度要比系统的蒸发温度低 6~8℃。

③ 导热系数高。载冷剂的导热系数高，换热设备的传热性能好，可减少传热面积。

④ 黏度和重度要小。由此可减少载冷剂的流动阻力和压力损失，提高换热效率。

⑤ 无毒、无可燃性、无刺激性气味。化学稳定性好，在大气压力下不分解，不氧化，不改变其物理性质和化学性质。

⑥ 来源方便，价格低廉。

2. 常用载冷剂

常用的载冷剂是水、无机盐水溶液或有机物液体。它们适用于不同的载冷温度。各种载冷剂能够载冷的最低温度受其凝固点的限制。

（1）**水** 水是使用最早且使用较为普遍的载冷剂。它性质稳定，安全可靠，无毒，无腐蚀性，流动传热性较好，价廉易得。但由于水的凝固温度较高，因此仅适用于0℃以上的温度，通常在集中式空气调节系统及生产工艺上用作载冷剂。

（2）**无机盐水溶液** 在水里掺入一定量的无机盐，就可使形成的盐水溶液凝固温度降低。因此，无机盐水溶液的凝固温度低于0℃，它被广泛地用于蒸发温度在0℃以下的各种间接冷却系统。最广泛使用的是氯化钙（$CaCl_2$）水溶液、氯化钠（$NaCl$）水溶液和氯化镁

（$MgCl_2$）水溶液。

无机盐水溶液的密度和比热容都较大，因此传递一定的冷量所需盐水溶液的体积循环量较小。无机盐水溶液具有腐蚀性，尤其是略呈酸性且与空气相接触的稀盐溶液对金属材料的腐蚀性很强，为此需采取一定的防腐措施。无机盐水溶液可适当配浓一些，以免因盐水池通风使无机盐水溶液氧化；载冷剂返回盐水池的回流入口应设在液面以下。此外，在无机盐水溶液中添加缓蚀剂，使溶液呈中性（pH 值调整到 7.0 左右）。缓蚀剂通常采用二水铬酸钠溶液。无机盐水溶液吸湿性较强，因吸湿，其浓度逐渐变小，应注意定期检查无机盐水溶液的浓度，若浓度降低，应适当补充盐量。

无机盐水溶液的凝固温度取决于盐的种类和含盐量。通过配制不同的无机盐水溶液浓度，在特定范围内可调节无机盐水溶液的凝固温度。但当无机盐水溶液的浓度增大到一定值时，其凝固温度不再下降，开始凝固并有盐晶体析出，此时无机盐水溶液的温度和浓度称为该无机盐水溶液的冰盐共晶点。无机盐水溶液达到共晶点后，如果继续增大其浓度，则其凝固点逐渐回升，并不断有盐析出。

图 1-15 所示为无机盐水溶液凝固曲线（T-ξ 曲线），表示无机盐水溶液状态与其温度 T 和浓度（质量分数）ξ 之间的关系。图中左、右各有一条曲线，曲线上各点分别表示各种浓度下无机盐水溶液所对应的起始凝固温度。两曲线的交点即为冰盐共晶点。左边的曲线称为析冰线，其对应的无机盐水溶液浓度低于共晶浓度，在相应温度下无机盐水溶液不断析冰，且析冰温度随其浓度的增大而降低；右边的曲线称为析盐线，其对应的无机盐水溶液浓度比共晶浓度高，溶液降温凝固时析出盐的

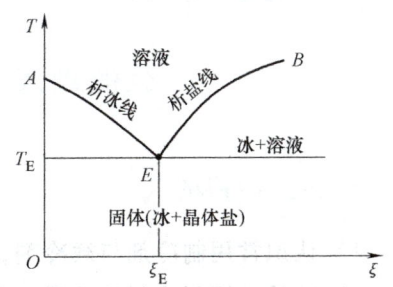

图 1-15 无机盐水溶液凝固曲线（T-ξ 曲线）

结晶体，且析盐温度随无机盐水溶液浓度的增大而升高。共晶温度是溶液不出现结冰或析盐的最低温度。

无机盐水溶液凝固曲线给出了溶液析冰和析晶情况，作为载冷剂的无机盐水溶液应在溶液区中选择。确定无机盐水溶液浓度时只需保证蒸发器中的盐水溶液不冻结，其凝固温度不要选择过低，一般比制冷剂的蒸发温度低 5℃ 左右即可，且浓度不应大于共晶点浓度。对于氯化钠盐水溶液，最低凝固温度为 -21.2℃，此时对应溶液浓度为 23.1%；氯化钙盐水溶液的最低凝固温度为 -55℃，此时对应溶液浓度为 29.9%。因此，对氯化钠溶液而言，只有当制冷剂的蒸发温度高于 -16℃ 时才能用它作为载冷剂；对氯化钙溶液，则制冷剂的蒸发温度高于 -50℃，即可作为载冷剂。

（3）有机物溶液

1）有机溶液。有机溶液不仅沸点均较低，且其凝固温度普遍比水和无机盐水溶液的凝固温度还低，因此可在更低的温度下载冷。

① 甲醇（CH_3OH）和乙醇（C_2H_6OH）及其水溶液。甲醇的冰点为 -97℃，乙醇的冰点为 -117℃，它们的纯液体密度和比热容都比无机盐水溶液低，故可以在更低温度下载冷。甲醇的水溶液比乙醇的水溶液黏性稍大一些，它们的流动性都比较好。甲醇和乙醇都有挥发性和可燃性，所以使用中要注意防火，特别是当机器停止运行，系统处于室温时，更需格外当心。

② 乙二醇水溶液、丙二醇水溶液和丙三醇水溶液。丙三醇（甘油）是极稳定的化合物，其水溶液对金属无腐蚀、无毒，可以和食品直接接触，是良好的载冷剂。乙二醇水溶液和丙二醇水溶液的特性相似，它们的共晶温度可达-60℃左右（对应的共晶质量分数为0.6左右），其密度和比热容较大，溶液黏度高，略有毒性，但无危害。乙二醇略有腐蚀性，使用时需要加缓蚀剂。

2) 纯有机液体。纯有机液体如二氯甲烷 R30（CH_2Cl_2）、二氯乙烯 R1120（C_2HCl_3）和其他氟利昂液体，它们的特点是凝固点很低（在-100℃左右或更低），密度大、黏性小、比热容小。利用它们可以得到更低的载冷温度。

想一想

如何确保以无机盐水溶液为载冷剂的系统正常使用呢？

技能训练 制冷剂分装与载冷剂配制

一、实训目的

1) 认识常用制冷剂与载冷剂，增强感性认识。
2) 熟悉常用制冷剂的性质，会合理选用常用制冷剂。
3) 熟悉常用载冷剂的性质并会合理选用。
4) 会区分常用制冷剂钢瓶。
5) 了解制冷剂储存要点。
6) 了解制冷剂分装要点。

二、实训内容与要求

序号	内容	要求
1	观察 R134a、R22 等常用制冷剂钢瓶的外观及其上文字，观看电教片，了解制冷剂的各项性质	记录制冷剂钢瓶的外观及其上文字，能说出钢瓶内制冷剂的性能
2	以小组为单位，对制冷剂进行分装	会规范进行制冷剂分装操作
3	对制冷剂进行储存	会对制冷剂进行储存
4	配制一定浓度的无机盐水溶液	会进行无机盐水溶液的配制

三、实训器材与设备

实训器材与设备主要有：盛有 R22、R134a、R502 等制冷剂的钢瓶，磅秤，连接钢管，封闭帽，氯化钠，水，玻璃容器，量器，布，手套，防护镜等。

四、实训过程

1. 认识常用制冷剂和载冷剂

序号	步　骤
1	观察并记录 R134a、R22 等常用制冷剂钢瓶的外观及其上文字说明
2	观察并记录氯化钙水溶液、乙二醇等载冷剂的外观
3	观看电教片,了解并记录制冷剂和载冷剂的各项性质
4	撰写实训报告

2. 制冷剂分装

序号	操作步骤
1	将大氟利昂钢瓶按底部放在高处、瓶口放在低处的方式放置好
2	用一根工艺管向准备分装的小氟利昂钢瓶中打入 0.8~1MPa 压力的氮气
3	放掉小氟利昂钢瓶里的氮气,用真空泵对小氟利昂钢瓶进行抽真空至表压-0.1MPa
4	用加氟管分别连接大氟利昂钢瓶瓶阀和小氟利昂钢瓶瓶阀,并对小氟利昂钢瓶充装制冷剂至其额定量的 2/3
5	2~3min 后关闭小氟利昂钢瓶阀口
6	撰写实训报告

3. 制冷剂储存

序号	操作步骤
1	不同的制冷剂应使用不同标志的固定钢瓶盛装,钢瓶外观字样清晰可辨
2	制冷剂使用过后,立即关闭钢瓶阀门,旋紧瓶盖
3	钢瓶放置整齐,妥善固定,留有通道。钢瓶卧放时应头部朝向一方,防止滚动,堆放不应超过 5 层,瓶盖、防振圈等附件须完整无缺

4. 无机盐水溶液的配制

序号	操作步骤
1	计算:如配制质量分数为 5% 的食盐溶液,计算需要固体食盐 100g×5%＝5g;水 100g-5g＝95g,换算成体积为 95mL
2	称量:使用天平称量固体食盐 5g,用量筒取水 95mL
3	配制:将 5g 食盐倒入 250mL 的烧杯中,然后将 95mL 水也倒入烧杯中,用玻璃棒搅拌至食盐全部溶解,就配制成了 100g 质量分数为 5% 的食盐溶液
4	装瓶:将配制好的无机盐水溶液倒入贴有标签的试剂瓶中,密封备用

五、注意事项

1. 制冷剂储存注意事项

① 所用钢瓶必须经耐压试验,并进行干燥及真空处理。

② 钢瓶应存放在阴凉处，避免阳光直晒，防止靠近高温。
③ 钢瓶在搬运中禁止敲击，以防爆炸，应轻拿轻放。
④ 充注制冷剂时，应远离火源。
⑤ 制冷剂不得随意向室内排放，尤其是室内有明火时。
⑥ 应采取劳动保护措施，如戴手套、眼镜等，以防发生冻伤。
⑦ 瓶外应有明显的品名、数量、质量卡片，以防弄错。
⑧ 钢瓶阀口不得有慢性泄漏，应定期对阀门进行泄漏试验。
⑨ 室内应保证空气流通，应装有通风设备，一旦发生制冷剂泄漏，应立即通风排出。

2. 制冷剂分装注意事项

① 小制冷剂钢瓶同样需要做耐压试验和泄漏试验。分装前应将小瓶干燥处理，将重量标在瓶外。
② 加氟管应有柔性，以减少对称重的影响，小制冷剂钢瓶下可放冰盘或冷水盘。
③ 分装时先开大瓶阀，再开小瓶阀。达到充注量时先关大瓶阀，后关小瓶阀。
④ 小瓶充注量不超过满容积的 2/3。
⑤ 分装后卸去加氟管，检查小制冷剂钢瓶重量，将大、小瓶阀口用封闭帽封严。
⑥ 大瓶中气体不能用尽，必须留有剩余压力。

思考与练习

1. 填空题

（1）混合制冷剂分为_____和_____。
（2）按照氟利昂的分子组成，氟利昂制冷剂可分为_____、_____和_____三类。其中_____对大气臭氧层的破坏作用最大。
（3）制冷剂的临界温度要_____，凝固温度要_____，标准蒸发温度要_____。
（4）对氟利昂类制冷剂，选用密封材料时，不能采用_____，应选用_____、_____和_____等耐氟材料。
（5）常用的载冷剂是_____、_____溶液或_____液体。

2. 选择题

（1）下列制冷剂中，_____属于非共沸混合制冷剂。
A. R134a　　　　　B. R290　　　　　C. R407C　　　　　D. R502
（2）按化学结构分类，氟利昂制冷剂属于_____类。
A. 无机化合物　　　　　　　　　　B. 饱和碳氢化合物的衍生物
C. 多元混合液　　　　　　　　　　D. 碳氢化合物
（3）氟利昂易溶于油，不会_____。
A. 妨碍冷凝器传热　　　　　　　　B. 久停车后起动时"奔油"
C. 使蒸发压力降低　　　　　　　　D. 使润滑油黏度降低
（4）对大气臭氧层没有破坏作用的制冷剂是_____。
A. R12　　　　　　B. R22　　　　　　C. R717　　　　　D. R502

(5) 无机盐水溶液作为载冷剂使用时的主要缺点是_____。

A. 腐蚀性强　　　　B. 载热能力小　　　　C. 凝固温度较高　　　　D. 价格较高

3. 判断题

(1) 氟利昂 CF_3Cl 的代号为 R13。　　　　　　　　　　　　　　　　　　　　(　　)

(2) 市场上出售的所谓"无氟冰箱"就是没有氟利昂作为制冷剂的冰箱。　　(　　)

(3) 制冷剂的临界温度要高，以便于在常温下能够液化。　　　　　　　　　(　　)

(4) 制冷剂 R717、R12 是高温低压制冷剂。　　　　　　　　　　　　　　　　(　　)

(5) 无机盐水溶液的凝固温度随盐的质量分数的增加而降低。　　　　　　　(　　)

4. 简答题

(1) 为下列制冷剂命名：①CCl_2F_2　②CO_2　③C_2H_6　④NH_3　⑤$CBrF_3$　⑥$CHClF_2$　⑦CH_4　⑧C_2H_4　⑨H_2O　⑩C_3H_6

(2) 制冷剂有哪些种类？怎么用符号表示制冷剂？

(3) 氨和氟利昂对哪些材料具有强烈的腐蚀性？

(4) 为什么制冷剂的临界温度要高，凝固温度要低？

(5) 制冷剂与冷冻机油的相溶性好坏对制冷机的工作会起哪些作用？

(6) 什么是制冷剂的 ODP 值和 GWP 值？合适的替代制冷剂应满足的要求有哪些？

(7) 什么是载冷剂？作用是什么？它们主要应用于何种场合？

(8) 无机盐水溶液对金属的腐蚀性如何？常用的防腐措施有哪些？

人文·素养·美德·价值

制冷剂替代助力我国低碳事业发展

当今世界，全球携手合作应对气候变化一致行动已成各国共识，我国制冷空调行业积极推进制冷剂淘汰与环保替代工作，实现绿色可持续发展。数据显示，目前我国在空调、冰箱、工业制冷、商业运输等制冷剂主要应用领域中，空调用制冷剂占制冷剂总量的 78%，其中 95% 以上制冷空调项目采用氟制冷剂。$HCFC_S$ 类氟制冷剂破坏臭氧层且温室效应较高，生产配额正在削减进程中；HFC_S 类氟制冷剂存在明显温室效应，但因其不对臭氧层产生影响，仍是当前氟制冷剂的主流产品，在未来几年依然具有很大需求空间。

从 2011 年到 2022 年，国务院、工信部、国家发改委等在产品安全、原材料、渠道建设、就业创业等多个维度发布一系列政策，推动制冷剂行业规范化发展。2011 年、2012 年工信部分别发布《氟化氢行业准入条件》《氟化氢行业准入公告管理暂行办法》，分别从产业布局、规模工艺与设备、节能降耗与资源综合利用、环境保护、主要产品质量等方面对国内氟化氢行业设置了准入壁垒；2021 年 2 月，国务院发布《关于加快建立健全绿色低碳循环发展经济体系的指导意见》，全面推行清洁生产，依法在"双超双有高耗能"行业实施强制性清洁生产审核。在政策利好下，制冷剂行业总产值也在不断提高。数据显示，制冷剂总产值从 2017 年的 6500 亿元上升至 2022 年的 8000 亿元。

此外，为响应国家号召，各省市积极推动制冷剂行业的发展。如《江苏省冷链物流发展规划（2022-2030 年）》立足江苏省自身情况和冷链物流发展实际，提出加快绿色高效制冷剂、新型保温材料等应用，提高冷库、冷藏车等设施设备保温材料的保温和阻燃性能，并聚集环保制冷剂、冷链安全消杀等基础研究；北京市《"十四五"时期生态环境保护规划》提出积极建设绿色低碳场馆，新建室内场馆全部达到绿色建筑三星级标准；内蒙古自治区《"十四五"应对气候变化规划》鼓励氯氟烃生产企业开展新一代低增温潜势制冷剂的研发，推动企业优化生产工艺，尽可能减少生产、储存、运输过程中含氟温室气体泄漏。

制冷剂应用领域广泛，不同领域制冷剂适用的产品不同，很少能够通用，因此成为行业发展的一大阻碍。党的十八大以来，制冷空调行业克服重重困难、积极行动，积极投入《蒙特利尔议定书》的履约工作，如期实现了行业2013年$HCFC_s$消费冻结、2015年削减10%及2020年淘汰基线水平35%的履约任务目标，为国家层面履约目标的实现做出了重要贡献。从长期来看，开发利用氨、二氧化碳等天然可再生制冷剂和高效节能新型制冷剂是未来我国制冷剂行业的发展方向。

学习任务四　双级蒸气压缩式制冷循环

知识点和技能点

1. 了解采用双级蒸气压缩式制冷循环的原因和条件。
2. 能判断双级蒸气压缩式制冷循环的基本形式和特征。
3. 掌握一级节流中间完全冷却和不完全冷却的双级压缩式制冷的工作流程。
4. 会进行双级蒸气压缩式制冷中间压力的确定。
5. 了解双级蒸气压缩式制冷循环的热力计算方法。
6. 会分析比较温度变动对双级蒸气压缩式制冷循环制冷机特性的影响。

重点和难点

1. 采用双级蒸气压缩式制冷循环的原因和条件。
2. 一级节流中间完全冷却和不完全冷却的双级压缩式制冷的工作流程。
3. 双级蒸气压缩式制冷循环中间压力的确定。
4. 双级蒸气压缩式制冷循环的热力计算。

一、双级蒸气压缩式制冷循环的过程与原理

当采用空气或水作为冷凝介质时，单级蒸气压缩式制冷循环所能获得的最低温度为 $-30 \sim -20$℃。分析得知，随着蒸发温度的降低，制冷循环的效率将快速下降。为了获得更低的蒸发温度，同时保证制冷循环的效率不致下降，就需要采用双级或多级压缩式制冷循环。

1. 采用双级蒸气压缩式制冷循环的原因和条件

（1）单级蒸气压缩式制冷循环的局限性　在蒸气压缩式制冷循环中，当选定制冷剂后，制冷循环所能达到的蒸发温度主要取决于制冷循环的冷凝压力 p_k 与蒸发压力 p_o 之比 p_k/p_o（称为压缩比）。制冷冷凝温度一般由环境温度决定，变化不大，因此与冷凝温度相对应的冷凝压力变化也不大。而蒸发温度则由生产工艺要求决定，变化相对较大。当生产工艺要求的蒸发温度较低时，相应的蒸发压力也较低，压缩比 p_k/p_o 即随之增大。对于单级蒸气压缩

式制冷循环而言，当压缩比 p_k/p_o 大到一定值时，会带来如下一系列问题。

① 由于活塞式制冷压缩机有余隙容积存在，压缩比的增大会导致容积效率下降，从而导致活塞式制冷压缩机的输气系数 λ 下降，实际输气量 V_s 减少，制冷机的制冷量 Q_o 下降。压缩比越大，这种影响就越大。当压缩比 $p_k/p_o>20$ 时，普通活塞式制冷压缩机的输气系数 $\lambda \approx 0$，压缩机几乎不能吸入制冷剂蒸气，从而失去了制冷能力。

② 压缩比 p_k/p_o 的增大会使制冷压缩机压缩过程的不可逆性增大，即实际压缩过程偏离等熵程度增大，使制冷压缩机的实际耗功增大，效率下降，制冷系数 ε 降低。

③ 压缩比 p_k/p_o 增大后，压缩的终了温度（视为排气温度）过高，气缸壁温度随之升高，使吸入的制冷剂蒸气温度升高，比体积增大，从而降低了吸气量；而且，过高的排气温度将影响制冷剂的化学稳定性。此外，排气温度过高，会使润滑油变稀，甚至部分炭化，导致压缩机的润滑条件恶化，影响制冷循环的正常运行。

基于上述原因，尤其是排气温度的限制，单级制冷压缩机的压缩比不宜过大。一般使用氨的单级活塞式制冷压缩机的压缩比 $p_k/p_o \leq 8$；使用氟利昂的单级活塞式制冷压缩机的压缩比 $p_k/p_o \leq 10$；使用离心式制冷压缩机时，每一次所能达到的压缩比 $p_k/p_o \leq 4$。

实际应用中，如果需要更低的蒸发温度及高的制冷循环工作效率，就需要采用多级压缩或复叠式制冷循环等。但是，三级压缩所能达到的最低蒸发温度与双级压缩循环相差不大，而级数增多会导致系统复杂、设备费用增加。因此，目前活塞式制冷压缩机常采用双级压缩制冷循环，多级压缩的形式主要用于离心式制冷循环中。

（2）双级压缩制冷循环的特点及应用　双级压缩的实质是把压缩过程分为两个阶段进行，即在冷凝压力 p_k 和蒸发压力 p_o 之间增加了一个中间压力 p_m，用两台制冷压缩机（或采用双级制冷压缩机）完成蒸发压力至冷凝压力的上升。先将制冷剂蒸气从蒸发压力 p_o 压缩至中间压力 p_m，经过中间冷却后，再将制冷剂蒸气从中间压力 p_m 压缩至冷凝压力 p_k，从而形成双级压缩。双级压缩过程中，低压级压缩比为 p_m/p_o，高压级压缩比为 p_k/p_m，每一级的压缩比均较小，总的压缩比 p_k/p_o 为两级压缩比的乘积，使制冷循环获得较低蒸发温度的同时，制冷压缩机的效率不致降低。

与单级压缩式制冷循环相比，双级压缩式制冷循环具有以下特点。

① 采用双级压缩循环，可使每一级的压缩比降低，减少活塞式制冷压缩机的余隙容积影响，减少制冷剂蒸气与气缸壁间的热交换，减少制冷剂在压缩过程中的内部泄漏损失，提高制冷压缩机的输气系数，提高实际输气量；在其他条件不变的情况下，增加循环的制冷量。

② 每一级压缩比的降低，可以提高每一级制冷压缩机的指示效率，减少实际压缩过程中的不可逆损失。在有中间冷却的双级压缩循环中，可节省循环耗功，同时可降低每一级的排气温度，保证制冷系统的高效安全运行。

③ 每一级压缩比的降低，同样也降低了每级制冷压缩机的压力差，使得制冷机运行的平衡性提高，机械摩擦损失减少。在设计时，可简化制冷机结构，降低生产成本。

在制冷工程中，当蒸发温度达到-25℃以下时，只有小型制冷装置为了简化系统仍采用单级压缩循环，其他较大的系统普遍采用双级压缩制冷循环。除了离心式制冷循环外，双级压缩制冷循环只能使用中温中压制冷剂。受制冷剂凝固或蒸发压力过低的限制，双级压缩制冷循环中，氨制冷剂能达到的最低蒸发温度不低于-60℃，氟利昂制冷剂能达到的最低蒸发

温度不低于 -80℃。

 想一想

为什么要采用双级蒸气压缩式制冷循环呢？

2. 双级蒸气压缩式制冷循环的形式及其比较

（1）双级蒸气压缩式制冷循环的基本形式和选择方法　双级压缩制冷循环可以是由两台单级压缩机组成的两机双级系统（又称配组式双级系统），其中一台为低压级压缩机，另一台为高压级压缩机；也可以由一台压缩机完成双级压缩，其中部分气缸作为高压缸，其余气缸作为低压缸（高、低气压缸数的比例一般为 1∶3 或 1∶2），这样的压缩机通常称为单机双级压缩机。

双级蒸气压缩式制冷循环由于所用节流级数及中间冷却方式的不同，有不同的循环形式。节流级数分为一级节流和二级节流，中间冷却方式分为中间完全冷却、中间不完全冷却和中间不冷却三种。一级节流是指向蒸发器供液的制冷剂液体经过一个节流阀，直接由冷凝压力 p_k 节流至蒸发压力 p_o；二级节流是指向蒸发器供液的制冷剂液体经过两个节流阀，先由冷凝压力 p_k 节流至中间压力 p_m，再由中间压力 p_m 节流至蒸发压力 p_o。双级压缩采用中间冷却是为了降低高压级的排气温度，降低压缩机的功耗。中间完全冷却是将低压级压缩机的排气等压冷却成为中间压力 p_m 下的饱和蒸气；中间不完全冷却是只将低压级压缩机的排气等压冷却降温，但并未达到饱和，仍是过热蒸气；中间不冷却则是低压级压缩机的排气直接进入高压级压缩机，而不采用中间冷却的方式。

双级压缩制冷循环形式的选择与制冷剂的种类、制冷装置的容量，以及运转的具体条件等多方因素有关，中间冷却方式的选择主要与制冷剂的性质有关。在单级压缩制冷循环中，对于氟利昂类制冷剂如 R22、R134a、R290、R502 等，采用中间不完全冷却方式；对于 R717 制冷剂，为了提高制冷系数和单位体积制冷量，同时降低高压级压缩机的排气温度，应采用中间完全冷却的双级压缩制冷循环。实际工程中，为简化系统和设备的冷藏运输装置，可采用中间不冷却的双级压缩制冷循环，但应使用绝热指数小、压缩机排气温度低的制冷剂。

节流方式的选择主要与制冷系统的大小，以及设备的形式有关。一级节流方式简单，便于操作控制，可实现远距离供液或向高层冷库供液，应用十分广泛。二级节流的双级压缩制冷循环主要用于离心式制冷系统，以及具有多个蒸发温度的大型制冷系统中。

（2）一级节流中间完全冷却的双级压缩制冷循环　一级节流中间完全冷却的双级压缩制冷循环是目前活塞式氨制冷机、螺杆式氨制冷机等最常用的双级压缩制冷循环形式。其制冷循环原理及相应的 p-h 图如图 1-16 所示。

一级节流中间完全冷却的双级压缩制冷循环的工作过程是：从蒸发器出来的蒸发压力 p_o 下的低温低压制冷剂蒸气（状态点 1）被低压级压缩机吸入，压缩至中间压力 p_m（状态点 2），再进入中间冷却器，与中间压力 p_m 下的该制冷剂饱和液体混合，由过热蒸气被冷却成为中间压力 p_m 下的饱和蒸气（状态点 3）（因此称为中间完全冷却），同时中间冷却器中部分饱和液体吸热汽化。冷却后的低压级排气与中间冷却器内产生的制冷剂蒸气一起进入高压级压缩机，被压缩至冷凝压力 p_k 下的过热蒸气（状态点 4），排出后进入冷凝器，在冷凝

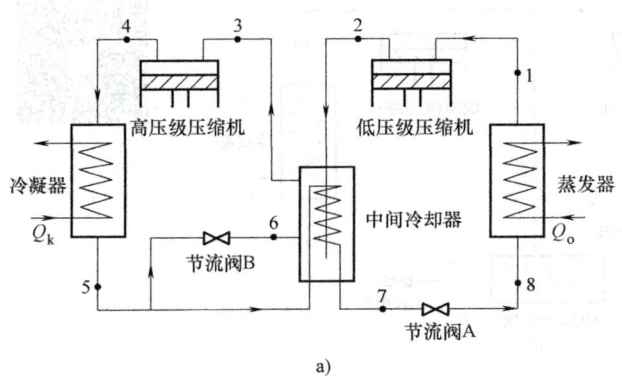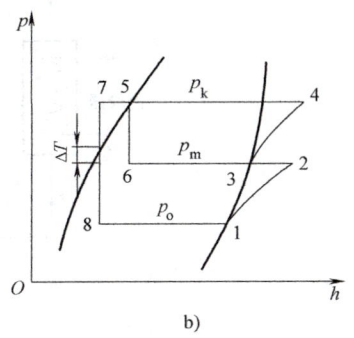

图 1-16 一级节流中间完全冷却的双级压缩制冷循环
a) 循环原理 b) p-h 图

器中被定压冷却、冷凝成冷凝压力 p_k 下的饱和液体（状态点 5）。冷凝器出来的制冷剂液体分成两路：主要一路液体经中间冷却器内盘管放热，过冷后（状态点 7）经节流阀 A 由冷凝压力 p_k 一次节流至蒸发压力 p_o（状态点 8），之后进入蒸发器汽化吸热制冷；另一路少部分液体（状态点 5）经节流阀 B 由冷凝压力 p_k 节流至中间压力 p_m（状态点 6）后进入中间冷却器，利用这部分制冷剂的汽化来冷却低压级压缩机排入中间冷却器的过热蒸气和使中间冷却器盘管中的高压制冷剂液体过冷，然后与低压级排气和节流时闪发的气体一起进入高压级压缩机。以此周而复始，完成制冷循环。

从一级节流中间完全冷却的双级压缩制冷循环可知，高压级压缩机和冷凝器中制冷剂的循环量 q_{mg} 比低压级压缩机和蒸发器中制冷剂的循环量 q_{md} 要大，两者的差值即为经节流阀 B 去往中间冷却器的制冷剂的量。

由图 1-16 可见，双级压缩循环较之单级压缩循环，在蒸发温度较低的情况下，有很大的改善。系统的压缩比由单级压缩比 p_k/p_o 变为高压级 p_k/p_m 和低压级 p_m/p_o，压缩比大大降低。高压压缩机所吸入的不再是过热蒸气，而是饱和蒸气，使得高压压缩机的排气温度不致过高。此外，由于进入蒸发器的制冷剂节流前在中间冷却器中已进行过冷，因此节流后产生的闪发性蒸气量减少，有利于提高单位质量制冷量。

（3）一级节流中间不完全冷却的双级压缩制冷循环　一级节流中间不完全冷却的双级压缩制冷循环一般用于中、小型氟利昂制冷系统。其制冷循环原理及相应的 p-h 图如图 1-17 所示。

与一级节流中间完全冷却的双级压缩循环相比，一级节流中间不完全冷却循环的主要区别在于：低压级压缩机的排气不是直接进入中间冷却器中冷却，而是与中间冷却器出来的 p_m 下的制冷剂蒸气（状态点 3'）在管道中相互混合，被冷却后（状态点 3）进入高压级压缩机压缩。理论循环一般认为中间冷却器出来的制冷剂（状态点 3'）状态为干饱和蒸气，因此与低压级排气（状态点 2）混合后得到的蒸气具有一定的过热度，高压级压缩机吸入的是中间压力 p_m 下的过热蒸气（状态点 3），这就是所谓的"中间不完全冷却"。这种制冷循环特别适用于 R22、R134a 等氟利昂制冷系统。

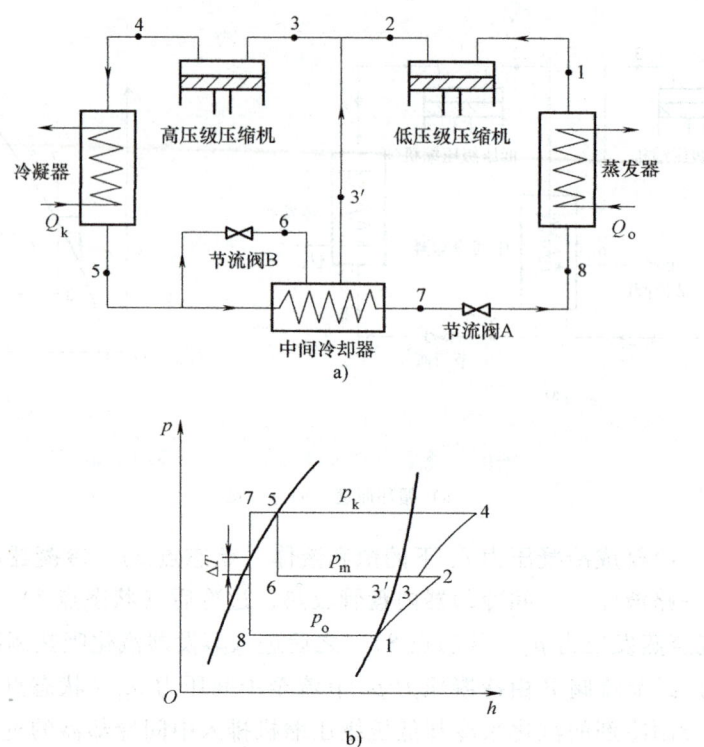

图 1-17 一级节流中间不完全冷却的双级压缩制冷循环
a）循环原理 b）p-h 图

（4）一级节流中间不冷却的双级压缩制冷循环 在冷藏运输装置（如冷藏车、冷藏船等）以及某些特定的生产工艺制冷工段的制冷装置中，既要达到低的蒸发温度要求，又要尽可能简化制冷系统，这时常采用一级节流中间不冷却双级压缩制冷循环。这种循环实际上与一个单级压缩制冷循环很相似，只不过一个压缩过程由高压级压缩机和低压级压缩机分开完成，如图 1-18 所示。

显然，一级节流中间不冷却的双级压缩理论循环不能提高循环的制冷量和制冷系数，但在实际循环中是有利的，因为分级压缩可降低每一级的压缩比，改善每一级制冷压缩机的工

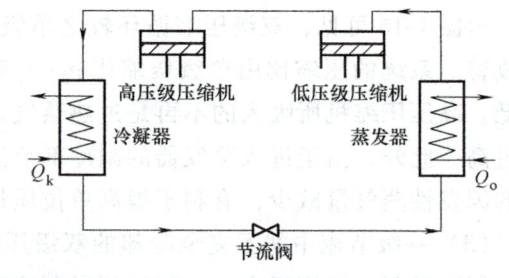

图 1-18 一级节流中间不冷却双级压缩制冷循环

作性能，提高制冷压缩机的输气系数和指示效率，相应提高制冷循环的实际输气量，降低轴功率，从而在一定程度上提高制冷量和制冷系数。

（5）二级节流中间完全冷却的双级压缩制冷循环 二级节流中间完全冷却的双级压缩制冷循环一般适宜于氨离心式双级压缩制冷系统。其制冷循环原理及相应的 p-h 图如图 1-19 所示。

二级节流中间完全冷却循环与一级节流中间完全冷却循环的区别在于：来自冷凝器的高压制冷剂饱和液体（状态点 5）经节流阀 A 节流降压到中间压力 p_m（状态点 6），然后全部

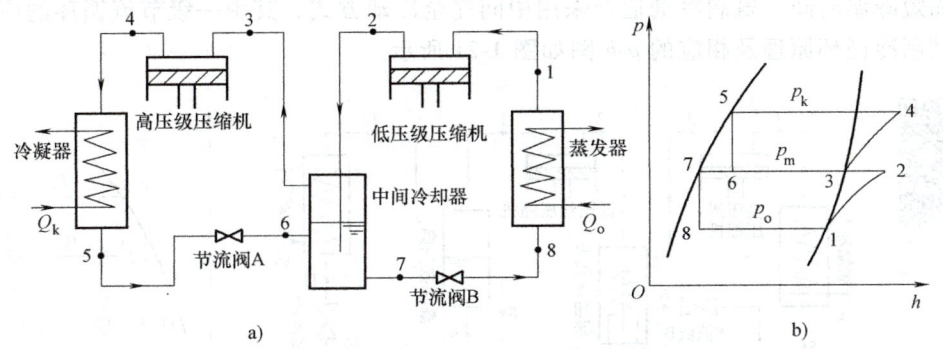

图 1-19 二级节流中间完全冷却的双级压缩制冷循环
a）循环原理 b）p-h 图

进入中间冷却器，一方面用于冷却低压级的排气成为饱和蒸气，并随同低压排气、节流产生的饱和蒸气（状态点 3）一同被高压级吸回；另一方面，压力为 p_m 的饱和液体（状态点 7）则经节流阀 B 二级节流到蒸发压力 p_o（状态点 8），然后进入蒸发器制取冷量。

二级节流中间完全冷却的双级压缩制冷循环可以消除一级节流中间冷却器盘管的传热温差，因此在其他参数相同时，循环的制冷系数比一级节流的略高。但是，当压缩机排气中含油时，特别是对氨制冷机，会在中间冷却器中积油，因而较适宜于氨离心式制冷系统。

（6）二级节流中间不完全冷却的双级压缩制冷循环 二级节流中间不完全冷却的双级压缩制冷循环适用于氟利昂离心式制冷系统，其制冷循环原理及相应的 p-h 图如图 1-20 所示。

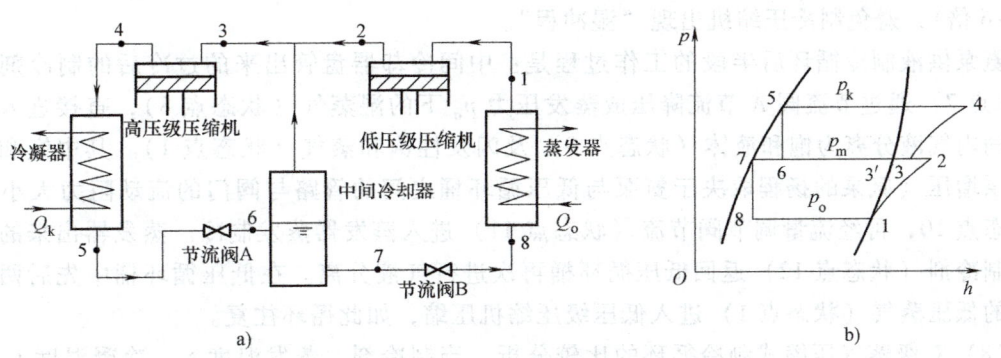

图 1-20 二级节流中间不完全冷却的双级压缩制冷循环
a）循环原理 b）p-h 图

向蒸发器供液的制冷剂先经节流阀 A 由冷凝压力 p_k 节流至中间压力 p_m（状态点 6），再经节流阀 B 由中间压力 p_m 节流至蒸发压力 p_o（故属于二级节流）。压缩机低压级排出的压力为 p_m 的过热蒸气（状态点 2）和中间冷却器出来的压力为 p_m 的饱和蒸气（状态点 3'）相混合，被冷却后的中间压力 p_m 下的过热蒸气（状态点 3）再进入压缩机高压级压缩（故属于中间不完全冷却）。

（7）氨泵供液的双级压缩制冷循环 目前，大、中型冷藏库和工业制冷装置中普遍使用氨制冷剂，且多采用氨泵供液的制冷系统。即采用氨泵给蒸发器供液，通过氨泵将低压循环桶中的低温制冷剂液体强制送入蒸发器，以增加制冷剂在蒸发器内的流动速度，提高传热效率，缩短降温时间。氨制冷剂适合采用中间完全冷却方式，其中一级节流循环的应用更为广泛，其制冷循环原理及相应的 p-h 图如图 1-21 所示。

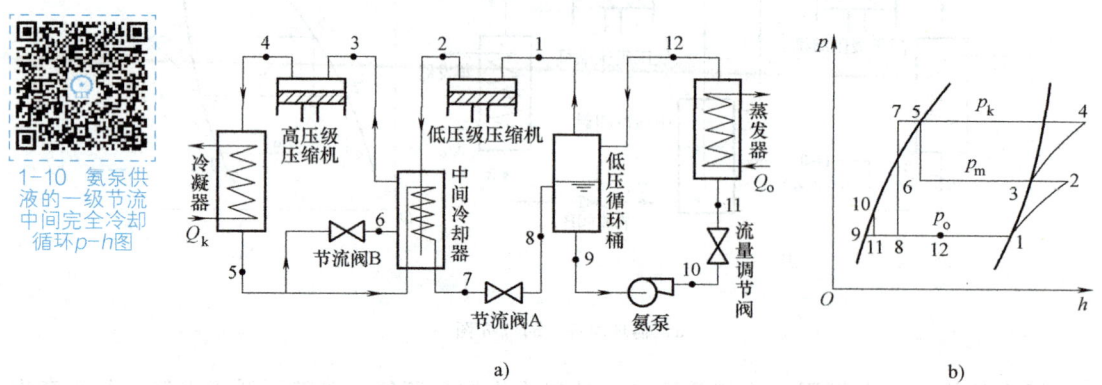

图 1-21 氨泵供液的一级节流中间完全冷却制冷循环
a）循环原理 b）p-h 图

图 1-21a 所示的氨泵供液系统中，经节流阀 A 节流降压后的制冷剂进入低压循环桶，通过低压循环桶给蒸发器供液。由于低压循环桶和蒸发器均为低压，没有压差，因此需要利用氨泵提供动力，克服管路的流动阻力。氨泵供液系统非常适合蒸发器多且系统管路较长的大型制冷系统。低压循环桶的第二个作用是分离节流后的闪发性气体，即湿蒸气（状态点 8）中的饱和蒸气经低压循环桶直接被低压级压缩机抽走，保证了蒸发器供液均匀。低压循环桶的第三个作用是使吸热蒸发完毕后的制冷剂（状态点 12）气液分离（氨泵供液量是蒸发量的 3~6 倍），避免制冷压缩机出现"湿冲程"。

氨泵供液制冷循环后半段的工作过程是：中间冷却器盘管出来的过冷后的制冷剂液体（状态点 7）通过节流阀 A 节流降压成蒸发压力 p_o 下的湿蒸气（状态点 8），直接进入低压循环桶内气液分离为饱和液体（状态点 9）及闪发性饱和蒸气（状态点 1）。其中饱和液体被氨泵增压（氨泵的扬程取决于氨泵与低压循环桶之间的管路与阀门的流动阻力大小）成为状态点 10，再经流量调节阀节流（状态点 11）进入蒸发器蒸发制冷。蒸发器出来的气液混合制冷剂（状态点 12）返回低压循环桶再次进行气液分离。在低压循环桶中先后两次分离出的低压蒸气（状态点 1）进入低压级压缩机压缩，如此循环往复。

（8）双级蒸气压缩式制冷循环的比较分析 当制冷剂、蒸发温度 t_o、冷凝温度 t_k 及中间温度 t_m 分别相同时，对双级压缩制冷循环比较如下：

① 中间不完全冷却循环的制冷系数要比中间完全冷却循环的制冷系数小。这是因为在其他条件相同的情况下，中间不完全冷却循环的耗功大。

② 一级节流循环要比二级节流循环的制冷系数小，但相差不大。这是因为，一级节流循环的中间冷却器盘管具有传热温差，通常盘管出液端温度比中间温度 t_m 高 3~7℃，因此一级节流循环比二级节流循环的单位质量制冷量要小些。

目前双级压缩制冷循环采用一级节流的系统要多一些，这是因为一级节流循环与二级节流的循环相比存在以下优点：

① 压力差大。可以依靠高压制冷剂本身的压力供液到较高或较远的场所，尤其适合于大型制冷系统。

② 盘管中的高压制冷剂液体不与中间冷却器中的制冷剂相接触，减少了润滑油进入蒸发器的机会，可提高热交换设备的换热效果。

③ 蒸发器和中间冷却器分别供液，便于操作控制，有利于制冷系统的安全运行。

> **想一想**
> 一级节流中间完全冷却的双级压缩式制冷循环与一级节流中间不完全冷却的双级压缩式制冷循环有何异同？它们各适用于何种场合呢？

二、双级蒸气压缩式制冷循环的热力计算

双级压缩制冷循环热力计算的基本步骤与单级压缩制冷循环相似，一般包括：制冷剂与循环形式的确定；循环工作参数的确定；循环的热力计算分析。

1. 制冷剂与循环形式的选择

双级压缩的制冷装置中目前广泛使用的制冷剂是 R717、R22 和 R502。根据所用制冷剂的性质不同，采取的循环形式也不同，使用 R717 制冷剂时采用一级节流中间完全冷却形式，使用 R22、R502 制冷剂时采用一级节流中间不完全冷却形式。

2. 循环工作参数的确定

双级压缩制冷循环的工作参数中，冷凝温度 t_k、蒸发温度 t_o，以及低压级压缩机吸气温度的确定与单级压缩制冷循环相同，不同之处如下：

（1）中间压力 p_m 与中间温度 t_m 的确定　双级压缩制冷循环的中间压力 p_m 或中间温度 t_m 对循环的制冷系数和压缩机的制冷量、耗功及结构都有直接的影响。中间压力的确定有两种情况，一种是根据已选定的压缩机来确定中间压力，另一种是从选定的循环出发确定中间压力，或者说为压缩机的设计提供数据。

1）对于第一种情况，在实际工作中，常常是压缩机已经选定，此时高、低压级的理论输气量之比（即容积比 ξ）已确定，此时可用容积比插入法求出中间压力 p_m。

① 容积比 ξ。容积比是指高压级压缩机的理论输气量 V_{hg} 与低压级压缩机的理论输气量 V_{hd} 的比值，即

$$\xi = \frac{V_{hg}}{V_{hd}} = \frac{q_{mg}}{q_{md}} \times \frac{v_g}{v_d} \times \frac{\lambda_d}{\lambda_g} \tag{1-34}$$

式中　V_{hg}、V_{hd}——高、低压级压缩机的理论输气量（m^3/s）；

q_{mg}、q_{md}——高、低压级制冷剂的质量流量（kg/s）；

v_g、v_d——高、低压级压缩机吸气比体积（m^3/kg）；

λ_g、λ_d——高、低压级压缩机的输气系数。

根据我国冷藏库的生产实践，当蒸发温度为 $-40 \sim -28$℃时，容积比 ξ 的值通常为 $0.33 \sim 0.5$，即 $V_{hg} : V_{hd} = 1 : 3 \sim 1 : 2$，南方地区宜取大些，如 0.5 左右。这是因为南方地区盛夏炎热，冷凝温度升高很多，在蒸发温度不变的条件下，高压级压缩比增大，容积比选大些，可使高压级压缩比减小，有利于减轻高压级的负荷，并可提高中间压力，便于操作。

合理选择容积比还应考虑其他经济指标。配组双级压缩机的容积比可以有较大的选择余地。如果采用单机双级压缩机，则其容积比 ξ 的值通常只有 0.33 和 0.5 两种。

② 容积比插入法求中间压力 p_m。先按一定的温度间隔（例如 $\Delta t = 2 \sim 5℃$）选取不同的几个中间温度 t_{m1}、t_{m2}、t_{m3}、t_{m4}，再根据给定的工况和选取的几个中间温度分别画出双级压缩循环的 p-h 图，确定循环各状态点的参数，计算出相应的容积比 ξ_1、ξ_2、ξ_3、ξ_4，然后画在以 ξ 和 t_m 为坐标的图上。连接这几个点，形成一条曲线，就可找出实际容积比 ξ 对应的中间温度，即为所求的中间温度 t_m，其对应的饱和压力即为所求的中间压力 p_m。

由于在给定冷凝温度、蒸发温度条件下的实际中间温度 t_m 与压缩机容积比 ξ 基本成线性关系，因此往往选取两个中间温度点即可获得中间温度 t_m 与容积比 ξ 之间的关系直线，并由此插入得出实际中间温度 t_m，如图 1-22 所示。

中间温度的数值一般比冷凝温度和蒸发温度的平均值低，容积比越小，中间温度越低。容积比插入法求中间温度时应注意所选温度点的范围。

2) 对于第二种情况，从选定的循环出发为压缩机的设计提供数据。选配压缩机时，中间压力 p_m 可根据制冷系数最大原则选取，以此确定的中间压力称

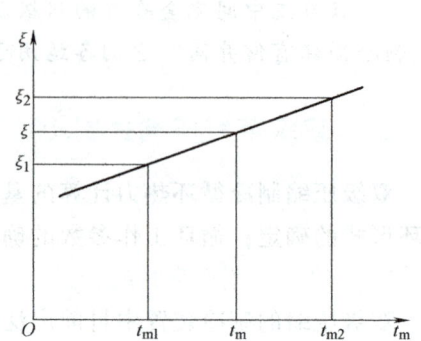

图 1-22 容积比插入法确定中间温度

为最佳中间压力。确定最佳中间压力可采用公式法或图解法，其中常用的公式法有比例中项公式法和拉塞经验公式法两种。

① 比例中项公式法。用比例中项确定中间压力 p_m，即

$$p_m = \sqrt{p_o p_k} \tag{1-35}$$

式中 p_o、p_k——蒸发压力（Pa）和冷凝压力（Pa）。

按式（1-35）确定的中间压力与实际最佳中间压力虽有一定的差距，但只要蒸发温度不是太低，这种差距就很微小，因此该公式适用于中间压力 p_m 的初步估算。

② 拉塞经验公式法。对于以氨为制冷剂的双级压缩制冷循环，拉塞提出了较为简单的最佳中间温度 t_m 计算公式，即

$$t_m = 0.4 t_k + 0.6 t_o + 3℃ \tag{1-36}$$

式中 t_o、t_k——蒸发温度和冷凝温度（℃）。

在 $-40 \sim 40℃$ 的温度范围内，式（1-36）对使用 R717、R40 等制冷剂的循环都是适用的。

③ 图解法。根据确定的蒸发压力 p_o 和冷凝压力 p_k，先求得一个中间压力 p_m 近似值，在 $p_m(t_m)$ 的上下按一定间隔选取若干个中间温度 t_m 值；再根据给定的工况和选取的各个中间温度 t_m 分别画出双级压缩循环的 p-h 图，确定循环的各状态点的参数，计算出相应的制冷系数 ε；最后绘制 $\varepsilon = f(t_m)$ 曲线，找到制冷系数最大值 ε_{max}，由该点对应的中间温度即为循环的最佳中间温度 $t_{m.opt}$，其对应的饱和压力即为最佳中间压力 p_m，如图 1-23 所示。

最佳中间温度的数值一般比冷凝温度和蒸发温度的

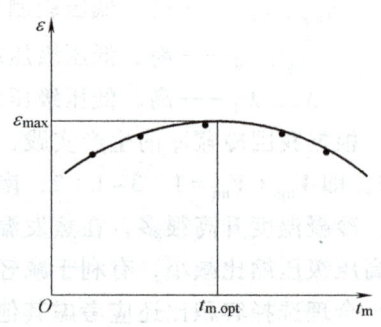

图 1-23 图解法确定最佳中间温度

平均值低5℃左右。使用图解法求中间温度时也应注意所选温度点的范围。

（2）高压级压缩机吸气温度与节流前液体制冷剂温度的确定　由于使用R717制冷剂时采用中间完全冷却方式，所以此循环中高压级压缩机的吸气温度即为中间温度t_m，吸气状态为中间压力p_m下的干饱和蒸气。使用氟利昂制冷剂时采用中间不完全冷却循环，其高压级吸气温度取不大于-15℃，吸气状态为中间压力p_m下的过热蒸气。

使用中间冷却器盘管过冷的循环，根据盘管的传热性能可以认为从冷凝器来的制冷剂液体经中间冷却器盘管冷却后的出液温度比中间温度高3~7℃，一般使用R717制冷剂时取小值，使用氟利昂制冷剂时取大值。使用R717制冷剂的一级节流中间完全冷却循环中，节流前的液态制冷剂只在中间冷却器盘管中过冷，节流前制冷剂液体的温度即为中间冷却器盘管的出液温度。对于氟利昂双级制冷系统，除了采用中间冷却器盘管中过冷外，还常常采用回热器使节流前的液态制冷剂第二次再冷却，其过冷度取值由回热器的热量平衡关系式求得。

3. 制冷循环热力计算与分析

根据已知的循环工作参数，画出循环的p-h图，查找出各状态点的有关参数，然后进行热力计算。下面以图1-16所示的一级节流中间完全冷却双级压缩制冷循环为例，来说明双级压缩制冷循环的热力分析计算方法。

1）单位质量制冷量q_o。
$$q_o = h_1 - h_8 \tag{1-37}$$

2）低压级的理论比功w_{od}
$$w_{od} = h_2 - h_1 \tag{1-38}$$

3）低压级制冷剂的质量流量q_{md}。

① 由制冷循环的制冷量Q_o求得

$$q_{md} = \frac{Q_o}{q_o} = \frac{Q_o}{h_1 - h_8} \tag{1-39}$$

② 由低压级制冷压缩机的理论输气量$V_{hd}(m^3/s)$求得

$$q_{md} = \frac{V_{hd}\lambda_d}{v_1} \tag{1-40}$$

式中　λ_d——压缩机输气系数；

v_1——低压级压缩机的吸气比体积（m^3/kg）。

若已知低压级压缩机型号，其理论输气量V_{hd}可通过查压缩机样本得到或根据压缩机的尺寸参数计算出来。低压级压缩机输气系数λ_d可用式（1-41）的经验公式计算，即

$$\lambda_d = 0.94 - 0.085\left[\left(\frac{p_m}{p_o - 0.01}\right)^{\frac{1}{n}} - 1\right] \tag{1-41}$$

式中　p_m、p_o——中间压力（Pa）和蒸发压力（Pa）；

n——制冷剂多变压缩指数。

R717　　　　　　　　　$n = 1.28$
R22　　　　　　　　　$n = 1.18$

λ_d也可按相同压力比的单级制冷压缩机的输气系数的90%计算。

4）低压级压缩机的理论功率P_{od}　　$P_{od} = q_{md}w_{od} = Q_o\dfrac{h_2 - h_1}{h_1 - h_8}$ （1-42）

5）高压级的理论比功w_{og}　　$w_{og} = h_4 - h_3$ （1-43）

6）高压级制冷剂的质量流量q_{mg}。

① 由中间冷却器的能量平衡关系式求得。忽略中间冷却器从环境的吸热量，则进入中间冷却器的制冷剂能量之和应等于离开中间冷却器的制冷剂能量之和。根据图 1-24 列出中间冷却器的能量平衡关系式为

$$q_{md}h'_2 + q_{md}h_5 + (q_{mg} - q_{md})h_6 = q_{mg}h_3 + q_{md}h_7 \quad (1\text{-}44)$$

其中，$h_5 = h_6$，因此有

$$q_{mg} = q_{md}\frac{h'_2 - h_7}{h_3 - h_5} \quad (1\text{-}45)$$

根据式（1-19）可得

$$h'_2 = h_1 + \frac{h_2 - h_1}{\eta_{id}} \quad (1\text{-}46)$$

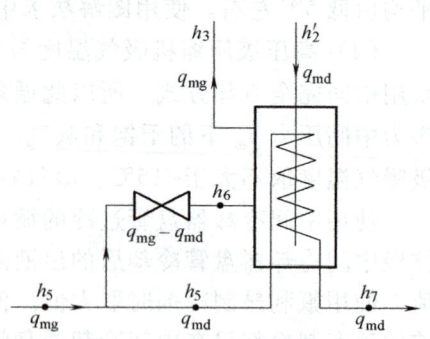

图 1-24 中间冷却器的能量分析

式中 η_{id}——低压级压缩机指示效率。

对于开启式制冷压缩机，有

$$\eta_{id} = \frac{T_o}{T_m} + bt_o \quad (1\text{-}47)$$

式中 T_o、T_m——蒸发温度和中间温度（K）；

t_o——蒸发温度（℃）；

b——与压缩机结构及制冷剂种类有关的常数。对卧式氨制冷压缩机，$b = 0.002$；对立式氨制冷压缩机，$b = 0.001$；对立式氟利昂制冷压缩机，$b = 0.0025$。

② 由高压级制冷压缩机的理论输气量 V_{hg}（m³/s）求得

$$q_{mg} = \frac{V_{hg}\lambda_g}{v_3} \quad (1\text{-}48)$$

式中 v_3——高压级压缩机吸气比体积（m³/kg）；

λ_g——高压级压缩机输气系数。

若已知高压级压缩机型号，其理论输气量 V_{hg} 可通过查压缩机样本得到或根据压缩机的尺寸参数计算出来。高压级压缩机输气系数 λ_g 可用式（1-49）的经验公式计算，即

$$\lambda_g = 0.94 - 0.085\left[\left(\frac{p_k}{p_m}\right)^{\frac{1}{n}} - 1\right] \quad (1\text{-}49)$$

式中 p_k、p_m——冷凝压力（Pa）和中间压力（Pa）；

n——制冷剂变压缩指数，取值同式（1-41）。

7）高压级压缩机的理论功率 P_{og} $\quad P_{og} = q_{mg}w_{og} = Q_o\dfrac{(h'_2 - h_7)(h_4 - h_3)}{(h_3 - h_5)(h_1 - h_8)} \quad (1\text{-}50)$

8）理论循环制冷系数 ε_o $\quad \varepsilon_o = \dfrac{Q_o}{P_{od} + P_{og}} \quad (1\text{-}51)$

9）冷凝器热负荷 Q_k $\quad Q_k = q_{mg}q_k = q_{mg}(h'_4 - h_5) \quad (1\text{-}52)$

根据式（1-19）可得 $\quad h'_4 = h_3 + \dfrac{h_4 - h_3}{\eta_{ig}} \quad (1\text{-}53)$

对于开启式制冷压缩机 $\quad \eta_{ig} = \dfrac{T_m}{T_k} + bt_m \quad (1\text{-}54)$

式中　T_k、T_m——冷凝温度和中间温度（K）；
　　　t_m——中间温度（℃）。

10）中间冷却器盘管负荷 Q_m　　$Q_m = q_{md}q_m = q_{md}(h_5 - h_7)$ 　　　　　　　　（1-55）

11）高、低压级压缩机的指示功率 P_{ig}、P_{id}　　$P_{id} = \dfrac{P_{od}}{\eta_{id}}$ 　　　　　　　　（1-56）

$$P_{ig} = \dfrac{P_{og}}{\eta_{ig}} \qquad (1\text{-}57)$$

12）高、低压级压缩机的轴功率 P_{sg}、P_{sd}　　$P_{sd} = \dfrac{P_{od}}{\eta_{sd}}$ 　　　　　　　　（1-58）

$$P_{sg} = \dfrac{P_{og}}{\eta_{sg}} \qquad (1\text{-}59)$$

式中　η_{sg}、η_{sd}——高、低压级压缩机的轴效率，通常低压级压缩机比高压级压缩机的轴效率要低。

13）实际循环制冷系数 ε_s　　　　$\varepsilon_s = \dfrac{Q_o}{P_{sd} + P_{sg}}$ 　　　　　　　　　　（1-60）

【例 1-6】 一个双级蒸气压缩式制冷系统，采用 R717 制冷剂，其循环的制冷量为 151kW。循环的工作条件是：冷凝温度 $t_k = 40℃$，采用中间冷却器盘管过冷，盘管出液端传热温差 $\Delta t = 3℃$，蒸发温度 $t_o = -40℃$，回气管路有害过热 $\Delta t_{gr} = 5℃$。试对该制冷循环进行热力计算。

解：

（1）选择制冷剂与循环形式　因采用 R717 作为制冷剂，故选用一级节流中间完全冷却的循环形式，系统原理及 p-h 图如图 1-25 所示。

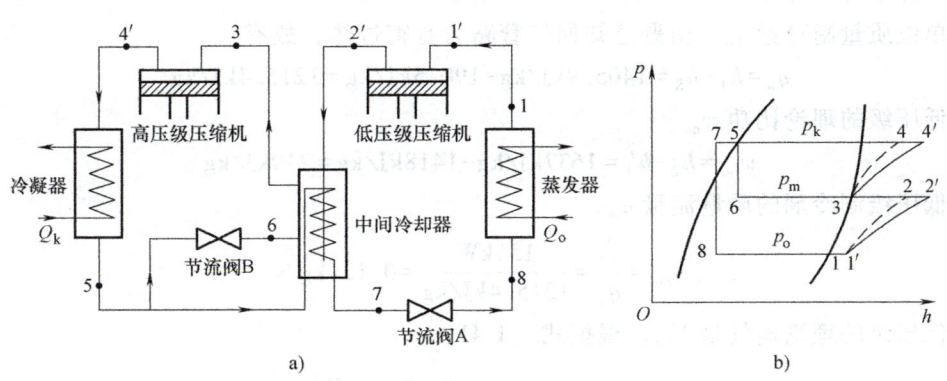

图 1-25　例 1-6 的系统原理和 p-h 图
a）系统原理　b）p-h 图

（2）确定循环工作参数

① 确定中间压力 p_m 和中间温度 t_m。制冷剂为氨，故采用拉塞经验公式计算得

$$t_m = 0.4t_k + 0.6t_o + 3℃ = 0.4 \times 40℃ + 0.6 \times (-40℃) + 3℃ = -5℃$$

查 R717 的热力性质表可得出热力计算所需的状态参数为

$$p_m = 0.3553\text{MPa}$$
$$t_o = -40℃ \qquad p_o = 0.0716\text{MPa}$$
$$t_k = 40℃ \qquad p_k = 1.5567\text{MPa}$$

高、低压级的压力比为
$$\frac{p_k}{p_m} = \frac{1.5567}{0.3553} = 4.38 < 8, \quad \frac{p_m}{p_o} = \frac{0.3553}{0.0716} = 4.96 < 8$$

② 确定节流前液体制冷剂温度 t_7 和低压级吸气温度 t'_1 为
$$t_7 = t_m + \Delta t = -5℃ + 3℃ = -2℃$$
$$t'_1 = t_{gr} = t_o + \Delta t_{gr} = -40℃ + 5℃ = -35℃$$

③ 确定各状态点的热力参数。由题意知：

状态点 1 为饱和制冷剂蒸气 $\quad t_1 = t_o = -40℃ \quad p_1 = p_o = 0.0716\text{MPa}$
$$h_1 = 1405.9\text{kJ/kg}$$

状态点 3 为饱和制冷剂蒸气 $\quad t_3 = t_m = -5℃ \quad p_3 = p_m = 0.3553\text{MPa}$
$$h_3 = 1452.5\text{kJ/kg} \quad v_3 = 0.3446\text{m}^3/\text{kg}$$

状态点 5 为饱和制冷剂液体 $\quad t_5 = t_k = 40℃ \quad p_5 = p_k = 1.5567\text{MPa}$
$$h_6 = h_5 = 390.2\text{kJ/kg}$$

查 $p\text{-}h$ 图，得

状态点 1′ $\quad t'_1 = -35℃ \quad p'_1 = p_o = 0.0716\text{MPa} \quad h'_1 = 1418\text{kJ/kg} \quad v'_1 = 1.58\text{m}^3/\text{kg}$

状态点 2 $\quad s_2 = s_1 \quad p_2 = p_m = 0.3553\text{MPa} \quad h_2 = 1637\text{kJ/kg}$

状态点 4 $\quad s_4 = s_3 \quad p_4 = p_k = 1.5567\text{MPa} \quad h_4 = 1668.9\text{kJ/kg}$

状态点 7 $\quad t_7 = -2℃ \quad p_7 = p_k = 1.5567\text{MPa} \quad h_8 = h_7 = 190.5\text{kJ/kg}$

（3）制冷循环热力计算与分析

① 单位质量制冷量 q_o。由题意知回气管路为有害过热，故有
$$q_o = h_1 - h_8 = 1405.9\text{kJ/kg} - 190.5\text{kJ/kg} = 1215.4\text{kJ/kg}$$

② 低压级的理论比功 w_{od}
$$w_{od} = h_2 - h'_1 = 1637\text{kJ/kg} - 1418\text{kJ/kg} = 219\text{kJ/kg}$$

③ 低压级制冷剂的质量流量 q_{md}
$$q_{md} = \frac{Q_o}{q_o} = \frac{151\text{kW}}{1215.4\text{kJ/kg}} = 0.124\text{kg/s}$$

④ 低压级的理论输气量 V_{hd}。根据式（1-41）
$$\lambda_d = 0.94 - 0.085\left[\left(\frac{p_m}{p_o - 0.01}\right)^{\frac{1}{n}} - 1\right]$$

制冷剂为 R717，取 $n = 1.28$，可计算出低压级输气系数 $\lambda_d = 0.69$。
又根据式（1-40）可得
$$V_{hd} = \frac{q_{md} v'_1}{\lambda_d} = \frac{0.124\text{kg/s} \times 1.58\text{m}^3/\text{kg}}{0.69} = 0.284\text{m}^3/\text{s}$$

⑤ 低压级压缩机的理论功率 P_{od}

$$P_{od} = q_{md}w_{od} = 0.124\text{kg/s} \times 219\text{kJ/kg} = 27.16\text{kW}$$

⑥ 高压级的理论比功 w_{og}

$$w_{og} = h_4 - h_3 = 1668.9\text{kJ/kg} - 1452.5\text{kJ/kg} = 216.4\text{kJ/kg}$$

⑦ 高压级制冷剂的质量流量 q_{mg}。根据图 1-25 列出中间冷却器的能量平衡关系式为

$$q_{md}h_2' + q_{md}h_5 + (q_{mg} - q_{md})h_6 = q_{mg}h_3 + q_{md}h_7$$

其中，$h_5 = h_6$，因此有

$$q_{mg} = q_{md}\frac{h_2' - h_7}{h_3 - h_5}$$

取低压级指示效率 $\eta_{id} = 0.83$，则式中 h_2' 可根据式（1-46）计算得

$$h_2' = h_1' + \frac{h_2 - h_1'}{\eta_{id}} = 1418\text{kJ/kg} + \frac{1637\text{kJ/kg} - 1418\text{kJ/kg}}{0.83} = 1681.9\text{kJ/kg}$$

故高压级的质量流量 q_{mg} 为

$$q_{mg} = q_{md}\frac{h_2' - h_7}{h_3 - h_5} = 0.124\text{kg/s} \times \frac{1681.9\text{kJ/kg} - 190.5\text{kJ/kg}}{1452.5 - 390.2} = 0.174\text{kg/s}$$

⑧ 高压级的理论输气量 V_{hg}。根据式（1-49）可得

$$\lambda_g = 0.94 - 0.085\left[\left(\frac{p_k}{p_m}\right)^{\frac{1}{n}} - 1\right]$$

可计算出高压级输气系数 $\lambda_g = 0.76$。
又根据式（1-48）可得

$$V_{hg} = \frac{q_{mg}v_3}{\lambda_g} = \frac{0.174\text{kg/s} \times 0.3446\text{m}^3/\text{kg}}{0.76} = 0.079\text{m}^3/\text{s}$$

⑨ 高压级压缩机的理论功率 P_{og}

$$P_{og} = q_{mg}w_{og} = 0.174\text{kg/s} \times 216.4\text{kJ/kg} = 37.65\text{kW}$$

⑩ 理论循环制冷系数 ε_o

$$\varepsilon_o = \frac{Q_o}{P_{od} + P_{og}} = \frac{151\text{kW}}{27.16\text{kW} + 37.65\text{kW}} = 2.33$$

⑪ 冷凝器热负荷 Q_k

根据式（1-53），取高压级指示效率 $\eta_{ig} = 0.85$，可得

$$h_4' = h_3 + \frac{h_4 - h_3}{\eta_{ig}} = 1452.5\text{kJ/kg} + \frac{1668.9\text{kJ/kg} - 1452.5\text{kJ/kg}}{0.85} = 1707.1\text{kJ/kg}$$

所以有 $Q_k = q_{mg}q_k = q_{mg}(h_4' - h_5) = 0.174\text{kg/s} \times (1707.1\text{kJ/kg} - 390.2\text{kJ/kg}) = 229.1\text{kW}$

⑫ 中间冷却器盘管负荷 Q_m

$$Q_m = q_{md}q_m = q_{md}(h_5 - h_7) = 0.124 \times (390.2\text{kJ/kg} - 190.5\text{kJ/kg}) = 24.76\text{kW}$$

⑬ 高、低压级压缩机的指示功率 P_{ig}、P_{id} 分别为

$$P_{id} = \frac{P_{od}}{\eta_{id}} = \frac{27.16\text{kW}}{0.83} = 32.72\text{kW}$$

$$P_{ig} = \frac{P_{og}}{\eta_{ig}} = \frac{37.65\text{kW}}{0.85} = 44.29\text{kW}$$

⑭ 高、低压级压缩机的轴功率 P_{sg}、P_{sd}。取高、低压级压缩机的轴效率 $\eta_{sg} = 0.7$，

$\eta_{sd} = 0.67$,则有

$$P_{sg} = \frac{P_{og}}{\eta_{sg}} = \frac{37.65\text{kW}}{0.7} = 53.79\text{kW}$$

$$P_{sd} = \frac{P_{od}}{\eta_{sd}} = \frac{27.16\text{kW}}{0.67} = 40.54\text{kW}$$

⑮ 实际循环制冷系数 ε_s

$$\varepsilon_s = \frac{Q_o}{P_{sd} + P_{sg}} = \frac{151\text{kW}}{40.54\text{kW} + 53.79\text{kW}} = 1.6$$

⑯ 容积比 ξ

$$\xi = \frac{V_{hg}}{V_{hd}} = \frac{0.079\text{m}^3/\text{s}}{0.284\text{m}^3/\text{s}} = 0.278$$

根据热力计算的结果,就可以进行相应的压缩机选配。

> **想一想**
>
> 如何确定双级压缩式制冷循环的中间压力和中间温度?

三、温度变动对双级蒸气压缩式制冷循环制冷机特性的影响

前已述及,单级蒸气压缩式制冷循环中蒸发温度 t_o、冷凝温度 t_k 的变化对制冷机的制冷量和轴功率均有较大的影响。双级压缩制冷机中,蒸发温度 t_o 和冷凝温度 t_k 的变化对制冷机的制冷量和轴功率的影响同单级压缩制冷机是一样的,这里不再重复。这里主要讨论工作条件的变化对双级压缩制冷机中间压力 p_m 的影响,这对实际双级蒸气压缩式制冷系统的操作运行管理具有重要的意义。

(1) 蒸发温度 t_o 的变化对中间压力 p_m 的影响 对已选定压缩机的制冷系统,可认为容积比 ξ 为定值。当冷却介质选定后,冷凝温度 t_k 随环境温度变动的变化不大,可近似认为 t_k 为定值。在冷凝温度 t_k、容积比 ξ 均为定值的情况下,随着蒸发温度 t_o 的变化,蒸发压力 p_o 与中间压力 p_m 的变化关系与循环的形式及制冷剂的种类有关。图 1-26 给出了按一级节流中间完全冷却循环工作的单机双级氨制冷机工作压力与蒸发温度之间的变化关系,压缩机型号为 S8-12.5,容积比 $\xi = 0.333$,冷凝温度 $t_k = 35$℃,节流前液体制冷剂温度 $t_7 = 30$℃。

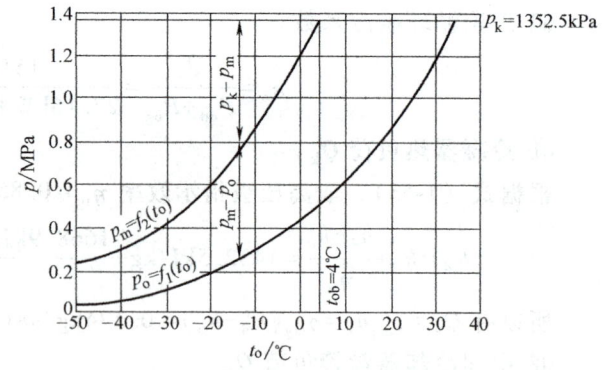

图 1-26 t_k、ξ 为定值时单机双级氨制冷机工作压力与蒸发温度 t_o 的变化关系

从图 1-26 可知:

① 随着蒸发温度 t_o 的升高,蒸发压力 p_o 与中间压力 p_m 都不断升高,但 p_m 比 p_o 升高得更快。当蒸发温度 t_o 达到某一边界温度(图中 $t_{ob} = 4$℃)时,高压级压力差 $p_k - p_m = 0$。从这一温度开始,高压级不再起压缩作用,双级压缩可以改为单级压缩。

② 随着蒸发温度 t_o 的升高，高压级压力差 p_k-p_m 逐渐减小，而低压级压力差 p_m-p_o 逐渐增大。当蒸发温度 t_o 达到边界温度 t_{ob} 时，高压级压力差 $p_k-p_m=0$，而低压级压力差 p_m-p_o 达到最大值。此时低压级压缩机耗功最大，压缩比 $p_m/p_o≈3$。

③ 当蒸发温度 $t_o=-27℃$ 时，$p_k/p_m≈3$，高压级压缩机出现最大功率，由此可确定高压级压缩机的电动机功率配备问题。

（2）冷凝温度 t_k 变化对中间压力 p_m 的影响　如果蒸发温度 t_o 和容积比 $ξ$ 保持不变，随着冷凝温度 t_k 的升高，中间压力 p_m 也升高。这是由于冷凝压力的升高导致高压级压缩比 p_k/p_m 增大，高压级输气系数 $λ_g$ 减小，使高压级的输气量减少所致；反之，t_k 降低，则 p_m 也降低。

（3）容积比 $ξ$ 变化对中间压力 p_m 的影响　当蒸发温度 t_o 和冷凝温度 t_k 都不变时，改变容积比 $ξ$，则中间压力 p_m 也随之改变。随着容积比 $ξ$ 的减小，中间压力 p_m 升高；反之，随着容积比 $ξ$ 增大，中间压力 p_m 降低。因此，可通过改变配组双级制冷机低压级压缩机的运转台数，或改变单机双级制冷机低压级气缸工作的数量，来改变容积比 $ξ$ 的大小。例如，在配组式双级制冷机中，增加低压级压缩机的运转台数，使 $ξ$ 值减少，中间压力 p_m 升高。

此外，运转中，若中间冷却器供液不足，盘管内高压液体的突然流入、积油过多，都会导致中间压力 p_m 升高。低压级湿冲程或吸气过热度增大，也会引起中间压力变化。故运转时要经常注意中间压力 p_m 的变化。

想一想
蒸发温度、冷凝温度的变化对双级压缩制冷机的中间压力有什么样的影响？

技能训练　单级单吸离心泵拆装

一、实训目的

离心泵在制冷空调工程中具有重要作用。了解单级离心泵的构造，熟悉各零件的名称、形状、用途及各零件之间的装配关系。通过对离心泵总体构造的认识，掌握离心泵的工作原理，掌握离心泵的拆装和装配顺序，了解主轴承和机械密封的装配要求。

二、实训内容与要求

序号	内容	要求
1	离心泵的拆卸	1. 拆卸前应放空泵体内的存水和悬架储油室内的存油 2. 按规定顺序拆卸
2	离心泵的装配	1. 装配顺序按照拆卸顺序的反序进行 2. 装配时要检测各密封面垫片，确认其完好，勿漏装垫片，及时更换有破损的垫片
3	联轴器校正	1. 离心泵组轴对中找正以泵联轴器为基准，调整泵体底座垫片来达到对中的要求 2. 使用百分表找正，两轴应同时转动 3. 百分表架应固定牢固，转动一周后百分表数值变化应小于0.02mm 4. 两半联轴器间端面间隙及径向位移、轴向倾斜应符合技术文件的规定

三、实训器材与设备

单级离心泵2台、游标卡尺、外径千分尺、钢直尺、水平仪、活扳手、呆扳手、铜质锤子、螺钉旋具、专用扳手、顶拔器、平板、V型块、百分表及百分表架等。

四、实训过程

序号	内容	步骤
1	拆卸离心泵	1. 打开联轴器外罩
		2. 拆下联轴器并取出
		3. 拆下悬架体上的放油管堵，排尽冷冻油
		4. 拆下进出口连接螺栓及支架螺栓，打开泵盖，取出泵主体结构
		5. 从叶轮处依次拆下锁紧螺母、叶轮、泵盖（含机封）、悬臂支架、轴承端盖；从联轴器处依次拆下联轴器、轴承端盖
		6. 用套筒垫在轴承内圈上（或可拧上锁紧螺母，垫上铜棒），敲击，将轴承连同主轴一起从轴承箱中取出
		7. 机械密封拆卸，轴套上除调节弹簧比压的定位环与紧钉螺钉外，其余均需卸下
		8. 检查零件
2	装配离心泵	1. 将轴承连同主轴一起装入轴承座中
		2. 安装两侧轴承端盖
		3. 安装机械密封
		4. 从叶轮处依次安装叶轮、泵盖（含机械密封）、叶轮、锁紧螺母；另一处安装联轴器
		5. 将泵主体结构与泵盖连接，后拧紧进出口连接螺栓及支架螺栓
3	联轴器校正	1. 目测联轴器偏移是否过大，若偏移较大，可预先进行初步调整
		2. 安装百分表架，并固定好百分表
		3. 测量、画图、计算、调整（调整过程中，主要对电动机一端进行上下左右调整，另铜皮必须剪成U形或凹槽状，其他形状易使电动机基础应力过大造成断裂）

五、注意事项

1）扳手使用基本原则：在可用梅花扳手或套筒扳手时，应优先选用。

2）泵体与泵盖拆分应用锁紧螺母启盖螺钉。

3）锁紧螺母拆卸应一端用活扳手固定联轴器，另一端用套筒扳手旋下。

4）叶轮应使用两斜铁插入叶轮与泵盖背隙，两侧同时敲击，在叶轮松动时将其撬出。

5）联轴器使用顶拔器拆卸。

6）整个拆装过程严禁将主轴两端着地或直接用工具敲击，否则视为工具使用不正确；各螺栓应对称拧紧，并由同一人完成最后拧紧工作，否则视为装配工序错误。

思考与练习

1. 填空题

（1）双级压缩按节流的次数不同可分为_____和_____两种，据中间冷却的方式不同可分为＿＿＿＿、＿＿＿＿和＿＿＿＿三种。

（2）在双级压缩制冷循环中，对于氟利昂类制冷剂，如 R22、R134a、R290、R502 等，采用＿＿＿＿制冷循环；对于 R717 制冷剂，采用＿＿＿＿的双级压缩制冷循环。

（3）一级节流中间完全冷却的双级压缩制冷循环，高压级压缩机吸入的是＿＿＿＿蒸气；一级节流中间不完全冷却循环中，高压级压缩机吸入的是＿＿＿＿蒸气。

（4）影响中间压力的因素主要有＿＿＿＿、＿＿＿＿和＿＿＿＿。

（5）三级压缩所能达到的最低蒸发温度与双级压缩循环相差不大，而级数增多会导致系统复杂、设备费用增加，一般主要用于＿＿＿＿制冷循环中。

2. 选择题

（1）采用双级压缩制冷系统是为了＿＿＿＿。
A. 制取更低的温度　B. 减少压缩机的功耗　C. 提高制冷系数　D. 降低制冷设备成本

（2）氨制冷剂的单级活塞式制冷压缩机的压缩比＿＿＿＿。
A. ≤8　　　B. ≥8　　　C. ≤10　　　D. ≥10

（3）实际工程中，为了尽可能简化系统和设备的冷藏运输装置等，可以采用＿＿＿＿。
A. 中间不冷却的双级压缩制冷循环
B. 一级节流中间不完全冷却的双级压缩制冷循环
C. 二级节流中间完全冷却的双级压缩制冷循环
D. 一级节流中间完全冷却的双级压缩制冷循环

（4）一级节流中间不完全冷却的双级压缩制冷循环一般用于＿＿＿＿。
A. 氨制冷系统　　　　　　　　　B. 中、小型氟利昂制冷系统
C. 离心式制冷系统　　　　　　　D. 大型氟利昂制冷系统

（5）双级压缩式制冷循环，当蒸发温度和冷凝温度都不变，容积比减小时，中间压力＿＿＿＿。
A. 不变　　　B. 降低　　　C. 升高　　　D. 不能确定

3. 判断题

（1）采用双级压缩可以使每一级的压缩比减小。（　　）
（2）双级压缩制冷循环所能达到的最低蒸发温度，使用氨制冷剂时不低于-80℃。（　　）
（3）在相同的冷却条件下，一级节流循环要比二级节流循环的制冷系数小，但相差不大。（　　）
（4）中间冷却器可提高单位质量制冷量。（　　）
（5）双级压缩制冷循环中，低压级压缩机可按最大轴功率来选配电动机。（　　）

4. 简答题

（1）双级压缩采用中间冷却的目的是什么？中间完全冷却与中间不完全冷却有何区别？
（2）一级节流与二级节流有何区别？为什么双级压缩制冷循环多采用一级节流？
（3）对于双级蒸气压缩式制冷系统，如何选择循环形式？
（4）什么是容积比？如何取值？
（5）影响中间压力的因素有哪些？各有何影响？

5. 计算题

（1）某冷库在扩建中需要增加一套双级压缩制冷机，其工作条件如下：Q_o = 150kW；制

冷剂为氨；冷凝温度 $t_k = 40℃$，无过冷；蒸发温度 $t_o = -40℃$；管路有害过热为5℃。试进行热力计算并选配合适的制冷压缩机。

（2）有一套双级压缩制冷装置，制冷剂为氨，采用417A140G（4AV17）型压缩机作为低压级压缩机（缸径 $D = 170mm$，活塞行程 $S = 140mm$，转速 $n = 720r/min$），采用212.5A100（2AV12.5）型压缩机作为高压级压缩机（缸径 $D = 125mm$，活塞行程 $S = 100mm$，转速 $n = 960r/min$）。当冷凝温度 $t_k = 40℃$，无过冷，蒸发温度 $t_o = -40℃$，若吸气管路有害过热为6℃，求制冷量。

人文·素养·美德·价值

立志科学救国，成果载入史册

北京首都体育馆里的室内人工冰场是我国第一座室内人工冰场，它是由我国老一代著名暖通空调专家徐邦裕教授带领哈尔滨工业大学课题组研究设计的。徐邦裕教授生前为我国空调事业的发展勤奋工作、无私奉献，部分原始创新成果载入中国制冷史中。他是我国热泵事业的先行者，也是我国暖通、空调与制冷专业奠基人，在国内外享有很高的声誉。

徐邦裕教授在战火中长大，青年时期，他怀揣"科学救国"的理想留学德国，师从德国著名物理学家威廉·努塞尔特。1942年，在民族危难之际，他怀着科学救国之心，毅然决定回国效力，历经3个多月艰难危险的跋涉，终于回到祖国。他说"爬也要爬回自己的祖国"。但在那个年代，科学救国的愿望无法实现，直到新中国成立之后徐邦裕教授才迎来了真正能施展才华的天地。1957年，他受邀到哈尔滨工业大学任教，由此开始书写30多年为我国暖通空调制冷事业的建设和发展作出巨大贡献的辉煌篇章，为后人留下了数不尽的科研成果和宝贵的精神财富。

几十年来，哈尔滨工业大学在暖通空调及制冷方面取得的成果，很多都是在徐邦裕教授的主持指导下完成的。但在发表论文时，他总是把自己的名字写在最后。他善于发挥集体的智慧和力量攻克难关，在科研和工程实践中锤炼教师队伍、培养人才。在他主持下完成的成果大部分都是国内"第一"：

第一部制冷工程教材。

第一个除尘研究室。

第一台热泵式恒温恒湿空调机组。

第一台二次加热能源新型空调机组。

第一台水平流无菌净化空调机组。

第一台房间空调器热卡计算式试验台。

第一例以热泵机组实现的恒温恒湿工程。

……

这些"第一"，使徐邦裕教授成为我国首位进入国际制冷学会的空调制冷专家。

此外，徐邦裕教授还开设了我国高校暖通专业第一门制冷专业课，牵头负责制订了暖通专业全国统一的指导性教学计划以及各门课程和实践性教学环节的教学大纲，并组织编审了一整套暖通专业适用的全国统编教材。

徐邦裕教授生前不遗余力倡导推广热泵技术，为今天热泵技术的蓬勃发展做出了重要贡献。他说："发展科教，富国强民，是我一生的追求，只要对此有利，我愿做一块铺路石。"

学习任务五　复叠式制冷循环

知识点和技能点

1. 掌握复叠式蒸气压缩式制冷的工作原理。
2. 了解复叠式蒸气压缩式制冷的特点。
3. 能够分析复叠式制冷循环工作过程中常遇到的问题。

重点和难点

复叠式蒸气压缩式制冷的工作原理。

要想获得-70℃、-80℃以下甚至更低的蒸发温度，同时又保证制冷循环的高效性，往往即使采用中温制冷剂的双级、多级蒸气压缩式制冷循环也不能满足要求。例如R22制冷剂在-80℃时，其蒸发压力已低于0.01MPa，而R717制冷剂在-77.7℃时已经凝固。此时，应采用中温制冷剂与低温制冷剂复叠的制冷循环，即复叠式制冷循环。

1-11　复叠式制冷循环

一、采用复叠式制冷循环的原因

采用复叠式制冷循环的主要原因如下：

① 受制冷剂凝固点的限制。当制冷循环需要的蒸发温度低于制冷剂凝固点时，制冷剂就会因凝固不流动而无法循环。

② 受制冷循环压缩比的限制。当需要的蒸发压力 p_o 过低时，即便采用双级压缩也将使每一级的压缩比超过规定值，使制冷循环的效率大大降低。如果采用多级压缩，循环压缩比能够得到保证，但制冷系统很复杂，技术经济性指标不高。

③ 受蒸发压力过低的限制。制冷剂的蒸发压力 p_o 过低，导致压缩机和系统低压部分在高真空下运行，使不凝性气体渗入的可能性大大增加。同时，引起压缩机吸气比体积增大，输气系数减小，从而导致压缩机气缸尺寸的增大。

④ 对于活塞式压缩机，因其阀门自动启闭特性，当吸气压力低于0.015kPa时，压缩机的吸气难以克服吸气阀上的弹簧力，以致压缩机无法吸气。

⑤ 受低温制冷剂冷凝压力过高的限制。如果采用低温制冷剂，上述情况可以得到改善，但低温制冷剂常常有过高的冷凝压力或过低的临界温度，常温下无法冷凝成液体。例如R13的临界温度为28.8℃，临界压力为3.861MPa，不能像中温制冷剂那样用环境介质水、空气来完成冷凝过程。同时，在接近临界状态时制冷循环的节流损失很大，经济性很差。

如果在一套制冷装置中同时采用两种制冷剂，即将中温和低温制冷剂结合起来，用低温制冷剂的蒸发进行制冷，获得在低温下蒸发时合适的蒸发压力；同时用中温制冷剂的蒸发来冷凝低温制冷剂，获得在环境温度下冷凝时适中的冷凝压力。这就是复叠式制冷循环。

二、复叠式制冷循环的工作原理及热力计算

1. 复叠式制冷循环的工作原理

复叠式制冷循环由两个或两个以上的单级（也可以是双级）制冷系统组合而成，分别称为高温部分和低温部分，采用两种或两种以上不同的制冷剂。高温部分使用中温中压制冷剂，低温部分使用低温高压制冷剂。高温部分和低温部分分别是一个完整的使用单一制冷剂的单级或双级蒸气压缩式制冷循环，由低温部分的低温制冷剂在蒸发器内汽化吸热获得冷量 Q_o，由高温部分的中温制冷剂在冷凝器内向环境介质（水或空气）放出热量 Q_k。高温部分的蒸发器就是低温部分的冷凝器，高温部分和低温部分通过它联系起来，一般称其为蒸发冷凝器或冷凝蒸发器。在冷凝蒸发器中，通过高温部分的中温制冷剂汽化吸热来使低温部分的制冷剂在远离其临界状态时获得冷却冷凝，其余部分与一般制冷装置基本相同。为了防止停机后或刚刚开机时低温系统的压力过高，在系统中装有一个膨胀容器。图 1-27 所示为复叠式制冷循环的工作原理。

图 1-27 所示的制冷循环是由两个单级压缩制冷循环组成的二元复叠式制冷循环，高温部分是 1—2—3—4—5—6—1，通常采用 R22 制冷剂；低温部分是 1′—2′—3′—4′—5′—6′—1′，通常采用 R13 制冷剂，循环最低蒸发温度可以达到 $-90 \sim -80$℃。

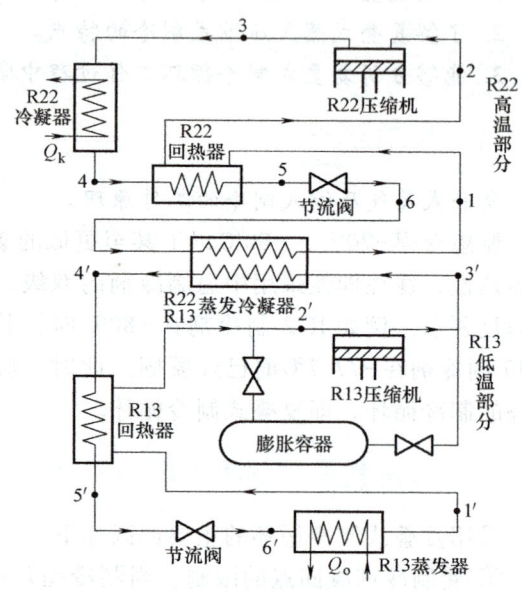

图 1-27 复叠式制冷循环的工作原理

复叠式制冷机形式多样，如两个单级压缩循环的复叠、双级压缩循环的复叠、三个单级压缩循环的复叠，或是蒸气压缩式制冷循环与吸收式制冷循环的复叠等，其可制取的低温范围也相当广泛。具体采用哪一种则需根据实际情况来选用。

2. 复叠式制冷循环的热力计算

图 1-28 所示为对应图 1-27 所示复叠式制冷循环的 p-h 图。其中，图 1-28a 所示为高温部分的 p-h 图，图 1-28b 所示为低温部分的 p-h 图。利用图 1-28 可对复叠式制冷循环进行热力计算。

图中，1—2—3—4—5—6—1 是高温部分的循环，1′—2′—3′—4′—5′—6′—1′ 是低温部分的循环，低温部分的冷凝温度必须高于高温部分的蒸发温度，这一温差就是蒸发冷凝器中的传热温差。该传热温差 $\Delta t = 5 \sim 10$℃，为了提高循环的经济性往往取小值。1—2、4—5 以及 1′—2′、4′—5′ 分别

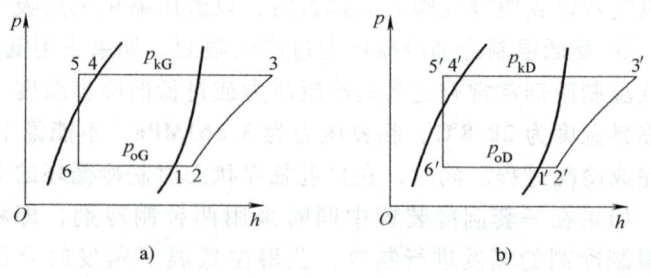

图 1-28 对应图 1-27 所示的复叠式制冷循环的 p-h 图

a) 高温部分的 p-h 图　b) 低温部分的 p-h 图

是高温部分和低温部分的气、液回热过程。确定了循环的工作参数之后，就可以按照两个单级压缩循环分别进行热力计算。计算中应注意，高温部分的制冷量 Q_{oG} 基本等于低温部分的冷凝热负荷 Q_{kD}。

如果高温部分采用双级压缩，低温部分仍为单级压缩，这时低温部分的蒸发温度可达到 $-110℃$。为了获得更低的蒸发温度，就要采用三元复叠式制冷循环。例如，高温部分采用 R22 制冷剂双级压缩，中温部分采用 R13 制冷剂单级压缩，低温部分采用 R14 制冷剂，蒸发温度可以达到 $-120℃$ 以下。

3. 复叠式制冷循环的特点

① 低温部分压缩机的气缸容积比双级压缩低温部分压缩机气缸容积小得多，这对减少整机的重量、尺寸有利。

② 每台制冷压缩机的工作压力范围比较适中，低温部分制冷压缩机的输气系数及指示效率都有所提高，尤其是摩擦功率减少，因此循环的制冷系数提高。

③ 系统内保持正压，不凝性气体不易进入系统，使运行稳定、安全。

④ 复叠式制冷机形式多样，不仅可以采用不同的制冷剂组合，而且可以采用不同的制冷方式的组合。

⑤ 由于蒸发冷凝器存在传热温差，当传热温差过大时，会使复叠式制冷机消耗的功比多级压缩单一制冷剂的系统要大。

⑥ 复叠式制冷循环需采用蒸发冷凝器、膨胀容器、气液热交换器及气气热交换器等，并采用多元制冷剂，使系统的复杂性增大。

4. 复叠式制冷循环应用中的一些问题

① 停机后低温制冷剂的处理。当复叠式制冷机在停止运转后，系统内部温度会逐渐升高到接近环境温度，低温部分的制冷剂就会全部汽化成过热蒸气，这时低温部分的压力将会超出制冷系统允许的最高工作压力，出现这一情况非常危险。如当环境温度为 $40℃$ 时，低温部分允许的最高绝对压力为 1.079MPa。为了防止压力过高，对于大型复叠式制冷装置，常采用高温系统定期开机运行，以维持低温系统的较低压力，但这种方法耗功大；或采用将低温制冷剂抽出装入高压储液器的办法。对于中、小型复叠式制冷装置，通常在低温部分的系统中连接一个膨胀容器（图 1-27），当停机后低温部分的制冷剂蒸气可进入膨胀容器。若系统中不设膨胀容器，则应加大蒸发冷凝器的容积，使其起到膨胀容器的作用，以免系统压力过高。

② 系统的起动。由于低温制冷剂的临界温度一般较低，大、中型复叠式制冷机在起动时，必须先起动高温部分，当高温部分的蒸发温度降到足以保证低温部分的冷凝压力不超过允许的最高压力时，才可以起动低温部分。例如，对于使用 R134a 与 R23 的二元复叠式制冷循环，要先将 R134a 的蒸发温度 Q_{oG} 降至 $-15℃$ 以下，这时低温系统中 R23 的最高冷凝温度大约为 $-10℃$，相应的饱和压力为 1.8899MPa（在允许范围内）。对于小型复叠式制冷循环，高、低温部分可同时起动，但在低温系统上必须装设压力控制阀，以保证系统的安全。

③ 温度范围的调节。复叠式制冷循环的制冷温度是可以调节的，但有一定的温度范围。因压缩比不能太大，所以吸气压力不能调节得太低，这就决定了它的下限温度不能太低。同时，吸气压力也不能调得太高，因为随着吸气压力的升高，蒸发温度也升高，当蒸发温度高到一定程度时，就失去了复叠循环的意义。而且随着吸气压力的升高，冷凝压力也升高。一般压缩机的耐压力为 2MPa，为使压缩机和制冷系统能正常工作，复叠式制冷循环的蒸发

温度在调节时一般不高于-50℃，也不应低于-80℃。

> **想一想**
>
> 复叠式制冷循环的组成和原理各是什么？

技能训练　螺杆制冷压缩机冷冻机油更换

一、实训目的

了解螺杆制冷压缩机的结构和工作原理；了解冷冻机油对于螺杆制冷压缩机的重要作用；了解冷冻机油劣化的主要因素；掌握冷冻机油更换的基本方法与步骤及更换时的关键事项。

二、实训内容与要求

序号	内容	要求
1	螺杆制冷压缩机更换冷冻机油的准备工作	1. 更换前预热油箱内的冷冻机油,起动机组满载运行回收制冷剂 2. 短接压力控制器,防止因制冷剂回收时系统压力变化导致停机,使制冷剂回收中断
2	螺杆制冷压缩机更换冷冻机油操作	1. 放油操作应在停机状态进行 2. 放空油箱后应清洗油槽和油过滤器 3. 同步更换干燥过滤器滤芯 4. 加油时采用抽真空的方式,从低压侧抽空,从高压侧把油吸入

三、实训器材与设备

螺杆冷水机组、真空泵、高低压检修表阀组（含胶管）、同牌号冷冻机油（机组等量）、同型号过滤器滤芯（机组等量）、高压清洗机、清洗剂若干、高压氮气、内六角扳手、套筒扳手、棘轮扳手。

四、实训过程

序号	内容	步骤
1	更换冷冻机油前的准备工作	1. 将油加热器通电加温 8h 以上 2. 短接高低压差开关,在机器满载运行(100%)时,关闭角阀 3. 当低压压力小于 0.1MPa 时关闭电源,同时关闭压缩机排气的截止阀
2	更换冷冻机油操作	1. 放油:用容器接好冷冻机油,不要让其喷溅到外面。冷冻机油排除干净且压缩机内外压力平衡后,用内六角扳手将法兰螺栓卸脱,拆出油过滤器接头和清洁孔法兰 2. 清洗油槽和油过滤器:打开油箱盖,用干燥的纱布清洗油槽,取出油槽内的两块磁铁,清洗后再放回油内。用扳手拆开油过滤器,检查油过滤器孔网是否有破损,并将其上的油泥、污染物等吹除,或更换新的油过滤器 3. 更换冷媒过滤器:关闭冷媒过滤器前后两端截止阀,打开冷媒过滤器法兰盖,更换同型号同数量的滤芯 4. 抽真空加油:对压缩机机体抽真空,采用低压侧抽真空,从高压侧把油吸入

五、注意事项

1) 冷媒回收后恢复压差开关。
2) 更换油过滤器时,接口螺母要旋紧,做好密封,防止内漏;油过滤器接头内衬垫一定要换新,防止内漏。
3) 更换冷媒过滤器后,应单独检查冷媒过滤器段的气密性。
4) 冷冻油更换结束后,电预热至少将冷冻油加热达到23℃以上才可开机运行。
5) 注意定期检查油质、油位。

思考与练习

1. 填空题

(1) 复叠式制冷循环由_____制冷系统组合而成,分别称为_____和_____。

(2) 复叠式制冷循环的制冷温度是可以调节的,蒸发温度在调节时一般不高于_____℃,也不应低于_____℃。

(3) 为了防止停机后低温部分的压力过高,对于大型复叠式制冷装置,常采用_____或_____的办法。

(4) 复叠式制冷循环系统在起动时应先起动_____部分,然后再起动_____部分。在有膨胀容器的情况下,可同时起动_____。

(5) 复叠式制冷机的系统内保持_____压,它消耗的功比多级压缩单一制冷剂的系统要_____。

2. 选择题

(1) 复叠式制冷装置的高温部分和低温部分分别使用_____制冷剂。
 A. 中温中压,低温低压 B. 中温中压,低温高压
 C. 高温中压,低温高压 D. 高温高压,低温低压

(2) 复叠式制冷循环中,如果高温部分采用双级压缩,低温部分仍为单级压缩,这时低温部分的蒸发温度可达到_____。
 A. -80℃   B. -110℃   C. -150℃   D. -130℃

(3) 复叠式制冷循环低温部分常采用的制冷剂有_____。
 A. R22   B. R134a   C. R502   D. R13

(4) 复叠式制冷机的起动顺序是_____。
 A. 同时起动   B. 先起动低温部分,再起动高温部分
 C. 先起动高温部分,再起动低温部分   D. 高、低温部分先起动哪个都可以

(5) 要获得-70℃以下的低温,一般采用_____制冷系统。
 A. 单级压缩   B. 两级压缩   C. 三级压缩   D. 复叠式

3. 判断题

(1) 采用R22和R13制冷剂的两个单级压缩系统组成的复叠式制冷系统,其蒸发温度

可达到-90~-70℃。（　　）

(2) 复叠式制冷循环中常采用的低温制冷剂是R13。（　　）

(3) 复叠式制冷循环的蒸发温度在调节时一般不高于-50℃，也不应低于-80℃。（　　）

4. 简答题

(1) 为什么要采用复叠式制冷循环？

(2) 简述复叠式压缩制冷的工作原理，并绘制其压-焓图。

(3) 什么是冷凝蒸发器？其作用是什么？

(4) 复叠式制冷机中采用膨胀容器起什么作用？

(5) 复叠式制冷循环有哪些特点？

人文·素养·美德·价值

用工匠精神铺就中国"雪游龙"的制冰之路

2022北京冬奥会的雪车雪橇比赛场地、位于延庆赛区的国家雪车雪橇中心有着"雪游龙"之美誉。但鲜有人知，在这条蓄势腾飞的冰龙身后藏着一批默默行事的建设者，他们就是上海宝冶工业工程公司国家雪车雪橇中心机电项目部。他们夜以继日、克坚攻难，甚至放弃春节假期，一干就是四年，承担着为雪车雪橇项目冰之巨龙铸骨塑筋、打通"任督二脉"的重要使命。

国家雪车雪橇制冰赛道是国内首条雪车雪橇赛道，其氨制冷系统由上海宝冶联合国内设计院进行深化设计落地。其中80t液氨充注和系统调试两项工作是整个氨制冷系统实施过程中工艺最复杂、技术难度和安全等级最高的一项内容，它是赛道制冰乃至各种赛事举办的重要前提和根本保障。机电项目部团队及各方专家精诚合作、沉着冷静，克服了作业时差、语言障碍、专业理解偏差、大雪侵袭、氨企停产等重重困难，顺利完成液氨充注和系统调试、稳定运行等工作。赛道共有54个独立的制冷段，内部管道连接错综复杂，有经验的工程师至少要用6个月时间进行反复调节，才能将这样一条崭新赛道的制冷系统调整至最佳状态。为了达到最佳的制冰效果，项目部每天都会在平均温度-5℃、长达2km的赛道以及制冷机房每一个角落来回巡查很多遍，像医生一样，对赛道或设备管道每个部位进行测温、拍照并做记录，与系统监测的数据进行比对，分析冰的不同温度、颜色、形态形成的原因，并结合制冰师的制冰修冰要求，对症下药，对氨制冷系统的设备和阀门进行精细调整。正是有这些来回穿梭在赛道底部狭小空间、藏匿在制冷机房操控室的"医生们"对系统、赛道进行"望闻问切"，才使得国家雪车雪橇中心这条骨骼清奇的冰龙，顿开"任督二脉"，跃然林间，轰然出世！

制冷机房如同一颗心脏，只有心脏强有力地跳动，不停将氨液源源不断输入冰龙体内，赛道这条冰龙才能存活。机电项目部经过精挑细选成立了氨制冷系统运维小组，组织制定了一系列氨制冷系统管理制度，24小时全天候对"龙之心"进行严密看护，对其进行健康监测和管理。还邀请专业团队对项目管理人员和运维小组操作人员从设计理念和思路、系统安全仪表设计及功能、运维重点要点、现场设备仪表、安全措施及应急预案等各方面进行详细交底和培训，使得每一位技术人员对制冷系统有更深入的了解。秉持着高度负责的态度和一丝不苟的精神，无论是被称为"赛道龙之骨"的夹具的制作安装，还是"龙之脉"制冷管道的搭设安装，或是"龙之心"氨制冷系统的安装和调试，上海宝冶工业工程国家雪车雪橇中心机电项目部潜心研究，初心如磐，将一切做到极致。在他们身上，正是工业工程铁军精神的写照，是宝冶"超越自我，敢为人先"企业精神的辉映，他们倾其所有，用匠心雕琢精品工程。

学习任务六　吸收式制冷原理及吸收式制冷机组的工质对

知识点和技能点

1. 理解吸收式制冷与蒸气压缩式制冷的不同之处。
2. 掌握吸收式制冷的原理和工作过程。
3. 了解吸收式制冷经济性评价指标。
4. 了解工质对的概念及吸收式制冷机的工质对。
5. 掌握溴化锂水溶液的性质。
6. 了解溴化锂水溶液的 h-ξ 图，以及制冷循环工作过程在 h-ξ 图上的表示。
7. 了解二元溶液的混合、加压和节流。
8. 能够绘制溴化锂吸收式制冷循环原理图，并分析其工作过程。

重点和难点

1. 吸收式制冷的原理和工作过程。
2. 吸收式制冷经济性评价指标。
3. 溴化锂水溶液的性质。
4. 溴化锂水溶液的 h-ξ 图。
5. 制冷循环工作过程在 h-ξ 图上的表示。

吸收式制冷和蒸气压缩式制冷都是利用制冷剂液体在低温下汽化，吸收汽化潜热，达到制冷的目的。通常压缩式制冷循环是以消耗电能作为能量的补偿过程，而吸收式制冷循环则是以消耗热能作为能量的补偿过程。对于有余热和废热可利用的场合，吸收式制冷方法是首选的一种制冷方式。吸收式制冷也可以使用燃气、地热能、太阳能转化成的热能，能源的利用范围十分宽广。目前用于热电厂的热、电、冷三联供系统使总的热效率达到了 90%。

一、吸收式制冷方法与吸收式制冷循环原理

1. 吸收式制冷方法

图 1-29 所示为蒸气压缩式制冷机和吸收式制冷机工作原理的比较。由图 1-29 可知，两者的相同之处在于：高压制冷剂蒸气在冷凝器中冷凝后，经节流阀节流，温度和压力降低，低温、低压制冷剂液体在蒸发器内汽化，实现制冷。

两者的不同之处在于：

① 消耗的能量不同。蒸气压缩式制冷机消耗机械能，吸收式制冷机消耗热能。

② 吸取制冷剂蒸气的方式不同。利用制冷剂液体蒸发连续不断地制冷时，需不断地在

蒸发器内产生蒸气。蒸气压缩式制冷机采用压缩机1吸取此蒸气，而吸收式制冷机则采用吸收剂在吸收器4内吸取制冷剂蒸气。

③ 将低压制冷剂蒸气变为高压制冷剂蒸气时采取的方式不同，即能量补偿部分的设备不同。蒸气压缩式制冷机通过原动机驱动压缩机完成，吸收式制冷机则是通过吸收器4、溶液泵5、发生器2和节流阀3完成。

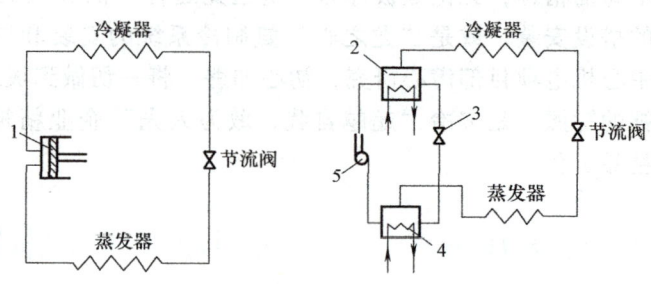

图 1-29　蒸气压缩式制冷机和吸收式制冷机工作原理的比较
1—压缩机　2—发生器　3—节流阀　4—吸收器　5—溶液泵

④ 循环中采用的工质不同。蒸气压缩式制冷循环一般采用单一制冷剂，吸收式制冷循环则使用二元溶液。

吸收式制冷循环使用的工质是由两种沸点相差较大的物质组成的二元溶液，通常称为工质对。其中，低沸点组分为制冷剂，高沸点组分为吸收剂。目前常用的吸收式制冷装置有氨水吸收式制冷装置和溴化锂吸收式制冷装置。由于氨有毒性，且氨水吸收式制冷循环系统装置复杂，加热蒸汽的压力要求较高，冷却水消耗量多，热力系数较低等，溴化锂吸收式制冷循环成为目前最常用的吸收式制冷方式。

2. 吸收式制冷循环的原理

（1）制冷剂与吸收剂　吸收式制冷循环是利用吸收剂溶液在低压条件下强烈吸收制冷剂蒸气，在加热条件下析出制冷剂蒸气的特性而实现制冷的。因此，不同于压缩式制冷循环，吸收式制冷循环的工质除了制冷剂外，还需要有吸收剂。制冷剂与吸收剂组成工质对。其中，吸收剂用来吸收产生冷效应的制冷剂蒸气，被吸收剂吸收的制冷剂蒸气应该能够被释放出来去冷凝、节流、蒸发，形成一个完整的制冷剂循环。而能够使吸收剂释放出制冷剂的最简便的方法就是加热，热能即通过这种途径进入了吸收式制冷循环，如图1-30所示。

（2）吸收式制冷循环的热力系数和热力完善度　吸收式制冷循环的实质是输入热能 Q_g，将热量 Q_o 从低温热源传递到高温热源，高温热源得到热量 Q_k。这一非自发过程同样符合热力学第一定律，即有

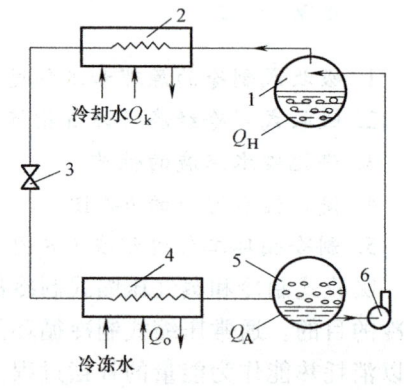

图 1-30　吸收式制冷循环中制冷剂的循环
1—发生器　2—冷凝器　3—节流阀
4—蒸发器　5—吸收器　6—溶液泵

$$Q_o + Q_g = Q_k \tag{1-61}$$

吸收式制冷循环消耗热量，其循环的经济性常用热力系数 ξ 表示，即

$$\xi = \frac{Q_o}{Q_g} \tag{1-62}$$

热力系数 ξ 表示消耗单位热量所能制取的冷量，它反映了从驱动热源输出的热量与制冷机制冷量之间的关系。在给定条件下，热力系数 ξ 越大，循环的经济性就越好。值得注意的

是，热力系数只表明吸收式制冷循环工作时制冷量与所消耗的外加热量的比值，与通常所说的机械设备的效率不同，其值可以小于1、等于1或大于1。

在图1-31中，如果定义高温热源的温度为T_g，低温热源的温度为T_c，外界环境温度为T_h，并忽略吸收式制冷循环中各过程的不可逆损失（即看作理想循环），则可认为发生器中的发生温度就等于高温热源的温度T_g，蒸发器中的蒸发温度等于低温热源温度T_c，冷凝器中的冷凝温度和吸收器中的冷却温度等于外界环境温度T_h。根据热力学第二定律有

$$\frac{Q_o}{T_c}+\frac{Q_g}{T_g}=\frac{Q_k}{T_h} \tag{1-63}$$

联立式（1-61）、式（1-62）和式（1-63），可得出该理想吸收式制冷循环的热力系数为

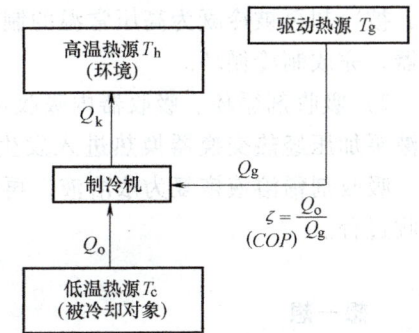

图1-31 吸收式制冷机的能量转换关系

$$\zeta_{\max}=\frac{T_g-T_h}{T_g}\times\frac{T_c}{T_h-T_c}=\eta\varepsilon \tag{1-64}$$

式中 η——工作在高温热源温度T_g和环境温度T_h间卡诺循环的热效率，且$\eta=\frac{T_g-T_h}{T_g}$；

ε——工作在低温热源温度T_c和环境温度T_h间逆卡诺循环的制冷系数，且$\varepsilon=\frac{T_c}{T_h-T_c}$。

由此可见，理想吸收式制冷循环可以看作工作在高温热源温度T_g和环境温度T_h间的卡诺循环与工作在低温热源温度T_c和环境温度T_h间的逆卡诺循环的联合，其热力系数是吸收式制冷循环在理论上所能达到的热力系数的最大值。这一最大值只取决于三个热源的温度，而与其他因素无关。

实际过程中，由于各种不可逆损失的存在，吸收式制冷循环的热力系数必然低于相同热源温度下理想吸收式制冷循环的热力系数，两者之比即为吸收式制冷循环的热力完善度β，即

$$\beta=\frac{\zeta}{\zeta_{\max}} \tag{1-65}$$

（3）吸收式制冷循环系统 如图1-32所示，吸收式制冷基本循环系统由发生器1、冷凝器2、制冷节流阀3、蒸发器4、吸收器5、溶液节流阀6、热交换器7和溶液泵8等组成。它采用由高沸点的吸收剂和低沸点的制冷剂混合组成的工质对。

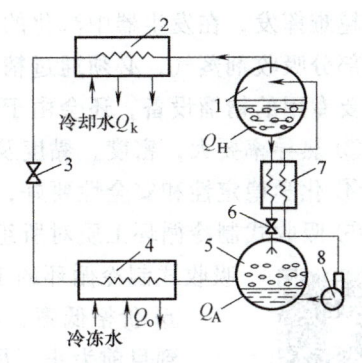

图1-32 吸收式制冷基本循环系统
1—发生器 2—冷凝器 3—制冷节流阀
4—蒸发器 5—吸收器
6—溶液节流阀（辅） 7—热交换器
8—溶液泵

由图1-32可知，吸收式制冷循环包括制冷剂循环和吸收剂循环。

1) 制冷剂循环。蒸发器内的制冷剂在蒸发压力p_o、蒸发温度t_o下汽化，从被冷却对象中吸取热量Q_o。汽化后的低温低压制冷剂蒸气被吸

收器内浓度较高的吸收剂溶液所吸收，形成吸收剂稀溶液，并由溶液泵加压至冷凝压力 p_k，经热交换器换热后进入发生器。在发生器内被外界热源加热，吸收剂稀溶液析出制冷剂蒸气，高温高压（相对低温低压而言）的制冷剂蒸气进入冷凝器，把热量 Q_k 传递给环境介质，被冷却再被冷凝为高压常温的制冷剂液体，液体通过节流阀，降压降温为湿蒸气进入蒸发器，完成制冷循环。

2) 吸收剂循环。吸收器内吸收剂浓溶液吸收低温低压的制冷剂蒸气后变为稀溶液，由溶液泵加压经热交换器换热进入发生器，在发生器内，吸收剂稀溶液受热释放出制冷剂蒸气，吸收剂稀溶液恢复为浓溶液，再经热交换器换热并节流降压进入吸收器，进行新一轮的吸收过程。

想一想

吸收式制冷循环与蒸气压缩式制冷循环在结构组成和工作过程上各有何异同？

二、吸收式制冷机组的工质对

吸收式制冷机使用制冷剂和吸收剂配对的工质对。两种物质沸点不同，沸点低的为制冷剂，沸点高的为吸收剂。制冷剂和吸收剂混合成溶液状态，称为二元溶液。

吸收式制冷循环中制冷剂的选择要求与蒸气压缩式制冷循环中对制冷剂的要求基本相同，如蒸发潜热大、工作压力适中、成本低、毒性小、不燃、不爆及无腐蚀等。

选择吸收剂时要求其具备如下特性：

① 具有强烈吸收制冷剂的能力。吸收剂吸收能力越强，所需要的吸收剂循环量就越少，发生器工作热源的加热量、吸收器中冷却介质带走的热量以及溶液泵耗功也随之减少。

② 相同压力下，吸收剂的沸点应比制冷剂的沸点高，且相差越大越好。吸收剂沸点越高，越难挥发，在发生器中汽化的制冷剂蒸气纯度就越高。否则，发生后的制冷剂蒸气中会夹带部分吸收剂蒸气，必须通过精馏的方法将这部分吸收剂除去，以免影响制冷效果。这不仅需要专用的精馏设备，还会由于精馏效率的存在而降低制冷循环的工作效率。

③ 热导率要大，密度、黏度及比热容要小，以提高制冷循环的工作效率。

④ 化学稳定性和安全性要好，要求无毒、不燃、不爆，对金属材料的腐蚀性小。

⑤ 吸收式制冷循环工质对所组成的二元溶液，必须是非共沸溶液。共沸溶液不能作为吸收式制冷循环的工质对。

⑥ 价格低廉，容易获得。

到目前为止，尽管吸收式制冷循环工质对的种类很多，但实际应用的并不多，只限于氨水溶液与溴化锂水溶液两种，其他都还未超过试验范围。

1. 溴化锂水溶液的性质

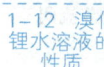

1-12 溴化锂水溶液的性质

溴化锂水溶液是溴化锂吸收式制冷机组中的工质对，其中水是制冷剂，溴化锂是吸收剂。用水做制冷剂有许多优点，其缺点是低温水相对应的蒸发压力低、蒸气比体积大，而且用在制冷机中只能制取 0℃ 以上的冷水。用溴化锂做吸收剂也有许多优点，如：对人体和环境无害；溴化锂易溶于水，溴化锂有很强的吸收水蒸气的能力；溴化锂的沸点高达 1265℃，远远高于水的沸点，在溶液沸腾时所产生的蒸气中没有溴化锂的成分，全部为水蒸气，所以在溴化锂吸收式制冷机组中不需设置精馏装置，系统更加简单。其缺点是对金属材料有腐蚀性，会出现结晶现象。因此，溴化锂水溶液（下面简称溴化锂溶液）是目前吸收式机组中应用最为广泛的工质对。

（1）溴化锂水溶液的物理性质

1）溴化锂。溴化锂是由碱金属元素锂（Li）和卤族元素溴（Br）两种元素组成的，是一种稳定的物质，在大气中不变质、不挥发、不分解、极易溶解于水，常温下是无色粒状晶体，无毒、无臭、有咸苦味，其主要特性见表 1-4。

表 1-4　溴化锂的主要特性

分子式	相对分子质量	密度/(kg/m³)	熔点/℃	沸点/℃	外观
LiBr	86.856	3464(25℃时)	549	1265	无色粒状晶体

2）溴化锂水溶液。溴化锂水溶液为无色透明液体，无毒、有咸苦味，溅在皮肤上微痒。加入缓蚀剂铬酸锂后溶液会呈淡黄色。20℃时溴化锂的溶解度可以达到 108g 左右。其溶解度随温度的升高而增大，当温度降低时，饱和溴化锂水溶液中多余的溴化锂就会与水结合成含有 1 个、2 个、3 个或 5 个水分子的溴化锂水合物晶体析出，形成结晶现象，如图 1-33 所示。溴化锂溶液的结晶温度与质量分数关系，质量分数略有变化时，结晶温度就有很大变化。当质量分数在 65% 以上时，这种情况尤为突出。作为机组的工质，溴化锂溶液应始终处于液体状态，以防止溶液结晶，这一点在制冷机组设计和运行管理上都应十分重视。

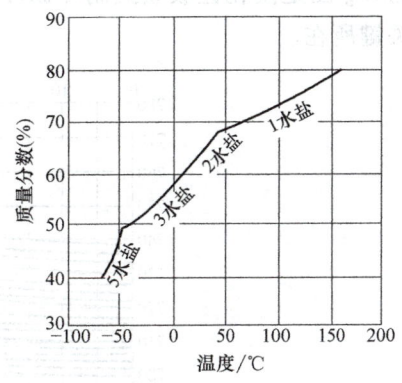

图 1-33　溴化锂在水中的溶解度

溴化锂水溶液的吸湿性很强。在溴化锂吸收式制冷机组实际使用的质量分数范围内，溴化锂水溶液的质量定压热容仅为 1.68~2.51kJ/(kg·K)，比水小得多。这一点有利于提高吸收式制冷机组的效率。因为溶液的质量定压热容小，在发生过程中加热溶液达到沸腾所需的热量就较少，在吸收过程中冷却溶液所放出的热量也较小。

（2）溴化锂水溶液的腐蚀性及缓蚀剂

1）溴化锂水溶液对金属材料的腐蚀性。溴化锂水溶液对金属材料的腐蚀性，比氯化钠水溶液和氯化钙水溶液等要小，但仍是一种较强的腐蚀介质，对制造溴化锂吸收式机组常用的碳钢、纯铜等金属材料，具有较强的腐蚀性。尤其在氧的作用下，金属铁和铜在通常呈碱性的溴化锂溶液中被氧化，生成铁和铜的氢氧化物，最后形成腐蚀的产物和不凝性气体——氢气。因此，在溴化锂吸收式机组中，隔绝氧气是最根本的防腐措施。

腐蚀性对机组性能的影响主要表现在以下几点：

① 由于溴化锂水溶液对组成吸收式机组的两种主要金属材料钢和铜的腐蚀，直接影响机组的使用寿命。

② 腐蚀产生的氢气是机组运行中不凝性气体的主要来源，而不凝性气体在机组内的积聚直接影响吸收过程和冷凝过程的进行，导致机组性能下降。因此，一般机组中都设置自动抽气装置来排除运行过程中产生的不凝性气体。

③ 腐蚀形成的铁锈、铜锈等脱落后随溶液循环，极易造成喷嘴和屏蔽泵过滤器的堵塞，妨碍机组的正常运行。

2）常用缓蚀剂及防腐性能。由前述分析可知，防止腐蚀最根本的办法是保持高度真空，尽可能不让氧气侵入。此外，在溶液中添加各种缓蚀剂也可以有效地抑制溴化锂水溶液对金属的腐蚀。因为这些缓蚀剂在金属表面会通过化学反应形成一层细密的保护膜，使金属表面不受或少受氧的侵袭。常见的缓蚀剂主要有铬酸盐、钼酸盐、硝酸盐以及锑、铅、砷的氧化物。另外，一些有机物，如苯并三唑、甲苯三唑 TTA 等也有良好的缓蚀效果。

2. 溴化锂水溶液的 h-ξ 图

图 1-34 所示为溴化锂水溶液的 h-ξ 图。同蒸气压缩式制冷循环的 p-h 一样，溴化锂水溶液的 h-ξ 图是溴化锂吸收式制冷循环中进行理论分析、热力计算、设计计算及运行工况分析的关键所在。

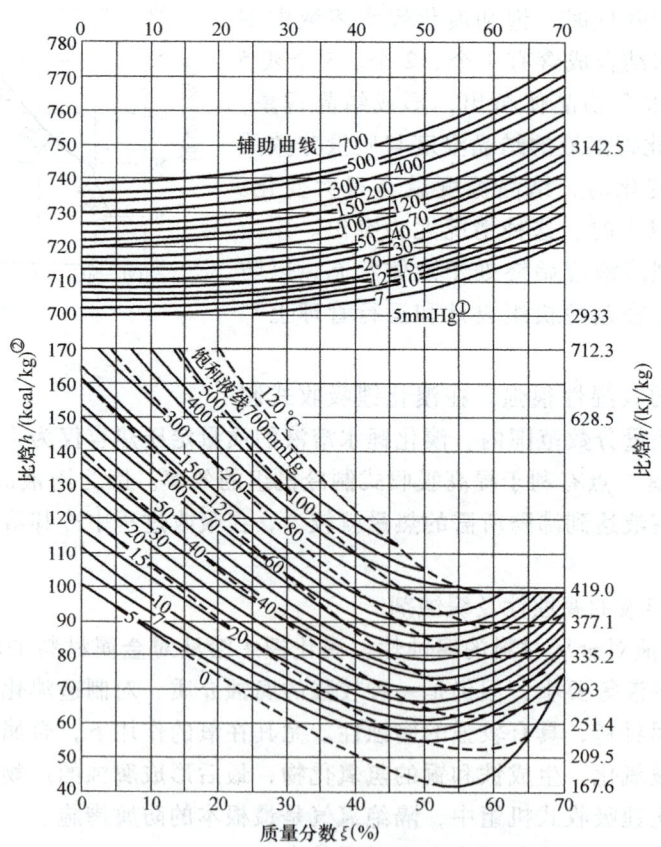

图 1-34 溴化锂水溶液的 h-ξ 图

① 1mmHg＝0.133kPa ② 1kcal/kg＝4186.8J/kg

——压力　----温度

溴化锂水溶液的 h-ξ 图分为两部分：下半部分为溶液的液态区，由等温线簇和等压线簇组成；上半部分为与溶液相平衡的等压水蒸气辅助曲线。饱和蒸气状态利用等压辅助线确定。

图 1-35 所示为溴化锂水溶液的 h-ξ 图的示意简图。由于在 1 个标准大气压下溴化锂的沸点为 1265℃，比水的沸点高很多，在吸收式制冷循环的工作温度范围内，溴化锂可以看作是不挥发的，即溴化锂水溶液的气相区为纯水蒸气，其状态点都处于 $\xi=0$ 的纵坐标上。因此，溴化锂水溶液的 h-ξ 图的气相区没有等压饱和蒸气线。为了找到与溶液相对应的水蒸气状态，在 h-ξ 图的气相区画有一组气体辅助等压线。如想找到与 A 点相平衡的水蒸气状态，可从 A 点向上作垂线，与相应的压力线 p_1 相交于点 B，从 B 点作水平线，与 $\xi=0$ 的纵坐标交于 C 点，C 点即为与所求的 A 点相平衡的水蒸气的点。

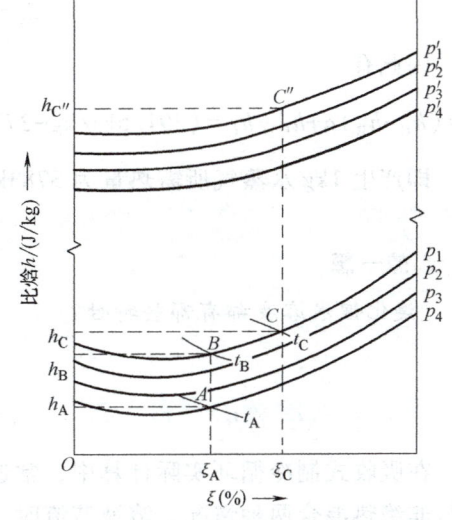

图 1-35　溴化锂水溶液的 h-ξ 图的示意简图
——压力　----温度

【例 1-7】 已知饱和溴化锂水溶液 A 点的压力为 0.77kPa，温度为 42℃，求：

① A 点的质量分数 ξ_A 和比焓值 h_A。

② 将状态点 A 的溴化锂水溶液在等质量分数下加热，求出水蒸气压力为 9.59kPa 时饱和溶液状态点 B 的温度和比焓值及所吸收的热量。

③ 将状态点 B 的溶液在压力为 9.59kPa 的等压条件下加热，过程终止时质量分数为 64%，求此时溶液的温度、比焓值和与过程终止时相对应的水蒸气比焓值。

④ 状态点 B 的溶液在压力为 9.59kPa 的等压下加热产生水蒸气所需要的热量。

解： ①如图 1-34 虚线所示，先在溴化锂水溶液的 h-ξ 图的液态部分找到 0.77kPa 的等压线与 42℃ 等温线的交点 A，由点 A 的横坐标查得溴化锂水溶液的质量分数 $\xi_A=60\%$，比焓值为 $h_A=279.7$kJ/kg。

② 若外界向状态点 A 的饱和溶液加入热量，则溶液温度升高，开始产生水蒸气，压力也增大。当水蒸气压力增大至 9.59kPa 时，体系处于新的平衡状态，溶液又达到饱和状态。在 h-ξ 图中，由 $\xi_A=60\%$ 的等质量分数线与压力为 9.59kPa 的等压线相交于点 B，则可查得 $t_B=91.8℃$，$h_B=373.8$kJ/kg。

对于 1kg 的溶液，加热的热量为 $Q=h_B-h_A=373.8$kJ/kg-279.7kJ/kg$=94.1$kJ/kg

③ 将状态点 B 的饱和溶液在等压下加热，溶液中的水分被蒸发出来，温度和质量分数都相应增大。在 h-ξ 图中，由等压线 9.59kPa 与 64% 的质量分数线相交于点 C，即过程终止时溶液的状态点为 C。查得 $t_C=100.8℃$，$h_C=391.5$kJ/kg。由质量分数为 64% 与压力为 9.59kPa 的气相等压线相交于点 C''，可查得与过程终止时相对应的蒸气比焓值 $h_{C''}=3108.3$kJ/kg。

④ 假设产生 1kg 水蒸气需 $a$kg 溴化锂水溶液。由于蒸发过程中溴化锂的量不变，所以下式成立：

由此求得

$$a = \frac{\xi_C}{\xi_C - \xi_B} = \frac{0.64}{0.64 - 0.6} = 16$$

因此有

$Q = (h_C - h_B)a + h_{C''} - h_C = (391.5\text{kJ/kg} - 373.8\text{kJ/kg}) \times 16 + 3108.3\text{kJ/kg} - 391.5\text{kJ/kg} = 3783\text{kJ/kg}$

即产生 1kg 水蒸气所需热量为 3783kJ。

想一想
溴化锂水溶液都有哪些特性？

三、二元溶液的混合、加压和节流

在吸收式制冷循环实际计算中，常遇到溶液的混合和节流问题。溶液混合时，有绝热混合与非绝热混合两种情况。溶液节流时，可能发生相变，也可能不发生相变。确定溶液混合后或节流后的状态是对吸收式制冷机组进行热工计算的重要内容之一。

1. 二元溶液的混合

下文以两股二元溶液的混合为例。由于处于稳定流动状态，第一股的参数为 t_1、p_1、ξ_1、h_1，质量流量为 q_{m1}；第二股的参数为 t_2、p_2、ξ_2、h_2，质量流量为 q_{m2}。这两股溶液混合后的参数为 t_3、p_3、ξ_3、h_3，质量流量为 q_{m3}。

两股稳定流动的二元溶液的绝热混合遵循质量守恒定律和能量守恒定律。

根据质量守恒定律，有

$$q_{m3} = q_{m1} + q_{m2} \tag{1-66}$$

$$q_{m3}\xi_3 = q_{m1}\xi_1 + q_{m2}\xi_2 \tag{1-67}$$

根据热力学第一定律，当在绝热和无外功的情况下进行混合时，有

$$q_{m3}h_3 = q_{m1}h_1 + q_{m2}h_2 \tag{1-68}$$

由式（1-66）、式（1-67）和式（1-68）联立求解，得

$$\xi_3 = \xi_1 + \frac{q_{m2}}{q_{m1} + q_{m2}}(\xi_2 - \xi_1) \tag{1-69}$$

$$h_3 = h_1 + \frac{q_{m2}}{q_{m1} + q_{m2}}(h_2 - h_1) \tag{1-70}$$

由 (ξ_3, h_3) 可在 h-ξ 图上确定二元溶液的混合状态点及其参数值。

根据热力学第一定律，当非绝热混合时，有

$$q_{m3}h_3 + Q = q_{m1}h_1 + q_{m2}h_2 \tag{1-71}$$

式中　Q——二元溶液混合过程中与外界的热交换率（kW）。

由式（1-66）、式（1-67）和式（1-71）联立求解，得

$$\xi_3 = \xi_1 + \frac{q_{m2}}{q_{m1}+q_{m2}}(\xi_2-\xi_1) \tag{1-72}$$

$$h_3 = h_1 + \frac{q_{m2}}{q_{m1}+q_{m2}}(h_2-h_1) - \frac{Q}{q_{m1}+q_{m2}} \tag{1-73}$$

2. 二元溶液的节流

在吸收式制冷循环中，二元溶液的节流通常由 U 形管、孔板和浮球阀完成。由于节流时溶液与外界热交换时间非常短，一般认为此节流过程为绝热过程，所以节流前、后溶液的焓值不变，并且溶液浓度不变，即 $h_1 = h_2$，$\xi_1 = \xi_2$。因此，在 h-ξ 图上，二元溶液节流前、后的状态点不变，处于同一位置。但并不意味着节流前、后溶液的状态相同，因为节流前压力高，节流后压力低，且节流前、后溶液的温度也不同。

图 1-36 所示为节流前、后二元溶液的 h-ξ 图。节流前、后溶液状态点均为点 1，但含义不同：节流前，点 1 位于饱和液相压力线 p_1 的下面，因此溶液节流前处于压力 p_1 的过冷状态；节流后，压力下降，点 1 为 p_2 压力下的湿蒸气状态，且节流后的温度 t_2 低于节流前的温度 t_1。由于节流前二元溶液为过冷液，点 1 的温度在 h-ξ 图上可以直接确定，为 t_1。节流后溶液为湿蒸气状态，湿蒸气的温度的确定必须首先确定蒸气的等温线，如图中 AB 所示，此时溶液的温度为 t_2。

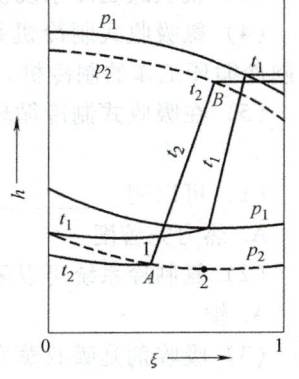

图 1-36 节流前、后二元溶液的 h-ξ 图

3. 二元溶液的加压

在吸收式制冷循环中，二元溶液从低压提升至高压，通常是由溶液泵完成的。如果泵前二元溶液的参数为 t_1、ξ_1、h_1，加压后二元溶液的参数为 t_2、ξ_2、h_2，溶液的质量流量为 q_m（kg/s），溶液泵消耗的功率为 P（kW），则加压前、后溶液浓度不变，有

$$\xi_1 = \xi_2 \tag{1-74}$$

加压后的焓值为

$$h_2 = h_1 + \frac{P}{q_m} \tag{1-75}$$

由于 $\dfrac{P}{q_m}$ 相对于 h 很小，因此可认为 $h_2 = h_1$。

因此有如下结论：

① 在 h-ξ 图上，二元溶液加压前、后的状态点不变，处于同一位置，即 $\xi_1 = \xi_2$。

② 二元溶液加压前、后的状态点的位置不变，并不意味着加压前后溶液的状态相同。如图 1-36 所示，加压前、后的状态点均为点 2，但含义不同：加压前，点 2 是 p_2 压力下的饱和液体；加压后，点 2 是 p_1 压力下的过冷液体。

> **想一想**
> 二元溶液加压、节流及混合后的状态各有何变化?

思考与练习

1. 填空题

（1）吸收式制冷机以_____作为动力，循环中以_____、_____和_____代替蒸气压缩式制冷循环中的压缩机。

（2）吸收式制冷系统包括两个主要回路：_____回路和_____回路。

（3）吸收式制冷系统使用的工质有_____和_____两种，称为工质对。

（4）氨吸收式制冷机是以_____为制冷剂，以_____为吸收剂，按吸收式制冷循环工作的制冷机。

（5）在吸收式制冷循环中，二元溶液从低压提升至高压，通常是由_____完成的。

2. 选择题

（1）可以用_____来比较蒸气压缩式制冷机和吸收式制冷机的经济性。
A. 热力完善度　　B. 制冷系数　　C. 制热系数　　D. 机组价格

（2）氨制冷系统可以采用的材料是_____。
A. 铜　　B. 钢铁　　C. 锌　　D. 青铜

（3）吸收剂是吸收蒸发器内的_____制冷剂。
A. 饱和液体　　B. 未饱和液体　　C. 液体　　D. 汽化的气体

（4）溴化锂水溶液对金属具有腐蚀作用，并生成_____。
A. 氧气　　B. 空气　　C. 二氧化碳　　D. 氢气

（5）二元溶液的定压冷凝过程是_____过程。
A. 等温　　B. 升温　　C. 降温　　D. 不确定

3. 判断题

（1）吸收式制冷机的工质是采用沸点不同的物质组成的工质对，其中低沸点的物质做制冷剂，高沸点的做吸收剂。（　　）

（2）溴化锂吸收式制冷机中的制冷剂是溴化锂。（　　）

（3）溴化锂吸收式冷水机组可制取-10℃的冷媒水。（　　）

（4）溴化锂吸收式制冷机需要对发生器产生的制冷剂进行精馏。（　　）

（5）溴化锂吸收式制冷机在发生器内加热溴化锂水溶液，溶液中的水加热至100℃才沸腾变为气体。（　　）

4. 简答题

（1）蒸气压缩式制冷机和吸收式制冷机有何不同？

（2）简述吸收式制冷机的工作原理。

（3）画出吸收式制冷基本循环系统图，并说明其流程。

（4）对吸收式制冷系统使用的工质对有何要求？

（5）简述溴化锂吸收式制冷机的防腐措施。

人文·素养·美德·价值

冷链物流为食品安全保驾护航

"一骑红尘妃子笑,无人知是荔枝来。"这大概是中国古代物流史上最广为人知的一次业务。它开创了冷链物流的先河,也是中国古代物流史上的一个重要节点。

冷链物流,一头链接着生产端,一头链接着消费端。冷链物流行业贯通一二三产业,是重要的基础性、战略性、先导性产业,为加快产品流通、畅通经济大循环提供了支撑。冷链物流到底对食品产业有多重要?拿某知名烧烤连锁店来说,其冷链运输的食材占比2/3。为了确保食材的新鲜度和口感,很多食材,特别是肉类、海鲜和速冻食品等,都需要通过冷链运输来保持其品质。那么,如何激活物流"最先一公里"这源头活水?

郑州位居中原腹地,依托优越的区位优势,在冷链食品生产、仓储、运输等方面均展现出强劲的发展势头。这里催生了三全、思念、锅圈食汇、花花牛、好想你等一批全国知名企业,逐渐发展成为全国最大的速冻食品生产、研发基地和物流中心。郑州市冷链食品相关产业主要包括速冻米面制品、冷鲜肉制品和乳制品三个行业,规模以上企业超30家,其中速冻食品行业在全国市场占有率超过60%。一袋鲜牛奶,催生一条"锁鲜链"。为确保乳品新鲜度,花花牛乳业围绕加工基地布局牧场奶源,以郑州为中心150km"新鲜半径"之内建设自有奶牛养殖场,原奶采集到工厂加工仅需2h。目前拥有自有冷链车辆300余台,省内配送线路120余条,日配直达省内各地级、县级城市。此外,随着市场的拓展和消费需求的提升,花花牛以郑州为中心,自建7座中转冷库,终端投放冷柜约2万台,建立了从原奶采集(新鲜奶源)、生产(新鲜工艺)、储存(新鲜储藏)到运输(新鲜配送)、销售(新鲜消费)等环节的全链条冷链无缝运营,保障乳制品"新鲜"每一天。

2024年,郑州市将在强化特色物流产业提升上发力。突出冷链物流培育,布局4个冷链物流基地,培育3个农副产品产销集配中心,4个第三方冷链产销集配中心。为破解冷链食品行业的流通环节限制,郑州市通过了《冷链配送到店系统功能要求》《冷链物流温湿度监控平台建设指南》两项标准的审查,让郑州冷链物流标准化迈出新步伐,推动冷链行业的持续健康发展,带动冷链食品安全监管、冷链食品安全和经济向好发展。

郑州市冷链物流深度拥抱数智化发展,数据显示,截至2023年底,郑州市共有88.73万平方米大型冷库在平台上接受食品安全智慧化监管,同比增幅达36.36%。通过智慧化监管,实时监测冷藏车的运输状态、温度控制等关键信息,确保食品在运输过程中的安全和质量,从而提升整个冷链行业的运输水平。

放眼世界,冷链物流正在为郑州"买全球,卖全球"注入全新的动能,推动郑州冷链物流行业行稳致远,阔步向前。

学习任务七 其他制冷方法

知识点和技能点

1. 了解常规制冷方法以外的其他几种制冷方法的工作原理和特点。

2. 了解各种制冷方法的研究进展及实际应用情况。

重点和难点

1. 其他几种制冷方法的工作原理。
2. 其他几种制冷方法的特点。

一、磁制冷

磁制冷技术是一项新的绿色制冷技术，与蒸气压缩式制冷相比，具有以下优点：

1) 无环境污染。由于制冷工质为固体材料以及在循环回路中可用水（加防冻剂）作为传热介质，消除了因使用制冷剂带来的破坏大气臭氧层、易泄漏、易燃及温室效应等环境问题。

2) 高效节能。磁制冷的效率可达到逆卡诺循环的 30%~60%，而蒸气压缩式制冷一般仅为 5%~10%。

3) 装置结构紧凑，振动及噪声小。磁制冷采用磁性材料作为制冷工质，其磁熵密度比气体大，因此装置更紧凑，且无须压缩机，运动部件少，转速慢，振动及噪声小。

4) 磁制冷采用电磁体或超导体及永磁体提供所需的磁场，部件少且运行频率低，具有较高的可靠性和较长的使用寿命。

5) 根据制冷所需温度和制冷量大小要求，可选用不同的制冷工质，制冷温度跨区大，从极低温到室温都容易实现。

1. 磁制冷技术的发展概况

1881 年，Warburg 首先发现了金属铁在外加磁场中的磁热效应（Magneto-caloric Effect，MCE）。随后，Debye 和 Giauque 分别于 1926 年和 1927 年解释了磁热效应的本质，并提出在实际应用中利用绝热退磁过程获得超低温。此后，磁制冷开始应用于低温领域。到了 1976 年，美国国家航空航天局（NASA）的 Lewis 研究中心的 G. V. Brown 首次实现了室温磁制冷，标志着磁制冷技术开始由低温转向室温的研究。20 世纪末，Ames 实验室的 Gschneider 等人在 Gd5（SixGe1-x）4 系合金磁制冷材料中发现了巨磁热效应（Giant Magneto-caloric Effect，GMCE），使磁制冷技术得到突破性发展。目前低温（4~20K）磁制冷机已达到实用化的程度，室温磁制冷系统的研究也有较大发展。

2. 磁制冷基本工作原理

磁制冷技术中的制冷工质是固态的磁性材料。由于物质由原子构成，原子又由电子和原子核构成，电子有自旋磁矩和轨道磁矩，这使得有些物质的原子或离子带有磁矩。顺磁性材料的离子或原子磁矩在无外磁场时是杂乱无章的，对其施加外磁场后，磁矩沿外磁场取向排列，变得有序化，材料的磁熵减少，因而会向外界放出热量，温度升高；而一旦去掉外磁场，材料内部的磁有序减小，磁熵增大，因而会从外界吸收热量，温度下降。这种在磁场的施加与去除过程中所呈现的热现象称为磁热效应。磁制冷就是利用磁性材料的磁热效应来实现制冷的。图 1-37 所示为磁制冷工作原理。

在常压条件下，磁体的熵 $S(T, H)$ 是温度 T 和磁场强度 H 的函数，它由磁熵 $S_M(T, H)$、晶格熵 $S_L(T)$ 和电子熵 $S_E(T)$ 三部分组成，即

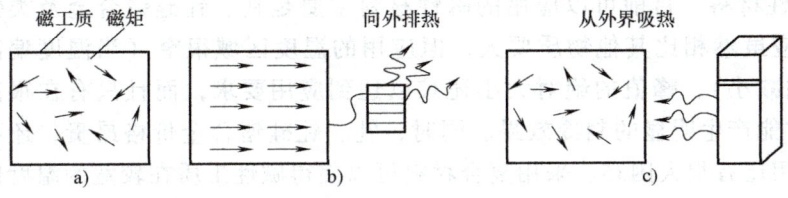

图 1-37 磁制冷工作原理

a) 无外场时 $H=0$　b) 磁化时 $H>0$　c) 退磁时 $H=0$

$$S(T,H) = S_M(T,H) + S_L(T) + S_E(T) \tag{1-76}$$

由式（1-76）可知，S_M 是 T 和 H 的函数，而 S_L 和 S_E 仅是 T 的函数，当外加磁场发生变化时，只有磁熵 S_M 随之变化，而 S_L 和 S_E 只随温度的变化而变化。因此，只有磁熵 S_M 对磁制冷做出贡献。S_L 和 S_E 合起来称为温熵 S_T，式（1-76）可变为

$$S(T,H) = S_M(T,H) + S_T(T) \tag{1-77}$$

在绝热过程中，系统熵变为零，即

$$\Delta S(T,H) = \Delta S_M(T,H) + \Delta S_T(T) = 0 \tag{1-78}$$

当绝热磁化时，工质内的分子磁矩排列将由混乱无序趋向与外加磁场同向平行，度量无序度的磁化熵减少了，即 $\Delta S_M<0$，因而 $\Delta S_T>0$，故工质温度升高；当绝热去磁时，情况正好相反，使工质温度降低，从而达到制冷目的。

图 1-38 所示为绝热去磁制冷的四个阶段。顺磁盐 3 由不导热的支持物置于充有氦气的容器 4 中，该容器置于液态氦容器中。首先，顺磁盐被充入容器中的气体氦冷却，这时液态氦中的氦蒸发，氦蒸气被真空泵抽走，顺磁盐的温度保持在 1K 左右（图 1-38a）；接着，在温度保持不变的情况下，顺磁盐被磁化，磁化过程中产生的热量由容器中的氦气传给液态氦（图 1-38b）；然后，将氦气从容器 4 中抽出（图 1-38c），以形成绝热环境。最后，去掉磁场（$H=0$），顺磁盐被去磁，温度下降为 T_f（图 1-38d）。

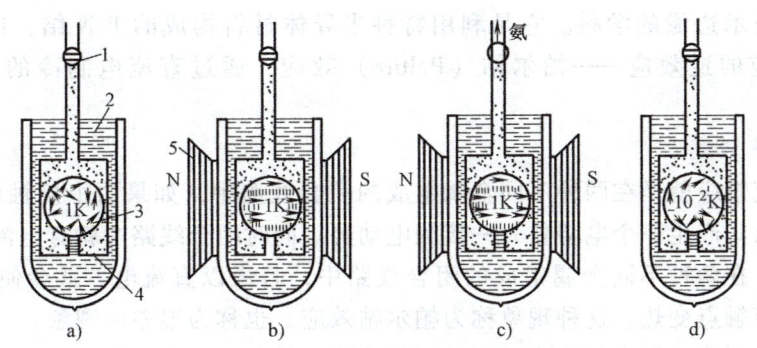

图 1-38 绝热去磁制冷的四个阶段

a）顺磁盐冷却　b）磁化　c）抽除氦气　d）绝热去磁

1—阀门　2—液态氦　3—顺磁盐　4—氦容器　5—磁体

3. 磁制冷技术发展需要解决的问题

磁制冷技术作为一种具有很大潜力的制冷技术，若要取代传统的蒸气压缩式制冷，还有许多问题需要解决。

（1）开发高性能的磁性材料　目前可以应用的磁性材料主要是钆、钆硅锗合金及类钙钛矿物质。它们的磁热效应虽然相比其他物质要大，但应用的温度区域很窄（当温度偏离居里温度时，其 MCE 急剧减小），峰值的绝对大小还难以达到应用要求，而且只有在很高的磁场强度（5~7T）下才能产生明显的制冷效果。同时，钆、钆硅锗合金价格昂贵，还存在氧化等问题，要广泛应用还有很大困难。采用复合材料可以使得磁性工质在较宽的温度区域内保持较大的 MCE，但还没有在磁制冷中应用过，这有待于材料制造工艺水平的提高。

（2）磁体和磁场结构的设计　磁场的产生可由超导磁体、电磁体和永磁体提供。永磁体结构简单，来源广泛，但只能提供 1.5T 左右的磁场；超导磁体及电磁体可提供 5~7T 的磁场，但目前的超导磁体还必须采用低温超导装置，结构复杂且价格昂贵；而电磁体提供磁场时需要很大的电功率，且装置笨重，维护困难。另外，研究发现磁体极内表面的平整度对磁场的影响很大，所以磁体的加工制造工艺也很重要。

（3）蓄冷及换热技术的改进　在室温磁制冷技术中，磁性材料晶格熵的取出必须依靠蓄冷器。同时，磁制冷实际效率的高低主要取决于蓄冷器及换热器的性能。要使得磁性工质产生的热（冷）量尽可能快地被带走，就要提高蓄冷器的效率和外部换热器的换热性能。

（4）磁制冷装置的设计　室温磁制冷技术要真正实用化，设计完善的磁制冷装置尤为重要。目前，国外已试制的多种室温磁制冷样机都难以达到令人满意的制冷效果，设计的主要困难在于系统设计、流道设计和加工、床体运动和流体流动的控制等。

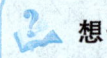
想一想

磁制冷的基本工作原理是什么？

二、热电制冷

热电制冷也称为温差电制冷或半导体制冷，是 20 世纪 50 年代发展起来的一门介于制冷技术和半导体技术边缘的学科。它是利用特种半导体材料构成的 P-N 结，形成热电偶对，产生塞贝克效应的逆效应——帕尔帖（Peltire）效应，通过直流电制冷的一种新型制冷方式。

1. 热电制冷原理

所谓塞贝克效应就是在两种不同金属组成的闭合线路中，如果两个接触点的温度不同，就会在两接触点间产生一个电势差——接触电动势。同时闭合线路中就有电流流过，称为温差电流。反之，在两种不同金属组成的闭合线路中，若通以直流电，就会使一个接触点变冷，使另一个接触点变热，这种现象称为帕尔帖效应，也称为温差电现象。

热电制冷的制冷效果主要取决于两种材料的热电势。纯金属材料的导电性好，导热性也好，其帕尔帖效应很弱，制冷效率不到 1%。半导体材料具有较高的热电势，可以成功地用来做成小型热电制冷器。按照电流载体的不同，半导体分为 N 型半导体（电子型）和 P 型半导体（空穴型）。由 P 型半导体和 N 型半导体构成的热电制冷元件如图 1-39 所示，用铜片和导线将它们连成一个回路，回路由低压直流电源供电。回路中接通电流时，一个接触点变冷，一个接触点变热。如果改变电源方向，冷、热接触点的位置将发生变化。

1-14　热电制冷原理

每对热电偶只需零点几伏电源电压，产生的冷量也很小，实用上是将数十个乃至数百个热电偶串联，将热端和冷端分别排在一起，组成热电堆，称单级热电堆，如图1-40所示。借助热交换器等各种传热手段，使热电堆的热端不断散热并且保持一定的温度，把热电堆的冷端放到被冷却系统中去吸热降温，这就是单级热电堆式半导体制冷器的工作原理。

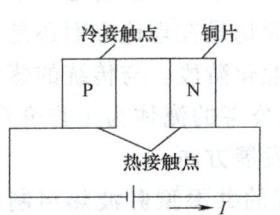

图1-39 由P型半导体和N型半导体构成的热电制冷元件　　　　图1-40 单级热电堆

为了获得更低的温度或更大的温差，可采用多级热电堆式半导体制冷器。它是由单级热电堆连接而成的，连接的方式有串联、并联及串并联。其中二级、三级热电堆式半导体制冷最为常见，如图1-41所示。

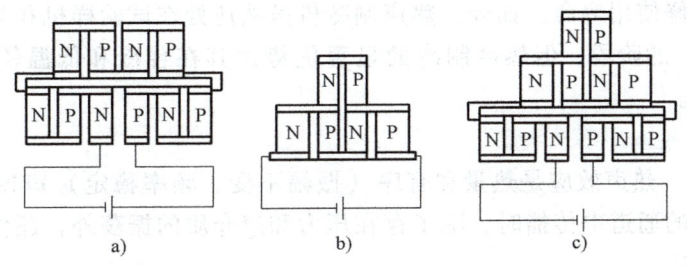

图1-41　多级热电堆式半导体制冷器原理

a）串联二级热电堆　b）并联二级热电堆　c）串并联三级热电堆

2. 热电制冷的特点及应用

（1）热电制冷的特点

① 热电制冷不使用制冷剂，无运动部件，无污染，无噪声，并且尺寸小，重量轻，在深潜、仪器、高压试验仓等特殊要求场合使用十分适宜。

② 热电制冷器参数不受空间方向的影响，即不受重力场影响，因而在航空航天领域中应用具有明显的优势。

③ 作用速度快，工作可靠，使用寿命长，易控制，调节方便，可通过调节工作电流大小来调节其制冷能力，也可通过切换电流方向来改变其制冷或供暖的工作状态。

④ 效率低，耗电多。

⑤ 半导体热电堆的元件价格很高。

（2）热电制冷的应用　由于热电制冷的上述特点，在不能使用普通制冷剂和制冷系统的特殊场合以及小容量、小尺寸的制冷工况条件下，热电制冷具有明显优越性，已成为现代制冷技术的一个重要组成部分。目前热电制冷技术主要应用于车辆、核潜艇、驱逐舰、深潜器、减压舱、地下建筑等特殊环境下使用的热电空调、冷藏和降湿装置，各种仪器和设备中使用的小型热电恒温制冷器件，工业气体含水量的测定与控制，保存血浆、疫苗、血清、药品等药用热电冷藏箱与半导体冷冻刀等。

三、热声制冷

1. 热声制冷概述

热声制冷技术是 21 世纪全新的制冷技术。在最近 20 年，许多物理学家和机械工程师都致力于研究这种基于热声理论的新型热机和制冷机，无论是在理论方面还是工程应用方面都取得了突破性进展，许多研究已经进入到了实用的商业化阶段。与传统的蒸气压缩式制冷相比，热声制冷机在稳定性、使用寿命、环保（使用无公害的流体为工作介质）等方面具有显著优势，因而备受关注，可成为下一代制冷技术的发展方向。

目前，热声制冷的研究主要集中在低温制冷领域的共振型驻波热声制冷机（-50℃以下）以及热声驱动脉管制冷机（80K 以下）。事实上，像脉管制冷机和 Stirling 热机这类回热式热机工作的原理也是热声效应，只是由于最初它们的工作频率较低（几赫兹至几十赫兹），人们一直将准静态、准平衡态的回热式热力循环分析方法和传热学作为其理论基础。1990 年，热声驱动的小孔型脉管制冷机在美国的 Los Alamos 国家实验室问世，成为首台完全没有运动部件的低温制冷机。该制冷机从根本上消除了常规制冷机的磨损和振动，大大提高了制冷机的无维修使用寿命。如今，热声制冷机虽然还处在试验样机和某些特殊场合应用（如空间技术方面）的阶段，但热声制冷的显著优势使其在普冷和低温领域具有巨大的潜力，因而备受关注。

2. 热声制冷的基本原理

（1）热声效应　热声效应是热量和有序（振幅不变、频率稳定）声振荡之间的相互转换。当声波在很窄的通道中传播时，除了存在压力和声介质的振荡外，还伴随着热振荡的出现，这就是热声效应。

如图 1-42 所示，在一定频率的声场中平行于声介质传播方向插入一个平板，一个气体微团沿平板做往复运动。设初始状态时气体和平板的温度均为 T，气体微团在声压作用下由位置 0（状态 1）运动到位置 x^+（状态 2），绝热压缩，气体微团温度升为 T^{++}，因此与平板存在温差，热量 Q 由气体微团流向平板；失去热量的气体微团体积变小，同时温度降为 T^+（状态 3）；随后气体微团又在声压的往复振荡作用下向左回到位置 0（状态 4），绝热膨胀，温度降为 T^-；声压继续向左振荡，使气体微团绝热膨胀到位置 x^-（状态 5），温度降为 T^{--}（<T），

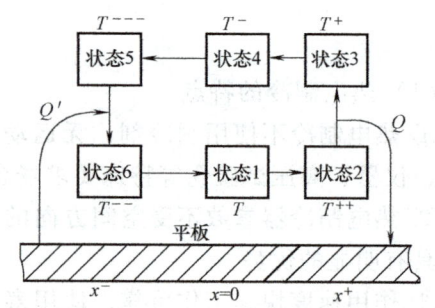

图 1-42　气体微团在声场中的泵热过程示意

于是有热量 Q' 由平板流向气体微团，吸热后的气体微团等压膨胀，同时温度升为 T^-（状态 6）；此后声波向右振荡使气体微团绝热压缩，又回到位置 0（状态 1），完成一个热力循环。

以上是单个气体微团作用的情况，事实上平板附近有无数气体微团，它们的运动情况相同，所有这些与平板进行热交换的气体微团连成一个振荡链，将平板左端（冷端）的热量输送到右端（热端），实现泵热。

热声效应可简单描述为在声波稠密时加入热量，声波稀疏时排出热量，则声波被加强；

反之，声波稠密时排出热量，声波稀疏时吸收热量，则声波被削弱。日常生活中的声音强度不足以产生明显的泵热效果，且由于声介质与固体介质（平板）只有在热附面层附近才有良好的热接触，将声场用一组平行薄板（热声堆）隔开才能使声能得到充分利用。因此，当声强很大且声波在热声堆里传播时，才有可能产生显著的热声效应。

（2）热声制冷原理　以上只是从微热力循环的角度定性地解释了热声效应，事实上应用这一原理制冷时，情况要复杂得多。

首先，热声效应是热能与声能的相互转换，热声系统中总存在高温端和低温端，这样声场流体中将存在一个纵向温度梯度。因此，热声系统中除了存在声压引起的气体温度变化外，还存在温度梯度引起的沿程温度变化。正是这个纵向温度梯度的存在，使得声能可能产生也可能被消耗用于泵热。在高温度梯度区（实际温度梯度大于声能产生的临界温度梯度），工作介质吸收由高温端传来的纵向热流的一部分，将其转化为声能，用于克服声介质的不可逆耗功，同时也使纵向声能流增强；在低温度梯度区（实际温度梯度小于泵热临界温度梯度），工作介质除了由于不可逆性耗散一部分声能外，还消耗一部分声能，使热流由低温端泵向高温端；在介于这两个温度梯度区之间的中间温度梯度区，工作介质消耗声能产生热流，热流由高温端流向低温端。显然，制冷机应工作在低温度梯度区。

另外，热声效应产生的结果还与声场的性质有关。声场有行波声场和驻波声场，声场性质不同，实现热声制冷的原理、系统参数及系统结构均有所不同。对于行波声场，热声效应的产生依赖于工作介质的热力学可逆性，声能流与热流的方向总是相反。这时声场流道的横向特性尺寸应小于流体的热穿透深度，使流体介质与固体介质之间有良好的热接触。但对实际流体而言，过小的流道将导致黏性声吸收的剧增，不可逆性增强，因此流道宽度不宜太小。

对于驻波声场，热声效应的产生完全依赖于工作介质的内在热力学不可逆性，即其有限的热导率（对热导率为零或无穷大的工作介质，在驻波声场中不产生热声效应），热流方向总是由高声导区（声压波节）流向低声导区（声压波腹）。这时流道的横向特性尺寸应大于或与流体的热穿透深度相当，此时流体与固体有中等程度的热接触。流道尺寸过小，会由于驻波引起的温度波动与速度波动同相而使热声效应减弱。在压力波动和体积速度的振幅相同的情况下，驻波声场所产生的热声效应强度小于行波声场所产生的热声效应强度。

3. 热声制冷机

热声制冷机可分为驻波型和行波型，但实际的声场总是介于驻波和行波之间，因此这两类制冷机的区别只在于哪种声场起决定作用。以下为两种典型的热声制冷机。

（1）共振型驻波热声制冷机　共振型驻波热声制冷机是在热声管中产生近共振的驻波声场，利用这个声场产生热声效应进行制冷的。代表性的装置是Hofler制作的驻波热声制冷机，它由声发生器、室温放热器、叠式回热器以及共鸣器等组成，其结构原理如图1-43所示。

声波发生器提供动力，产生声振动，在声道里产生一个近共振的驻波声场，整个声道的长度约为1/2波长；共鸣器的作用是在声管里形成一个驻波声场。吸热器到声发生器的距离约为1/4

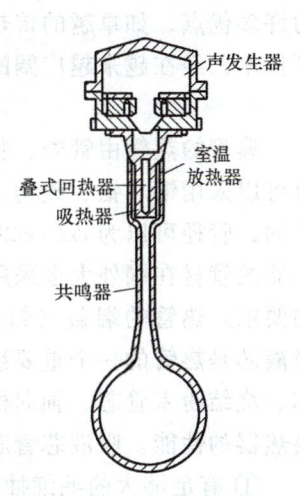

图 1-43　驻波热声制冷机的结构原理

波长，工作于高声导区，利用等温热声效应从低温热源（热负载）吸收热量；来自低温热源的热量成为纵向热流，在回热器中利用绝热热声效应消耗声能，将这个热流泵向高温热源；室温放热器工作于低声导区，利用等温热声效应将由回热器传来的热流转换为横向热流，释放给环境。

（2）共振型行波热声制冷机　共振型行波热声制冷机的概念最初由 Ceperley 于 1979 年提出，但目前还未见有关这种热声制冷样机问世的报道，关于这方面的定量设计也很少见。这种概念机型包括声发生器、室温放热器、回热器、低温吸热器，以及行波声导管等部件，这些部件形成一个行波的回路，回路的长度正好为一个波长。图 1-44 所示为行波热声制冷机的结构原理。

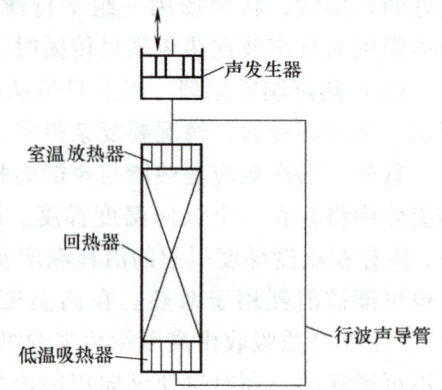

图 1-44　行波热声制冷机的结构原理

Ceperley 对这种热声制冷机的工作原理的解释是：声波发生器提供动力，在声回路中产生一个近共振的行波声场，低温吸热器利用等温热声效应从低温热源吸收热量，形成纵向热流，回热器利用绝热热声效应消耗声能，将这个热流泵向高温端，最后，室温放热器将热量释放给环境。

> **想一想**
> 热声制冷的工作原理是什么？热声制冷机都有哪些类型？

四、热管制冷

热管是一种具有很高传热性能的元件，它可将大量热量通过其很小的截面面积远距离传输而无须外加动力，其工作温区从 -273℃ 一直到 1000℃。热管具有其他传热技术所不具备的许多优点，如卓越的传热效率及可靠性、隔离性、低阻力、体积小、可控制等。因此，热管技术已经在越来越广阔的领域取得卓有成效的应用。

1. 热管的结构

典型的热管由管壳、吸液芯和端盖组成。热管的管壳大多为金属无缝钢管，根据不同需要可以采用铜、铝、碳钢、不锈钢、合金钢等不同材料。管子可以是标准圆形，也可以是异形的，管径可以为 $\phi 2 \sim \phi 200 \text{mm}$，甚至更大，长度可以从几毫米到 100m 以上。低温热管换热器的管材在国外大多采用铜、铝做原料，采用有色金属主要是为了满足与工作液体相容性的要求。热管的端盖（封头）具有多种结构形式，旋压封头是国内外常采用的一种形式。吸液芯是热管的一个重要组成部分，其结构形式大致可分为紧贴管壁的单层及多层网芯类管芯、烧结粉末管芯、轴向槽道式管芯和组合管芯等。吸液芯的结构形式直接影响热管和热管换热器的性能。吸液芯管芯应具有以下特点：

① 有足够大的毛细抽吸压力，或较小的管芯有效孔径。
② 有较小的液体流动阻力，即有较高的渗透率。
③ 有良好的传热特性，即有小的径向热阻。

④ 有良好的工艺重复性及可靠性，制造简单，价格便宜。

2. 热管制冷的基本原理

热管制冷原理如图 1-45 所示。热管内部被抽成负压状态，充入适当的低沸点、易挥发液体。管壁有吸液芯，由毛细多孔材料构成。当受热端开始受热时，管壁周围的液体就会瞬间汽化，产生热蒸气，此时这部分的压力就会变大，热蒸气流在压力的牵引下向冷凝端流动。蒸汽流到达冷凝端后冷凝成液体，同时放出大量的热量，最后借助毛细力回到蒸发受热端完成一次循环。

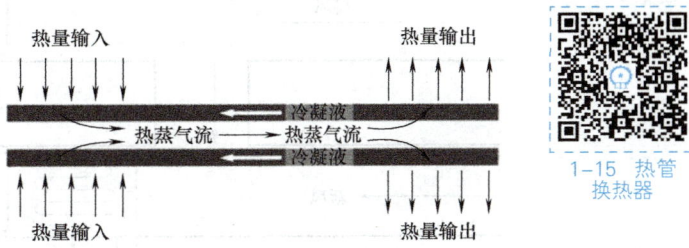

1-15 热管换热器

图 1-45 热管制冷原理

3. 热管技术的应用

（1）热管在空间技术和电子工业领域的应用　热管最早应用于空间技术和电子工业领域。1967 年，美国 Los Alamos 国家实验室研制的一根不锈钢水热管被首次送入地球卫星轨道，并取得热管运行性能的遥控数据，证明热管在零重力条件下可成功运行。1968 年，热管作为卫星仪器温度控制手段第一次应用于测地卫星 GEOS-Ⅱ，1972 年发射的天文卫星 OAO-C 和 1974 年发射的应用技术卫星 ATS-F 上都成功地应用了相当数量的热管作为温度控制手段。1969 年，日本已有带翅片热管束的空气加热器，用来回收工业排气中的热能。20 世纪 80 年代初，我国的热管研究及开发的重点转向节能及能源的合理利用，相继开发了热管气-气换热器、热管余热锅炉、高温热管蒸气发生器、高温热管热风炉等各类热管产品。目前，热管应用的重点已由航天转移到地面，由工业产品扩展到民用产品。新能源的开发，太阳能的利用，电子装置芯片的冷却，笔记本式计算机 CPU 的冷却以及大功率晶体管、晶闸管、电路控制板等的冷却，化工、石油、建材、轻工、冶金、动力、陶瓷、制冷空调等领域的高效传热传质设备的开发，都将促进热管技术的进一步发展。

（2）热管技术在制冷空调行业中的应用　针对潮湿地区空调总热负荷中潜热负荷所占比例较大的问题，目前在常规大型空调系统中利用除湿转轮或回转盘管换热器来增加系统的除湿能力，能较好地控制室内湿度，满足室内舒适性要求。将重力式热管换热器应用于房间空调器中，可以保证空调器的制冷量和耗功基本不变，而除湿量却显著增加，同时空调器的送风温湿度适宜，从而可以解决目前现有房间空调器在潮湿地区使用时因除湿量不足造成房间内舒适性较差的问题。

（3）热管技术在空调热回收上的应用　热管由于热传递速度快、温降小、结构简单和易控制等特点，广泛用于空调系统的热回收和热控制。有关研究表明，对于室内温度 22℃、相对湿度 50% 的空调工况，在供、回风系统中加装热管换热器后，取得了如下效果：在室外温度波动超过 4.4℃ 时，室内温度波动小于 0.3℃，相对湿度波动小于 0.5%，热管换热器效率接近 100%，去湿能力比普通系统提高 62%，比旁通系统提高 70%；相应地，辅助供热量减少 20%，潜在能效比提高 90%。

图 1-46 所示为一种带热力毛细动力循环的热管热回收系统。与传统一次回风再热式空调系统比较，带热力毛细动力循环热管热交换器回热的一次回风空调系统可以减少表冷器的冷量

和节省再热器的再热量。空调送风状态是通过调节阀调节热管管路中介质的流量进行调节的。

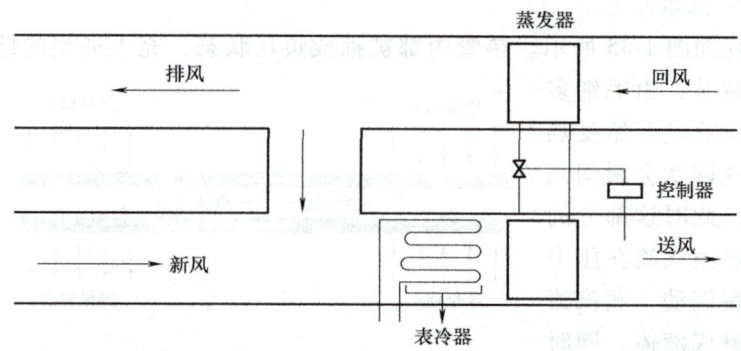

图1-46 带热力毛细动力循环的热管热回收系统

（4）热管技术在地源热泵中的应用　地源热泵在推广过程中，有待进一步完善的技术问题主要有两个方面，即地下盘管问题和地下水资源问题。热管换热器在换热、防腐等技术问题上的成熟，使热管技术能较好地解决这两个问题。热管技术与地源热泵技术的结合，可使地源热泵扬长避短，投资更省，效率更高，适应性更强。

> **想一想**
> 热管制冷的工作原理是什么？

五、涡流管制冷

1. 涡流制冷原理

涡流制冷是一种借助涡流管（Vortex Tube）的作用使高速气流产生漩涡并分离出冷、热两股气流，利用冷气流获得冷量的方法。这一现象在1922年由一个法国学生发现，1960年后涡流管开始被商业应用，如今涡流管技术已非常成熟，并在全世界范围内得到广泛应用。

如图1-47所示，压缩空气喷射进涡流管的涡流室后，气流以高达10^6r/min的速度旋转着流向涡流管的热气端出口，一部分气流通过控制阀流出，剩余的气体被阻挡后在原气流内圈以同样的转速反向旋转，并流向涡流管的冷气端。在此过程中，两股气流发生热交换，内环气流变得很冷，从涡流管的冷气端流出，外环气流则变得很热，从涡流管的热气端流出。涡流管可以高效地产生低温

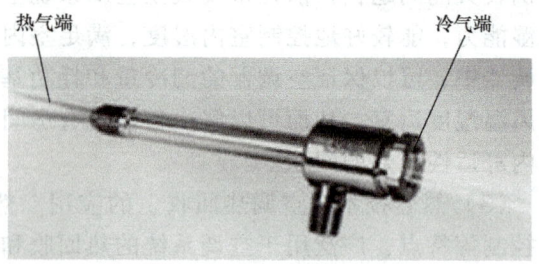

图1-47 涡流管工作示意

气体，用于冷却降温，冷气流的温度及流量大小可通过调节涡流管热气端的阀门来控制。涡流管热气端的出气比例越高，则涡流管冷气端气流的温度就越低，流量也相应减少。涡流管最高可使原始压缩空气温度降低70℃。

2. 涡流管制冷组成及工作过程

涡流管结构极为简单，由喷嘴 2、涡流室 3、分离孔板 4 及冷、热两端管子 5 和 6 组成，如图 1-48 所示。高速气流由进气管 1 导入喷嘴，膨胀降压后沿切线方向高速进入阿基米德螺线涡流室形成自由涡流，经过动能交换分离成温度不等的两部分。其中心部分动能降低变为冷气流，边缘部分动能增大成为热气流，这样涡流管可以同时获得冷、热两种效应。通过流量控制阀调节冷、热气流的比例，相应地改变气体温度，可以得到最佳制冷效应或制热效应。

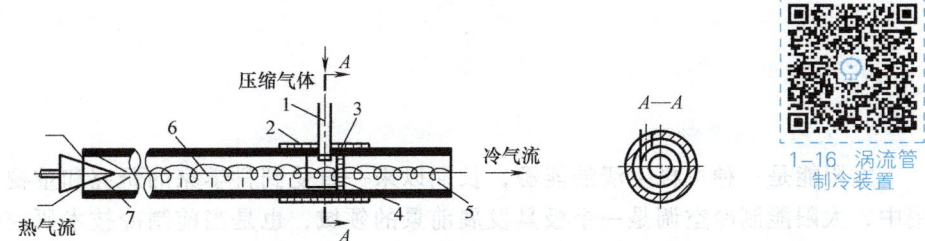

1-16 涡流管制冷装置

图 1-48 涡流管结构

1—进气管　2—喷嘴　3—涡流室　4—分离孔板　5—冷端管子　6—热端管子　7—流量控制阀

其工作过程为：经过压缩并冷却到室温的气体（通常为空气）进入喷嘴，在喷嘴中膨胀并加速到音速，从切线方向射入涡流室，在涡流室的周边形成自由涡流。自由涡流的旋转角速度越到中心处越大。由于角速度不同，在环形流层之间产生摩擦，中心部分的气体角速度逐渐下降，外层气流的角速度逐渐升高，因此存在着由中心向外层的动量流。内层气体失去能量，从孔板流出时具有较低的温度；外层气体吸收能量，动能增加，又因与管壁摩擦，将部分动能变成热能，使得从控制阀流出的气流具有较高的温度。

用控制阀控制热端管子中气体的压力，从而控制冷、热两股气流的流量及温度。如果阀全关，气体全部从孔板口经冷端管子流出，过程是简单的不可逆节流，节流前后焓值不变，不存在冷、热分流的问题；如果阀全开，将有少量气体从外界经孔板吸入，涡流管相当于一只气体喷射器；只有在控制阀部分开启时，才出现冷、热分流的现象。试验表明，当高压气体为常温时，冷气流的温度可到 -50～-10℃，热气流的温度可达 100～130℃。

3. 涡流管制冷的特点

涡流管制冷结构简单，靠压缩空气驱动，是非电气设备，纯机械结构，无运动部件，寿命长达 10 年以上；体积小，重量轻，防冲撞；不用电，不用任何化学物质，无电火花产生；易操作维修，起动快，使用成本低廉，免维护；工作稳定，工质对大气环境无污染，且能达到较低的冷气流温度；涡流管采用高强度的不锈钢材质制造，耐蚀，抗氧化，抗高温。其缺点是热力效率低、能耗大，目前只有在小型低温装置中才被采用。

为了提高涡流管制冷效率，可在系统中增加回热器、干燥器、喷射器等设备。增加这些设备后不仅可降低进涡流管气体的温度，也可降低冷气流的压力，从而降低冷气流的温度，提高涡流管制冷的经济性。带回热器的涡流管冰箱系统如图 1-49 所示。压缩空气经干燥器 1 干燥后进入回热器，被由冷箱中排

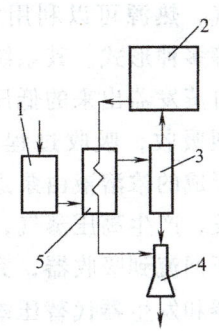

图 1-49 带回热器的涡流管冰箱系统

1—干燥器　2—冷（冰）箱　3—涡流管　4—喷射器　5—回热器

出的冷气流冷却后进入涡流管，获得更低温度的冷气流进入冷箱 2 中；由涡流管 3 内排出的热气流，经喷射器 4 内的喷嘴膨胀，形成真空，吸出由冷箱出来的气体；经回热器 5 升温后的气流，再经喷射器内的扩压器，压力升高后排入大气。

> **想一想**
>
> 涡流管制冷的机理和主要组成是什么？

六、太阳能制冷

1. 太阳能制冷概述

太阳能是一种可再生清洁能源，长期以来一直受到科学家的研究和重视。在太阳能的利用中，太阳能制冷空调是一个极具发展前景的领域，也是当前制冷技术研究的热点。

太阳能制冷的优点首先是节能。太阳能制冷用于空调，将大大减少电力消耗，节约能源。其次是环保。现在各国都在研究 CFC_s 类工质的替代物质及替代制冷技术，太阳能制冷一般采用非氟氯烃类物质作为制冷剂，ODP 值和 GWP 值均为零，适应当前环保要求，同时可以减少燃烧化石能源发电带来的环境污染。再有，太阳能制冷热量的供给和冷量的需求在季节和数量上高度匹配。太阳辐射越强、气温越高，冷量需求也越大。太阳能制冷还可以设计成多能源系统，充分利用余热、废气、天然气等其他能源。

实现太阳能制冷有两个途径：一是太阳能光电转换，以电制冷；二是太阳能光热转换，以热制冷。前一个途径成本太高，应用较少，所以目前普遍采用以热制冷。太阳能制冷研究主要在三个方向上进行，即太阳能吸收式制冷、太阳能吸附式制冷和太阳能喷射式制冷。以这三个制冷方向为基础，或综合或增强，又延伸出一些新的制冷方法。其中吸收式制冷和喷射式制冷都已经进入了应用阶段，吸附式制冷还处在研究阶段。

2. 太阳能制冷技术的原理和特点

（1）吸收式制冷　太阳能吸收式制冷是利用溶液浓度的变化来获取冷量的装置，即制冷剂在一定压力下蒸发吸热，再利用吸收剂吸收冷剂蒸气，热源可以利用太阳能、低压蒸气、热水、燃气等多种形式。其系统原理如图 1-50 所示。

自蒸发器出来的低压蒸气进入吸收器，被吸收剂强烈吸收，吸收过程中放出的热量被冷却水带走，形成的浓溶液由泵送入发生器中，被热源加热后蒸发，产生高压蒸气，进入冷凝器冷却，而稀溶液减压回流到吸收器，完成一个循环。它相当于用吸收器和发生器代替压缩机，消耗热能来自太阳能。

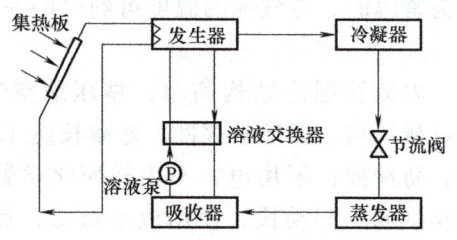

图 1-50　太阳能吸收式制冷系统原理

吸收式制冷系统的特点与所使用的工质对有关，常用于吸收式制冷机中的工质对主要有氨-水、水-溴化锂两大类，目前也有使用甲醇-活性炭、水-沸石等作为工质对。吸收式空调采用溴化锂水溶液或氨水溶液制冷机方案，虽然技术相对成熟，但系统成本比压缩式制冷机高，主要用于大型空调，如中央空调等。

（2）吸附式制冷　根据吸附剂与吸附质之间作用关系不同，吸附可分为物理吸附和化学吸附。物理吸附是依靠吸附剂与吸附质分子之间的弱范德华力来实现吸附过程的。化学吸附是吸附质分子与吸附剂表面原子发生化学反应，生成表面络合物的过程。一个基本的吸附式制冷系统由吸附床（集热板）、冷凝器、蒸发器和节流阀等构成，如图1-51所示。

吸附式制冷过程由热解吸和冷却吸附组成。其基本循环过程是利用太阳能或者其他热源，使吸附剂和吸附质形成的混合物（或络合物）在吸附器中发生解吸，放出高温高压的制冷剂气体进入冷凝器，冷凝出来的制冷剂液体由节流阀进入蒸发器。制冷剂蒸发时吸收热量，产生制冷效果，蒸发出来的制冷剂气体进入吸附发生器，被吸附后形成新的混合物（或络合物），从而完成一次吸附

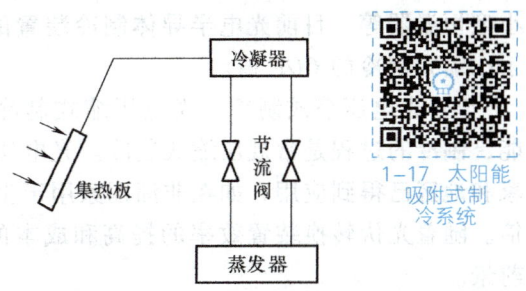

图1-51　太阳能吸附式制冷系统原理

制冷循环过程。其基本循环是一个间歇式的过程，循环周期长，COP值低，一般可以用两个吸附床实现交替连续制冷，通过切换两个吸附床的工作状态及相应的外部加热冷却状态来实现循环连续工作。目前应用较多的吸附对主要是活性炭-甲醇、沸石-水。

吸附式制冷具有结构简单、一次投资少、运行费用低、使用寿命长、无噪声、无环境污染、能有效利用低品位热源等一系列优点。与吸收式制冷相比，吸附式制冷不存在结晶问题和分馏问题，且能用于振动、倾颠或旋转的场所。一个设计良好的固体吸附式制冷系统，其性价比可优于蒸气压缩式制冷系统。但与压缩式制冷及吸收式制冷相比，吸附式制冷还很不成熟。主要问题在于固体吸附剂为多微孔介质，比表面大，导热性能很低，因而吸附/解吸所需时间长；单位质量吸附剂的制冷功率较小，使得吸附制冷机尺寸较大；吸附制冷虽然可以采用回热，却仍有大量的热量损失，使得系统COP值不够高。

（3）喷射式制冷　喷射式制冷系统原理如图1-52所示。制冷剂在换热器中吸热后汽化、增压，产生饱和蒸气；蒸气进入喷射器，经过喷嘴高速喷出并膨胀，在喷嘴附近产生真空，将蒸发器中的低压蒸气吸入喷射器；由喷射器出来的混合气体进入冷凝器放热、凝结。冷凝液的一部分通过节流阀进入蒸发器吸收热量后汽化，这部分工质完成的循环为制冷循环。另一部分工质通过溶液泵升压后进入换热器，重新吸热汽化，该循环称为动力循环。喷射式制冷系统中溶液泵是唯一的

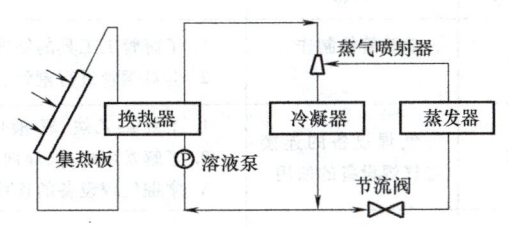

图1-52　太阳能喷射式制冷系统原理

运动部件，系统设置比吸收式制冷系统简单，运行稳定，可靠性较高，但其COP值较低。

（4）光电式太阳能制冷　光电式太阳能制冷是利用光伏转换装置将太阳能转化成电能后，再用于驱动半导体制冷系统或常规压缩式制冷系统实现制冷的方法，即光电半导体制冷和光电压缩式制冷。这种制冷方式的前提是将太阳能转换为电能，其关键是光电转换技术，必须采用光电转换接收器即光电池，其工作原理是光伏效应。

1）光电半导体制冷。光电半导体制冷是利用太阳能电池产生的电能来供给半导体制冷装置，实现热能传递的特殊制冷方式。半导体制冷的理论基础是固体的热电效应，即当直流

电通过两种不同导电材料构成的回路时,接触点上将产生吸热或放热现象。如何改进材料的性能,寻找更为理想的材料,是光电半导体制冷的重要问题。光电半导体制冷在国防、科研、医疗卫生等领域广泛用于电子器件、仪表的冷却器,或用在低温测仪、器械中,或制作小型恒温器等。目前光电半导体制冷装置的效率还比较低,COP 值一般为 0.2~0.3,远低于压缩式制冷的 COP 值。

2)光电压缩式制冷。光电压缩式制冷过程首先利用光伏转换装置将太阳能转化成电能,制冷的过程是常规压缩式制冷。光电压缩式制冷系统在日照好又缺少电力设施的一些国家和地区已得到应用,如在非洲国家用于生活和药品冷藏,但其成本比常规制冷循环高 3~4 倍。随着光伏转换装置效率的提高和成本的降低,光电式太阳能制冷产品将有广阔的发展前景。

> **想一想**
> 太阳能制冷有哪些类型?它们的工作原理和特点各是什么?

技能训练 铜管道制作与连接

一、实训目的

学生进行铜管道的制作和连接,用两种方法(气焊连接和洛克环连接)将制作好的管路连接起来。

1-18 铜管气焊连接操作

二、实训内容与要求

序号	内容	要求
1	铜管管件制作	1. 了解管工工具的结构和使用方法 2. 会对铜管进行割管、胀管、扩管、弯管、去毛刺等操作
2	气焊设备的连接与气焊设备的使用	1. 了解氧-乙炔、氧-液化石油气等气焊设备的结构与工作原理 2. 了解常用焊料、焊剂的特点 3. 掌握气焊设备的连接与基本操作方法
3	铜管道气焊操作	1. 掌握制冷系统中焊接管口的连接形式 2. 掌握铜管的焊接方法,能熟练进行铜管道焊接操作
4	洛克环连接	能规范进行洛克环连接操作

三、实训器材与设备

实训器材与设备主要有:不同管径铜管、割刀、胀管器、扩管器、弯管器、倒角器、氧气瓶(含氧气)、乙炔气瓶(含乙炔气)、液化石油气瓶(含液化石油气)、氧气减压阀、乙炔减压阀、液化石油气减压阀、回火保险器、氧气橡胶软管、乙炔橡胶软管、液化石油气橡胶软管、小型射吸式焊炬、便携式氧-丁烷焊具、焊料、焊剂、橡胶软管接头专用卡箍、点火枪、护目镜、洛克环、氮气瓶(含氮气)、洗洁精或肥皂水等。

四、实训过程

序号	步骤	序号	步骤
1	制作铜管管件	3	铜管道气焊操作
2	气焊设备的连接与使用	4	洛克环连接

五、注意事项

1. 铜管管件制作

① 在使用管工工具时,应注意工具对加工对象的尺寸要求及工具的使用范围。

② 操作过程中应注意安全。

2. 气焊设备的连接与气焊设备的使用

① 实训现场地点、环境、钢瓶摆放及操作均应符合气焊的安全规范要求;现场应配备必要的消防器具;氧气、乙炔气等橡胶软管应排除任何裂缝,以防止使用时漏气。

② 严格按照操作规程使用气焊设备。

③ 所有操作应在正确指导下进行,并有专人负责安全防护,避免出现事故。

④ 氧气瓶严禁接触油及油污。

⑤ 严禁将点燃的焊炬对准人或焊接设备、橡胶软管,操作前应做好防火隔离等安全措施。

⑥ 气焊设备出现故障时,立即报告指导老师,不可自行随便拆修,更不能带故障继续操作。

⑦ 操作结束后,将焊炬关闭,完全松开减压器的调压手柄,再关闭气瓶阀门,并把减压器内的气体慢慢放尽,然后整理橡胶软管,认真做好结束工作。

3. 铜管道气焊操作

① 焊接接头在焊前应做好净化处理,清除氧化物和油渍,并做好防火隔离准备工作;焊接完毕后也要将焊口清除干净,不得有残留焊剂、氧化物和焊渣。

② 焊接时,火焰要强,焊接速度要快。

③ 焊接操作时,在焊料没有完全凝固时,不可移动或振动被焊接管道,以免产生裂缝。

④ 焊接好的铜管应统一排放,以防烫伤人及烫坏橡胶软管。

⑤ 其他注意事项同气焊设备的连接与气焊设备的使用。

4. 洛克环连接

① 管端内外表面清洁无油污,没有加工过程中产生的纵向沟槽,管子连接段不可弯曲。

② 连接前管端的内插管外径和外套管内径之差在 0.3mm 以内。

③ 管道接头处压接应到位,洛克环尾部越过外管端部 1~3mm。

④ 使用导管将密封液涂到管上,使管的四周都处于湿润状态,涂密封液时离管道接头约 1mm,避免液体流入管道内侧。

思考与练习

1. 填空题

(1) 磁制冷采用_____或_____及_____提供所需的磁场,运动部件少且运行频率低，具有较高的可靠性和较长的使用寿命。

（2）_____制冷是利用帕尔帖效应制冷的一种制冷方法。

（3）热声制冷机可分为_____型和_____型。

（4）热管的主要零部件为_____、_____、_____和_____四部分。

（5）目前固体吸附制冷所使用的固体吸附剂有_____、_____和_____。

2. 判断题

（1）半导体制冷效率较低，制冷温度达不到0℃以下温度。（   ）

（2）涡流管是利用人工方法产生漩涡，使气体分为冷、热两部分，利用分离出来的冷气流实现制冷。（   ）

（3）吸液芯不是热管的组成部分。（   ）

（4）通过太阳能光电转换可以实现制冷。（   ）

（5）喷射式制冷中溶液泵不是唯一的运动部件。（   ）

3. 简答题

（1）简述热电制冷的原理。

（2）与压缩式制冷机和吸收式制冷机相比，热电制冷装置具有哪些非常突出的特点？

（3）简述气体涡流制冷的原理及其特点。

（4）吸附剂应具有哪些性质？

（5）太阳能制冷的工作原理是什么？

人文·素养·美德·价值

科学构建产业标准化体系，引领行业高质量发展

随着我国经济社会转入高质量发展阶段，标准作为质量基础的地位更加凸显。我国制冷空调行业标准化体系不断完善，标准创新成效显著，引领行业高质量发展。国家标准、行业标准和协会团体标准协同发展，共同构建了具有丰富内涵的产业标准化体系，形成互补融合的良好局面。同时，在国家的绿色低碳目标指引下，行业迅速构建起绿色制造标准体系，从产品到系统深度挖掘节能潜力，从低碳、环保、循环、再生等多维度探索和深化绿色内涵，打造生态和谐的产业链持续发展之路。制冷空调产业标准化应用领域进一步加深拓宽，跨学科、跨产业链的加速融合趋势明显。据统计，目前，涉及制冷空调相关产品的国家和行业有效执行中的标准近400项，且还在逐渐增加之中；团体标准也在大量涌现。

联合行业协会与科研院所制定技术团体标准，已成为美的集团推动品牌高端化的重要抓手之一。2023年，由美的集团牵头，中国家电研究院、工信部电子第五研究所等多家权威机构共同起草的全国首个人工智能家用中央空调技术团体标准正式发布。美的旗下高端人工智能家电品牌COLMO成为首个获得该项技术认证的中央空调产品。它涵盖智能交互、多维感知、自适应空气处理、智能设备管理等多个技术点，让人工智能家用中央空调从生产制造到消费选购都有标可依。

在可以预见的未来，"绿色创新、融合发展"既是制冷空调专业标准化自身发展的需求，也将成为引领行业前进和发展的动力。

模块二

蒸气压缩式制冷设备

> ❄ **学习目标**
>
> （一）知识目标
> ◇ 了解制冷设备在蒸气压缩式制冷循环中的作用。
> ◇ 了解制冷压缩机的作用、类型及常用制冷压缩机的基本结构、工作原理、热力性能、优缺点及应用。
> ◇ 掌握冷凝器的传热特性、类型、工作原理、结构特点及使用范围。
> ◇ 掌握蒸发器的传热特性、类型、工作原理、结构特点及使用范围。
> ◇ 掌握中间冷却器、回热器、冷凝蒸发器等其他热交换设备的结构及作用。
> ◇ 掌握节流装置的种类、性能、结构、特点及使用范围。
> ◇ 了解制冷系统常用辅助设备的工作原理及结构特点。
>
> （二）能力目标
> ◇ 具备识读制冷设备结构原理图的能力。
> ◇ 会根据需要对制冷压缩机进行选型计算。
> ◇ 会查阅制冷设备的相关资料、图表、标准、规范、手册等，具有一定的运算能力。
> ◇ 具有根据使用要求选用制冷设备的初步能力。

蒸气压缩式制冷机组是目前应用最为广泛的一种制冷机，其中制冷压缩机、冷凝器、蒸发器和节流机构四个设备是蒸气压缩式制冷系统中的基本设备。除此以外，还需要其他的辅助设备，如油分离器、气液分离器、集油器、储液器、干燥过滤器、安全阀等。这些辅助设备虽然不是完成制冷循环所必需的设备，在小型制冷装置中有可能被省略，但对于提高制冷装置运行的经济性、保障设备的安全是非常重要的。

学习任务一　制冷压缩机

知识点和技能点

1. 了解制冷压缩机的作用、分类及应用范围。
2. 掌握活塞式制冷压缩机的基本结构、工作原理、优缺点及分类。

3. 掌握活塞式制冷压缩机的热力性能、主要零部件及总体结构。
4. 掌握螺杆式制冷压缩机的基本结构、工作原理、优缺点及分类。
5. 掌握螺杆式制冷压缩机的热力性能、主要零部件及总体结构。
6. 掌握离心式制冷压缩机的基本结构、工作原理、优缺点、分类、特性曲线及能量调节。
7. 了解滚动转子式制冷压缩机的基本结构、工作过程及优缺点。
8. 了解摆动转子式压缩机的应用。
9. 了解涡旋式制冷压缩机的基本结构、工作过程、主要结构形式及特点。
10. 会进行活塞式制冷压缩机的选型计算。

重点和难点

1. 活塞式制冷压缩机的基本结构、工作原理及热力性能。
2. 螺杆式制冷压缩机的基本结构、工作原理及优缺点。
3. 离心式制冷压缩机的基本结构、工作原理、特性曲线及能量调节。
4. 滚动转子式制冷压缩机的基本结构、工作过程及优缺点。
5. 涡旋式制冷压缩机的基本结构、工作过程、主要结构形式及特点。
6. 制冷压缩机的选型计算。

2-1 制冷压缩机的作用与分类

一、制冷压缩机的作用、分类及应用范围

1. 制冷压缩机的作用

制冷压缩机在系统中的作用：抽吸来自蒸发器的制冷剂蒸气，在提高其温度和压力后，将制冷剂排至冷凝器。

2. 制冷压缩机的分类

（1）按工作原理分类　制冷压缩机根据工作原理不同可分为容积型和速度型两类。

图 2-1 所示为制冷压缩机分类及其结构示意简图。

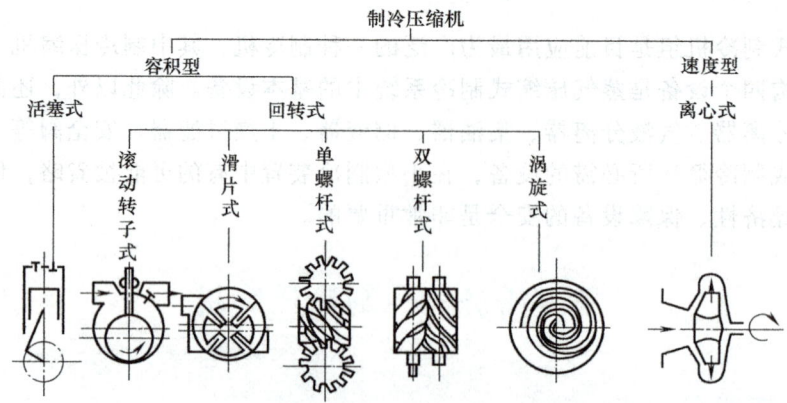

图 2-1　制冷压缩机分类和结构示意简图

（2）按工作的蒸发温度范围分类　对于单级制冷压缩机，一般可按其工作蒸发温度的

范围分为高温制冷压缩机、中温制冷压缩机和低温制冷压缩机三种。高温制冷压缩机：-10~10℃；中温制冷压缩机：-20~-10℃；低温制冷压缩机：-45~-20℃。

（3）按密封结构形式分类　从采用的密封结构方式来看，制冷压缩机可分为开启式和封闭式两大类。而封闭式又可分为半封闭式和全封闭式。

3. 制冷压缩机的应用范围

制冷压缩机的结构、尺寸不同，工作原理不同，其制冷能力也不同。应根据不同情况选用合适的配套制冷压缩机。表 2-1 列举了目前各类制冷压缩机的大致应用范围及其制冷量大小。

表 2-1　各类制冷压缩机的大致应用范围及其制冷量大小

用途	家用冷藏箱、冻结箱	房间空调器	汽车空调设备	住宅用空调器和热泵	商用制冷和空调设备	大型空调设备
活塞式	100W				200kW	
滚动转子式	100W			10kW		
涡旋式		5kW			70kW	
螺杆式					150kW	1400kW
离心式						350kW 及以上

想一想

如何区分开启式、半封闭式、全封闭式制冷压缩机？

二、活塞式制冷压缩机

1. 活塞式制冷压缩机的基本结构和工作原理

2-2 活塞式制冷压缩机

活塞式制冷压缩机的基本结构如图 2-2 所示。圆筒形的气缸，顶部设置有吸、排气阀，与活塞共同构成可变工作容积。连杆的大头与曲轴的曲柄销连接，小头通过活塞销与活塞连接，当曲轴在原动机驱动下旋转时，通过曲柄销、连杆、活塞销的传动，活塞即在气缸中做往复直线运动。吸、排气阀的阀片被气阀弹簧压在阀座上，靠阀片两侧气体的压力差自动开启，控制着制冷剂气体进、出气缸的通道。

活塞在气缸内不断地往复运动，气缸内的气缸容积和气体压力也在不断地变化，气体从吸入到排出共经历了压缩、排气、膨胀、吸气四个过程，如图 2-3 所示。

2. 活塞式制冷压缩机的优缺点

活塞式制冷压缩机的主要优点有：

① 能适应较大的压力范围和制冷量要求。

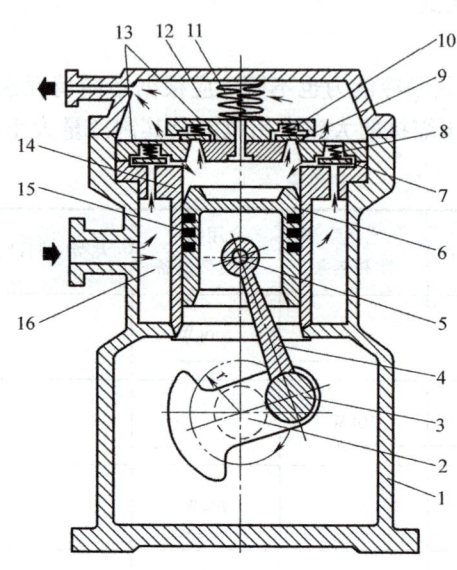
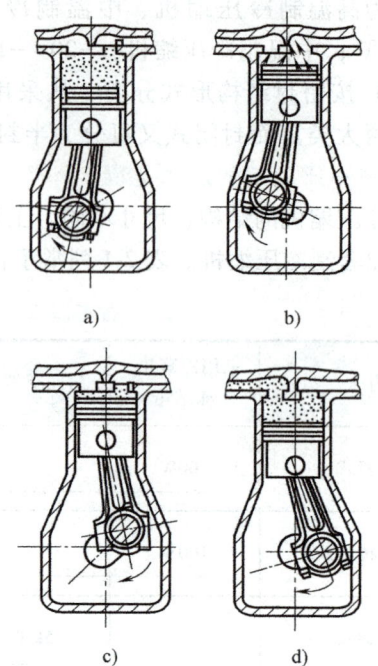

图 2-2 活塞式制冷压缩机示意图

1—机体　2—曲轴　3—曲柄销　4—连杆　5—活塞销
6—活塞　7—吸气阀片　8—吸气阀弹簧　9—排气阀片
10—排气阀弹簧　11—安全弹簧　12—排气腔
13—气阀　14—气缸　15—活塞环　16—吸气腔

图 2-3 活塞式制冷压缩机的工作过程
a) 压缩　b) 排气　c) 膨胀　d) 吸气

② 热效率较高，单位耗电量相对较少，特别是偏离设计工况运行时更为明显。

③ 对材料要求低，多用普通钢铁材料，加工比较容易，造价较低廉。

④ 技术上较为成熟，有大量资料可供参考。

⑤ 装置系统比较简单。

上述优点使活塞式制冷压缩机在中、小制冷量范围内，成为制冷压缩机中应用最广、生产批量最大的机型。但也有不足之处，主要缺点是：

① 因受到活塞往复惯性力的影响，转速受到限制，不能过高，因此单机输气量大时，机器显得很笨重。

② 结构复杂，易损件多，维修工作量大。

③ 由于受到各种力、力矩的作用，运转时振动较大。

④ 输气不连续，气体压力有波动。

3. 活塞式制冷压缩机的分类

（1）按制冷量的大小分类　单机标准工况制冷量在 58kW 以下的为小型制冷压缩机；58~580kW 的为中型制冷压缩机；580kW 以上的为大型制冷压缩机。

（2）按压缩级数分类　分为单级和单机双级制冷压缩机。单级制冷压缩机是指制冷剂气体由低压至高压状态只经过一次压缩；单机双级制冷压缩机是指制冷剂气体在一台压缩机的不同气缸内由低压至高压状态经过两次压缩。

(3) 按压缩机转速分类　分为高、中、低速三种。转速高于 1000r/min 为高速，低于 300r/min 为低速，在两者之间为中速。

(4) 按气缸布置形式分类　活塞式制冷压缩机按气缸布置形式通常分为卧式、直立式和角度式三种类型，图 2-4 所示为活塞式制冷压缩机气缸布置形式。角度式制冷压缩机的气缸轴线，在垂直于曲轴轴线的平面内具有一定的夹角。其排列形式有 V 型、W 型、Y 型、S 型（扇型）、X 型等。

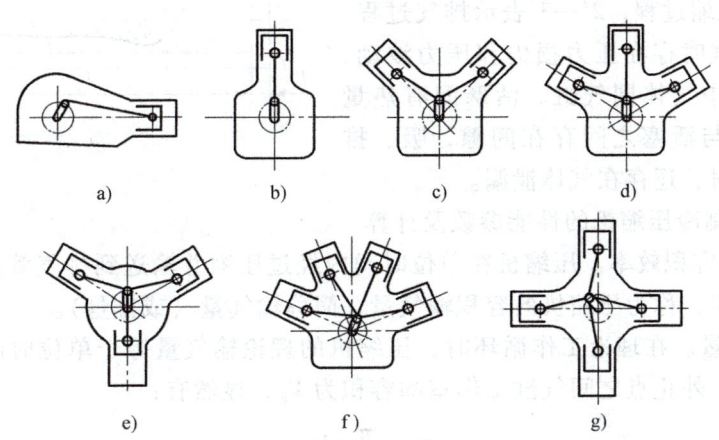

图 2-4　活塞式制冷压缩机气缸布置形式

a) 卧式　b) 直立式　c) V 型　d) W 型　e) Y 型　f) S 型　g) X 型

4. 活塞式制冷压缩机的热力性能

(1) 活塞式制冷压缩机的工作循环

活塞式制冷压缩机的工作循环是指活塞在气缸内往复运动一次，制冷剂发生一系列状态变化后压缩机又回到初始吸气状态的全部工作过程。

1) 理论工作循环。为便于分析压缩机的工作状况，做如下简化和假设。

① 无余隙容积。余隙容积是指活塞运行至外止点时气缸内剩余的容积。无余隙容积，则排气终了时气缸中的气体被全部排尽。

② 无吸、排气压力损失。吸、排气压力损失是指气体流经吸、排气阀时因需克服由阀件和气流通道所造成的阻力而产生的压力降。

③ 吸、排气过程中无热量传递，即气体与气缸等之间不发生热交换。

④ 在循环过程中气体没有泄漏。

⑤ 气体压缩过程的过程指数为常数。通常把压缩过程看作等熵过程。

凡符合以上条件的工作循环称为压缩机的理论工作循环，如图 2-5 所示。一个理论工作循环分吸气、压缩、排气三个过程。

2) 实际工作循环。实际压缩机的工作过程要复杂得多。通过示功仪测量气缸内气体体积和压力的变化关系，可得图 2-6，由于图中曲线所包围的面积表示耗功的大小，因此又称示功图。由于实际压缩机中不可避免地存有余隙容积，当活塞运动到外止点时，余隙容积内的高压气体留存于气缸内，活塞由外止点开始向

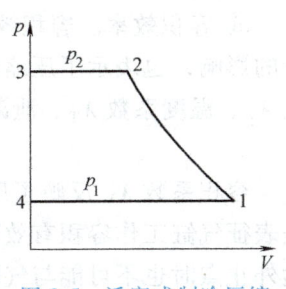

图 2-5　活塞式制冷压缩机的理论工作循环

内止点运动时，吸气阀在压差作用下不能立即开启，余隙容积内的高压气体首先进行膨胀过程。当气缸内气体压力降到低于吸气管内的压力 p_0 时，吸气阀才自动开启，开始吸气过程。由此可知，压缩机的实际工作循环是由膨胀、吸气、压缩、排气四个工作过程组成的。图 2-6 中的 3′—4′ 表示膨胀过程，4′—1′ 表示吸气过程，1′—2′ 表示压缩过程，2′—3′ 表示排气过程。此外，在吸、排气时存在压力损失和压力波动，在整个工作过程中气体同气缸、活塞间有热量交换。由于气缸与活塞之间存在间隙，吸、排气阀难以完全密封，还存在气体泄漏。

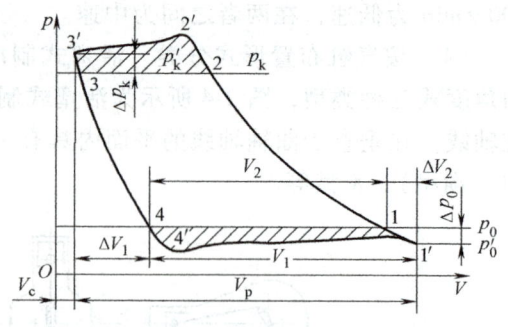

图 2-6 活塞式制冷压缩机的实际工作循环

（2）活塞式制冷压缩机的性能参数及计算

1）输气量和容积效率。压缩机在单位时间内经过压缩并输送到排气管内的气体，换算到吸气状态的容积，称为压缩机的容积输气量，简称输气量（或排量）。

① 理论输气量。在理论工作循环时，压缩机的理论输气量等于单位时间内的理论吸气量。设压缩机内、外止点之间气缸工作室的容积为 V_p，显然有：

$$V_p = \frac{\pi}{4} D^2 S \tag{2-1}$$

式中　V_p——气缸工作容积（m³）；
　　　D——气缸直径（m）；
　　　S——活塞行程（m）。

假定压缩机有 i 个气缸，转速为 n，则压缩机的理论输气量为

$$q_{Vt} = 60 i n V_p = 47.12 i n S D^2 \tag{2-2}$$

式中　q_{Vt}——压缩机的理论输气量（m³/h）；
　　　i——压缩机的气缸数；
　　　n——压缩机的转速（r/min）。

② 实际输气量。实际输气量和理论输气量的比值称为压缩机的容积效率，也称为输气系数，用 $\eta_V (\eta_V < 1)$ 表示。则实际输气量可表示为

$$q_{Va} = \eta_V q_{Vt} \tag{2-3}$$

式中　q_{Va}——压缩机的实际输气量（m³/h）。

③ 容积效率。容积效率 η_V 的大小反映了实际工作过程中存在的诸多因素对压缩机输气量的影响，也表示了压缩机气缸工作容积的有效利用程度。通常可用容积系数 λ_V、压力系数 λ_p、温度系数 λ_T、泄漏系数 λ_L 的乘积来表示，即

$$\eta_V = \lambda_V \lambda_p \lambda_T \lambda_L \tag{2-4}$$

容积系数 λ_V 反映了压缩机余隙容积（即图 2-6 中 V_c）的存在对压缩机输气量的影响，是表征气缸工作容积有效利用程度的系数。由于安装压缩机的气阀须留出一定空隙，活塞到达外止点时也不可能与气缸盖完全贴紧，同时在装配压缩机时，为了保证活塞在工作时因热膨胀等因素的影响，必须在气缸与活塞之间保留一定的间隙，这些都产生了余隙容积。由于余隙容积的存在，工作循环中出现了膨胀过程，占据了一定的气缸工作容积，导致压缩机吸

气量减少,即压缩机的实际输气量减少。

容积系数 λ_V 可简化表示为

$$\lambda_V = 1 - c\left[\left(\frac{p_k}{p_0}\right)^{\frac{1}{m}} - 1\right] \quad (2-5)$$

式中 c——相对余隙容积,它等于余隙容积 V_c 与气缸工作容积 V_p 之比,即 $c = V_c/V_p$;

  m——膨胀过程指数;

  p_k——冷凝压力(即名义排气压力)(MPa);

  p_0——蒸发压力(即名义吸气压力)(MPa)。

由式(2-5)知,相对余隙容积 c 值越大,λ_V 越小,因此在加工和运行条件许可的情况下,应尽量减小压缩机的余隙容积。采用长行程的压缩机,可减小 c 的数值。现代中小型活塞式制冷压缩机的 c 值范围为 2%~4%,低温用制冷压缩机应取较小值。

压力比 p_k/p_0 越大,λ_V 越小,气体排气温度升高,当压力比大到一定程度时,甚至可使 $\lambda_V = 0$,因此,为保证压缩机具有一定的容积效率,单级活塞式制冷压缩机的最大压力比就应受到一定的限制。从压缩机的经济性和可靠性考虑,氨压缩机的压力比一般不超过 8,氟利昂压缩机的压力比不超过 10。

膨胀过程指数 m 的数值随制冷剂的种类和膨胀过程中气体与壁面间的热交换情况而定。一般对氨压缩机,$m = 1.10 \sim 1.15$,对氟利昂压缩机,$m = 0.95 \sim 1.05$。应该注意,在压缩机运行时,增强对气缸壁的冷却,如水冷或强迫风冷,膨胀过程指数 m 增大,λ_V 增大。

压力系数 λ_p 反映了由于吸气阀阻力的存在使实际吸气压力 p_0' 小于吸气管中的压力 p_0,从而造成吸气量减少的程度。吸气阀处于关闭状态时的弹簧力对压力系数 λ_p 的影响较大。弹簧力过强,会使吸气阀提前关闭,降低 λ_p;反之,弹簧力过弱,会使吸气阀延迟关闭,将吸入气缸的气体又部分地回流至吸气管内,造成 λ_p 下降。

温度系数 λ_T 表示吸气过程中气体从气缸壁等部件吸收热量造成体积膨胀,从而造成吸气量减少的程度。压缩机的冷凝温度下降或蒸发温度上升,气缸及气缸盖冷却良好时,都能使 λ_T 增大,从而提高气缸容积的利用率。

泄漏系数 λ_L 反映压缩机工作过程中因泄漏而对输气量的影响。泄漏量的大小与压缩机的制造质量、磨损程度、气阀设计、压力差大小等因素有关。对开启式制冷压缩机,$\lambda_L = 0.97 \sim 0.99$;对封闭式制冷压缩机,高温工况时,$\lambda_L = 0.95$;中温工况时,$\lambda_L = 0.90$;低温工况时,$\lambda_L = 0.80$。

一般情况下,对压缩机容积效率 η_V 影响较大的是容积系数 λ_V 和温度系数 λ_T,而压力系数 λ_p 和泄漏系数 λ_L 则因其数值较大而且数值变化范围较小,对容积效率 λ 的影响较小。在压缩机的形式、结构尺寸、转速、冷却方式及制冷剂种类已确定的情况下,容积效率主要取决于运行工况(或压力比)。实际运行中,压缩机的运行工况是有变动的,因而容积效率将随之发生变化。

通常为了简化计算,容积效率 η_V 的数值也可采用经验公式计算或从有关容积效率的特性曲线图查取。

对于单级高速多缸压缩机,转速 n 大于 720r/min,相对余隙容积 $c = 3\% \sim 4\%$。

$$\eta_V = 0.94 - 0.085\left[\left(\frac{p_k}{p_0}\right)^{\frac{1}{n}} - 1\right] \quad (2-6)$$

式中 n——制冷剂的压缩过程指数,对于 R717,$n=1.28$;对于 R22,$n=1.18$。

对于单级中速立式压缩机,转速 n 小于 720r/min,相对余隙容积 $c=4\%\sim6\%$。

$$\eta_V = 0.94 - 0.0605\left[\left(\frac{p_k}{p_0}\right)^{\frac{1}{n}} - 1\right] \tag{2-7}$$

对于双级压缩系统中使用的高速多缸压缩机,高压级和低压级的 η_V 值可分别用下列公式计算。

$$\eta_{Vg} = 0.94 - 0.085\left[\left(\frac{p_k}{p_m}\right)^{\frac{1}{n}} - 1\right] \tag{2-8}$$

$$\eta_{Vd} = 0.94 - 0.085\left[\left(\frac{p_m}{p_0 - 0.01}\right)^{\frac{1}{n}} - 1\right] \tag{2-9}$$

式中 p_m——中间压力(MPa)。

图 2-7 是单级开启式制冷压缩机的容积效率随工况变化的关系曲线。

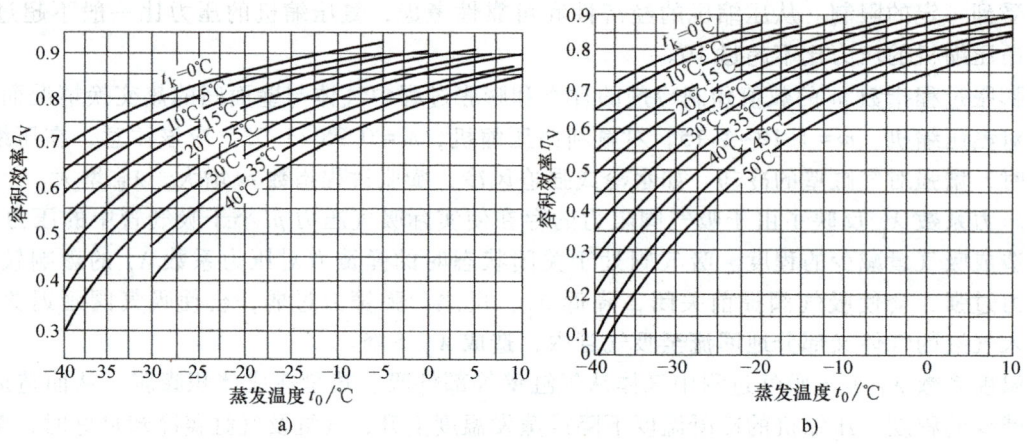

图 2-7 单级开启式制冷压缩机容积效率 η_V 与工况的关系

a) R717 b) R22

2)制冷量。制冷压缩机单位时间内所产生的冷量,称为制冷量,用 ϕ_0 来表示,单位为 kW。

$$\phi_0 = \frac{q_m q_0}{3600} = \frac{\eta_V q_{Vt} q_v}{3600} \tag{2-10}$$

式中 q_m——压缩机的实际质量输气量(kg/h),$q_m = q_{Va}/v_1$;

q_{Va}——压缩机的实际容积输气量(m³/h);

v_1——压缩机吸气状态制冷剂蒸气的比体积(m³/kg);

q_0——制冷剂在给定工况下的单位质量制冷量(kJ/kg);

η_V——压缩机的容积效率;

q_{Vt}——压缩机的理论输气量(m³/h);

q_v——制冷剂在给定工况下的单位容积制冷量(kJ/m³)。

3)功率和效率。

① 指示功率和指示效率。直接用于气缸中压缩制冷工质所消耗的功称为指示功。单位

时间内实际循环所消耗的指示功,称为制冷压缩机的指示功率。理论循环中压缩1kg制冷剂所消耗的等熵理论功 w_0,与实际循环中所消耗的功 w_i 的比值,称为制冷压缩机的指示效率,用 η_i 表示。

$$\eta_i = \frac{w_0}{w_i} = \frac{q_m w_0}{q_m w_i} = \frac{P_0}{P_i} \quad (2-11)$$

式中 P_0——制冷压缩机按等熵压缩理论循环工作所需的理论功率(kW);
P_i——指示功率(kW)。

制冷压缩机的指示效率 η_i,对于小型氟利昂制冷压缩机,η_i 的数值范围为 0.65~0.80;对于家用全封闭式制冷压缩机,η_i 的数值范围为 0.60~0.85。

② 轴功率、摩擦功率和机械效率。由原动机传到曲轴上的功率称为轴功率,用 P_e 表示。轴功率可分成两部分:一部分直接用于压缩制冷工质,即指示功率 P_i;另一部分用于克服曲柄连杆机构等处的摩擦阻力,称为压缩机的摩擦功率,用 P_m 表示。显然,压缩机的轴功率必然比指示功率大,指示功率与轴功率的比值称为机械效率,用 η_m 表示,即

$$\eta_m = \frac{P_i}{P_e} = \frac{P_i}{P_i + P_m} \quad (2-12)$$

通常,衡量压缩机轴功率有效利用程度的指标为轴效率(又称等熵效率),用 η_e 表示,它等于 η_i 和 η_m 的乘积,一般为 0.6~0.7,它反映压缩机在某一工况下运行时的各种损失。

③ 配用电动机功率。对于开启式制冷压缩机,如用带传动,应考虑传动效率 η_d = 0.9~0.95。如用联轴器直接传动时,则不必考虑传动效率。对于封闭式制冷压缩机,因电动机与压缩机共用一根传动轴,也不必考虑传动效率问题。

4)压缩机的排气温度。排气温度在压缩机运行中是一个重要参数,必须严格控制。对于R717,排气温度应低于150℃;对于R22、R502,应低于145℃;对于R134a,应低于130℃。可通过限制压缩机单级的压力比、加强对压缩机的冷却、消弱对吸入制冷剂的加热、在封闭式压缩机中减少电动机的发热量、合理地选用制冷剂等措施降低压缩机的排气温度。

【例2-1】 有一台8缸压缩机,气缸直径 D = 100mm,活塞行程 S = 70mm,转速 n = 960 r/min,其实际工况为 t_k = 30℃,t_0 = -15℃,按饱和循环工作,氨制冷剂。试计算压缩机实际制冷量,并确定压缩机配用电动机的功率。

解:(1)计算压缩机的理论输气量 q_{Vt}
$q_{Vt} = 47.12 inSD^2 = 47.12×8×960×0.07×0.1^2 \text{m}^3/\text{h}$
$= 253.32 \text{m}^3/\text{h}$

(2)将制冷循环表示在 $\lg p$-h 图上(图2-8),从氨的饱和状态热力性质图(或表)上查得下列参数 h_1 = 1363.141kJ/kg;h_2 = 1598.84kJ/kg;h_4 = h_5 = 264.787kJ/kg;p_k = 1.169MPa;p_0 = 0.23636MPa;v_1 = 0.50682m³/kg;t_2 = 102℃。

(3)计算单位容积制冷量 q_v
$q_v = \frac{q_0}{v_1} = \frac{h_1 - h_5}{v_1} = \frac{1363.141 - 264.787}{0.50682} \text{kJ/m}^3$
$= 2167.15 \text{kJ/m}^3$

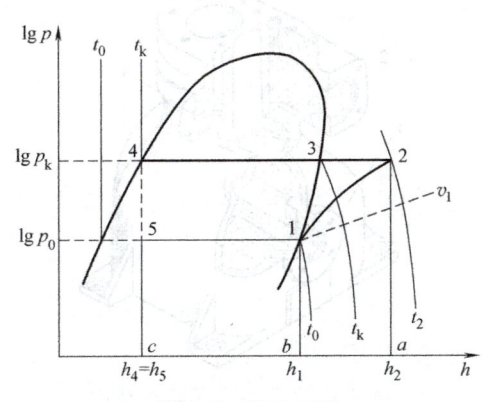

图2-8 例2-1图

(4)计算容积效率 η_V。由式(2-6)得

$$\eta_V = 0.94 - 0.085\left[\left(\frac{p_k}{p_0}\right)^{\frac{1}{n}} - 1\right] = 0.94 - 0.085\left[\left(\frac{1.169}{0.23636}\right)^{\frac{1}{1.28}} - 1\right] = 0.729$$

(5)计算压缩机的实际制冷量 ϕ_0

$$\phi_0 = \frac{\eta_V q_{Vt} q_v}{3600} = \frac{0.729 \times 253.32 \times 2167.15}{3600} \text{kW} = 111.2 \text{kW}$$

(6)计算压缩机的理论功率 P_0

$$P_0 = q_m w_0 = \frac{\eta_V q_{Vt}}{v_1}(h_2 - h_1) = \frac{0.729 \times 253.32}{0.50682 \times 3600} \times (1598.84 - 1363.141) \text{kW} = 23.86 \text{kW}$$

(7)计算压缩机的轴功率 P_e

$$P_e = \frac{P_0}{\eta_i \eta_m} = \frac{23.86}{0.65} \text{kW} = 36.71 \text{kW}$$

若电动机与压缩机直接连接，$\eta_d = 1$。配用电动机的功率 P 应不小于

$$P = 1.05 \frac{P_e}{\eta_d} = 1.1 \times \frac{36.71}{1} \text{kW} = 40.38 \text{kW}$$

5. 活塞式制冷压缩机的主要零部件

（1）机体及气缸套

1）机体。机体是支承压缩机全部质量并保持各部件之间有准确的相对位置的部件。机体是整个压缩机的支架，因而要求其有足够的强度和刚度。机体的外形主要取决于压缩机的气缸数和气缸的布置形式。根据气缸体上是否装有气缸套，机体可分为无气缸套和有气缸套两种。

无气缸套机体是指气缸工作镜面直接在机体上加工而成，如图2-9所示。在多缸直立式压缩机中不用气缸套，可使气缸中心距达到最小值，有利于缩短压缩机长度和提高机体的刚度。

图2-10所示为采用气缸套的810F70型压缩机机体。机体上部为气缸体，下部为曲轴箱。

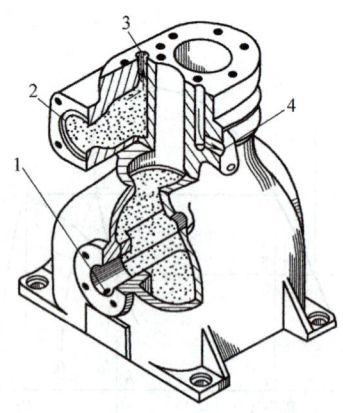

图2-9 无气缸套的机体结构
1—油孔 2—吸气腔 3—吸气通道 4—排气通道

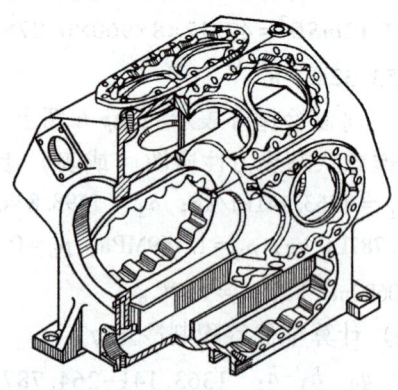

图2-10 810F70型压缩机机体

2）气缸套。气缸套的作用是与活塞及气阀一起在压缩机工作时组成可变的工作容积。另外，它还对活塞的往复运动起导向作用。气缸套呈圆筒形，图 2-11 所示的气缸套在我国高速多缸活塞式制冷压缩机系列中被广泛采用。

（2）曲轴与主轴承

1）曲轴。曲轴是活塞式制冷压缩机中重要的运动部件之一，它的作用主要是把电动机的旋转运动通过传动机构变为活塞的往复直线运动。

活塞式制冷压缩机曲轴的基本结构形式有如下三种。

① 曲柄轴。如图 2-12a 所示，它由主轴颈、曲柄和曲柄销三部分组成。

② 偏心轴。如图 2-12b、c 所示，在小型的、曲柄半径小的压缩机中，其主轴采用偏心轴的结构，即曲柄销两侧无曲柄。图 2-12b 所示形式仅有一个偏心轴颈，只能驱动单缸压缩机，此时压缩机的往复惯性力无法平衡，振动较大。图 2-12c 所示形式有两个方位相差 180°的偏心轴颈，用于有两个气缸的压缩机上。

③ 曲拐轴。如图 2-12d 所示，简称曲轴，由一个或几个以一定错角排列的曲拐所组成，每个曲拐由主轴颈、曲柄和曲柄销三部分组成。

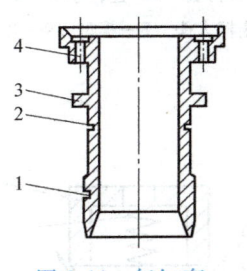

图 2-11　气缸套

1—密封圈环槽　2—挡环槽
3—凸缘　4—吸气圆孔

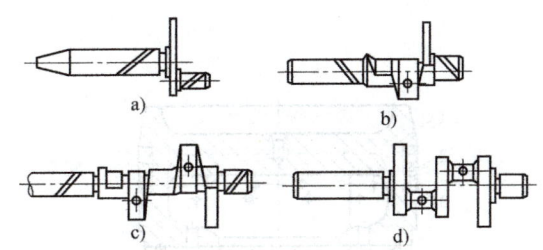

图 2-12　曲轴的几种结构形式

2）主轴承。主轴承用于支承曲轴主轴颈，并被安装在机体的前后盖内。图 2-13 所示为 810F70 型压缩机的主轴承轴套，它的一端具有翻边的止推凸缘，用以承受曲轴的轴向力。

（3）连杆组件　连杆组件包括连杆小头衬套、连杆体、连杆大头轴瓦及连杆螺栓等。连杆的作用是将活塞和曲轴连接起来，传递活塞和曲轴之间的作用力，将曲轴的旋转运动转变为活塞的往复运动。图 2-14 所示为典型的连杆组件结构图。

（4）活塞组　活塞组由活塞体、活塞环及活塞销组成。典型的活塞组如图 2-15 所示。活塞组在连杆的带动下，在气缸内做往复运动，形成不断变化的气缸容积，在气阀等部件的配合下，实现制冷剂气体的吸入、压缩、排出与膨胀过程。

（5）气阀　气阀是活塞式制冷压缩机中重要部件之一，它的作用是控制气体及时地吸入与排出气缸。活塞式制冷压缩机所使用的气阀都是受阀片两侧气体压力差控制而自行启闭的自动阀，它主要由阀座、阀片、气阀弹簧和升程限制器四部分组成，如图 2-16 所示。

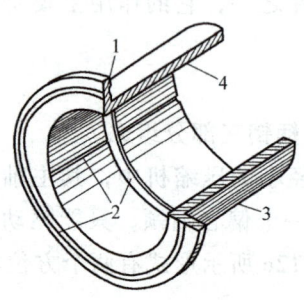

图 2-13 810F70 型压缩机的主轴承轴套
1—定位孔 2—油槽 3—轴套钢背 4—轴承合金层

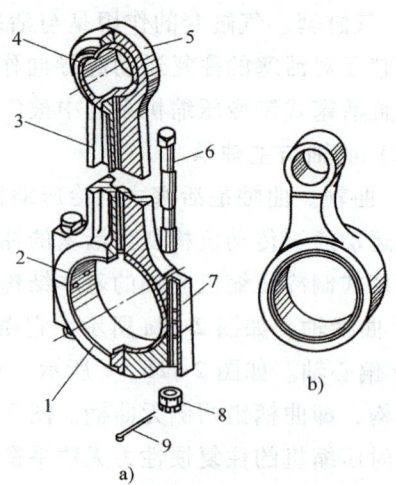

图 2-14 剖分式及整体式连杆
a) 剖分式连杆 b) 整体式连杆
1—连杆大头盖 2—连杆大头轴瓦 3—连杆体
4—连杆小头衬套 5—连杆小头 6—连杆螺栓
7—连杆大头 8—螺母 9—开口销

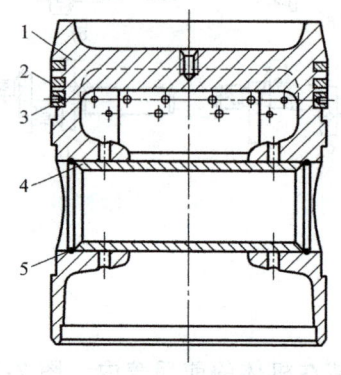

图 2-15 筒形活塞组
1—活塞 2—气环 3—油环
4—活塞销 5—弹簧挡圈

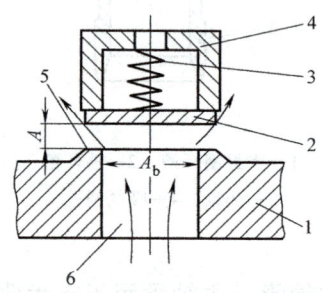

图 2-16 气阀组成示意图
1—阀座 2—阀片 3—气阀弹簧
4—升程限制器 5—阀线 6—阀座通道

6. 活塞式制冷压缩机的总体结构

（1）开启活塞式制冷压缩机

1）810F70 型制冷压缩机。810F70 型制冷压缩机的总体结构如图 2-17 所示。这是一种比较典型的单级开启活塞式制冷压缩机。压缩机的四对气缸呈扇形布置，相邻气缸中心线夹角为 45°，气缸直径 100mm，活塞行程 70mm，曲轴两曲拐的夹角为 180°。

2）S812.5 型制冷压缩机。S812.5 型制冷压缩机是一种开启式单机双级制冷压缩机，其气缸呈扇形排列，缸径 125mm，活塞行程 100mm，气缸数 8 个（高压和低压缸数分别为 2 个和 6 个）。高低压级容积比范围为 1∶3、1∶2、1∶1。

（2）半封闭活塞式制冷压缩机

1）B47F55 型半封闭制冷压缩机。图 2-18 所示为 B47F55 型半封闭活塞式制冷压缩机的

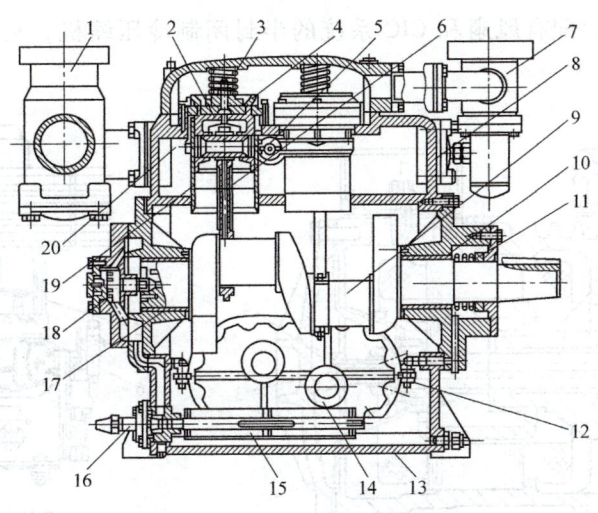

图 2-17 810F70 型制冷压缩机

1—吸气管 2—活塞 3—安全弹簧 4—气阀组件 5—液压缸拉杆机构 6—连杆 7—排气管
8—气缸体 9—曲轴 10—前轴承 11—轴封 12—供油管 13—曲轴箱 14—油冷却器
15—金属网式粗滤器 16—加油三通阀 17—后轴承 18—液压泵 19—气缸套 20—吸气腔

总体结构图。压缩机的四个气缸为扇形布置，相邻气缸中心线夹角为 45°，气缸直径 70mm，活塞行程 55mm，压缩机主轴悬伸段就是电动机转子轴。

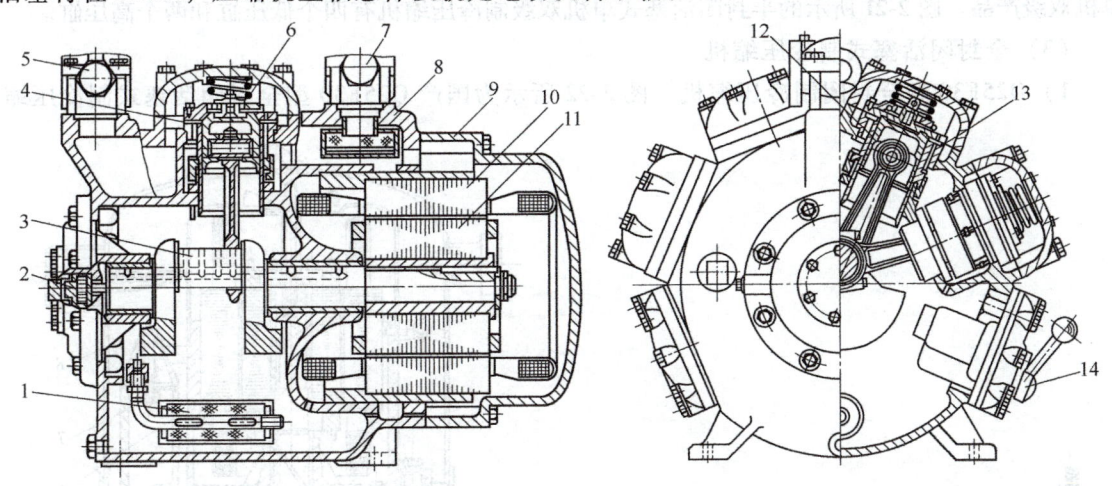

图 2-18 B47F55 型制冷压缩机

1—油过滤器 2—液压泵 3—曲轴 4—活塞 5—排气管 6—安全弹簧 7—吸气管 8—压缩机壳体
9—电动机壳体 10—电动机定子 11—电动机转子 12—气缸套 13—卸载顶杆 14—卸载转换阀

2）B24F22 型半封闭制冷压缩机。B24F22 型压缩机为半封闭式、直立、两缸、单作用、逆流式压缩机，如图 2-19 所示。气缸直径 40mm，活塞行程 22mm。B24F22 型制冷压缩机与 B47F55 型制冷压缩机相比较有很多不同之处，气缸呈直立布置，曲轴是两错角为 180° 的偏心轴，采用整体式连杆大头。

3）带 CIC 系统的半封闭制冷压缩机。用于 R22 大制冷量低温制冷的四缸和六缸半封闭制冷压缩机，为了降低排气温度，除了使用风扇外，还使用喷注液态 R22 的方法进行喷液冷却。实现喷液冷却的机构称为 CIC 系统，它由控制模块、温度传感器、喷嘴和脉冲喷射阀组成，如图 2-20 所示。配有风扇和 CIC 系统的半封闭制冷压缩机，运行界限得以扩充，蒸发温度可达 -50℃。

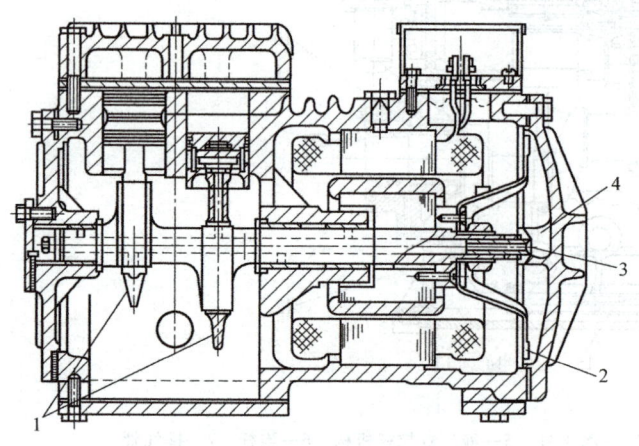 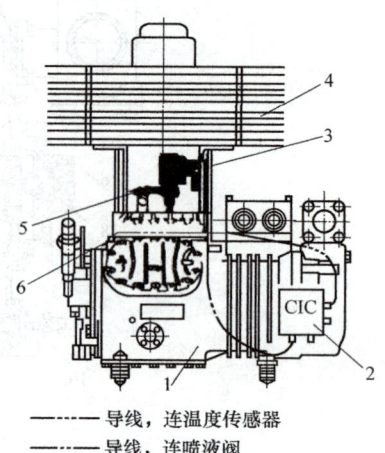

图 2-19　B24F22 型制冷压缩机
1—溅油勺　2—甩油盘　3—曲轴中心油道　4—集油器

图 2-20　带 CIC 系统的半封闭制冷压缩机
1—压缩机　2—控制模块　3—脉冲喷射阀
4—散热片　5—喷嘴　6—温度传感器
——— 导线，连温度传感器
----- 导线，连喷液阀

4）半封闭单机双级制冷压缩机。与开启式制冷压缩机相同，半封闭活塞式制冷压缩机也有单机双级产品。图 2-21 所示的半封闭活塞式单机双级制冷压缩机有四个低压缸和两个高压缸。

（3）全封闭活塞式制冷压缩机

1）Q25F30 型全封闭制冷压缩机。图 2-22 所示为国产 Q25F30 型全封闭活塞式制冷压缩

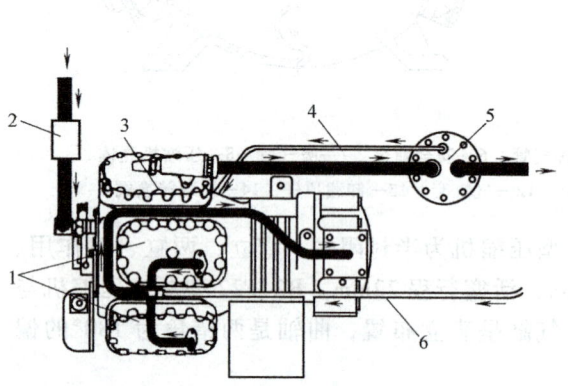 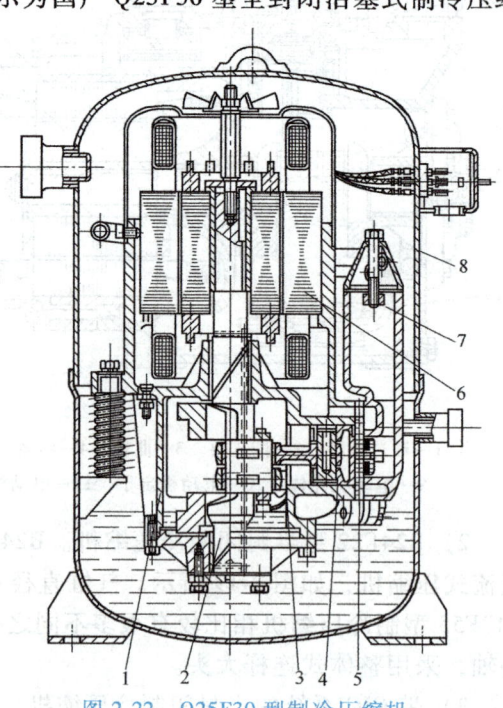

图 2-21　半封闭活塞式单机双级制冷压缩机
1—低压缸　2—吸气管　3—高压缸
4—回油管　5—油分离器　6—制冷剂两相流管道

图 2-22　Q25F30 型制冷压缩机
1—机体　2—曲轴　3—连杆　4—活塞　5—气阀
6—电动机　7—排气消声部件　8—机壳

机剖面图。压缩机的 2 个气缸呈 V 型布置，气缸直径 50mm，活塞行程 30mm。压缩机的机壳由钢板冲制而成，分上下两部分，装配完毕后焊死。

2）滑管式全封闭制冷压缩机。在小型的（功率一般小于 400W，最大不超过 600W）单缸全封闭制冷压缩机中，有时为了简化压缩机的结构，采用曲柄滑管式驱动机构来代替曲柄连杆机构，如图 2-23、图 2-24 所示。

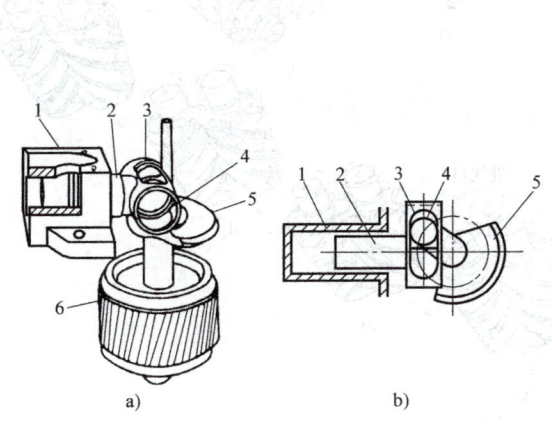
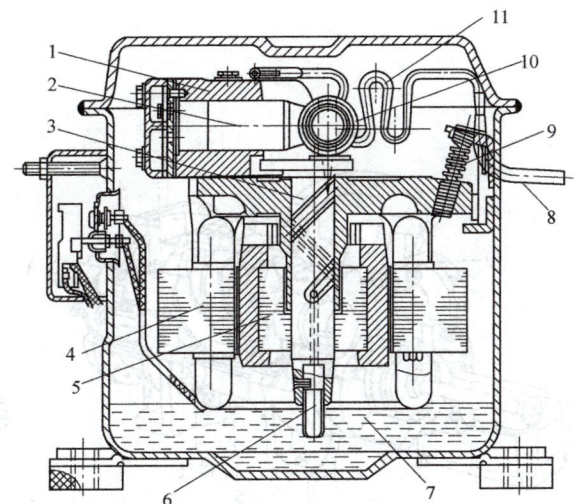

图 2-23 滑管式压缩机的驱动机构
a）结构图 b）运动机构示意图
1—气缸 2—活塞 3—滑管
4—滑块 5—曲柄轴 6—电动机

图 2-24 滑管式全封闭制冷压缩机
1—气缸 2—活塞 3—曲轴 4—定子
5—转子 6—吸油管 7—冷冻机油 8—排气管
9—悬挂弹簧 10—滑管 11—管式消声器

3）滑槽式全封闭制冷压缩机。采用滑槽式驱动机构的全封闭压缩机（Q—F 制冷压缩机）是性能优良的热泵用压缩机。压缩机上有两个按 90°角度布置的滑槽，带动四个活塞。吸气阀装在活塞顶部，排气阀装在气缸盖上，构成压缩机的顺流吸、排气。

> **想一想**
> 活塞式制冷压缩机的实际工作循环包括哪些过程？

三、螺杆式制冷压缩机

1. 螺杆式制冷压缩机的基本结构和工作原理

（1）螺杆式制冷压缩机的基本结构　螺杆式制冷压缩机的基本结构如图 2-25 所示。两个按一定传动比反向旋转又相互啮合的转子平行地配置在呈"∞"形的气缸中。转子具有特殊的螺旋齿形，凸齿形的称为阳转子，凹齿形的称为阴转子。一般阳转子为主动转子，阴转子为从动转子。

2-3 螺杆式制冷压缩机

（2）螺杆式制冷压缩机的工作过程　螺杆式制冷压缩机的工作是依靠啮合运动着的一个阳转子与一个阴转子，并借助于包围这一对转子四周的机壳内壁的空间完成的。当转子转动时，转子的齿、齿槽与机壳内壁所构成的呈 V 形的一对齿间容积称为基元容积，其容积大小会发生周期性的变化，同时它还会沿着转子的轴向由吸气口侧向排气口侧移动，将制冷剂气体吸入并压缩至一定的压力后排出。

图2-26所示为螺杆式制冷压缩机的工作过程示意图。其中，图2-26a、b所示为一对转子的俯视图，图2-26c~f所示为一对转子由下而上的仰视图。

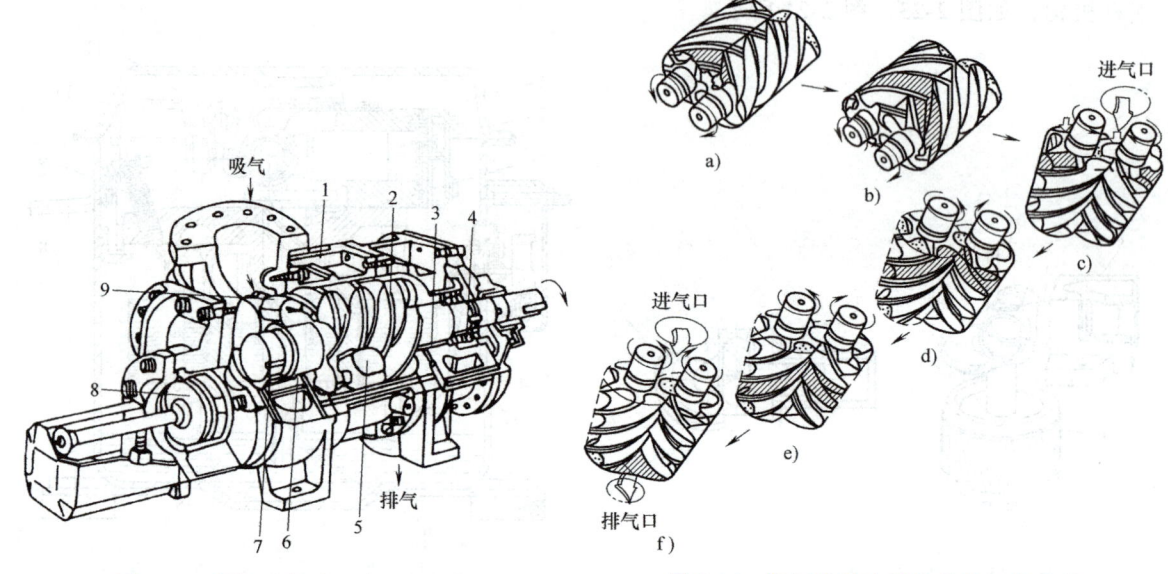

图2-25　螺杆式制冷压缩机的结构
1—机壳　2—阳转子　3—滑动轴承　4—滚动轴承
5—调节滑阀　6—轴封　7—平衡活塞
8—调节滑阀控制活塞　9—阴转子

图2-26　螺杆式制冷压缩机的工作过程
a) 吸气开始　b) 吸气　c) 吸气结束
d) 压缩　e) 压缩结束　f) 排气

1) 吸气过程。齿间基元容积随着转子旋转而逐渐扩大，并和机壳上的吸气孔口连通，气体通过吸气孔口进入齿间基元容积，称为吸气过程（图2-26a、b）。当转子旋转一定角度后，齿间基元容积越过吸气孔口位置与吸气孔口断开，吸气过程结束（图2-26c）。值得注意的是，此时阴、阳转子的齿间基元容积彼此并不连通。

2) 压缩过程。压缩开始阶段主动转子的齿间基元容积和从动转子的齿间基元容积彼此孤立地向前推进，称为传递过程。转子继续转过某一角度，主动转子的凸齿和从动转子的齿槽又构成一对新的V形基元容积，随着两转子的啮合运动，基元容积逐渐缩小，实现气体的压缩过程（图2-26d）。压缩过程直到基元容积与机壳上的排气孔口相连通的瞬间为止（图2-26e）。

3) 排气过程。当基元容积开始与机壳上的排气孔口连通时，进行排气过程（图2-26f）。由于转子旋转时基元容积不断缩小，将压缩后具有一定压力的气体送到排气腔，此过程一直延续到该容积最小时为止。

2. 螺杆式制冷压缩机的优缺点

（1）优点　螺杆式制冷压缩机的主要优点是：

① 与活塞式制冷压缩机相比，螺杆式制冷压缩机的转速较高（通常在3000r/min以上），又有质量轻、体积小、占地面积小等一系列优点，因而经济性较好。

② 螺杆式制冷压缩机没有往复质量惯性力，动力平衡性能好，故基础可以很小。

③ 螺杆式制冷压缩机结构简单紧凑，易损件少，所以运行周期长，维修简单，使用可

靠，有利于实现操作自动化。

④ 螺杆式制冷压缩机对进液不敏感，可采用喷油或喷液冷却，故在相同的压力比下，排气温度比活塞式制冷压缩机低得多，因此单级压力比高。

⑤ 与离心式制冷压缩机相比，螺杆式制冷压缩机具有强制输气的特点，即输气量几乎不受排气压力的影响。在较宽的工况范围内，仍可保持较高的效率。

（2）缺点　螺杆式制冷压缩机的主要缺点是：

① 由于气体周期性地高速通过吸、排气孔口，以及通过缝隙的泄漏等原因，压缩机有很大的噪声，需要采取消声或隔声措施。

② 螺旋状转子精度要求高，这样就需要有专用设备和刀具来加工。

③ 由于间隙密封和转子刚度等的限制，目前螺杆式制冷压缩机还不能像活塞式制冷压缩机那样达到较高的终了压力。

④ 由于螺杆式制冷压缩机采用喷油方式，需要喷入大量油而必须配置相应的辅助设备，从而使整个机组的体积和质量加大。

3. 螺杆式制冷压缩机的分类

螺杆式制冷压缩机应用广泛，各种开启式和半封闭式螺杆压缩机已形成系列，也有全封闭系列螺杆压缩机。双螺杆压缩机简称螺杆压缩机，由两个转子组成，而单螺杆压缩机由一个转子和两个星轮组成。

4. 螺杆式制冷压缩机的热力性能

1）输气量和容积效率。

$$q_{Vt} = 60 C_n C_\varphi n_1 L D_0^2 \tag{2-13}$$

式中　q_{Vt}——理论输气量（m³/h）；

C_φ——扭角系数（转子扭转角对吸气容积的影响程度）；

n_1——阳转子的转速（r/min）；

L——转子的螺旋部分长度（m）；

D_0——转子的名义直径（m）；

C_n——面积利用系数，是由转子齿形和齿数所决定的常数。

其实际输气量 q_{Va} 为

$$q_{Va} = \eta_V q_{Vt} \tag{2-14}$$

式中　η_V——容积效率，螺杆式制冷压缩机的容积效率 η_V 一般为 0.75~0.9。

2）功率。

① 压缩机等熵压缩所需理论功率 P_s（kW）。

$$P_s = \frac{q_{ma}(h_2 - h_1)}{3600} \tag{2-15}$$

式中　q_{ma}——压缩机的实际质量输气量（kg/h）；

$h_2 - h_1$——单位质量等熵压缩理论功，即等熵压缩过程终点和始点的气体焓差（kJ/kg）。

② 压缩机的指示功率 P_i（kW）。螺杆式制冷压缩机的指示效率 η_i 一般为 0.8 左右。

$$P_i = \frac{P_s}{\eta_i} = \frac{q_{ma}(h_2 - h_1)}{3600 \eta_i} \tag{2-16}$$

③ 压缩机的轴功率 P_e（kW）。即压缩机指示功率 P_i 和摩擦功率 P_m 之和。

$$P_e = P_i + P_m \tag{2-17}$$

3）效率。

① 等熵效率 η_s。等熵效率等于等熵压缩所需理论功率与压缩机的轴功率之比。

$$\eta_s = \frac{P_s}{P_e} \tag{2-18}$$

目前，螺杆式压缩机的等熵效率范围：低压力比、大输气量时 $\eta_s = 0.82 \sim 0.85$；高压力比、中小输气量时 $\eta_s = 0.72 \sim 0.82$。

② 指示效率（内效率）η_i。指示效率用来评价压缩机内部工作过程的完善程度。由式(2-16)得

$$\eta_i = \frac{P_s}{P_i} \tag{2-19}$$

③ 压缩机的机械效率 η_m。机械效率是表征轴承、轴封等处的机械摩擦所引起功率损失的程度，等于指示功率与轴功率的比值。即

$$\eta_m = \frac{P_i}{P_e} \tag{2-20}$$

螺杆式制冷压缩机的机械效率 η_m，通常在 $0.95 \sim 0.98$ 之间。

压缩机的等熵效率 η_s 与指示效率 η_i 之间的关系为

$$\eta_s = \frac{P_s}{P_e} = \frac{P_s P_i}{P_e P_i} = \eta_i \eta_m \tag{2-21}$$

5. 螺杆式制冷压缩机的主要零部件

螺杆式制冷压缩机的主要零部件包括机壳、转子、轴承、平衡活塞及能量调节装置等。

（1）机壳　螺杆式制冷压缩机的机壳一般为剖分式。它由机体（气缸体）、吸气端座、排气端座及两端端盖组成，如图 2-27 所示。

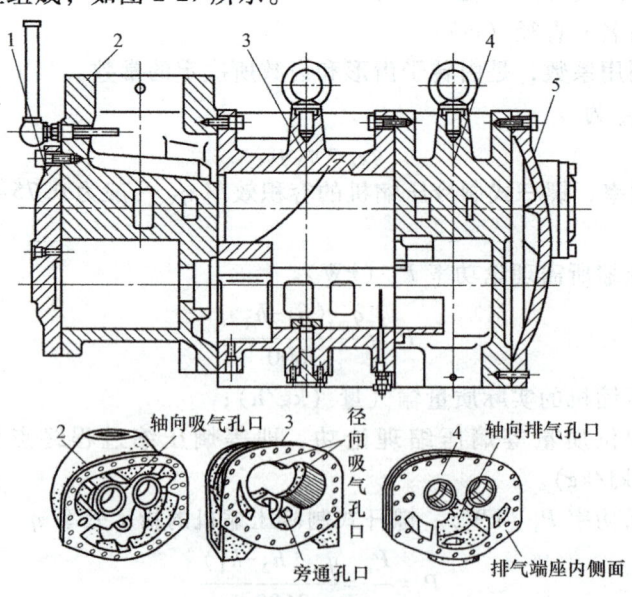

图 2-27　机壳部件图

1—吸气端盖　2—吸气端座　3—机体　4—排气端座　5—排气端盖

（2）转子　转子是螺杆式制冷压缩机的主要部件，如图 2-28 所示。

（3）轴承与平衡活塞　轴承是支承阴、阳转子，并保证转子高速旋转的零件。完成上述功能的轴承称为主轴承。其次，转子在旋转并压缩气体时，会产生轴向推力，为了克服这种轴向力，还必须有推力轴承，这种轴承称为副轴承，它除克服转子旋转时的轴向力之外，还可以承受部分径向力。所以，主、副轴承在螺杆式制冷压缩机中是必不可少的，它们使转子始终处在正常的工作位置。

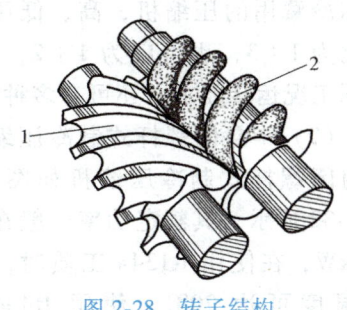

图 2-28　转子结构
1—阴转子　2—阳转子

（4）轴封装置　制冷系统的密封至关重要，因此在开启螺杆式制冷压缩机的转子外伸轴处，通常采用密封性能较好的接触式机械密封。必须注意的是，轴封中有关零部件的材料要能耐制冷剂的腐蚀。

6. 螺杆式制冷压缩机的总体结构

（1）开启螺杆式制冷压缩机　图 2-29 所示为开启螺杆式制冷压缩机总体结构。该压缩机采用中间补气的"经济器"循环，使压缩机的性能得到了进一步的改善。

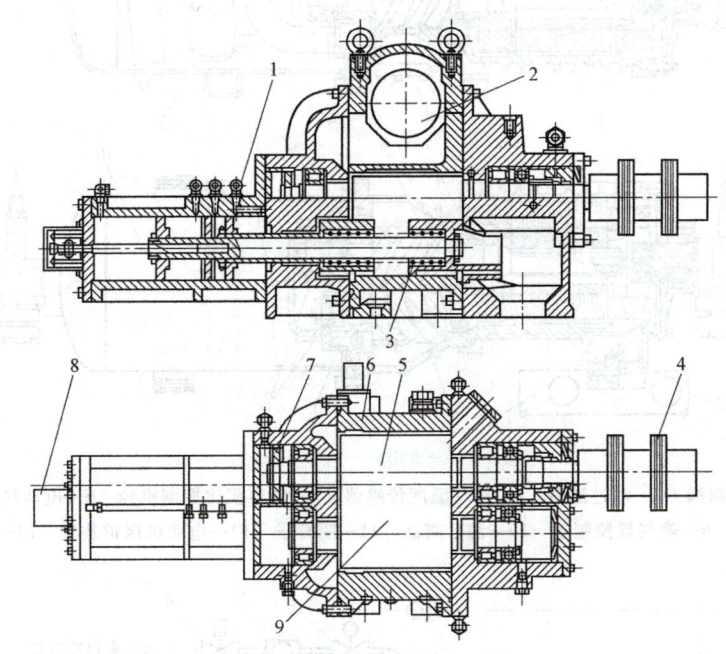

图 2-29　开启螺杆式制冷压缩机总体结构
1—液压活塞　2—吸气过滤网　3—滑阀　4—联轴器　5—阳转子
6—气缸　7—平衡活塞　8—能量测量装置　9—阴转子

为适应高压力比工况，提高效率，有些企业还生产了单机双级开启螺杆式制冷压缩机，如图 2-30 所示。用电动机直接驱动低压级的阳转子，通过它再驱动高压级的阳转子。一般冷冻冷藏用的压缩机,高、低压级容量比为1:3,也可以为1:2,当然,根据工况运转要求,还可有多种组合。

(2) 半封闭螺杆式制冷压缩机　半封闭螺杆式制冷压缩机如图2-31、图2-32所示,其额定功率一般在10~100kW,在使用R134a工质时,其冷凝温度可达70℃,使用R404A或R407C工质时,单级蒸发温度最低可达-45℃。因此,由于它在冷凝压力和排气温度很高,尤其在压力差很大的苛刻工况下也能安全可靠地运行,近几年得到了长足的发展。

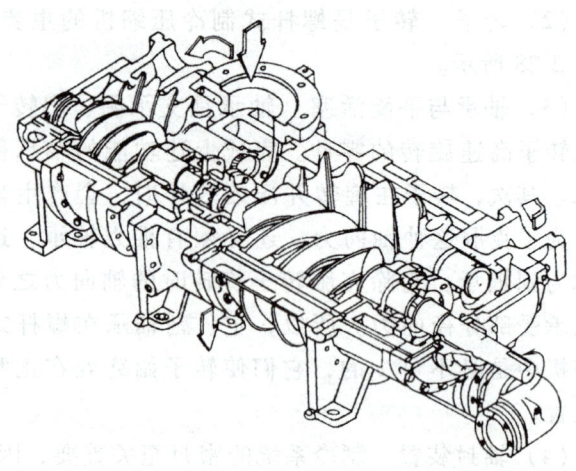

图2-30　单机双级螺杆式制冷压缩机的结构

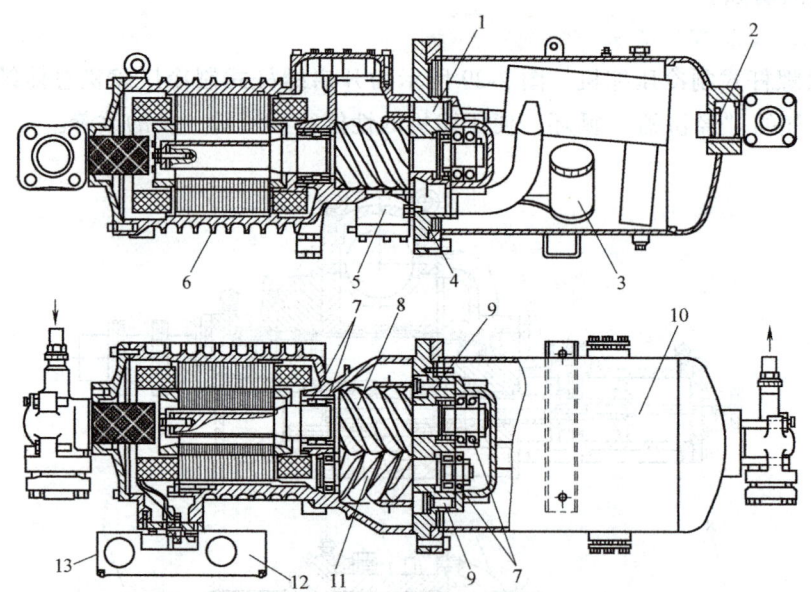

图2-31　HSKC型半封闭螺杆式制冷压缩机结构图

1—压差阀　2—单向阀　3—油过滤器　4—排气温度传感器　5—内容积比控制机构　6—电动机　7—滚动轴承　8—阳转子　9—输气量控制器　10—油分离器　11—阴转子　12—电动机保护装置　13—接线盒

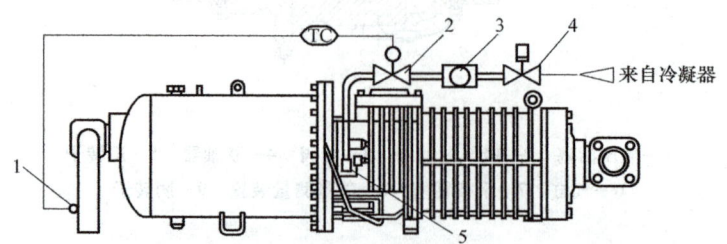

图2-32　半封闭螺杆式制冷压缩机的喷液冷却

1—排气温度传感器　2—温控喷液阀　3—视镜　4—电磁阀　5—喷油入口

(3) 全封闭螺杆式压缩机 图 2-33 所示为全封闭螺杆式制冷压缩机。图中转子为立式布置。为了提高转速，电动机主轴与阴转子直连，整个压缩机全部采用滚动轴承，以保证阴阳转子间的啮合间隙。

图 2-34 所示为 VSK 型全封闭螺杆式制冷压缩机结构，电动机配用功率 10~20kW，它的结构特点是卧式布置，能量调节不设滑阀，采用电动机变频调节。

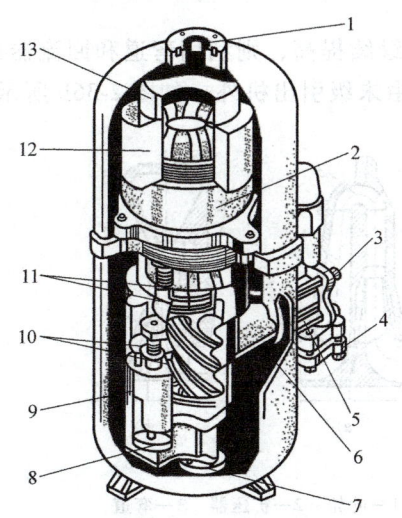
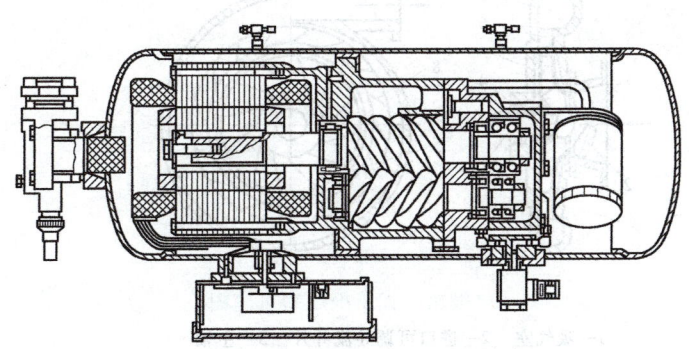

图 2-33　全封闭螺杆式制冷压缩机结构图　　图 2-34　VSK 型全封闭螺杆式制冷压缩机结构图
1—排气孔口　2—内置电动机　3—吸气截止阀
4—吸气口　5—吸气单向阀　6—吸气过滤网
7—油过滤器　8—能量调节液压活塞
9—调节滑阀　10—阴、阳转子　11—主
轴承　12—油分离器　13—挡油板

想一想

螺杆式制冷压缩机的优缺点主要有哪些？

四、离心式制冷压缩机

1. 离心式制冷压缩机的基本结构和工作原理

(1) 离心式制冷压缩机的基本结构　离心式制冷压缩机有单级、双级和多级等多种结构形式。单级压缩机主要由吸气室、叶轮、扩压器、蜗壳及密封等组成，如图 2-35 所示。对于多级压缩机，还设有弯道和回流器等部件。一个工作叶轮和与其相配合的固定元件（如吸气室、扩压室、弯道、回流器或蜗壳等）就组成压缩机的一个级。多级离心式制冷压缩机的主轴上设置着几个叶轮串联工作，以达到较高的压力比。多级离心式制冷压缩机的中间级和末级如图 2-36 所示。为了节省压缩功耗和不使排气温度过高，级数较多的离心式制冷压缩机可分为几段，每段包括若干级。低压段的排气需经中间冷却后才能输往高压段。

2-4　离心式制冷压缩机

(2) 离心式制冷压缩机的工作原理　图 2-35 所示的单级离心式制冷压缩机的工作原理

如下：压缩机叶轮5旋转时，制冷剂气体由吸气室1通过进口可调导流叶片2进入叶轮流道，在叶轮叶片9的推动下气体随着叶轮一起旋转。由于离心力的作用，气体沿着叶轮流道径向流动并离开叶轮，同时，叶轮进口处形成低压，气体由吸气管不断吸入。在此过程中，叶轮对气体做功，使其动能和压力能增加，气体的压力和流速得到提高。接着，气体以高速进入截面逐渐扩大的扩压器6和蜗壳7，流速逐渐下降，大部分气体动能转变为压力能，压力进一步提高，然后再引出压缩机外。

对于多级离心式制冷压缩机，为了使制冷剂气体压力继续提高，则利用弯道和回流器再将气体引入下一级叶轮进行压缩，如图2-36a所示，最后由末级引出机外，如图2-36b所示。

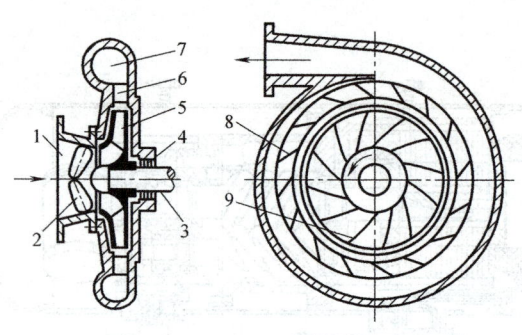
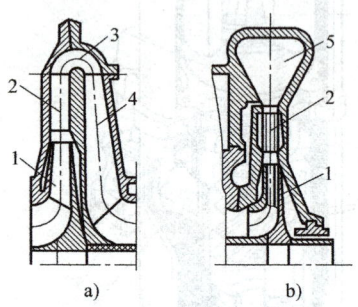

图2-35 单级离心式制冷压缩机简图
1—吸气室 2—进口可调导流叶片 3—主轴
4—轴封 5—叶轮 6—扩压器
7—蜗壳 8—扩压器叶片 9—叶轮叶片

图2-36 离心式制冷压缩机的中间级和末级
1—叶轮 2—扩压器 3—弯道
4—回流器 5—蜗壳

2. 离心式制冷压缩机的优缺点

因压缩机的工作原理不同，离心式制冷压缩机与往复活塞式制冷压缩机相比，具有以下特点：

1）在相同制冷量时，其外形尺寸小、质量轻、占地面积小。相同的制冷工况及制冷量，活塞式制冷压缩机比离心式制冷压缩机（包括齿轮增速器）重5~8倍，占地面积多1倍左右。

2）无往复运动部件，动平衡特性好，振动小，基础要求简单。目前对中小型组装式机组，压缩机可直接装在单筒式的蒸发-冷凝器上，无需另外设计基础，安装方便。

3）磨损部件少，连续运行周期长，维修费用低，使用寿命长。

4）润滑油与制冷剂基本上不接触，从而提高了蒸发器和冷凝器的传热性能。

5）易于实现多级压缩和节流，达到同一台制冷机多种蒸发温度的操作运行。

6）能够经济地进行无级调节。可以利用进口导流叶片自动进行制冷量的调节，调节范围和节能效果较好。

7）对于大型制冷机组，若用经济性高的工业汽轮机直接带动，实现变转速调节，节能效果更好。尤其对有废热蒸汽的工业企业，还能实现能量回收。

离心式制冷压缩机具有如下缺点：

1）转速较高，因此用电动机驱动的一般需要设置增速器。而且，对轴端密封要求高，这些均增加了制造上的困难和结构上的复杂性。

2）当冷凝压力较高，或制冷负荷太低时，压缩机组会发生喘振而不能正常工作。

3）制冷量较小时，效率较低。

3. 离心式制冷压缩机的分类

离心式制冷压缩机可按多种方法分类，常用的分类方法有以下三种：

（1）按压缩机的使用场合分类　按压缩机的使用场合，离心式制冷压缩机可分为冷水机组用压缩机和低温机组用压缩机。

（2）按压缩机的密封结构形式分类　按压缩机的密封结构形式，离心式制冷压缩机可分为全封闭式、半封闭式和开启式三种。

（3）按压缩机的级数分类　离心式制冷压缩机可分为单级压缩机和多级压缩机。图 2-37 所示为四级离心式制冷压缩机的剖视图。

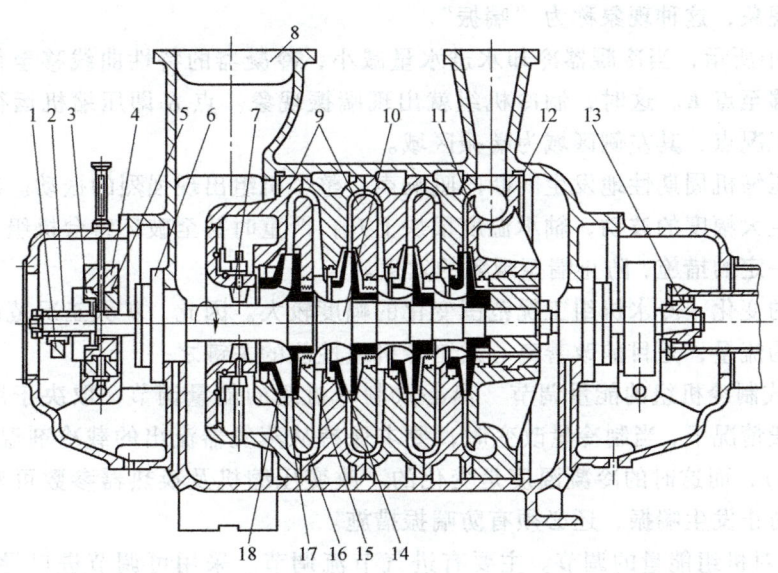

图 2-37　四级离心式制冷压缩机剖视图

1—顶轴器　2—套筒　3—推力轴承　4—轴承　5—调整块　6—轴封　7—进口导叶　8—吸入口
9—隔板　10—轴　11—蜗壳　12—调整环　13—联轴器　14—第二级叶轮
15—回流器　16—弯道　17—无叶扩压器　18—第一级叶轮

4. 离心式制冷压缩机特性曲线及能量调节

（1）压缩机与制冷设备的联合工作特性　当通过压缩机的流量与通过制冷设备的流量相等，压缩机产生的压头（排气口压力与吸气口压力的差值）等于制冷设备的阻力时，整个制冷系统才能保持在平衡状况下工作。这样制冷机组的平衡工况应该是压缩机特性曲线与冷凝器特性曲线的交点。

图 2-38 中压缩机特性曲线与冷凝器特性曲线的交点 A 为压缩机的稳定工作点。当冷凝器冷却水进水量变化时，冷凝器的特性曲线将改变，这时交点 A 也随之而改变，从而改变了压

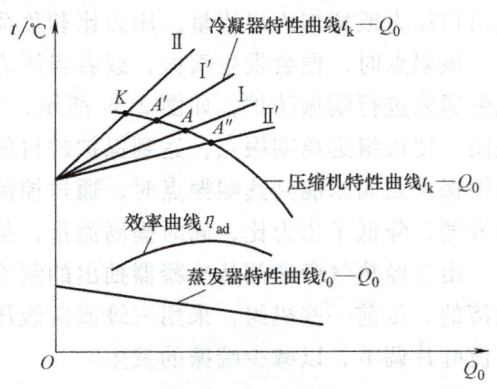

图 2-38　压缩机和制冷设备的联合特性曲线

缩机的制冷量。如果冷凝器进水量减少，则冷凝器特性曲线斜率增大，曲线Ⅰ移至Ⅰ'的位置，压缩机工作点移到点 A'，制冷量减少。反之，如果冷凝器冷却水进水量增大，则压缩机工作点移至点 A''，制冷量增大。

当冷凝器冷却水进水量减小到一定程度时，压缩机的流量变得很小，压缩机流道中出现严重的气体脱流，压缩机的出口压力突然下降。由于压缩机和冷凝器联合工作，而冷凝器中气体的压力并不同时降低，于是冷凝器中的气体压力反大于压缩机出口处的压力，造成冷凝器中的气体倒流回压缩机，直至冷凝器中的压力下降到等于压缩机出口压力为止。这时压缩机又开始向冷凝器送气，压缩机恢复正常工作。但当冷凝器的压力也恢复到原来的压力时，压缩机的流量又减小，压缩机出口压力又下降，气体又产生倒流。如此周而复始，产生周期性的气流振荡现象，这种现象称为"喘振"。

如图 2-38 中所示，当冷凝器冷却水进水量减小，冷凝器的特性曲线移至位置Ⅱ时，压缩机的工作点移至点 K。这时，制冷机组就出现喘振现象。点 K 即压缩机运行的最小流量处，称为喘振工况点，其左侧区域为喘振区域。

喘振时，压缩机周期性地发生间断的吼响声，整个机组出现强烈的振动。冷凝压力、主电动机电流发生大幅度的波动，轴承温度很快上升，严重时甚至破坏整台机组。因此，在运行中必须采取一定的措施，防止喘振现象的发生。

由于季节的变化，冷水机组工况范围变化的幅度较大。因此，扩大工况范围，特别是减小喘振工况点的流量，是目前改善离心式制冷机组性能的关键之一。

（2）离心式制冷机组的能量调节　离心式制冷机组的能量调节，取决于用户热负荷大小的改变。一般情况下，当制冷量改变时，要求保持从蒸发器流出的载冷剂温度 t_{S2} 为常数（由用户给定的），而这时的冷凝温度是变化的。改变压缩机及换热器参数可对机组的能量进行调节，为防止发生喘振，还必须有防喘振措施。

1）压缩机对机组能量的调节。主要有进气节流调节、采用可调节进口导流叶片调节、改变压缩机转速的调节三种调节方式。

2）改变换热器参数（如改变冷却水水量）对机组能量的调节。前文介绍过，当改变冷凝器冷却水流量时，可以得到不同的冷凝器特性曲线，从而使工作点移动，达到调节能量的目的。但这种调节方法不经济，一般只在采用其他调节方法的同时作为一种辅助性的调节。

3）防喘振调节。离心式制冷机组工作时一旦进入喘振工况，应立即采取调节措施，降低出口压力或增加入口流量。压力比和负荷是影响喘振的两大因素，当负荷越来越小，小到某一极限点时，便会发生喘振，或者当压力比大到某极限点时，便发生喘振。一般可采用热气旁通来进行喘振防护，如图 2-39 所示，它是通过喘振保护线来控制热气旁通阀的开启或关闭，使机组远离喘振点，达到保护的目的。从冷凝器到蒸发器连接一根管，当运行点到达喘振保护点而未能到达喘振点时，通过控制系统打开热气旁通电磁阀，将冷凝器的热气排到蒸发器，降低了压力比，同时提高流量，从而避免了喘振的发生。

由于经热气旁通阀从冷凝器抽出的制冷剂并没有起到制冷作用，所以这种调节方法是不经济的。目前一些机组，采用三级或两级压缩，以减小每级的负荷，或者采用高精度的进口导流叶片调节，以减少喘振的发生。

5. 离心式制冷压缩机的主要零部件

由于使用场合的蒸发温度、制冷剂不同，离心式制冷压缩机的缸数、段数和级数相差很

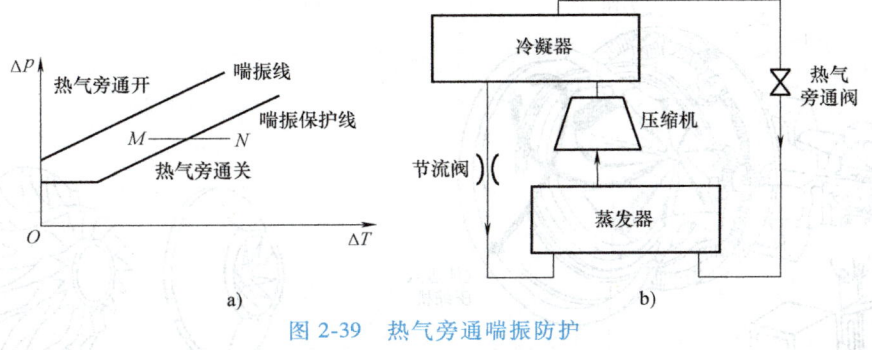

图 2-39　热气旁通喘振防护
a）喘振防护示意图　b）系统循环图

大，总体结构上也有差异，但其基本组成零部件是相同的。现将其主要零部件的结构与作用简述如下。

（1）吸气室　吸气室的作用是将从蒸发器或级间冷却器来的气体，均匀地引导至叶轮的进口。为减少气流的扰动和分离损失，吸气室沿气体流动方向的截面一般做成渐缩形，使气流略有加速。吸气室的结构比较简单，有轴向进气和径向进气两种形式，如图 2-40 所示。

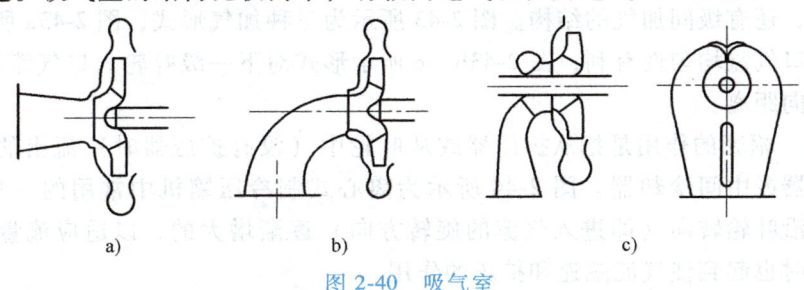

图 2-40　吸气室
a）轴向进气吸气室　b）径向进气肘管式吸气室　c）径向进气半蜗壳式吸气室

（2）进口导流叶片　在压缩机第一级叶轮进口前的机壳上装有进口导流叶片，当导流叶片旋转时，改变了进入叶轮的气体流动方向和流量的大小，达到了调节制冷量的目的。转动导叶时可采用杠杆式或钢丝绳式调节机构。杠杆式如图 2-41 所示，进口导叶实际上是一个由若干可转动叶片 3 组成的菊形阀，每个叶片根部均有一个小齿轮 1，由大齿圈 2 带动，大齿圈是通过杠杆 7 和连杆 6 由伺服电动机 4 传动，也可用手轮 8 进行操作。

（3）叶轮　叶轮也称工作轮，是压缩机中对气体做功的唯一部件。叶轮按结构形式分为闭式、半开式和开式三种，通常采用闭式和半开式，如图 2-42 所示。闭式叶轮由轮盖、叶片和轮盘组成，空调用制冷压缩机大多采用闭式。半开式叶轮不设轮盖，一侧敞开，仅有叶片和轮盘，用于单级压力比较大的场合。

（4）扩压器　气体从叶轮流出时有很高的流动速度，一般可达 200~300m/s，占叶轮对气体做功的很大比例。为了将这部分动能充分地转变为压力能，同时为了使气体在进入下一级时有较低的、合理的流动速度，在叶轮后面设置了扩压器，如图 2-36 所示。

（5）弯道和回流器　在多级离心式制冷压缩机中，弯道和回流器是为了把由扩压器流出的气体引导至下一级叶轮。弯道的作用是将扩压器出口的气流引导至回流器进口，使气流从离心方向变为向心方向。回流器则是把气流均匀地导向下一级叶轮的进口，为此，在回流器流道中设有叶片，使气体按叶片弯曲方向流动，沿轴向进入下一级叶轮。

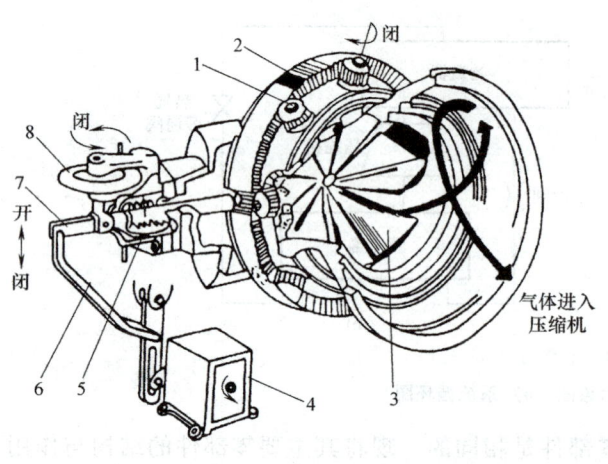
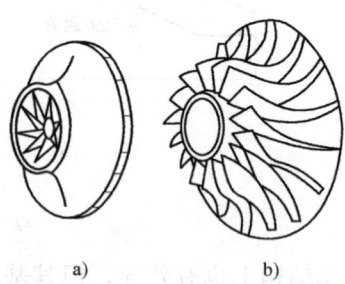

图 2-41 杠杆式进口可转导叶机构
1—小齿轮 2—大齿圈 3—转动叶片 4—伺服电动机
5—波纹管 6—连杆 7—杠杆 8—手轮

图 2-42 离心式制冷压缩机叶轮
a）闭式 b）半开式

在采用多级节流中间补气制冷循环中，段与段之间有中间加气，因此在离心式制冷压缩机的回流器中，还有级间加气的结构。图 2-43 所示为三种加气形式，图 2-43a 所示的形式对下一级叶轮入口气流均匀性有利；图 2-43b、c 所示形式对下一级叶轮入口气流均匀性不利，但可以减少轴向距离。

（6）蜗壳　蜗壳的作用是把从扩压器或从叶轮中（没有扩压器时）流出的气体汇集起来，排至冷凝器或中间冷却器。图 2-44 所示为离心式制冷压缩机中常用的一种蜗壳形式，其流通截面是沿叶轮转向（即进入气流的旋转方向）逐渐增大的，以适应流量沿圆周不均匀的情况，同时也起到使气流减速和扩压的作用。

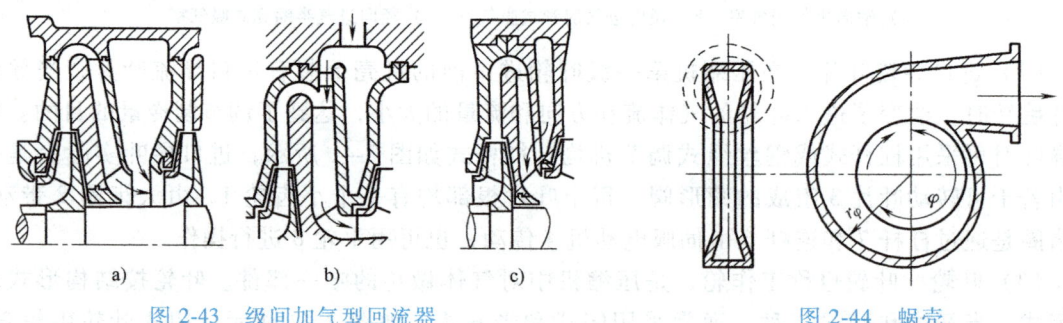

图 2-43 级间加气型回流器　　　　　　图 2-44 蜗壳

6. 磁悬浮离心式制冷压缩机

所谓磁悬浮离心式制冷压缩机就是电动机转子的轴承采用了磁悬浮轴承，并在电动机转子轴上直接连接离心叶轮。无摩擦和离心压缩方式使磁悬浮压缩机获得了 COP（能效比）高达 5.6 的满负荷效率，而变频控制技术则使压缩机获得了 IPLV（综合能效系数）为 0.41kW/t 极其优异的部分负荷效率。

磁悬浮离心式制冷压缩机具有以下三大优势：

1）运行效率高。磁悬浮式压缩机在部分负荷运行时达到最佳效率。据实验数据，磁悬浮式压缩机比传统式压缩机运行效率高 30%。自控系统中的自适应控制逻辑允许一台 450t 的冷水机组提供冷量最低达到 0.33kW/t，冷却时间长达 40~50h。这种超强的自适应控制逻辑可满足全天的制冷需求，不需要专门设置。此外，磁悬浮式压缩机重新定义了软起动，变频控制也使压缩机只要 6A 的微弱电流就可以起动起来，而相同制冷量的其他传统压缩机，至少需要 500~600A 的起动电流。

2）实现单机冗余功能。冷却系统的冗余功能是非常重要的，但往往由于空间范围及成本的限制，无法在一台机器内安装多台压缩机实现冷却系统冗余功能。磁悬浮式压缩机很好地解决了该问题。例如：一台 120 冷吨的磁悬浮式压缩机仅重 150kg，相当于一些传统机器重量的 1/5，超轻的重量及较小的体积使得多个磁悬浮式压缩机可安装在一个共同的机组内，实现冗余功能。如果单台压缩机出现故障，其他压缩机仍然可以正常运行制冷。

3）低运营成本。磁悬浮轴承利用磁场使转子悬浮起来，从而在旋转时不会产生机械接触，不会产生机械摩擦，不再需要机械轴承以及机械轴承所必需的润滑系统。在制冷压缩机中使用磁悬浮轴承，可以去掉压缩机一些附属装置，如齿轮传动装置、油站供油系统，使设备维护费用大大降低。

4）磁悬浮式压缩机运行时的声音小于 70dB，有效减小了压缩机运行的噪声污染。

想一想
离心式制冷压缩机主要应用在哪些场合？

五、滚动转子式制冷压缩机

1. 滚动转子式制冷压缩机的基本结构和工作过程

滚动转子式制冷压缩机也称滚动活塞式制冷压缩机，是一种容积型回转式压缩机。

2-5 滚动转子式制冷压缩机

（1）基本结构　滚动转子式制冷压缩机主要由气缸、滚动活塞（也称滚动转子）、滑板、排气阀等组成，如图 2-45 所示。

（2）工作过程　滚动转子式制冷压缩机的工作过程如图 2-46 所示。当滚动活塞处于图 2-46a 所示位置时，气缸内形成一个完整的月牙形工作腔容积，充满了低压吸入气体，这时处于吸气过程结束、不压缩也不排气的状态。

当滚动活塞逆时针方向滚动 1/4 周，到达图 2-46b 所示位置时，滑板把月牙形容积分割为吸气腔和排气腔两部分。随着吸气腔容积的增大，吸气腔开始吸入气体；而排气腔中的气体受压缩而压力开始升高。

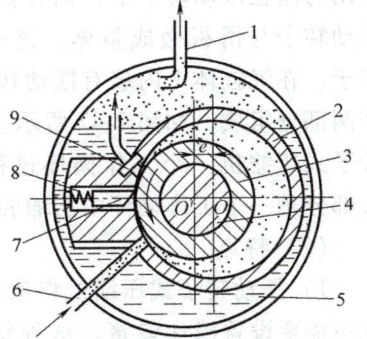
图 2-45　滚动转子式制冷压缩机主要结构示意图
1—排气管　2—气缸　3—滚动活塞
4—曲轴　5—润滑油　6—吸气管
7—滑板　8—弹簧　9—排气阀

滚动活塞继续转动，吸气腔不断扩大，排气腔不断缩小而气体压力逐渐升高，当压力升高到稍大于排气阀后的冷凝压力，并足以克服阀片弹簧力时，顶开阀片开始排气，这时吸气与排气同时进行，如图 2-46c 所示。

当滚动活塞转动至图 2-46d 所示位置时，吸气腔接近最大，排气腔接近最小，吸气、排气过程均接近结束。滚动活塞继续转动回到图 2-46a 所示的位置，吸气与排气过程结束，并进入下一循环。

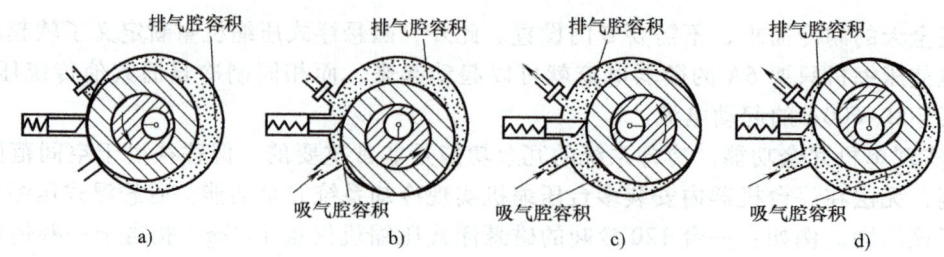

图 2-46 滚动转子式制冷压缩机工作过程示意图

2. 滚动转子式制冷压缩机的优缺点

从结构及工作过程来看，小型滚动活塞式制冷压缩机具有如下优点：

① 结构简单，零部件几何形状简单，便于加工及流水线生产。

② 体积小、质量轻、零部件少，与相同制冷量的往复活塞式制冷压缩机相比，体积减小 40%~50%，质量减小 40%~50%，零件数减少 40% 左右。

③ 易损件少、运转可靠。

④ 效率高，因为没有吸气阀故流动阻力小，且吸气过热小，所以在制冷量为 3kW 以下的场合使用尤为突出。

滚动转子式制冷压缩机也有其缺点，这就是气缸容积利用率低，因为只利用了气缸的月牙形空间；转子和气缸的间隙应严格保证，否则会显著降低压缩机的可靠性和效率，因此，加工精度要求高；相对运动部位必须有油润滑；用于热泵运转时则制热量小。

3. 摆动转子式压缩机

（1）工作原理　摆动转子式压缩机与滚动转子式压缩机的主要区别是：在滚动转子式压缩机中，滚动转子与滑板是两个独立的零件，滑板靠背部的作用力压在滚动转子上；而在摆动转子式压缩机中，滚动转子与滑板做成整体，是一个零件，称为摆动转子。在气缸体 1 内装有摆动转子 2，它由滚环和摆杆两部分组成，如图 2-47 所示。图 2-48 所示为摆动转子式压缩机一个工作循环过程示意图，图中的阴影部分是一个工作循环中压缩腔的变化过程。

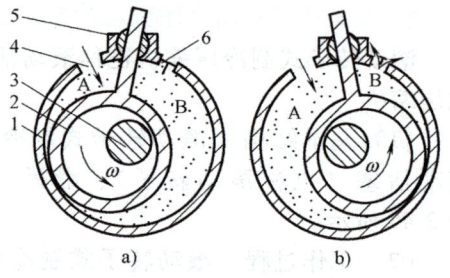

图 2-47 摆动转子式压缩机的工作原理
1—气缸体　2—摆动转子　3—偏心轮轴
4—吸气孔　5—圆柱形导轨　6—排气孔

（2）特点

1）摆动转子式压缩机将滚环和摆杆做成一体后，使两者之间不存在密封和润滑问题，也不需要设置滑片弹簧。这种结构比较适合替代 CFC 和 HCFC 的 HFC 制冷工质，因为与 HFC 配用的聚二醇或聚酯油的润滑性能低于矿物油。

2）滚环和摆杆做成一体后，摆杆变成两侧支承，可以承受较大的压力差；同时导轨又能转动，减小了摆杆的侧向力，并消除了滚环和摆杆间的摩擦磨损，使压缩机的机械效率提高。

3）摆动转子的受力不会因气缸直径或主轴偏心距的增大而增加。因此这种压缩机可以采用较小的气缸高度，使其内部最严重的泄漏部位——滚环与气缸切点处径向间隙的面积减小，所以摆动转子式压缩机结构本身有利于减少内部泄漏，提高了容积效率。

4）摆动转子加工很困难，导向部分的加工也要求很精密。此外，滚环与偏心轴间难以实现油膜动压润滑。

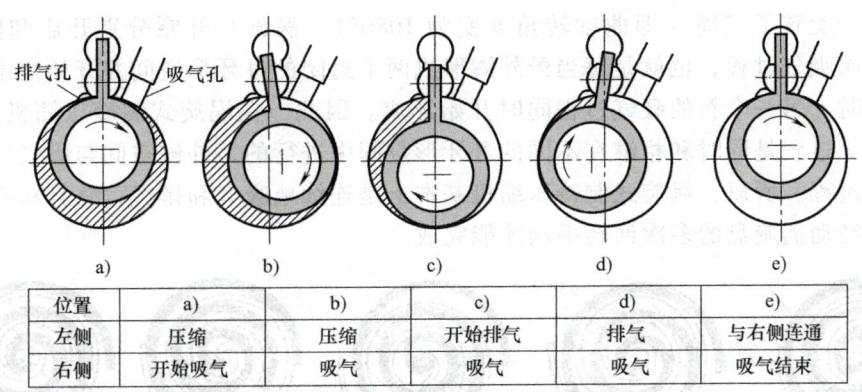

图 2-48 摆动转子式压缩机一个工作循环过程示意图

位置	a)	b)	c)	d)	e)
左侧	压缩	压缩	开始排气	排气	与右侧连通
右侧	开始吸气	吸气	吸气	吸气	吸气结束

5)理论分析和试验研究的结果表明:采用 R22 作为工质,当制冷量小于 15.5kW 时,摆动转子式压缩机的效率高于滚动转子式压缩机。但综合考虑效率、加工等因素,摆动转子式压缩机比较适用于制冷量在 7.7kW 以下的场合。

6)由于消除了滑片与转子之间的摩擦以及滑片上下的敲击声,运转噪声有所降低。

综上所述,摆动转子式压缩机更适用于高压力差的工况或者压力差较大的制冷剂,如 R410A、CO_2 等。

 想一想

滚动转子式制冷压缩机有哪些优缺点?

六、涡旋式制冷压缩机

涡旋式制冷压缩机是指由一个固定的渐开线涡旋盘和一个呈偏心回转平动的渐开线运动涡旋盘组成可压缩容积的制冷压缩机。它以其效率高、体积小、质量轻、噪声低、结构简单且运转平稳等特点,被广泛用于空调和制冷机组中。

1. 涡旋式制冷压缩机的基本结构和工作过程

(1)基本结构 涡旋式制冷压缩机的基本结构如图 2-49 所示。主要由静涡旋盘 3、动涡旋盘 4、机座 5、防自转机构十字滑环 7 及曲轴 8 等组成。动、静涡旋盘的型线均是螺旋形,动涡旋盘相对静涡旋盘偏心并相错 180°对置安装。

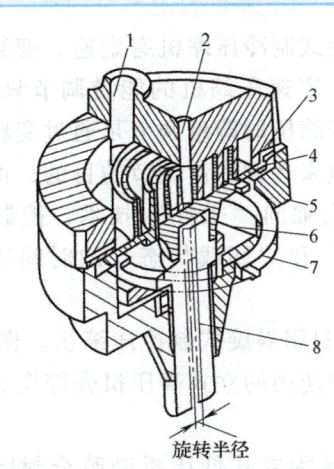

2-6 涡旋式制冷压缩机

图 2-49 涡旋式制冷压缩机结构简图
1—吸气口 2—排气口 3—静涡旋盘
4—动涡旋盘 5—机座 6—背压腔
7—十字滑环 8—曲轴

(2)工作过程 涡旋式压缩机的工作原理是利用动涡旋盘和静涡旋盘的啮合,形成多个压缩腔,随着动涡旋盘的回转平动,使各压缩腔的容积不断变化来压缩气体。其工作过程如图 2-50 所示。

图 2-50 所示的涡旋圈数为三圈,最外圈两个封闭的月牙形工作腔完成一次压缩及排气

的过程，曲轴旋转了三周（即曲轴转角 θ 变为 $1080°$），涡旋盘外圈分别开启和闭合三次，即完成了三次吸气过程，也就是每当最外圈形成两个封闭的月牙形空间并开始向中心推移成为内工作腔时，另一个新的吸气过程同时开始形成。因此，在涡旋式制冷压缩机中，吸气、压缩、排气等过程是同时和相继在不同的月牙形空间中进行的，外侧空间与吸气口相通，始终进行吸气过程。所以，涡旋式制冷压缩机基本上是连续地吸气和排气，并且从吸气开始至排气结束需经动涡旋盘的多次回转平动才能完成。

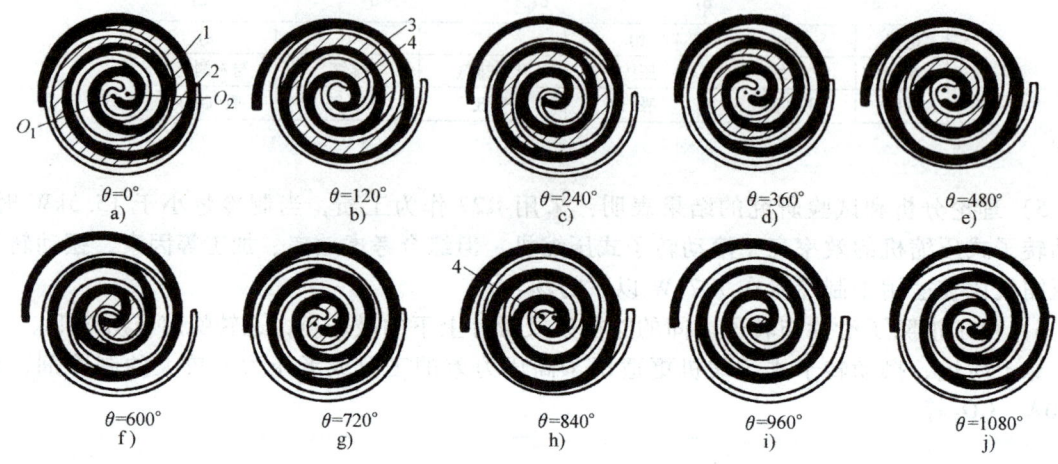

图 2-50　涡旋式制冷压缩机工作过程示意图
1—动涡旋盘　2—静涡旋盘　3—压缩腔　4—排气口

2. 涡旋式制冷压缩机的主要结构形式

全封闭涡旋式制冷压缩机有定速、变频和数码涡旋三种形式。定速压缩机的能量调节只能是开、停调节；变频压缩机的能量调节是通过变频器高调节电动机的转速来达到能量调节的目的；而数码涡旋压缩机是利用轴向"柔性"技术，控制压缩机的"负载状态"和"卸载状态"的时间进行能量调节的。

1) 定速全封闭涡旋式制冷压缩机。图 2-51 所示为在空调器中使用的立式高压机壳腔全封闭涡旋式制冷压缩机。

图 2-52 所示为立式低压机壳腔全封闭涡旋式制冷压缩机结构。机壳内压力为吸气低压，这是与图 2-51 所示压缩机的高压机壳的主要区别之一。立式全封闭低压机壳腔涡旋压缩机在制冷与空调系统中有着广泛的应用。最明显的优点是电动机的环境温度较低，有利于提高电动机的工作效率。当吸气管道中的气体带有液滴时，不会直接导致压缩腔液击。

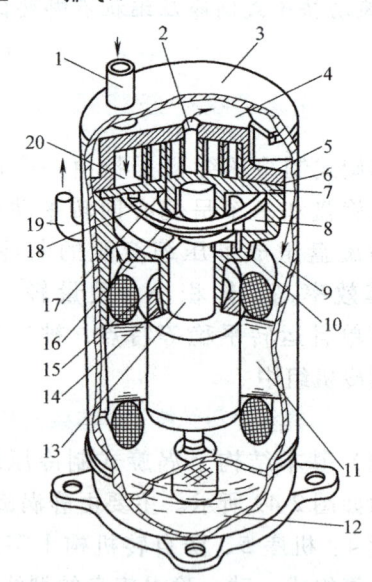

图 2-51　立式高压机壳腔全封闭
涡旋式制冷压缩机
1—吸气管　2—排气口　3—机壳　4—排气腔
5—静涡旋盘　6—排气通道　7—动涡旋盘
8—背压腔　9—电动机腔　10—支架　11—电动机
12—储油槽　13—曲轴　14、16—轴承
15—动密封　17—背压孔　18—十字滑环
19—排气管　20—吸气腔

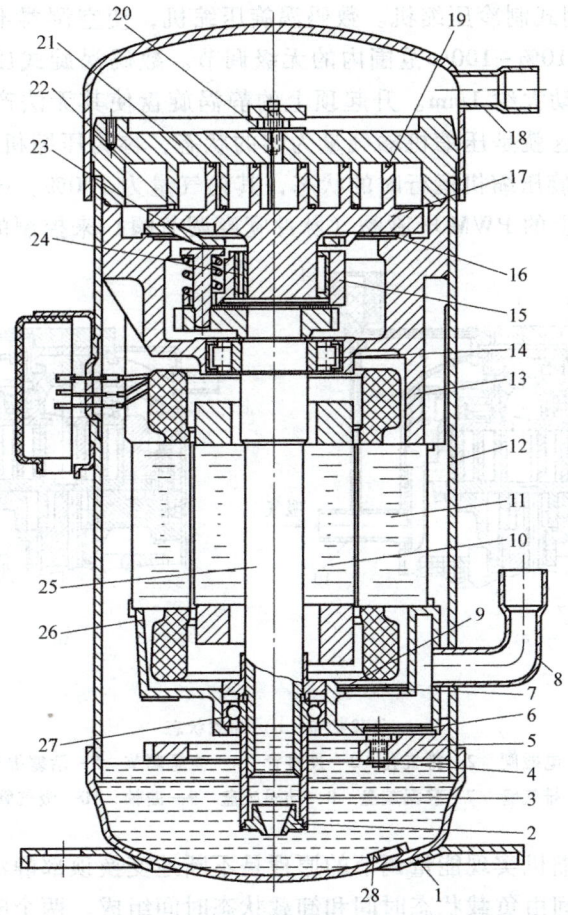

图 2-52 立式低压机壳腔全封闭涡旋式制冷压缩机
1—底座 2—液压泵 3—上油管 4—螺钉 5—下支承 6、7—滤网 8—吸气管 9—滤网压板 10—电动机转子 11—电动机定子 12—机壳 13—机座 14—主轴承 15—偏心量调节装置 16—推力轴承 17—动涡旋盘 18—排气管 19、22—密封条 20—单向阀 21—静涡旋盘 23—十字滑环 24—硬质套 25—曲轴 26—轴承座 27—下轴承 28—磁环

图 2-53 所示为一台制冷量为 1.8kW 的卧式全封闭涡旋式制冷压缩机,它适用于压缩机高度受到限制的机组。

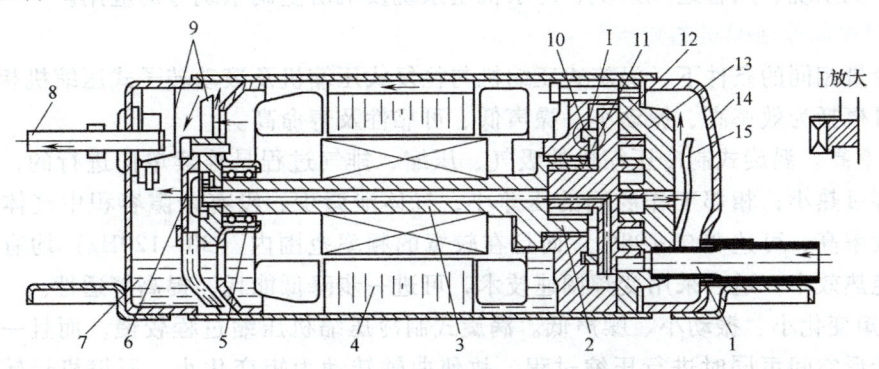

图 2-53 卧式全封闭涡旋式制冷压缩机
1—吸气管 2—主轴承 3—曲轴 4—电动机定子 5—副轴承 6—摆线形转子液压泵 7—储油槽 8—排气管 9—排油抑制器 10—轴向柔性密封机构 11—径向柔性密封机构 12—动涡旋盘 13—静涡旋盘 14—机壳 15—排气阀

2) 数码涡旋全封闭式制冷压缩机。数码涡旋压缩机，使空调器不必使用昂贵的变频控制器就能实现制冷量在 10%～100% 范围内的无级调节。数码涡旋式压缩机在运行时，顶上的静涡旋盘允许向上移动大约 1mm。升起顶上的静涡旋盘使其无法产生压缩，从而使压缩机无制冷剂气体通过。这就是压缩机输气量为零的状态，称为压缩机的"卸载状态"。"负载状态"相当于普通涡旋压缩机运行时的状态，其输气量为 100%。压缩机这两种状态的转换是通过安装在压缩机上的 PWM 电磁阀（脉冲宽度调节阀）来控制的，如图 2-54 所示。

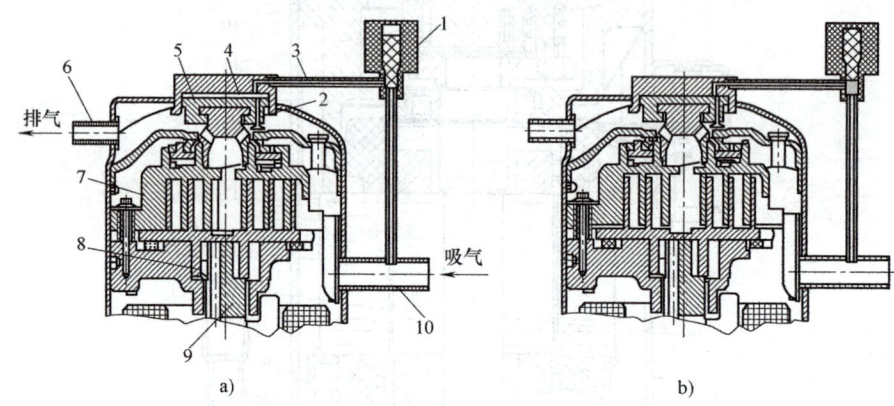

图 2-54 数码涡旋式制冷压缩机能量调节原理
a) 负载状态 b) 卸载状态
1—PWM 电磁阀 2—排气孔 3—连接管 4—能量调节 5—活塞提升组件
6—排气管 7—静涡旋盘 8—动涡旋盘 9—曲轴 10—吸气管

数码涡旋式制冷压缩机实现能量调节的原理是不断地变换顶部静涡旋盘升起和啮合。其工作过程的一个周期时间由负载状态时间和卸载状态时间组成。两个时间段长短的不同决定了压缩机的能量调节量。例如，一个 40s 的周期时间，如果负载时间是 20s，卸载时间也是 20s，则压缩机能量调节量为 50%。若在相同的周期时间内，负载时间是 30s，卸载时间是 10s，则压缩机调节量为 75%。通过改变电磁阀启/闭周期时间以及启/闭时间的比例可实现压缩机从 10%～100% 的能量调节。

数码涡旋压缩机电磁阀能承受 $4×10^7$ 次开/关动作。数码涡旋压缩机可以全方位满足单蒸发器多联机系统、风管送风系统、冷水机组系统及机房空调系统等的应用。

3. 涡旋式制冷压缩机的特点

在制冷量相同的条件下，涡旋式压缩机与往复式压缩机及滚动转子式压缩机相比具有许多优点，可概括为效率高、振动小、噪声低、可靠性及寿命高。

1) 效率高。涡旋式制冷压缩机的吸气、压缩、排气过程是连续单向进行的，因而吸入气体的有害过热小；相邻工作腔间的压差小，气体泄漏少；没有余隙容积中气体的膨胀过程，容积效率高，可达 90%～98%；而且在较宽的频率范围内（30～120Hz）均有较高的容积效率与绝热效率，适合采用变频调速技术，可进一步降低能耗，提高舒适性。

2) 力矩变化小、振动小、噪声低。涡旋式制冷压缩机压缩过程较慢，而且一对涡旋盘中几个月牙形空间可同时进行压缩过程，故使曲轴转动力矩变化小，压缩机运转平稳；其次，涡旋式压缩机吸气、压缩、排气基本上是连续进行的，所以吸、排气的压力脉动很小，于是振动和噪声都小，噪声比往复活塞式制冷压缩机低 5～8dB（A）。

3）结构简单、体积小、质量轻、可靠性高。涡旋式制冷压缩机构成压缩室的零件数目与滚动活塞式及往复活塞式制冷压缩机的零件数目之比为1∶3∶7，所以涡旋式的体积比往复活塞式小40%，质量轻15%；又由于没有吸、排气阀，易损件少，加之有轴向、径向间隙可调的柔性机构，能避免液击造成的损失及破坏，故涡旋式制冷压缩机的运行可靠性高；因此，涡旋式制冷压缩机即使在高转速下运行也能保持高效率和高可靠性，其最高转速可达13000r/min。

4）对液击不敏感。被吸入气缸的制冷剂气体中允许带有少量液体，故可采用喷液循环。

5）采用背压可自动调节的可控推力机构，可保持轴向密封，减少机械损失，防止异常高压，确保压缩机安全。

6）便于采用气体注入循环。采用气体注入循环是涡旋式压缩机的一个特点。其循环原理是：冷凝后的液体制冷剂经第一次节流膨胀到中间压力，然后经气液分离器，再分两路，一路是液态制冷剂经第二次节流膨胀并通过室内热交换器后进入压缩机；另一路是气态制冷剂经注入回路被压缩机吸入。这样可提高压缩机制冷或供暖能力10%～15%，而且还可以根据负荷变化启闭注入回路进行能量调节，从而可提高节电效果，同时又可降低压缩机开、停频率，减小室温变化，实现舒适空调。

7）制造需要高精度的加工设备及方法，以及精确的调心装配技术，并且成本也较高。

 想一想

涡旋式制冷压缩机的主要结构形式有哪些？

技能训练　制冷压缩机的拆装

一、实训目的

在掌握制冷压缩机总体结构和主要零部件的结构基础上，进一步掌握制冷压缩机拆卸与装配的方法，为压缩机维护与检修打下坚实的基础。

二、实训内容与要求

序号	内容	要求
1	活塞式制冷压缩机的拆装	1. 拆卸机器前必须准备好扳手、专用工具，并做好放油等准备工作 2. 拆卸机器时要按步骤进行，一般应先拆部件，后拆零件，由外到内，由上到下，有次序地进行 3. 拆卸所有螺栓、螺母时，应使用专用扳手；拆卸气缸套和活塞连杆组件时，应使用专用工具 4. 对拆下来的零件，要按零件上的编号（如无编号，应自行编号）有顺序地放置到专用支架或工作台上，切不可乱堆乱放，以免造成零件表面损伤 5. 对于固定位置不可改变方向的零件，都应做好装配记号，以免装错 6. 拆下的零件要妥善保存，细小零件在清洗后，即可装配在原来部件上以免丢失，并注意防止零部件锈蚀 7. 对拆下的水管、油管、气管等，清洗后要用木塞或布条塞住孔口，防止污物进入。对清洗后的零件应用布盖好，以防止零件受污变脏，影响装配质量 8. 对拆卸后的零部件，组装前必须彻底清洗，并且不许损坏结合面

（续）

序号	内容	要求
2	螺杆式制冷压缩机的拆装	1. 拆卸压缩机时要按步骤进行，一般是由外到里，然后将部件拆成零件，对拆下的零件要有次序地放好，防止碰伤。 2. 在拆卸过程中，用力不宜过大，对难以拆卸的零件，应查明原因后再拆，以防损坏零件。 3. 对拆下的零件，应做好装配记号，标明方位，以防装错
3	离心式制冷压缩机的拆装	1. 离心式制冷压缩机主要零部件拆卸完成后，应根据其重要性和精密程度，合理选择石油溶剂类清洗剂（如煤油、汽油等）或化学清洗液进行擦洗，擦洗物不得用棉纱纤维，应尽量使用丝绸类织物。 2. 拆卸时，对径向（滑动）轴承孔，推力轴承面、大小齿轮轴颈、花键槽、主轴轴颈等重要精加工配合面不允许有碰伤和划痕

三、实训器材与设备

实训器材与设备主要有：活塞式制冷压缩机、螺杆式制冷压缩机、离心式制冷压缩机、活扳手、呆扳手、内六角扳手、方榫扳手等。

四、实训过程

序号	内容	要求
1	活塞式制冷压缩机的拆装	(1) 拆卸步骤：①拆卸气缸盖与排气阀；②拆卸曲轴箱侧盖；③拆卸活塞连杆部件；④拆卸气缸套；⑤拆卸泄荷装置；⑥拆卸细过滤器和油泵部件；⑦拆卸油三通阀和粗过滤器；⑧拆卸吸气过滤器；⑨拆卸联轴器；⑩拆轴封部件；⑪拆后轴承座；⑫拆曲轴；⑬拆前轴承座 (2) 装配步骤：①前轴承座；②曲轴；③后轴承座；④轴封部件；⑤联轴器；⑥油泵；⑦过滤器；⑧三通阀；⑨泄荷装置；⑩气缸套；⑪活塞连杆部件；⑫排气阀；⑬气缸盖；⑭最后安装曲轴箱侧盖，并将侧盖上的小油塞拆下来，用漏斗向曲轴箱加油
2	螺杆式制冷压缩机的拆装	(1) 拆卸步骤：①拆卸联轴器，先将压板和传动芯子拆下，然后将飞轮推向电动机一侧；②将吸、排气口的连接螺栓拆下，并拆下吸气过滤器；③拆卸压缩机的地脚螺栓，然后将压缩机吊到修理台上平放；④拆下吸气止回阀和轴端（靠近主动转子侧）的压紧螺母，然后敲击联轴节，将压缩机联轴器和半圆键取下；⑤拆下能量指示器的帽盖，取下能量指示器组件；⑥拆下吸气端盖，取出滑阀的油活塞；⑦拆下内六角螺钉，平行移出吸气端座，注意定位销钉不应损坏，并把平衡活塞和油封取出；⑧拆卸轴封；⑨拆下排气端座和轴封护圈，然后取出轴封组件；⑩拆下排气端座螺钉，将机体水平方向用两只吊环拉出，然后可拆下滑阀；⑪使两转子处于垂直状态，下边放上垫木和螺旋螺钉顶好，即可拆出止推轴承 (2) 装配步骤：①装上平衡油缸套和平衡活塞，以及油缸套和油活塞（包括密封圈和压板）；②将吸气端座平面上放纸垫，涂油后装上吸气端座，对好定位销并拧紧螺钉，然后装上能量调节指示器组件和帽盖；③装上压缩机联轴块，将螺杆机吊到公共底座上；④安装联轴器：将螺杆机联轴块与电动机联轴块用螺钉连起来，用百分表校准，固定在压缩机联轴块上
3	离心式制冷压缩机的拆装	(1) 拆卸步骤：①将吸气管拆除；②用手动动作使杠杆上下移动，以使导向叶片转动，检查全关至全开是否灵活，导向叶片转动是否同步一致；③拆除执行机构及杠杆与波纹管，并拆除平衡管；④拆除机壳与蜗壳连接螺栓，将机壳连同进气座及调节装置一起拆下；⑤拆除排气法兰螺栓和回油管路接头，然后拆下蜗壳；⑥从进气座上拆下调节装置大齿轮、小齿轮及导向叶片；⑦手盘动叶轮转子，转动应灵活；⑧拆下叶轮并紧螺栓（倒牙）；⑨拆下叶轮，应

(续)

序号	内容	要求
3	离心式制冷压缩机的拆装	注意三键与叶轮三键槽的配合,并做好记号不要调动;⑩先拆下油封、浮环、弹簧片、套筒及轴上油封套、橡皮环、弹簧环、检查橡皮环、弹簧片、油封是否损坏,必要时进行研磨或更换;⑪拆下隔板并拆下挡油环等;⑫将电动机与机体分离,拆开联轴器;⑬拆除油管路,将增速器从机体中拆下,拆除增速器盖上喷油接头和连接螺栓定位销,即可将增速器盖打开;⑭检查大小齿轮及轴承,并将大小齿轮从增速器中取出 (2)装配步骤:①装配增速器;②将箱盖与箱体用螺栓和定位销连接后,即可将整个增速器装入机体;③装配联轴节;④将机体与电动机连接,电动机前轴承油管从机体工作法兰中伸入连接;⑤在小齿轮端上装上挡油环及挡油板,然后将隔板机装在机体上;⑥装入小齿轮轴上销钉、弹簧片、橡皮环、油封套等;⑦装上叶轮和紧螺栓;⑧装上蜗壳(包括石棉、橡胶垫片);⑨将调节装置装在进气座上,并将进气座装入机壳中,导向叶片应转动自如,无卡住现象,导向叶片转动必须同步一致;⑩将机壳与蜗壳连接;⑪连接所有油管路

五、注意事项

1) 遵守实训纪律,服从指导教师的安排。
2) 到企业实习应遵守企业规章制度和安全操作规程,严禁在岗打闹、串岗。
3) 实训中应随时记录所见所闻,画出结构草图。
4) 实训结束后撰写实训报告。

思考与练习

1. 填空题

(1) 制冷压缩机在系统中的作用是抽吸来自_____的制冷剂蒸气,并提高其温度和压力后,将它排至_____。

(2) 制冷压缩机按工作原理不同可分为_____和_____两类,_____又有往复式和_____之分。

(3) 滚动转子式制冷压缩机主要由_____、_____、_____、排气阀等组成。

(4) 涡旋式制冷压缩机由一个固定的_____和一个呈偏心回转平动的_____组成可压缩容积的制冷压缩机。

(5) 全封闭涡旋式制冷压缩机有_____、_____和_____三种形式。

2. 选择题

(1) 以下不属于容积型制冷压缩机的是_____。
A. 活塞式　　B. 螺杆式　　C. 离心式　　D. 涡旋式

(2) 以下不是活塞式制冷压缩机基本组成的是_____。
A. 曲轴　　B. 滑阀　　C. 活塞　　D. 气阀

(3) 以下不是螺杆式制冷压缩机特点的是_____。
A. 易损件多　　B. 转速较高　　C. 动力平衡性好　　D. 对进液不敏感

(4) _____是离心式制冷压缩机中对气体做功的唯一部件。
A. 回流器　　B. 扩压器　　C. 进口导流叶片　　D. 叶轮

(5)摆动转子式压缩机将_____做成一体后，使两者之间不存在密封和润滑问题，也不需要设置滑片弹簧。

　　A．滚环和滑板　　　B．滚环和摆杆　　　C．油环和摆杆　　　D．滚动转子和摆杆

3. 判断题

（1）活塞式制冷压缩机结构复杂，易损件多，维修工作量大。　　　　　　　（　　）

（2）活塞式制冷压缩机所使用的气阀都是受阀片两侧气体压力差控制而自行启闭的自动阀。　　　　　　　　　　　　　　　　　　　　　　　　　　　　　　（　　）

（3）螺杆式制冷压缩机一般阴转子为主动转子，阳转子为从动转子。　　　　（　　）

（4）减小工况范围，特别是扩大喘振工况点的流量，是目前改善离心式制冷机组性能的关键之一。　　　　　　　　　　　　　　　　　　　　　　　　　　　（　　）

（5）涡旋式制冷压缩机动涡旋盘相对静涡旋盘偏心并相错180°对置安装。　（　　）

4. 简答题

（1）活塞式制冷压缩机的实际工作循环包括哪些过程？

（2）简述螺杆式制冷压缩机的基本结构及工作原理。

（3）离心式制冷压缩机都有哪些常用的能量调节方法？

（4）什么是离心式制冷压缩机的喘振？如何防止喘振发生？

（5）摆动转子式压缩机与滚动转子式压缩机的主要区别是什么？

（6）涡旋式制冷压缩机的优缺点有哪些？

5. 计算题

一台8缸活塞式制冷压缩机气缸直径为125mm，活塞行程为100mm，转速为960r/min，求其理论输气量。

人文·素养·美德·价值

东贝压缩机——全球单品销量前列的压缩机

1998年，时任湖北东贝集团有限责任公司总经理的杨百昌，一次性报废掉了价值数十万元的不合格电器配件。看着自己的劳动成果付之东流，工人们心痛之余，深受震撼，不合格产品就是废品。

十年磨一剑。2009年，东贝凭借L系列环保节能节材型压缩机在行业中第一个荣获国家科技进步奖。2014年，东贝在巴西建立了国内行业首个海外研发中心，面向全球招才引智。到2019年，东贝已连续四年发布变频新品，累计取得专利370多项，产品规格达400多个，引领着行业的技术进步和产业升级。压缩机是冰箱等制冷电器的"心脏"，里面有上百个精密零部件，集中体现了一个企业加工制造、组装精度水平。其中，要做到"高效能、低噪声"是行业中的一个难题。2019年5月，东贝第八代压缩机上市，新的生产工艺，让压缩机的噪声极限降低了2dB，达到图书馆级的静音水平，海尔、美的、西门子、松下、夏普、三星等行业巨头都成为东贝的长期客户。全球每三台冰箱压缩机，就有1台产自东贝。

"自主创新是企业发展的不竭动力，掌握核心技术和知识产权是自主创新的关键，我们能在激烈的市场竞争中始终走在行业的前列，得益于对持续创新的执着追求。"东贝集团董

事长杨百昌先生如是说。东贝研发的制冷温度在-86℃的压缩机,打破了我国深冷疫苗柜受制于国外技术的局面;开发的-200℃的超低温制冷设备,在低温超导、量子纠缠、新材料等重大科学研究领域广泛应用。2024年,东贝公司的技术创新成果尤为显著,获得的专利覆盖了压缩机减振降噪、性能提升、机械结构优化、变频控制器开发及工艺工装应用等多个领域。秉持"为社会创造财富,让员工安居乐业,建东贝幸福家园"的企业价值观,东贝集团坚持"用创造满足客户要求,靠创新谋求企业发展",认真践行"为全球冰箱冷柜厂商提供一流的压缩机"的企业使命,努力实现"世界领先、和谐共赢"的企业愿景。

学习任务二 冷 凝 器

知识点和技能点

1. 了解冷凝器的作用与分类。
2. 掌握立式、卧式壳管式冷凝器的结构与原理。
3. 了解壳管式冷凝器的应用。
4. 掌握套管式冷凝器的结构、原理及应用。
5. 了解螺旋板式冷凝器的结构、原理及应用。
6. 掌握板式冷凝器的结构、原理及应用。
7. 掌握空气冷却式冷凝器的结构、原理及应用。
8. 了解淋水式冷凝器的结构、原理及应用。
9. 了解蒸发式冷凝器的结构、原理及应用。
10. 会进行冷凝器的选择计算。
11. 理解影响冷凝器传热的主要因素及增强传热的措施。

重点和难点

1. 立式壳管式冷凝器的结构与原理。
2. 卧式壳管式冷凝器的结构与原理。
3. 板式冷凝器的结构、原理及应用。
4. 蒸发式冷凝器的结构、原理及应用。
5. 冷凝器的选择计算。
6. 影响冷凝器传热的主要因素。

一、冷凝器的作用及分类

在制冷系统中,冷凝器的作用是将经制冷机压缩升压后的制冷剂过热蒸气向周围常温介质(水或空气)传热,从而使其冷凝还原为液态制冷剂,以实现循环使用。

冷凝器按其冷却介质和冷却方式的不同,可分为水冷冷凝器、风冷冷凝器、水和空气联合冷却式冷凝器三类。水冷冷凝器用水作为冷却介质,制冷剂蒸气冷却冷凝时放出的热量被冷却水带走。冷却水一般为循环水,并配有冷却水塔或冷却水池。在条件允许时(如水源较丰富的地区)也可用一次直排水。目前采用的水冷冷凝器有壳管式、套管式、板式和螺旋板式等多种，多用于制冷装置需固定安装的场合。风冷冷凝器又称为空气冷却式冷凝器，按空气在冷凝器盘管外侧流动的驱动动力来源可分为自然对流式风冷冷凝器和强制对流式风冷冷凝器两种形式。强制对流式风冷冷凝器传热效率高，应用广泛。风冷冷凝器系统简单，但初期投资和运行费用均高于水冷冷凝器，只能应用于氟利昂制冷系统。水和空气联合冷却式冷凝器包括淋水式冷凝器和蒸发式冷凝器两大类。

制冷系统中所用的冷凝器，尽管结构形式多样，大多数仍属于间壁式热交换器。

1. 壳管式冷凝器

2-7 壳管式冷凝器

（1）立式壳管式冷凝器　如图 2-55a 所示，立式壳管式冷凝器换热管和壳体垂直放置，主要用于大、中型氨制冷系统中。其壳体是由钢板卷制焊接而成的圆柱形筒体，两端焊有多孔管板，管板上用焊接法或胀管法固定着多根换热管。冷却水从顶部进入配水箱 1 后，经水箱内的均水板进入每根换热管 12 顶部分水头（导流管头 10）（图 2-55b），以便均匀地分配进入各换热管内的进水量，并使冷却水经斜槽沿换热管内壁呈薄膜螺旋状向下流动，形成水膜。氨气从冷凝器壳体高度约 2/3 处进入壳体内管簇之间，冷凝后积聚在冷凝器的底部，经出液管流入高压储液器。在冷凝器的外壳上设有进气管接头 2、出液管接头 5、放空气管 9、平衡管接头 7、压力表 3、放油管 4 和安全阀 8 等管路接头，可通过它们与相应的管路和设备相连接。

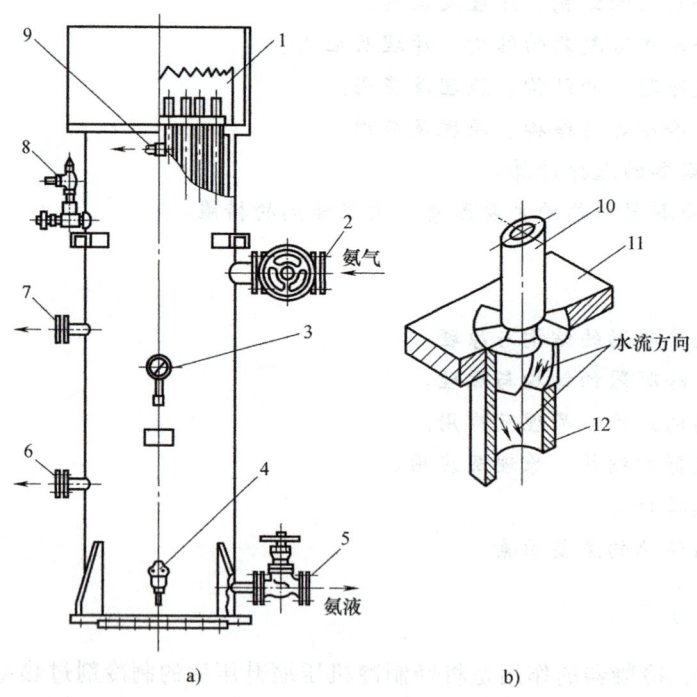

图 2-55　立式壳管式冷凝器及导流管
a）立式壳管式冷凝器　b）导流管
1—配水箱　2—进气管接头　3—压力表　4—放油管　5—出液管接头　6—混合气管接头
7—平衡管接头　8—安全阀　9—放空气管　10—导流管头　11—管板　12—换热管

立式壳管式冷凝器占地面积小，冷却水靠重力自上而下一次流过冷凝器，流动阻力小，且可清除铁锈和污垢，但冷却水用量较大，水泵耗功高，适用于水源充足、水质较差的地区。

（2）卧式壳管式冷凝器　卧式壳管式冷凝器换热管和壳体水平放置，在压力作用下的冷却水在冷凝器换热管内多程往返流动，较普遍地应用于大、中、小型的氨制冷系统和氟制冷系统中。图2-56所示为氨用卧式壳管式冷凝器。其结构与立式壳管式冷凝器类似。为提高冷凝器的换热能力，在管箱内及管板外设置隔板，将筒体分隔为几个改变水流方向的回程，冷却水从冷凝器管箱侧部进入，按照已隔成的管束回程顺序在换热管内流动，吸收制冷剂放出的热量后，从管箱的侧部排出；高压制冷剂蒸气则从筒体的上部进入筒体，在筒体和换热管外壁之间的壳程流动，向各换热管内的冷却水放热后被冷凝为液态，汇集于筒体下部，从筒体下部的出液口排出。氨用卧式壳管式冷凝器换热管采用无缝钢管；氟利昂用卧式壳管式冷凝器采用铜管，并且为强化传热，可采用低肋铜管。氨液的密度比冷冻机油小，并且氨与冷冻机油互不溶解，所以在氨用卧式壳管式冷凝器底部设有集油包7，积聚在集油包内的冷冻机油由放油管引向集油器。管箱上设有放空气旋塞1和放水旋塞9。小型氟利昂卧式壳管式冷凝器不装设安全阀，而是在筒体下部安装一个易熔塞，以防止发生筒体爆炸事故。

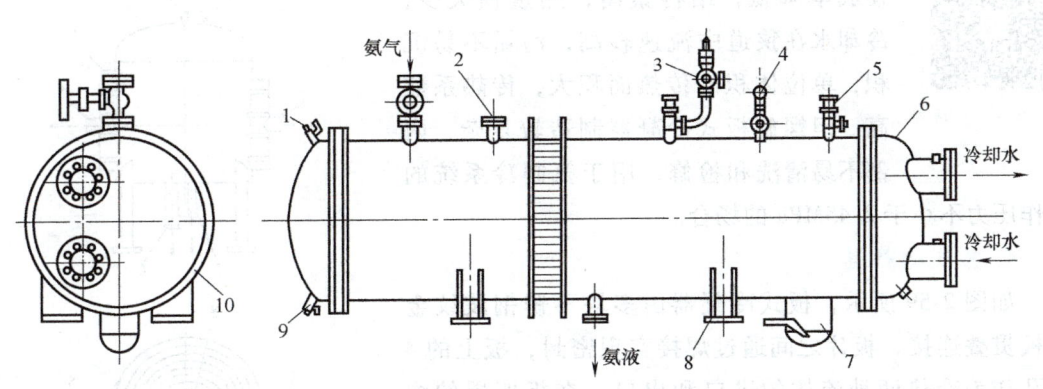

图2-56　氨用卧式壳管式冷凝器

1—放空气旋塞　2—平衡管接头　3—安全阀　4—压力表　5—放空气阀
6—端盖　7—集油包　8—支座　9—放水旋塞　10—筒体

卧式壳管式冷凝器结构紧凑，便于机组化；运行可靠，操作方便，多用于水源丰富和水质较好的地区，以及船舶、室内、操作空间狭窄等场所。

2-8　套管式冷凝器

2. 套管式冷凝器

如图2-57所示，套管式冷凝器是在一根大直径的无缝钢管或铜管（外管）内，套有一根或数根小直径的钢管或低肋

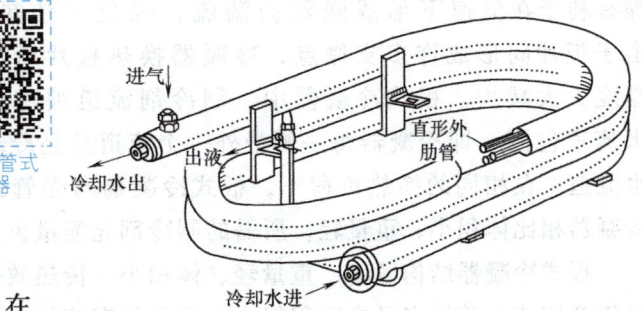

图2-57　氟利昂用套管式冷凝器

纯铜管（内管）作为换热管，并弯制成圆形、U形或螺旋状，管的两端用特制的接头将外管与内管内径分隔为互不相通的两个空间。冷却水在管内与内、外管环隙流动的制冷剂呈逆流式换热，传热效果好，常用于制冷量小于40kW的小型氟利昂制冷系统中。

3. 螺旋板式冷凝器

螺旋板式冷凝器为一种高效热交换器。它是由两张厚度为4~5mm的平行钢板在专用设备上卷成螺旋形，焊接在一块分隔板上，构成一对同心的螺旋流道。流道始于冷凝器的中心而终止于外缘，在中心处用分隔板将两个通道隔开，两端用密封条焊死或装有可拆卸的封头，最外一圈通道端部焊接渐扩形冷却水进水管。为保持一定的流道和增大螺旋板的刚度，在通道内每隔一定的距离便设有定距撑。当冷凝器承受的压力较高时，应在其外围焊加强筋。螺旋通道的上、下端焊接封头和一些相关管接头。图2-58所示为氨用螺旋板式冷凝器，冷却水从底部中心流入，沿螺旋通道流动，吸热后由外围冷却水出口管5流出。氨蒸气从冷凝器螺旋板外侧接管切向进入，经螺旋通道流动，放出热量后的凝结液汇集于底部，由出液管7排至储液器。螺旋板式冷凝器还可以有其他进、出液方式，只要达到冷、热流体换热充分的要求即可。

2-9 螺旋板式冷凝器

螺旋板式冷凝器用板材代替管材，使成本降低，结构紧凑，热量损失少，冷却水在狭道中流速较高，污垢不易沉积，单位体积的传热面积大，传热系数高。但螺旋板式冷凝器制造较复杂，内部不易清洗和检修，用于氨制冷系统的工作压力不小于2.45MPa的场合。

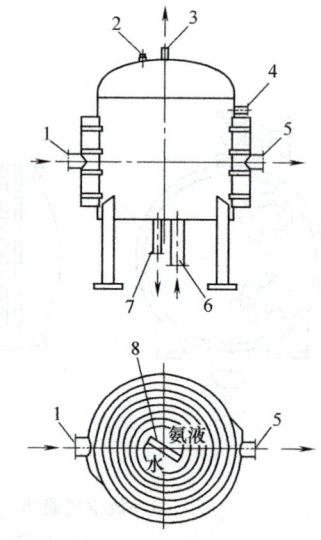

图2-58 氨用螺旋板式冷凝器

1—进气管 2—压力表接管 3—平衡管
4—放气口 5—冷却水出口管 6—冷却水进口管 7—出液管 8—隔板

4. 板式冷凝器

如图2-59所示，板式冷凝器由多块不锈钢波纹金属板贯叠连接，板片之间通过焊接实现密封，板上的4个孔作为冷热两种流体的进口和出口，在板四周的焊接线内，形成传热板两侧的冷、热流体通道。制冷剂蒸气和冷却水在流道内呈逆流流动，通过板壁进行热交换；而板片表面制成的点支撑形、波纹形、人字形等有利于在低速下形成强烈的湍流，强化了传热。由于板片间形成许多支撑点，冷凝器换热板片所需厚度大大减少。板式冷凝器中，制冷剂流道被冷却水流道包围，即冷凝器每一侧最外一个流道总是冷却水流道。在相同的换热负荷下，板式冷凝器与壳管式冷凝器相比体积小，重量轻，所需的制冷剂充灌量也大大节省。

板式冷凝器结构紧凑、重量轻、体积小、传热效率高，而且换热面积可通过改变板片数目任意调节。其缺点是内容积很小，不能储存液体，制冷系统中必须另设储液器，而且由于板片之间的间隙很小，冷却水侧容易被杂质堵塞，所以一般应在冷却水侧加装过滤器。

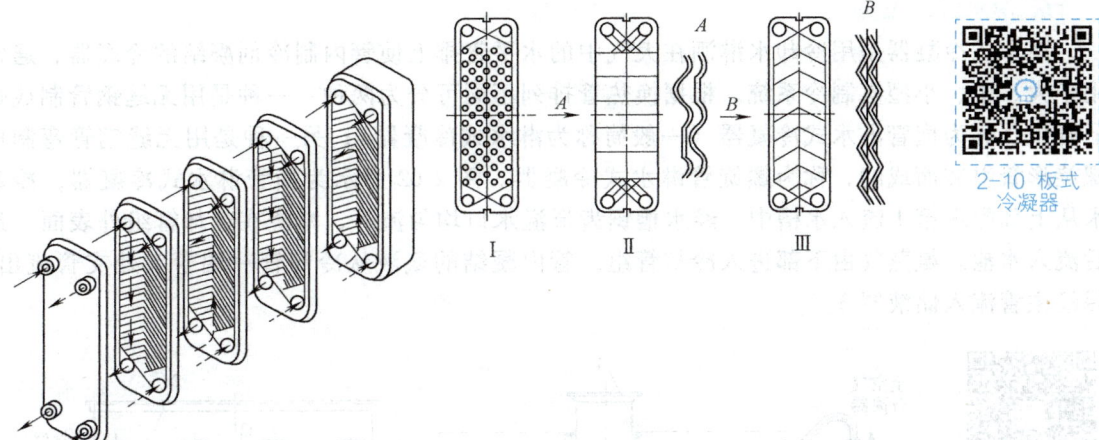

图 2-59 板式冷凝器
→ 制冷剂　--→ 水

5. 风冷冷凝器

如图 2-60 所示,内藏式冷凝器又称为平背式冷凝器。其原理是:将制冷剂管道弯曲成蛇形管,然后将其挤压或粘结在冰箱背面或两侧面薄钢板外壳内侧,利用钢板有较强散热性能与空气进行对流换热。其外形美观、整洁,制作工艺简单,搬运过程不易破坏,但散热性能较差,仅适用于制冷量很小的家用电冰箱等微型制冷装置。

强制对流风冷冷凝器一般制成长方形,由几根蛇形管并联成几排组成。如图 2-61 所示,制冷剂蒸气从上部分配集管 3 进入每根蛇形管,在管内凝结成液体,沿蛇形管下流,最后汇于下部的液体集管 1 中,再从冷凝器排出。由于空气侧的对流换热表面传热系数远小于管内制冷剂冷凝时的对流换热表面传热系数,所以需要在空气侧采用肋片 6 强化空气侧的传热。肋片通常采用铜管铝片、钢管钢片或铜管铜片;换热铜管有光管和内螺纹管两种。同时配以风机 8,使空气在风机的强制作用下横向掠过肋片盘管,加强换热效果。

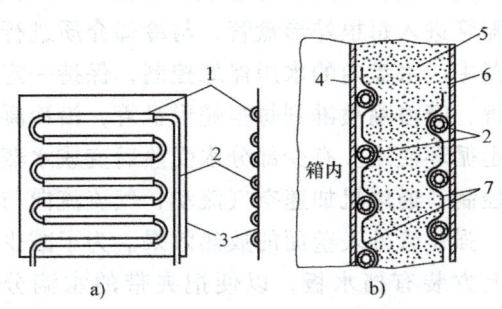

图 2-60 内藏式冷凝器及其局部结构
a) 内藏式冷凝器　b) 局部结构
1—管压板　2—制冷剂管　3—散热板　4—箱内胆
5—保温层　6—箱体外壳　7—铝箔胶带

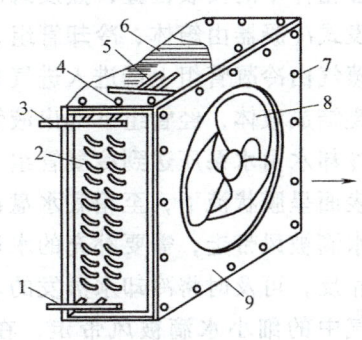

图 2-61 强制对流风冷冷凝器
1—液体集管　2—弯头　3—分配集管　4—上封板
5—换热管　6—肋片　7—螺钉　8—风机　9—前风板

6. 淋水式冷凝器

淋水式冷凝器是用冷却水淋洒在大气中的水平管排上使管内制冷剂凝结的冷凝器，通常用于大、中、小型氨制冷系统。根据换热管排列不同可分为两种：一种是用无缝钢管制成蛇形管组，称为横管淋水式冷凝器（一般简称为淋水式冷凝器）；另一种是用无缝钢管弯制成螺旋形管组装而成的，称为螺旋管淋水式冷凝器。图 2-62 所示为横管淋水式冷凝器，冷却水从上部配水箱 1 流入水槽中，经水槽锯齿形溢水口均匀流下，淋浇在冷却管组外表面，最后流入水池。氨蒸气由下部进入冷却管组，管内凝结的氨液从冷却管一端弯头处支管流出，后经主管流入储液器 3。

2-12 淋水式冷凝器

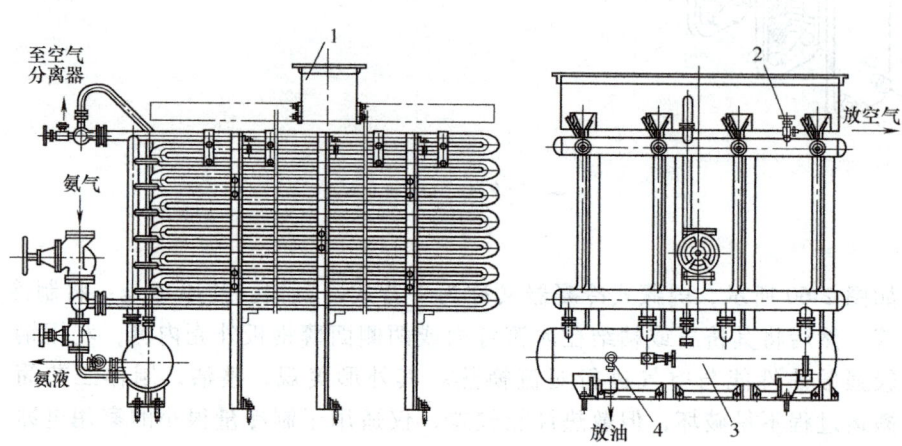

图 2-62 横管淋水式冷凝器
1—配水箱 2—放空气阀 3—储液器 4—放油阀

淋水式冷凝器结构简单，制冷容易，清洗方便，对水质要求低。但其占地面积大，冷却效果易受气候条件影响，一般多装在屋顶或专门的建筑物上。

7. 蒸发式冷凝器

蒸发式冷凝器安装通风机，利用空气强制循环和水分的蒸发将制冷剂凝结热带走。根据通风机在箱体中的安装位置，蒸发式冷凝器可分为吸风式、吹风式和预冷式等类型。

蒸发式冷凝器由箱体、冷却管组、给水设备、挡水板和通风机等组成，如图 2-63 所示。制冷剂蒸气由冷却管组上端进入进气集管，经分配管进入每根蛇形盘管，与冷却介质进行热交换后凝结成液体，经管组下部出液管流入储液器中。水盘内的水用浮球控制，保持一定的水位。冷却水由水泵压送到冷凝管组上方的喷淋管，经喷嘴喷淋到每根蛇形盘管，沿冷凝管组的外表面呈膜状流下，至箱底水盘再由水泵抽走循环使用。有少部分水受热后变成水蒸气及细小水滴被风带走，需要补充的水量由浮球阀控制。通风机加速空气流动，气流流向与水的流向相反，可及时将冷却水蒸发的水蒸气带走，强化管外表壁面的放热效果。为了减少混在水蒸气中的细小水滴被风带走，在喷淋器的上方装有挡水板，以便把夹带的水滴分离下来。

蒸发式冷凝器消耗水量很小，结构紧凑，可安装在屋顶上，节省占地面积。但冷却水循环使用，水垢层增长较快，需要使用软化处理的水，因此特别适用于缺水和气候干燥的地区。

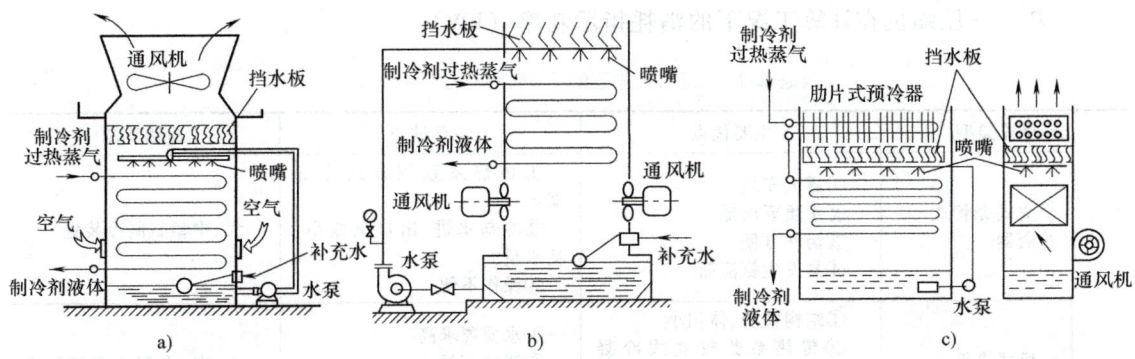

图 2-63 蒸发式冷凝器

a) 吸风式蒸发式冷凝器 b) 吹风式蒸发式冷凝器 c) 预冷式蒸发式冷凝器

2-13 蒸发式冷凝器

> 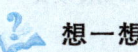 想一想
>
> 冷凝器有哪些类型？

二、冷凝器的选择计算

冷凝器的选择计算主要是选择合适的冷凝器形式，确定冷凝器的传热面积，计算冷却介质（水或空气）的流量，以及冷却介质通过冷凝器时的流动阻力。

1. 冷凝器形式的选择

冷凝器形式的选择取决于当地的水源、水温、水质、水量及气象条件，同时与制冷剂的种类、热负荷的大小以及制冷机房布置要求等因素有关。对于冷却水水质较差、水温较高、水量充足的地区宜采用立式壳管式冷凝器；水质较好，水温较低的地区宜采用卧式壳管式冷凝器；小型制冷装置可选用套管式冷凝器；在水源不足的地区或夏季室外空气湿度小、温度较低的地区可采用蒸发式冷凝器。氟利昂制冷装置在供水不便或无法供水的场所，可选用风冷式冷凝器，但必须通风良好。氨制冷装置则不可采用风冷式冷凝器。

在实际工程中，一般要根据工艺要求和各种类型冷凝器的特点及适用范围，综合比较衡量后来确定较合理的选用方案。具体可通过计算和查阅相关资料手册进行选择。表 2-2 列举了常用冷凝器的主要特点与适用范围，以供选型时参考。

2. 冷凝器传热面积的确定

（1）冷凝器的热负荷 Q_k 冷凝器的热负荷是指制冷剂蒸气在冷凝器中单位时间所放出的总热量。它一般包括制冷剂在蒸发器中吸收的热量及在压缩过程中所获得的机械能，即

$$Q_k = Q_o + P_i \tag{2-22}$$

式中 Q_k——冷凝器的热负荷（kW）；

Q_0——压缩机在计算工况下的制冷量（kW）；
P_i——压缩机在计算工况下的消耗指示功率（kW）。

表 2-2 常用冷凝器的主要特点与适用范围

冷凝器类型		主要优点	主要缺点	适用范围
水冷冷凝器	立式壳管式冷凝器	①露天安装 ②水质要求低 ③清洗方便 ④易发生氨泄漏	①传热系数较卧式冷凝器低 ②冷却水进、出口温差小，耗水量大 ③操作不便	大、中型氨制冷装置
	卧式壳管式冷凝器	①结构紧凑，体积小 ②传热系数较立式冷凝器高 ③耗水量小 ④室内布置，操作方便	①水质要求高 ②清洗不便 ③冷却水流动阻力大 ④制冷剂泄漏难发现	大、中、小型氨和氟利昂制冷装置
	套管式冷凝器	①结构简单，制造方便 ②传热系数高 ③耗水量小	①金属耗量大 ②冷却水流动阻力大 ③清洗不便	小型氟利昂制冷装置
	板式冷凝器	①体积小，重量轻 ②传热效率高 ③可靠性好 ④加工过程简单	①内容积小 ②难以清洗 ③内部渗漏不易修复	小型氟利昂制冷装置
风冷冷凝器		①无需冷却水 ②露天布置，节省空间	①传热系数不高 ②气温高时，冷凝压力较高 ③清洗不便	中、小型氟利昂制冷装置，特别适用缺水干燥地区
蒸发式冷凝器		①耗水量少 ②室外布置，节省机房设备 ③冷凝面积小，运行经济	①造价高 ②清洗维修难度较高	中、小型氨制冷装置及中型氟利昂制冷装置

冷凝器热负荷也可按循环热力计算确定，即

$$Q_k = q_m(h_2 - h_3) \tag{2-23}$$

式中　q_m——制冷剂的质量流量（kg/s）；
　　　h_2——制冷剂进入冷凝器的比焓（kJ/kg）；
　　　h_3——制冷剂流出冷凝器的比焓（kJ/kg）。

对于单级压缩式制冷循环，冷凝器热负荷也可按下式近似计算：

$$Q_k = \psi Q_0 \tag{2-24}$$

式中　ψ——冷凝负荷系数，其值与制冷剂种类及运行工况有关，具体可查阅相关资料及图表确定。

(2) 冷凝器的传热系数 K　其值可按传热学中有关公式计算，或根据生产厂家提供的产品样本来确定，也可参考有关设计手册与设备手册提供的数据确定。

(3) 平均传热温差 Δt_m　制冷剂在冷凝器中由过热状态的蒸气冷却冷凝成液体甚至过冷，制冷剂的温度并不是定值，但为了计算的简便，一般情况下可用冷凝温度表示。这样，冷凝器中制冷剂和冷却介质之间的平均温差可按下式计算：

$$\Delta t_m = \frac{t_2 - t_1}{\ln \frac{t_k - t_1}{t_k - t_2}} \tag{2-25}$$

式中　Δt_m——冷凝器的平均传热温差（℃）；

　　　t_k——冷凝温度（℃）；

　　　t_1、t_2——冷却介质进口温度（℃）和出口温度（℃）。

（4）冷凝器的传热面积 A　冷凝器的传热面积可由下式计算：

$$A = \frac{Q_k}{K \Delta t_m} = \frac{Q_k}{q_k} \tag{2-26}$$

式中　q_k——冷凝器单位面积热负荷（kW/m^2），即热流密度，其经验数据可查相关图表。

3. 冷却介质流量的计算

冷却介质（水或空气）流量的计算是基于热量平衡原理进行的，即冷凝器中制冷剂放出的热量等于冷却介质所带走的热量，即

$$q_{v,k} = \frac{3600 Q_k}{\rho c_p (t_2 - t_1)} \tag{2-27}$$

式中　$q_{v,k}$——冷却介质的体积流量（m^3/h）；

　　　Q_k——冷凝器热负荷（kW）；

　　　t_1、t_2——冷却介质进口温度（℃）和出口温度（℃）；

　　　ρ——冷却介质密度（kg/m^3），水的密度为 $1000kg/m^3$，空气的密度为 $1.189kg/m^3$；

　　　c_p——冷却介质的比定压热容［$kJ/(kg \cdot K)$］，淡水的 $c_p = 4.186 kJ/(kg \cdot K)$，海水的 $c_p = 4.312 kJ/(kg \cdot K)$，空气的 $c_p = 1.005 kJ/(kg \cdot K)$。

4. 冷凝器冷却水的阻力计算

（1）冷却水流速的计算

$$v = \frac{4 q_{v,k} z}{3600 \pi d_i^2 n} \tag{2-28}$$

式中　v——冷却水在冷凝器中的平均流速（m/s）；

　　　z——冷却水流程数；

　　　d_i——换热管内径（m）；

　　　n——换热管总根数。

（2）冷却水的总流动阻力　可用以下经验公式求得：

$$\Delta p = \frac{1}{2} \rho v^2 \left[f z \frac{1}{d_i} + 1.5(z+1) \right] \tag{2-29}$$

式中　Δp——冷凝器冷却水的流动阻力（Pa）；

　　　z——冷却水流程数；

　　　f——与冷凝器换热管污垢和绝对粗糙度有关的摩擦因数，$f = 0.178 b d_i^{-0.25}$，其中 b 是系数，钢管 $b = 0.098$，铜管（用于氟利昂）$b = 0.075$。

【例2-2】　已知制冷量为300kW的氨制冷系统，蒸发温度 $t_o = -15℃$，冷却水温度 $t_1 =$

30℃，如选用卧式壳管式冷凝器，试计算其传热面积和冷却水量。

解：① 冷凝器的热负荷 Q_k。冷却水为循环水，取冷却水温升为5℃，则出水温度 $t_2 = t_1 + 5℃ = 30℃ + 5℃ = 35℃$，冷凝温度 t_k 比冷却水平均温度高5℃，则冷凝温度 $t_k = \dfrac{t_1 + t_2}{2} + 5℃ = \dfrac{30℃ + 35℃}{2} + 5℃ = 37.5℃$，可取38℃。根据相关图表查得 $\psi = 1.24$，则

$$Q_k = \psi Q_o = 1.24 \times 300 \mathrm{kW} = 372 \mathrm{kW}$$

② 传热系数 K。取 $K = 950 \mathrm{W/(m^2 \cdot K)} = 950 \mathrm{W/(m^2 \cdot ℃)}$。

③ 平均传热温差 Δt_m 为

$$\Delta t_m = \dfrac{t_2 - t_1}{\ln \dfrac{t_k - t_1}{t_k - t_2}} = \dfrac{35℃ - 30℃}{\ln \dfrac{38℃ - 30℃}{38℃ - 35℃}} = 5.1℃$$

④ 冷凝器的传热面积 A 为

$$A = \dfrac{Q_k}{K \Delta t_m} = \dfrac{372000 \mathrm{W}}{950 \mathrm{W/(m^2 \cdot ℃)} \times 5.1℃} = 76.8 \mathrm{m^2}$$

⑤ 冷却水量 $q_{v,k}$

$$q_{v,k} = \dfrac{3600 Q_k}{\rho c_p (t_2 - t_1)} = \dfrac{3600 \times 372 \mathrm{kW}}{1000 \mathrm{kg/m^3} \times 4.186 \mathrm{kJ/(kg \cdot ℃)} \times (35℃ - 30℃)} = 64.0 \mathrm{m^3/h}$$

想一想

冷凝器的选择计算包含哪些内容？

三、影响冷凝器传热的主要因素

冷凝器中的传热过程包括制冷剂过热蒸气冷却放热、凝结放热，通过金属管壁、污垢层的导热及冷却介质的吸热过程。其中，凝结热占总放热量的80%以上。因此，影响冷凝器传热效率的因素主要有以下几点：

（1）制冷剂蒸气的流速与流向　当制冷剂蒸气进入冷凝器中与低于饱和温度的壁面接触时，便凝结为一层液体薄膜，并在重力作用下向下流动。制冷剂蒸气凝结时放出的热量必须通过液膜层才能传递到冷却壁面。液膜越厚，制冷剂蒸气凝结时所遇到的热阻越大，换热系数便越小。当制冷剂蒸气与冷凝液膜朝同一方向流动时，冷凝液体与传热表面分离较快，换热系数增大。当制冷剂蒸气与冷凝液膜反方向流动时，若制冷剂蒸气流速过小，液膜流动慢，液膜增厚，则换热热阻增大，换热系数降低；若制冷剂蒸气流速较大，液膜层被制冷剂蒸气带向上移动，以至吹散而与传热表面脱落，换热系数增大。

（2）传热壁面表面粗糙度的影响　若冷却壁面光滑、清洁，制冷剂液膜流动阻力小，凝结的液体能较快流走，使液膜厚度减薄，换热系数相应增大。若壁面粗糙或有氧化皮，制冷剂液膜流动阻力大，使液膜厚度增大，热阻增大，换热系数降低，严重时换热系数下降20%~30%。因此，要定期清洁冷凝器换热管，以保证有较大的凝结换热系数。

（3）制冷剂蒸气中含有空气或其他不凝性气体的影响　制冷系统中不可避免会有空气或其他不凝性气体进入冷凝器，它们附着在凝结液膜附近，使制冷剂蒸气不能与传热管表面充分接触，降低了换热系数。这些空气或不凝性气体的来源是系统不严密或调试过程中空气没有排除干净，加制冷剂或润滑油时带入，以及制冷剂和润滑油在高温下分解的气体等。为了防止冷凝器中不凝性气体积聚过多，恶化传热过程，必须采取措施，既要防止空气渗入制冷系统内，又要及时将系统中的不凝性气体通过专门设备排出。

（4）制冷剂蒸气中含油的影响　制冷剂蒸气中含油对凝结换热的影响，与油在制冷剂中的溶解度有关。对于采用不溶于油的制冷剂氨的制冷系统，其冷凝器中若氨气混有润滑油，油将沉积在冷却壁面上形成热导率很低的油膜，造成附加热阻，使氨侧的放热系数降低。而对于氟利昂系统，由于氟和润滑油易溶解，当油的质量分数小于7%时，可不计其对传热的影响，超过此范围，也会使传热系数降低。因此，在冷凝器的设计和运行中，设置高效的油分离器，以减少制冷蒸气中的含油量，从而降低其对凝结放热的不良影响。

（5）冷凝器构造及形式的影响　无论何种结构的冷凝器，都应设法使冷凝液尽快从冷却壁面离开。例如，常用的壳管式冷凝器，单根横管的外表面冷凝时放热系数要高于直立管，因为单根横管的凝结液膜比直立单管容易分离。一定长度的直立单管凝结液膜向下流动时，使下部的液膜层厚度增加，平均放热系数下降。但多根横管集成管簇时，上部横管壁面上凝结的液体流到下面的管壁面上会形成较厚的液膜层，平均放热系数也相应减小，但不高于直立管簇的平均放热系数。因此，现在卧式壳管式冷凝器的设计向增大长径比的方向发展，相同的传热面积下增加每根单管的长度，减少垂直方向管子的排数，以提高整体的传热系数。

（6）冷凝器冷却介质的影响　不同的冷却介质换热系数不同。介质的流速越大，换热系数越大，但流速大，水泵的耗功也大。介质的纯度对换热系数也有影响。若水中含有杂质，长期使用后在冷凝器表面形成水垢，增加了热阻。空气冷却的冷凝器长期使用后会积灰，甚至锈蚀或有油污，也会增大热阻。因此，应经常对冷凝器的各种污垢进行清除。

想一想
如何提高冷凝器的换热效率？

思考与练习

1. 填空题

（1）制冷换热设备包括＿＿＿＿、＿＿＿＿、＿＿＿＿、＿＿＿＿、＿＿＿＿、＿＿＿＿等多种。

（2）冷凝器按其冷却方式可以分为＿＿＿＿、＿＿＿＿和＿＿＿＿三大类。

（3）水冷式冷凝器主要有＿＿＿＿式和＿＿＿＿式两种。

（4）空气冷却式冷凝器按照空气流动的方式不同可分为＿＿＿＿和＿＿＿＿

两种形式。

(5) 板式冷凝器中制冷剂蒸气和冷却水在流道内呈_____流流动，通过板壁进行换热。

2. 选择题

(1) 从传热性能的角度看，最适用于缺水地区的冷凝器类型是_____冷凝器。
A. 蒸发式　　　B. 水冲式　　　C. 自然对流式风冷　　　D. 强制对流式风冷

(2) 大、中型冷水机组中的水冷式冷凝器多采用_____换热器结构。
A. 壳管式　　　B. 套管式　　　C. 肋片管式　　　D. 板式

(3) 壳管式冷凝器属于_____换热器。
A. 风冷式　　　B. 混合式　　　C. 回热式　　　D. 间壁式

(4) 水冷式冷凝器的冷却水进出方式为_____。
A. 上进下出　　　B. 上进上出　　　C. 下进下出　　　D. 下进上出

(5) 套管式冷凝器属于_____换热器。
A. 风冷式　　　B. 混合式　　　C. 回热式　　　D. 间壁式

3. 判断题

(1) 自然对流式风冷冷凝器传热效率低，仅适用于制冷量很小的家用电冰箱等场合。（　　）

(2) 板式冷凝器为一种高效率的热交换器。（　　）

(3) 蒸发式冷凝器是利用空气自然循环和水分的蒸发将制冷剂凝结热带走的冷凝器。（　　）

(4) 蒸发式冷凝器中水盘内的水用浮球控制的目的是使水保持一定的水位。（　　）

(5) 要定期清洁冷凝换热管，以保证有较大的凝结换热系数。（　　）

4. 简答题

(1) 冷凝器的作用是什么？它是如何分类的？

(2) 常用的水冷冷凝器有哪些？其结构各有何特点？

(3) 风冷冷凝器主要有哪些类型？强制对流式风冷冷凝器有何结构特点？为什么在盘管外侧加翅片？

(4) 淋水式冷凝器和蒸发式冷凝器各有何特点？各适用于何种场合？

(5) 影响冷凝器传热的主要因素有哪些？

5. 计算题

(1) 一台采用开启式制冷压缩机的制冷机运行时，压缩机的制冷量为 25kW，所需理论功率为 7.6kW，指示效率为 0.82，机械效率为 0.8。冷却水进口温度为 32℃，水流量为 90L/min，水的比热容为 4.186kJ/(kg·k)，密度为 1000kg/m³。求冷凝器出口的冷却水温度。

(2) 100℃的水蒸气在壳管式换热器的管外冷凝，冷凝潜热为 2258.4kJ/kg，总传热系数为 2039W/(m²·℃)，传热面积为 12.75m²；15℃的冷却水以 $2.25×10^5$ kg/h 的流量在管内流过，设总传热温差可以用算术平均值计算。试求：①冷却水出口温度；②水蒸气冷凝量（kg/h）。

人文·素养·美德·价值

用科技改变生活：科技创新展现"中国造"魅力

当前，科技竞争愈发成为衡量一个企业发展前景的主要指标，而专利技术是企业自主创新成果的直接体现，更是一个企业自主创新实力的衡量标准。美国商业专利数据库发布2022全球百强专利榜的数据显示，美的、华为、格力、海尔等多家中国企业上榜。

格力电器以5725项专利成为2022年家电行业专利申请数量最多的企业。从"好空调，格力造"到"好电器，格力造"，格力电器围绕新能源环境、智能装备、冷冻冷藏、洗涤等技术，始终坚持自主创新、自主研发，在专利领域不断披荆斩棘，收获成就。除了家用空调，格力电器还率先在空调机组应用了光伏和储能技术，又使新能源电池与格力光储空零碳源系统相结合。2022年4月，格力钛荣获中国专利奖金奖，摘得锂电池行业内的发明专利"首金"。格力钛自主研发的高导电率钛酸锂复合材料解决了传统锂离子电池大倍率充放电与长循环寿命不可兼顾的问题，实现电池6分钟充满电，倍率循环寿命可达传统锂离子电池的6~8倍，大大提升了新能源电池的可靠性，满足储能应用的需求。

针对空调高温制冷、低温制热能力不足的难题，格力研发出了被评为"国际领先"的双级增焓变频压缩机技术，将传统压缩机只有一次的压缩过程升级为两次，通过提升压缩效率突破了极寒环境下的制热瓶颈，实现了空调在-35~54℃宽温范围内稳定运行。在接近-40℃的极寒条件下，格力空调仍然能够通过双级压缩机保持强劲的制热能力，稳定运行，将室内温度保持在25℃左右。

格力的产品以其卓越的品质和创新的设计，赢得了全球用户的喜爱和信赖。我们有理由相信，在格力和众多中国企业的共同努力下，"中国造"一定能在世界舞台上绽放出更耀眼的光芒。

学习任务三　蒸　发　器

知识点和技能点

1. 了解蒸发器的作用与分类。
2. 掌握满液式壳管蒸发器的结构、原理及应用。
3. 掌握干式壳管蒸发器的结构、原理及应用。
4. 掌握直立管式蒸发器的结构、原理及应用。
5. 掌握螺旋管式蒸发器的结构、原理及应用。
6. 掌握蛇形管式蒸发器的结构、原理及应用。
7. 掌握板式蒸发器的结构、原理及应用。
8. 掌握自然对流式冷却空气蒸发器的结构、原理及应用。
9. 掌握强制对流式冷却空气蒸发器的结构、原理及应用。
10. 了解接触式蒸发器的结构、原理及应用。
11. 会进行蒸发器的选择和计算。

12. 理解影响蒸发器传热的主要因素。

重点和难点

1. 满液式壳管蒸发器的结构、原理及应用。
2. 干式壳管蒸发器的结构、原理及应用。
3. 沉浸式蒸发器的结构、原理及应用。
4. 强制对流式冷却空气蒸发器的结构、原理及应用。
5. 蒸发器的选择和计算。
6. 影响蒸发器传热的主要因素。

一、蒸发器的作用及分类

2-14 蒸发器的作用及分类

蒸发器也是制冷系统中的主要热交换设备之一。其作用是依靠节流后的低温低压制冷剂液体在蒸发器管路内的沸腾（习惯上称蒸发），吸收被冷却介质的热量，达到制冷降温的目的。蒸发器一般位于节流阀和制冷压缩机回气总管之间，或连接于气液分离设备的供液管和回气管之间，并安装在需要冷却、冻结的冷间或场所。按冷却介质的不同，蒸发器可分为冷却液体载冷剂的蒸发器、冷却空气的蒸发器和接触式蒸发器。

1. 冷却液体载冷剂的蒸发器

冷却液体载冷剂的蒸发器有壳管式蒸发器、沉浸式蒸发器等。壳管式蒸发器均为卧式，其结构形式与卧式壳管式冷凝器基本相似。根据制冷剂在壳体内或换热管内的流动，分为满液式壳管蒸发器和干式壳管蒸发器。沉浸式蒸发器又称为水箱式蒸发器，其管组沉浸在盛满水或盐水的箱体（或池、槽）内。根据水箱中管组的形式不同，沉浸式蒸发器又分为直立管式蒸发器、螺旋管式蒸发器及蛇形管式蒸发器等。

（1）满液式壳管蒸发器 满液式壳管蒸发器大多为制冷剂在其中不完全蒸发的壳管式蒸发器。满液式卧式壳管蒸发器工作时，壳体内应充装静液面高度为壳体直径70%～80%的液体制冷剂，所以称为"满液式"，常用于氨作制冷剂的机组中，其结构如图2-64所示。为了保证载冷剂在管内具有一定的流速，在两端盖内铸有隔板，使载冷剂多流程通过蒸发器。

2-15 满液式壳管蒸发器

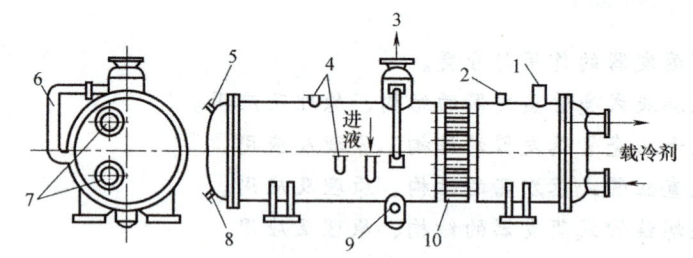

图 2-64 满液式壳管蒸发器的结构
1—安全阀接头 2—压力表接头 3—制冷剂蒸气出口 4—浮球阀接头 5—放空气旋塞接头
6—液位管 7—载冷剂接口 8—泄水旋塞接头 9—放油管接头 10—换热管

制冷剂液体经膨胀阀节流后，由蒸发器下部进液口进入管外壳程空间，与在换热管内做多程流动的载冷剂（冷冻水）通过管壁交换热量。吸热汽化后的制冷剂蒸气上升至回气包中，进行气液分离。分离后的制冷剂蒸气被压缩机吸入，制冷剂液滴仍落入蒸发器内继续吸热汽化。

满液式卧式壳管蒸发器正常工作时要保持一定的液面高度，此时会有1~3排管子露在液面以上。沸腾过程中，这些管子会被带上来的液体润湿，因而也能起传热作用。如果液面保持较低，则换热管不能充分发挥其传热作用；反之如果液面保持过高，则将有液体带入压缩机的危险。因此，用浮球阀或液面控制器来控制满液式卧式壳管蒸发器的液面。满液式卧式壳管蒸发器壳体周围要设置保温层，以减少冷量损失。

满液式卧式壳管蒸发器结构紧凑，传热性能好，易于安装，使用方便。但当采用水作为载冷剂时，如操作不当，则易发生冻结事故。在氟利昂制冷系统中也可以采用这种蒸发器。为了提高制冷剂的沸腾传热系数，换热管大多采用低肋铜管。但由于充液量大，且蒸发器内的润滑油返回压缩机困难，因此在氟利昂制冷系统中常采用干式壳管蒸发器。

（2）干式壳管蒸发器 干式壳管蒸发器主要用于氟利昂制冷系统中。其外形和结构与满液式壳管蒸发器基本相同。主要不同在于：干式壳管蒸发器中制冷剂在换热管内汽化吸热，制冷剂处于液气共存的状态，蒸发器部分传热面与气态制冷剂接触，导致总传热系数较满液式壳管蒸发器低，但其制冷剂充灌量较少，为管组内容积的35%~40%，而且制冷剂在汽化过程中不存在自由液面，因此称为"干式"。在干式壳管蒸发器中，液体载冷剂在管外流动，为了提高载冷剂的流速，在筒体内横跨管束装有多块折流板。

干式壳管蒸发器按照换热管组的排列方式不同，可分为直管式干式壳管蒸发器和U形管式干式壳管蒸发器两种，如图2-65所示。氟利昂直管式干式壳管蒸发器的换热管一般用铜管制造，可以用光管，也可以用内肋管。内肋铜管的传热系数较大，流程数可减少。但光管加工制造容易，价格便宜，特别是近年来多采用小管径光管密排的方法，使光管的传热系数接近于内肋管的传热系数。

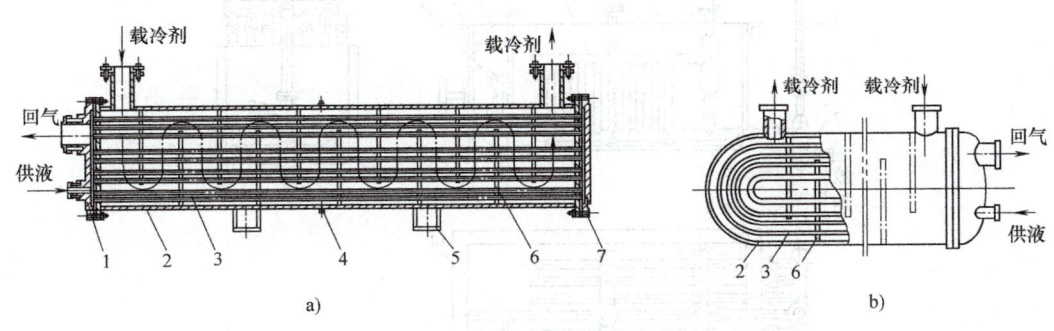

图2-65 干式壳管蒸发器
a）直管式干式壳管蒸发器 b）U形管式干式壳管蒸发器
1、7—端盖 2—筒体 3—换热管 4—螺塞 5—支座 6—折流板

2-16 U形管干式蒸发器

U形管式干式壳管蒸发器，换热管为U形，从而构成制冷剂为二流程的壳管式结构。U形管式结构可以消除由于管材热胀冷缩而引起的内应力，且可以抽出来以清除管外的污垢。制冷剂始终在一根管子内流动和汽化，不会出现多流程时气液分层现象，因而传热效果好，但不宜使用内肋管。

干式壳管蒸发器不仅克服了满液式卧式壳管蒸发器的一些缺点，而且由于制冷剂在管内汽化，管外被水或盐水包围，冷量损失较小；管外空间的充水量较大，有一定的热稳定性，不会发生管子结冻而胀裂的现象。但干式壳管蒸发器的装配工艺较复杂，管外（水垢）清洗比较困难，而且折流板与壳体及管子之间存在间隙，影响载冷剂的正常流动及传热效果。

（3）**直立管式蒸发器** 如图 2-66 所示，直立管式蒸发器全部由无缝钢管焊制而成，蒸发器以管组为单位，根据不同容量的要求，由若干组管束组合而成并安装在矩形金属箱中。每一组管束上有两根直径较大的水平集管，上集管 5 为蒸气集管，下集管 1 为液体集管。蒸气集管一端连接气液分离器 4，从回气中分离出的液体能回到液体集管。液体集管的一端接集油器 2，氨液从中间的进液管进入蒸发器，利用氨液流进时的冲力增强蒸发器内氨液的循环。供液管由蒸气集管一直伸到液体集管，这样使氨液进入液体集管后，均匀地进入各直立管中去。氨液在立管中吸收载冷剂的热量，汽化成氨蒸气。氨蒸气进入蒸气集管，经气液分离后，通过集气管被压缩机吸走。集油器上端由一根管子与集气管 11 相通，以便将冷冻机油中的制冷剂抽走，积存的冷冻机油定期从放油管放出。水箱 7 内装有搅拌器 9，以利提高换热效果。

直立管式蒸发器传热性能好，金属耗量大，占地面积大，只能适用于氨制冷装置，在工厂中应用较多。由于水或盐水直接暴露在空气中，对金属的腐蚀比较严重。

（4）**螺旋管式蒸发器** 螺旋管式蒸发器的基本结构和载冷剂的流动情况与直立管式蒸发器相似，不同之处只是以螺旋式管代替了直立管管束，高度较之直立管管束要小一些。螺旋管式蒸发器适用于氨制冷系统，除了具有直立管式蒸发器的优点外，其传热性能更好，结构紧凑，在相同的传热面积下，比直立管式蒸发器体积小，节省金属材料，有逐渐替代直立管式蒸发器的趋势。

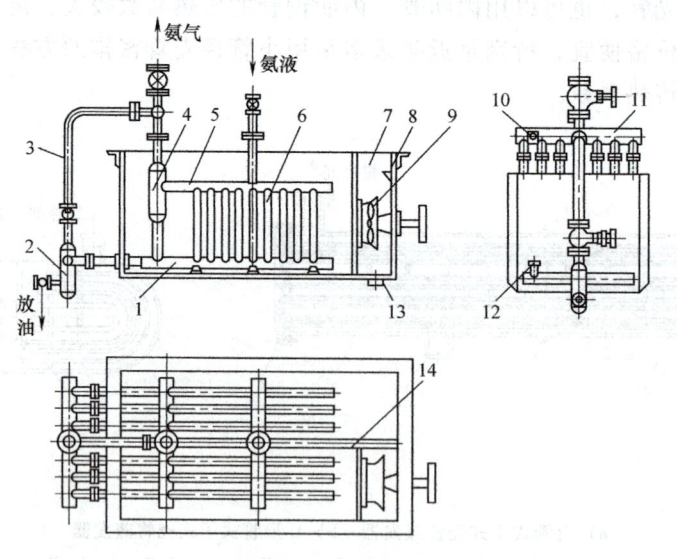

图 2-66 直立管式蒸发器

1—下集管 2—集油器 3—均压管 4—气液分离器 5—上集管 6—换热立管 7—水箱 8—溢流口
9—搅拌器 10、12—远距离液位计接口 11—集气管 13—放水口 14—隔板

（5）**蛇形管式蒸发器** 蛇形管式蒸发器常用于小型氟利昂制冷装置，其结构如图 2-67 所示。它由一组或几组铜管弯制成蛇形管，蒸发器浸没在盛满载冷剂（水或盐水等）的水箱中，箱体一端装有搅拌器。氟利昂液体从蒸发器上部供入，通过盘管传热表面吸热后汽

化，蒸气由下部经回气管被制冷压缩机吸走。载冷剂水或盐水在搅拌器的搅动下在箱内循环流动，与管内流动的制冷剂进行热量交换。

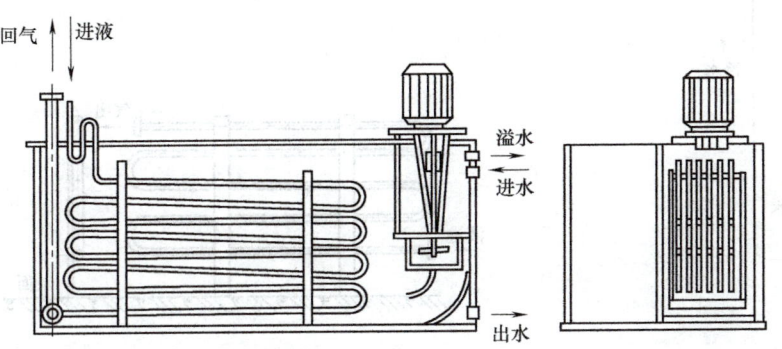

2-17 蛇形管式蒸发器

图 2-67 蛇形管式蒸发器

由于蛇形管排列紧密，载冷剂在循环时流动阻力较大，流速较慢，加之蛇形管下部充满制冷剂蒸气，也使这部分盘管传热面积不能充分利用，因此平均传热系数较低。

（6）板式蒸发器 板式蒸发器的结构与板式冷凝器相同，只是由于在制冷系统中作用不同，所以适用的温度及压力范围也有所不同。在制冷循环和热泵循环两种情况下，制冷剂的流动方向相反，而水流方向不变。由于冷凝器的负荷大于蒸发器负荷，所以设计时应考虑当板式换热器作为冷凝器使用时为逆流换热，而作为蒸发器工作时为顺流换热。

板式蒸发器必须竖直安装，并使制冷剂下进上出，以保证制冷剂均匀分配。冷水管可以是下进上出，也可以安排上进下出，但上进下出时必须有泄水旋塞，泄水旋塞可以装在蒸发器的后面，也可以直接装在管路上。为确保板式蒸发器总是充满水，在冷水出口处应有一个向上的 U 形弯。板式蒸发器制冷剂和冷水进、出口管如图 2-68 所示。近年来在板式蒸发器的基础上发展使用了板翅式蒸发器。板式或板翅式蒸发器主要用于氟利昂制冷系统。

2. 冷却空气的蒸发器

冷却空气的蒸发器广泛用于冷库、空气调节和其他低温装置中。这类蒸发器的制冷剂都在蒸发器的管程内流动，并与在管程外流动的空气进行热交换。

（1）自然对流式冷却空气的蒸发器 自然对流式冷却空气的蒸发器主要用于电冰箱、冷柜、冷藏库等中、小型制冷装置中。蒸发器传热面的结构形式不同，主要用于电冰箱的有铝复合板式、管板式、单脊翅片管式、层架盘管式。冷藏箱和冷藏库中广泛采用排管式蒸发器，如墙排管、顶排管、搁架式排管等，结构简单，形式多样。图 2-69 所示为盘管式墙排管蒸发器，排管由无缝钢管弯制而成，水平安装，氨液从盘管下部进入，吸收冷藏箱（或冷藏库）内储存的物体的热量，当流过全部盘管蒸发后，氨气从上部排出。排管式蒸发器结构简单，易于制作，充液量小，但管内制冷剂流动阻力大，蒸发时产生的蒸气不易排出，传热效果较差。

（2）强制对流式冷却空气的蒸发器 强制对流式冷却空气的蒸发器又称为直接蒸发式空气冷却器，在冷库或空调系统中又称为冷风机。如图 2-70 所示，它由几排带肋片的盘管和风机组成，依靠风机的强制作用，使被冷却房间的空气通过盘管表面，管内制冷剂吸热汽化，管外空气被冷却降温，因而冷量损失小，空气降温速度较快，结构紧凑，使用和管理方便，易于实现自动化。

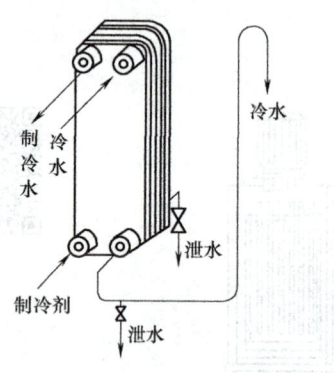

图 2-68　板式蒸发器制冷剂和冷水进、出口管

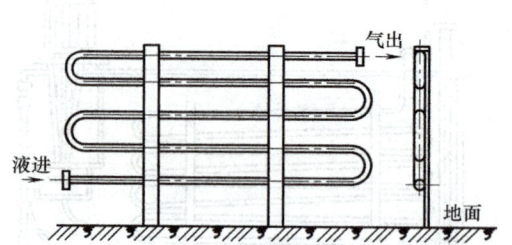

图 2-69　盘管式墙排管蒸发器

氨用蒸发器一般用无缝钢管制成，管外绕以钢肋片。氟利昂用蒸发器一般用铜管制成，管外肋片为铜片或铝片。

3. 接触式蒸发器

2-18　直接蒸发式空气冷却器

接触式蒸发器又称接触式平板冻结器，是将冻结或冷却的食品直接与空心平板外侧传热壁面接触，平板内腔流通制冷剂或低温盐水与食品进行热交换。在接触式蒸发器中，不采用空气或液体做中间传热介质，因此传热性能好。

（1）卧式平板冻结器　如图 2-71 所示，卧式平板冻结器由制冷系统、液压控制系统、机架、空心平板、网形软管及壳体等构成。空心平板设置在型钢制成的机架内，由液压系统控制平板的松开、压紧及进料。制冷剂可采用氨、R22。制冷剂液体从供液管通过耐压网形软管进入平板空心内腔的循环通道中流动，吸收冻结食品的

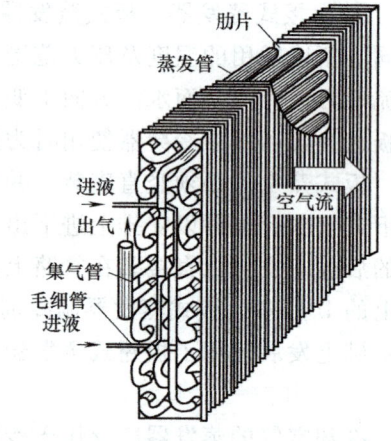

图 2-70　直接蒸发式空气冷却器

热量而汽化，制冷剂气体由网形软管经回气集管被制冷压缩机吸走。每台卧式平板冻结器一般装有空心平板 5~20 块。食品冻好后平板被提升，与冻结食品脱开，即可出货。

（2）立式平板冻结器　立式平板冻结器的结构和卧式平板冻结器基本相同，不同之处在于空心平板直立平行排列，一般每台装有 20 块左右。平板沿着导轨上、下移动，平板内腔流通着制冷剂或低温盐水。冻结前将散装食品由上部直接倒入空心平板间进行冻结，冻结完成后，用热氨或热盐水在空心平板内流通、融冻，并操纵液压系统提升平板，使冻结食品落入托板上，出料推板将它推出。

平板冻结器具有较大的传热系数，冻结时间短，劳动强度低，耗电量少，冻结产品质量好，成形规格，易于用铲车搬运和堆码，提高了库存量，结构紧凑，占地面积小，一般车间、船舶在常温环境中皆可使用。卧式平板冻结器多用于冻结鱼类、肉类、畜禽副产品、水果蔬菜及其他小包装食品。立式平板冻结器则适用于冻结不包装和各类散装食品。

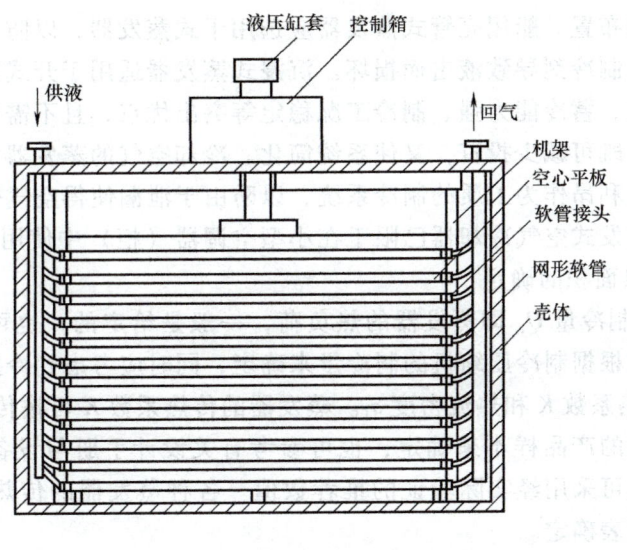

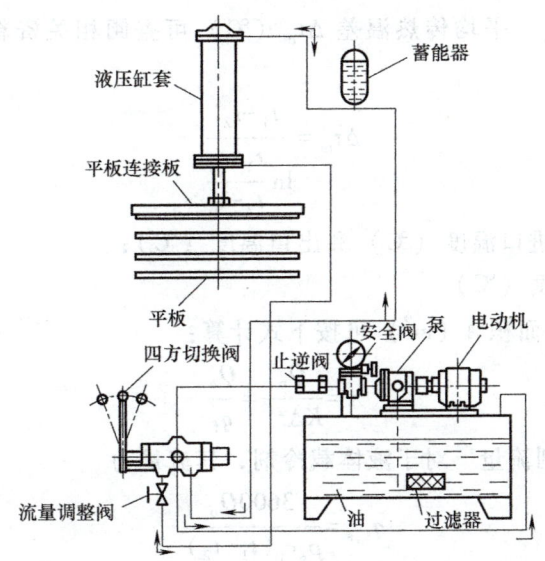

图 2-71　卧式平板冻结器

 想一想

蒸发器有哪些类型？

二、蒸发器的选择计算

蒸发器的选择计算，主要是根据制冷量和生产工艺的要求，确定蒸发器的传热面积，选择合适的蒸发器形式，并计算载冷剂的循环量等。其计算方法与冷凝器的选择计算基本相似。

（1）蒸发器形式的选择　卧式壳管蒸发器是现今空调用冷水机组中应用最为广泛的蒸

发器，适用于闭式冷冻水系统，传热效率高，占地面积小，与卧式壳管式冷凝器一起配合使用可以充分利用空间布置。船用壳管式蒸发器应选用干式蒸发器，以防止因船舶的摇晃而使制冷压缩机吸回液态制冷剂导致液击而损坏。沉浸式蒸发器适用于开式冷冻水系统中，具有传热系数高、水量大、蓄冷能力强、制冷工况稳定等突出优点，且不需要另设水池和便于水泵起动的高位水箱，既可减少投资，又使系统简化。冷却空气的蒸发器主要应用于冷库；空调系统只适用于以氟利昂作为工质的制冷系统，以防由于泄漏使得空气受到污染。因此，在空调装置中，直接蒸发式空气冷却器已限于在小型空调器（柜）中使用。

(2) 蒸发器传热面积的确定

① 制冷量 Q_o。制冷量 Q_o 即蒸发器的热负荷，一般是给定的，也可根据生产工艺或空调负荷进行计算，或根据制冷压缩机的制冷量来确定，同时应考虑到冷损耗和裕度等。

② 蒸发器的传热系数 K 和热流密度 q_f。蒸发器的传热系数 K 可按传热学公式进行计算，或根据生产厂家提供的产品样本来确定，也可参考有关设计手册与设备手册提供的数据确定。作为初步估算也可采用经实际验证的推荐数值。各种蒸发器的传热系数 K 和热流密度 q_f 可查阅相关资料图表确定。

③ 平均传热温差 Δt_m　平均传热温差 Δt_m（℃）可查阅相关资料图表确定，或按下式计算：

$$\Delta t_m = \frac{t_1 - t_2}{\ln \frac{t_1 - t_o}{t_2 - t_o}} \tag{2-30}$$

式中　t_1、t_2——载冷剂进口温度（℃）和出口温度（℃）；

　　　t_o——蒸发温度（℃）。

④ 传热面积 A。传热面积 A（m²）可按下式计算：

$$A = \frac{Q_o}{K\Delta t_m} = \frac{Q_o}{q_f} \tag{2-31}$$

(3) 蒸发器中载冷剂流量　对于液体载冷剂，其流量为

$$q_{v,s} = \frac{3600 Q_o}{\rho_s c_p (t_1 - t_2)} \tag{2-32}$$

式中　$q_{v,s}$——液体载冷剂的体积流量（m³/h）；

　　　Q_o——蒸发器在计算工况下的制冷量（kW）；

　t_1、t_2——液体载冷剂进口温度（℃）和出口温度（℃）；

　　　ρ_s——液体载冷剂密度（kg/m³），水的 $\rho_s = 1000 \text{kg/m}^3$；

　　　c_p——液体载冷剂的比定压热容 [kJ/(kg·K)]，水的 $c_p = 4.186 \text{kJ/(kg·K)}$，盐水的 c_p 可由盐水的物理性质表查出。

对于空气载冷剂，其流量为

$$q_{v,a} = \frac{3600 Q_o}{\rho_a (h_1 - h_2)} \tag{2-33}$$

式中　$q_{v,a}$——空气载冷剂的体积流量（m³/h）；

　　　ρ_a——空气密度（kg/m³），$\rho_a = 1.189 \text{kg/m}^3$；

h_1、h_2——进、出口空气的比焓（J/kg）。

想一想
蒸发器的选择计算包含哪些内容？

三、影响蒸发器传热的主要因素

蒸发器制冷剂一侧的沸腾换热系数远高于被冷却介质一侧的强制流动换热系数。增强被冷却介质一侧的换热系数对提高蒸发器的传热系数至关重要，特别是对于冷却空气的蒸发器而言。在蒸发器中，制冷剂发生沸腾，其传热过程主要有制冷剂侧的泡态沸腾，通过金属表面、污垢层的导热及被冷却介质的放热过程。主要的影响因素有以下几点：

（1）制冷剂液体的物理性质　制冷剂的热导率越大，沸腾换热系数越大；密度和黏度越小的制冷剂在汽化过程中对流运动越强烈，换热系数越大；密度与表面张力大的制冷剂液体的气泡直径较大，气泡从生成到离开传热面的时间长，换热系数小。氟利昂与氨的物理性质有着显著的差别。一般氟利昂的热导率比氨的小，密度、黏度和表面张力都比氨的要大。

（2）制冷剂液体的润湿能力　制冷剂液体的润湿能力强，则沸腾过程中生成的气泡具有较小的根部，能迅速脱离传热面，换热系数大。常用的制冷剂液体均具有良好的润湿性能，因此具有良好的传热效率，氨的润湿能力比氟利昂的强得多。

（3）制冷剂蒸发温度　制冷剂的蒸发温度越高，饱和温度下液体与蒸气的密度差就越小，沸腾时产生的气泡直径也就越小，则气泡从生成到离开壁面的时间变短，沸腾就更强烈，传热系数就更大。同一种制冷剂其换热系数随蒸发温度的升高而增大。应避免蒸发温度过低，致使传热面上结冰或结霜，增加传热热阻。冷库中冷却排管和冷风机要定期除霜。

（4）蒸发器的结构　蒸发器的传热管加肋后，增大了传热面与制冷剂接触的面积，因此有肋的传热管换热量大于光管，管束的传热系数大于单管。此外，蒸发器的结构应有利于气液分离，保证沸腾过程中产生的蒸气尽快从传热表面脱离。为了充分利用蒸发器的传热面，应将节流降压后产生的闪发性气体在进入蒸发器前分离掉，因此在较大的制冷系统中往往设置气液分离器。

（5）制冷剂含油的影响　当润滑油进入蒸发器传热面时，会降低制冷剂液体润湿传热面的能力，加速气膜形成，产生很大的热阻，降低换热效率。因此，需控制润滑油进入蒸发器。

（6）被冷却介质的流速　适当提高被冷却介质的流速是提高被冷却介质一侧换热系数的有效途径。

想一想
如何提高蒸发器的换热效率？

技能训练　翅片管式换热器与壳管式换热器的清洗

一、实训目的

采用物理方法对翅片管式换热器与壳管式换热器进行清洗，了解空气冷却换热器与水冷换热器的结构差异；掌握换热系数对制冷循环的重要影响；掌握翅片管式换热器与壳管式换热器的常规物理清洗方法。

二、实训内容与要求

序号	内容	要求
1	采用高压空气吹扫与人工刷洗相结合的方法对空气源热泵机组室外机冷凝器及室内机蒸发器进行清洁	1. 高压空气吹扫应配备集尘袋，防止灰尘污染室内环境 2. 人工刷洗应采用质地稍柔软的毛刷，以防止破坏翅片。如翅片歪斜或叠应用翅片梳修正
2	采用高压水冲洗和人工通刷相结合的方法对螺杆式冷水中央空调机组的蒸发器、冷凝器进行清洗	1. 正确拆卸换热器两端封头 2. 每根传热管通刷次数不少于三次 3. 冲洗应彻底，传热管露出铜色为合格

三、实训器材与设备

空气压缩机（含输气管和喷嘴）、高压清洗机（含水管和喷水枪）、毛刷、长条尼龙刷、弹簧通丝、翅片梳、风冷热泵空调机组、螺杆冷水机组。

四、实训过程

序号	步　骤
1	对风冷热泵空调机组室外机换热器一侧套集尘袋，用高压空气吹扫，用毛刷刷除毛絮，用翅片梳修正翅片
2	放空螺杆冷水机组冷凝器和蒸发器内的存水，正确拆卸螺杆冷水机组冷凝器和蒸发器两端封头
3	用高压水枪冲刷传热管内污泥，用弹簧通丝配合长条尼龙刷刷洗传热管内壁，每根不少于三次，露出铜色为止
4	教师讲解： 1. 影响换热系数的主要因素 2. 换热效果变差对制冷循环的影响 3. 机组运行时换热效果变差的应对措施
5	恢复设备，撰写实训报告

五、注意事项

1）采用吹扫法清洗翅片管式换热器应注意防尘处理；如翅片上有明显油污，则需要喷撒除垢（污）剂，配合高压水枪冲洗，需要注意冲洗的角度，防止水雾溅落至机组电气控制部分，必要时应加以防护。

2）翅片管式换热器清洗结束后，应检查翅片是否有歪斜叠片现象，必要时应用翅片梳加以修正。

3）采用通刷法清理传热管内污垢时，应注意拉刷速度均匀，拉刷次数足量，刷完及时用高压水枪冲洗。

4）清洗结束安装封头时应注意螺栓穿插方向、拧紧顺序和螺栓拧紧力矩。

思考与练习

1. 填空题

（1）蒸发器按其被冷却介质的种类一般分为＿＿＿＿＿＿和＿＿＿＿＿＿两类。

（2）干式氟利昂蒸发器中，制冷剂在＿＿＿＿＿＿，载冷剂在＿＿＿＿＿＿循环。

（3）冷却气体的蒸发器按气体流动的状态可分为＿＿＿＿＿＿和＿＿＿＿＿＿。

（4）冷却排管按照其安装位置可分为＿＿＿＿＿＿、＿＿＿＿＿＿、＿＿＿＿＿＿几种形式。

（5）满液式蒸发器的传热系数＿＿＿＿＿＿干式蒸发器。

2. 选择题

（1）满液式卧式壳管蒸发器中，制冷剂在＿＿＿＿＿＿流动。

A. 传热管内　　　B. 传热管外　　　C. 水箱内　　　D. 水箱外

（2）一般在自然对流式冷库中设置＿＿＿＿＿＿。

A. 冷却排管　　　B. 冷风机　　　C. 冷却排管和冷风机　　　D. 表冷器

（3）空调器中的蒸发器属于＿＿＿＿＿＿换热器。

A. 壳管式　　　B. 套管式　　　C. 肋片管式　　　D. 板式

（4）蒸发器一般位于＿＿＿＿＿＿和制冷压缩机回气总管之间。

A. 节流阀　　　B. 冷凝器　　　C. 气液分离器　　　D. 中间冷却器

（5）干式蒸发器主要用于＿＿＿＿＿＿制冷系统中。

A. 氨　　　B. 氟利昂　　　C. 溴化锂　　　D. 不限制

3. 简答题

（1）蒸发器的作用是什么？它有哪些类型？

（2）简述干式壳管蒸发器的特点。

（3）采用壳管式蒸发器应注意哪些问题？

（4）影响蒸发器传热的主要因素有哪些？

人文·素养·美德·价值

高端制造业的"隐形冠军"

德国管理学家赫尔曼·西蒙把"占有很高的市场份额，有着独特的竞争策略，在某个细分市场中专心耕耘，却不为外界关注的企业"称为"隐形冠军"。南京天加环境科技有限公司便是这样一家"隐形冠军"企业。天加公司坚持"一个环保路径，两个事业板块"发展战略，形成以天加环境为主体的专业空气环境制程事业板块和以天加能源为主体的绿色再生能源事业板块，专注空气极端环境领域及建筑制冷系统的节能应用和地热（干热岩）发电、工业余热发电、LNG冷能发电、生物质能、光热电以及储能六大主体能源市场的延展。2023年，该公司"中央空调设备智能工厂"荣获"2023年江苏省智能制造示范工厂"和"绿色工厂"两大奖项。

天加"中央空调设备智能工厂"是基于IoT物联网、工业互联网和SaaS云服务技术，将原有的生产模式进行升级改造。该项目通过"三项核心能力"（智慧物流、MES柔性配置、人工智能系统）与"两大自主平台"（SaaS云服务平台、大数据分析平台），打通各信息系统之间的数据壁垒，构建企业一体化信息化系统；依托大数据的采集、交互和流转，实现人、机、物的高效协同；并通过大数据整合和分析，助力管理决策。天加智能工厂针对中央空调产品制程中的换型频繁、配送复杂、品质难溯源、管理不透明等诸多问题，通过"基于非标产品的智能物流解决方案""基于非标产品的MES柔性配置能力""高兼容性大数据分析平台""自主研发SaaS终端与云服务系统"四大策略，建立天加特色的新生产运营模式，实现非标产品在选型、制造、物流和仓储环节的快速切换和柔性化生产。

天加公司还开创性地提出了量化能源管理指标，利用"天加产品全生命期管理系统"，打造制冷空调系统"全生命期成本更低"的解决方案，实现了高于行业80%以上的节能水平。工作人员只要在计算机中输入客户订单需求，系统便自动显示出对应的采购、设计、生产参数，实现全流程的自动化管理。此外，天加工厂利用太阳能光伏发电和自主开发的能源智能管理系统，通过智慧控制策略实现厂区内碳足迹监控，践行可持续发展战略和绿色生产模式。

学习任务四　其他热交换设备

知识点和技能点

1. 中间冷却器的结构、原理及作用。
2. 回热器的结构、原理及作用。
3. 蒸发冷凝器的结构、原理及应用。

重点和难点

1. 中间冷却器的结构、原理及作用。
2. 回热器的结构、原理及作用。

2-19　中间冷却器

一、中间冷却器

在双级或多级压缩制冷系统中，每两级之间应设置中间冷却器。中间冷却器简称为中冷器，位于制冷压缩机的低压级和高压级之间，其主要作用是利用一部分制冷剂液体在中间压力下的吸热汽化，使低压级排出的过热蒸气得到冷却，同时使进入蒸发器的制冷剂液体得到过冷。此外，中间冷却器对低压级压缩机的排气还起着分离润滑油的作用。

1. 氨用中间冷却器

如图 2-72 所示，氨用中间冷却器的壳体是用钢板卷焊成的上、下有封头的圆筒形密闭容器。其进气管由上封头中间伸入筒体内的稳定液面下，进气管下端开有矩形出气口，管底端用钢板焊牢，以防进入的氨气直冲中冷器底部，将沉淀的润滑油翻起。筒体内进气管的外侧设有两个多孔的伞形挡板，以阻挡氨气中夹带的液滴被高压级压缩机吸走。在伞形挡板上部有一平衡孔，以平衡中冷器内与进气管中的氨蒸气压力，避免停机时因容器内压力高于管内氨液，氨液从进气管倒流入低压级压缩机而造成事故。中冷器内的氨液是由筒体中下侧部的进液管供入，或由插焊在中冷器顶部进气管侧的进液管供入。根据中冷器外壁表示正常液面高度的凸起标记安装浮球阀或氨液面控制器 5，便于控制容器内液面的高度稳定。中冷器的正常液面一般高于进气管的出气端口 150~200mm。氨用中间冷却器内有一组蛇形盘管，其进、出液管均在中冷器下部。此外，氨用中间冷却器筒体上还设有液位计 2 和连接液位计、出气管、气液平衡管、排液管、放油管、压力表 10 以及安全阀 1 等的各种管接头。

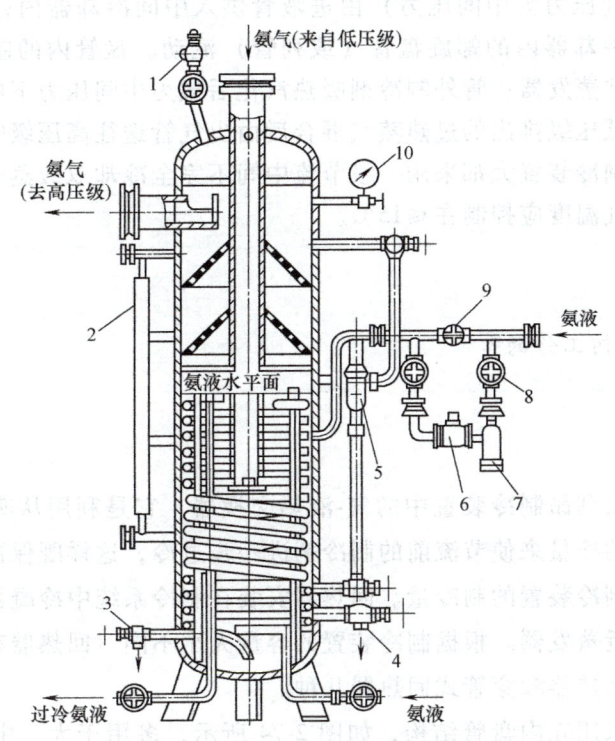

图 2-72 氨用中间冷却器
1—安全阀 2—液位计 3—放油阀 4—排液阀 5—氨液面控制器
6—电磁阀 7—过滤器 8—截止阀 9—节流阀 10—压力表

氨用中间冷却器工作时，低压级压缩机或低压缸排出的过热蒸气由进气管进入中冷器，与其内氨液混合、洗涤，被冷却成中间压力下的过热蒸气或干饱和蒸气。中冷器内蛇形盘管中的氨液被等压冷却成过冷液体，从出液管供往蒸发器使用。中冷器内的氨液吸热汽化，随同低压级排出的被冷却的蒸气一起进入高压级压缩机或高压缸。

过热蒸气进入中冷器后，由于流道截面面积突然扩大，使流速降低，并且由于流动方向不断改变，以及被中间压力下的饱和氨液洗涤、冷却，使低压级过热蒸气中夹带的润滑油被分离，沉积于中冷器底部。中间冷却器筒体外应做隔热层。

2. 氟利昂用中间冷却器

高效的氟利昂用中间冷却器常采用卧式，如图 2-73 所示，其结构主要由壳体和螺旋式（或列管式）换热管组成，壳体上设有进液管、出液管、节流后的供液管、出气管。在进液管供入中冷器处的壳体内壁上焊有挡板，使进入的液体能均匀地分散开来与螺旋管接触。

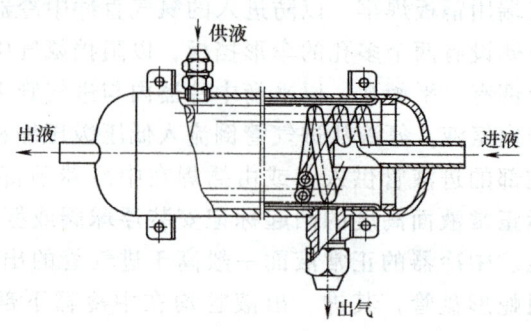

图 2-73 氟利昂用中间冷却器

由冷凝器（或高压储液器）来的液态氟利昂制冷剂分两路流动。一部分制冷剂液体经热力膨胀阀节流后（压力为中间压力）由进液管供入中间冷却器内；大部分液体（压力为冷凝压力）经中间冷却器内的螺旋盘管（或列管）流动。盘管内的制冷剂液体放出过冷热后流出中冷器并送往蒸发器；管外制冷剂吸热汽化后成为中间压力下的饱和蒸气，并在高压级的吸气管路中与低压级排出的过热蒸气混合后由出气管送往高压级吸气管。

氟利昂双级压缩制冷装置大都采用一级节流中间不完全冷却双级蒸气压缩循环形式，其高压级吸入的过热蒸气温度应控制在≤15℃。

 想一想

中间冷却器是如何工作的？

二、回热器

回热器一般是指氟利昂制冷装置中的气-液热交换器，它是利用从蒸发器出来的制冷剂饱和蒸气需要过热时的冷量来使节流前的制冷剂进一步过冷，这样既保证了压缩机工作的安全性，同时又提高了制冷装置的制冷量。回热器安装在制冷系统中冷凝器、压缩机和蒸发器之间，且应尽可能靠近蒸发器。根据制冷装置的容量大小不同，回热器有盘管式回热器、套管式回热器、绕管式回热器和穿管式回热器几种。

盘管式回热器均采用壳内盘管结构，如图 2-74 所示，多用于大、中型氟利昂制冷系统中。其外壳体由无缝钢管或钢板卷制而成，两端用封头封死，内装有一组铜管绕成的螺旋盘管。壳体上设有制冷剂蒸气的进、出气管，在进气管口的壳体上焊接一个挡板，以使蒸气与回热器的换热盘管均匀接触。盘管的进、出管口从壳体两端的封头穿出。制冷剂液体在盘管内流动，制冷剂蒸气在盘管外横掠流过盘管螺线管簇。

如图 2-75 所示，绕管式回热器不需增加任何其他条件，将供液管与回气管接触或焊接在一起，通过两根紧贴在一起的管子的管壁间换热，达到蒸气过热与液体过冷的目的。绕管式回热器多用于小型氟利昂制冷装置中，其结构紧凑，制作方便，传热效果较好。

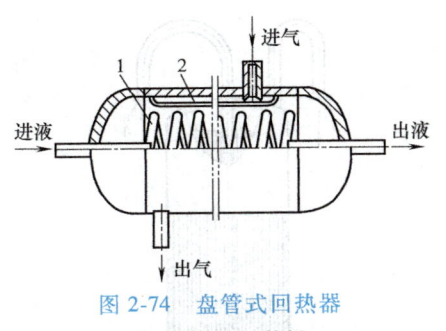

图 2-74　盘管式回热器

1—盘管　2—挡板

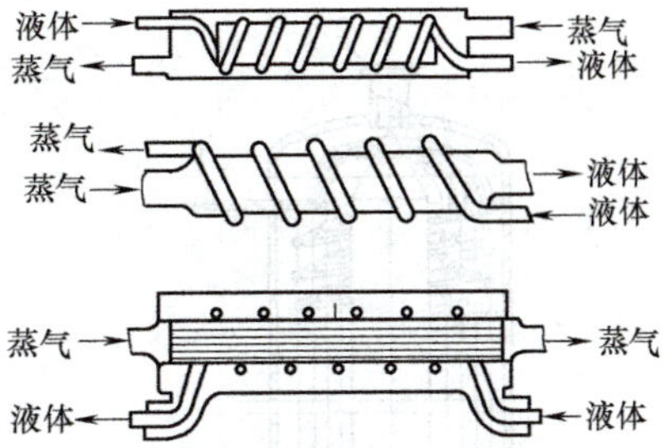

图 2-75　绕管式回热器

> **想一想**
>
> 回热器的作用是什么？制冷系统中回热器一般安装在什么位置？

三、冷凝蒸发器

冷凝蒸发器是用于复叠式制冷装置中的热交换设备。其作用是用高温级制冷剂制取的冷量来使低温级压缩机排出的制冷剂蒸气凝结。它既是高温部分制冷循环的蒸发器，又是低温部分制冷循环的冷凝器。冷凝蒸发器的换热管有光管和翅片管两种。为了提高换热效果，换热管一般均选用铜管。其结构形式主要有立式盘管式、立式壳管式和套管式三种。

1. 立式盘管式冷凝蒸发器

立式盘管式冷凝蒸发器是将一组多头盘管装在一个圆筒形壳体内构成的，如图 2-76 所示。高温部分的制冷剂液体从壳体侧部上端经分配器进入盘管内，在管程内汽化后从壳体侧部下端引出；低温部分的制冷剂蒸气由上部进入壳体，在盘管外冷凝后由壳体底部排出。

这种冷凝蒸发器结构及制造工艺较其他形式复杂，但传热效果好，制冷剂充注量也较小。由于其壳筒内容积较大，必要时还可起到膨胀容器的作用。

2. 立式壳管式冷凝蒸发器

如图 2-77 所示，立式壳管式冷凝蒸发器的结构与普通壳管式冷凝器相似。工作时，高温部分的制冷剂液体从下部进口管 1 进入管内吸热蒸发，蒸气由上部集管 3 引出到高温级压缩机；低温部分的制冷剂蒸气由上封头的接管 4 进入壳体，在壳程内冷却冷凝为液体后由下封头的接管 2 引向节流阀。这种冷凝蒸发器结构简单，但高温制冷剂充注量较大，制冷剂液体的静液压对蒸发温度的影响也较大。

3. 套管式冷凝蒸发器

套管式冷凝蒸发器的结构与套管式冷凝器相似。高温部分的制冷剂在管间汽化吸热，低温部分的制冷剂在小管内冷却冷凝。套管式冷凝蒸发器结构简单，易于制造，但横向尺寸较大，一般仅适用于小型复叠式制冷设备。

> **想一想**
>
> 冷凝蒸发器的作用是什么？

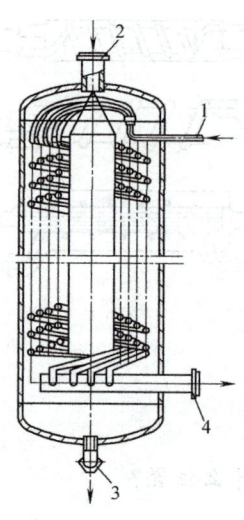
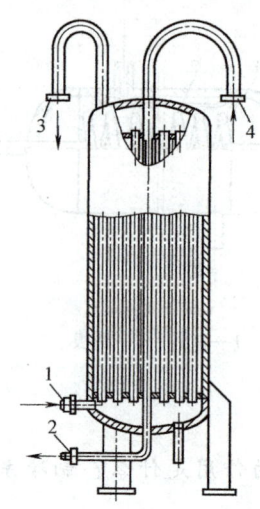

图 2-76 立式盘管式冷凝蒸发器
1—高温部分的制冷剂进口管 2—低温部分的制冷剂进口管 3—低温部分的制冷剂出口管 4—高温部分的制冷剂出口管

图 2-77 立式壳管式冷凝蒸发器
1—高温部分制冷剂进口管 2—低温部分制冷剂出口管 3—高温部分制冷剂出口管 4—低温部分制冷剂进口管

技能训练 识别制冷系统的热交换设备

2-20 翅片式换热器

一、实训目的

熟悉制冷系统主要热交换设备的工作原理、基本结构、性能特点及适用范围。

二、实训内容与要求

序号	内 容	要 求
1	熟悉制冷系统冷凝器的外观、结构、原理、制造工艺及适用场合等	1. 掌握相关理论知识和基本技能 2. 仔细观察、比较 3. 培养发现问题和分析问题的能力
2	熟悉制冷系统蒸发器的外观、结构、原理、制造工艺及适用场合等	
3	熟悉制冷系统中间冷却器、回热器等热交换设备的外观、结构、原理、制造工艺及适用场合等	

三、实训器材与设备

实训器材与设备主要有各类常用冷凝器、蒸发器、中间冷却器、回热器、冷凝蒸发器等。

四、实训过程

序号	步　骤
1	到制冷空调生产车间实地参观各种热交换设备的制造、装配过程
2	校内实训室现场教学认识制冷系统主要热交换设备的实物或教学模型
3	在课程网站上观看电教片及企业拍摄的视频
4	参与企业生产进一步了解

五、注意事项

1）遵守实训纪律，服从指导教师的安排。
2）到企业实习应遵守企业规章制度，严禁在岗打闹、串岗。
3）实训中应随时记录所见所闻，画出结构草图。
4）实训结束后撰写实训报告。

思考与练习

1. 填空题

（1）在双级或多级压缩制冷系统中，每两级之间应设置_____。
（2）氨用中间冷却器筒体内进气管外侧伞形挡板的作用是_____。
（3）根据制冷装置的容量大小可将回热器分为_____、_____、_____几种。
（4）回热器安装在制冷系统中冷凝器、压缩机和_____之间，且应尽可能靠近_____。
（5）冷凝蒸发器的作用是用_____制取的冷量来使低温级压缩机排出的_____凝结。

2. 判断题

（1）中间冷却器能够使低压级排出的过热蒸气得到冷却，同时使进入蒸发器的制冷剂液体得到过冷。　　　　　　　　　　　　　　　　　　　　　　　　（　　）
（2）回热器不仅用于氟利昂制冷系统，也用于氨制冷系统。　　　　　　（　　）
（3）套管式回热器常用于电冰箱及小型制冷装置中。　　　　　　　　　（　　）
（4）冷凝蒸发器既是高温部分制冷循环的蒸发器，又是低温部分制冷循环的冷凝器。
　　　　　　　　　　　　　　　　　　　　　　　　　　　　　　　　（　　）
（5）立式壳管式冷凝蒸发器的结构与普通壳管式冷凝器相似。　　　　　（　　）

3. 简答题

（1）简述氨用中间冷却器的作用。
（2）回热器的作用是什么？制冷系统中据制冷装置的容量大小分别采用什么形式？
（3）冷凝蒸发器适用于何种循环？其作用是什么？常用的结构形式有哪几种？

人文·素养·美德·价值

摸爬滚打 40 余载只想为百姓干实事

他是我国暖通空调领域第一位院士。从人民大会堂、故宫博物院等 30 多个大型重点建筑的空调系统工程，到地铁升温、城市集中供热、苹果和大白菜产地储藏……看上去，这些成果领域跨度很大，但对江亿教授本人来说，有一点却是共通的："做科研要关注人民生活中亟待解决的难题，实实在在做成对社会和老百姓有利的事。"这也是他当选 2022 年北京最美科技工作者之后，对自己的勉励。

江亿教授跟暖通有一个特别的缘分。暖通是建筑不可或缺的组成部分，就学科而言，暖通包括"供热、供燃气、通风及空调工程"。清华大学暖通专业成立于 1952 年，与他同龄。1973 年，江亿考入清华大学暖通专业，可直到读研究生的时候，他都没有见过一台像样的空调机。但不论何时，他最直观的感受就是要为人民群众干真事、干实事。在他的年代，让有一句话，让他刻骨铭心——"人民送我上大学，我上大学为人民"。这句话打开了他的眼界和格局，成为他多年科教路上的行事准绳。40 余年，江亿教授在暖通空调行业摸爬滚打，亲历了暖通空调领域从"冷"到"热"的过程，看着它的重心从工业建筑转向民用建筑，从满足工农业需求转向保障老百姓的生活，见证了全社会对可持续发展，对节能、环保、低碳重视程度的不断提高。自然对流式冷梁、通风地板、感光太阳能采光灯、多层真空隔离玻璃……走进清华大学建筑节能研究中心，这座看上去不大的实验楼，却集合着上百种先进的节能技术，宛如一个大实验室。他带领团队结合能源利用、建筑模拟分析、人体热舒适等方面的研究成果，致力于探索在节约能源、保护环境的前提下，为人类创造各种适宜的室内物理环境，并由此成为我国人工环境学的倡导者之一。

当前，建筑能耗占到全球总能耗的 1/3 以上，在发达国家有可能达到 40% 以上，我国目前也超过了 20%。江亿教授认为"切实降低能耗才是节能的本质"。他说："人到哪儿都不能忘本，现在作为院士，更要为国家、为老百姓做好建筑节能这件大事。"

学习任务五　节流机构

知识点和技能点

1. 了解节流机构的作用及种类。
2. 掌握毛细管节流的原理与特点。
3. 掌握内、外平衡式热力膨胀阀的结构、原理及特点，会安装、调整热力膨胀阀。
4. 了解手动节流阀的结构。
5. 了解浮球阀的原理与特点。
6. 了解电子膨胀阀的原理与特点。
7. 了解节流孔板的结构。

重点和难点

1. 内、外平衡式热力膨胀阀的结构、原理及特点。
2. 浮球阀的原理与特点。
3. 电子膨胀阀的原理与特点。

节流机构是制冷装置中的重要部件之一，其作用是将冷凝器或储液器中冷凝压力下的饱和制冷剂液体（或过冷液体）节流降压至蒸发压力和蒸发温度，同时根据制冷负荷的变化调节进入蒸发器的制冷剂流量。节流降压时，制冷剂流过节流阀孔，会因沸腾膨胀而成为湿蒸气，因此又称为节流膨胀。

常用的节流机构有毛细管、热力膨胀阀、手动节流阀、浮球调节阀、电子膨胀阀及节流孔板等。其中毛细管和节流孔板不具备调节功能，而其他节流阀还可以调节进入蒸发器制冷剂的流量，以适应制冷负荷的变化，从而实现调节制冷量的目的。

一、毛细管

毛细管是一种管径很细的空心管，高压液态制冷剂在通过毛细管狭窄的通道时，流动阻力增大，制冷剂将随着毛细管的长度方向产生压力降。当制冷剂压力降至相应温度下的饱和压力时，产生闪发现象，使液体自身汽化降温。只要毛细管的管径和长度选择适当，就可使冷凝器和蒸发器之间产生需要的压力降，并使制冷系统获得所需的制冷剂流量。

目前使用的毛细管多为内径为 $\phi 0.5 \sim \phi 2.5 mm$ 的纯铜管，一般长度为 $0.6 \sim 6.0 m$。毛细管可以是一根或者几根并联。使用几根并联时，需要用分液器，而且要经过仔细地调整，使几根毛细管的工作状况大致一样。另外，需要在毛细管前装设过滤器，以防毛细管被杂物堵塞。

毛细管是最简单的节流机构，制造方便，价格便宜，不易发生故障。但毛细管的调节性能差，当蒸发器的负荷变化时，不能很好地适应。因此，毛细管只适用于蒸发温度变化很小的小型全封闭式制冷装置，如电冰箱、空调器、小型除湿机等氟利昂制冷装置上。

想一想

生活中哪些制冷空调装置中使用毛细管作为节流元件？

二、热力膨胀阀

热力膨胀阀是温度调节式节流阀，又称为热力调节阀，是应用最为广泛的一种节流机构，普遍适用于氟利昂制冷系统中。它利用感温包来感知蒸发器出口处制冷剂的温度变化，从而自动调节阀芯的开启度来控制制冷剂的流量，因此适用于没有自由液面的蒸发器，如干式蒸发器、蛇形管式蒸发器和蛇形管式中间冷却器等。

根据膜片下部的气体压力不同，热力膨胀阀可分为内平衡式热力膨胀阀和外平衡式热力膨胀阀两种。若膨胀阀膜片下部的气体压力为膨胀阀节流后的制冷剂压力，称为内平衡式热力膨胀阀；若在蒸发器出口处和膨胀阀膜片下方引有一根外部平衡管，使膜片下部的气体压力为蒸发器出口的制冷剂压力，则称为外平衡式热力膨胀阀。

1. 内平衡式热力膨胀阀

如图 2-78 所示，内平衡式热力膨胀阀由阀体 14、阀座 11、传动杆 15、阀针 10、弹簧 4、调节杆 6、感温包 12、连接管 16、膜片 1 等部件组成。图 2-79 所示为内平衡式热力膨胀阀的安装位置与工作原理。膨胀阀 4 安装在蒸发器的进液管上，感温包 2 敷设在蒸发器出口管道的外壁上。在感温包、连接管 3 和金属膜片 5 之间组成了一个密闭空间，称为感应机构，其内充注有制冷剂的液体或其他感温剂。通常情况下，感应机构内充注的工质与制冷系统中的制冷剂相同。感温包用以感应蒸发器出口的过热温度，从而自动调节膨胀阀的开度。

2-21 内平衡式热力膨胀阀

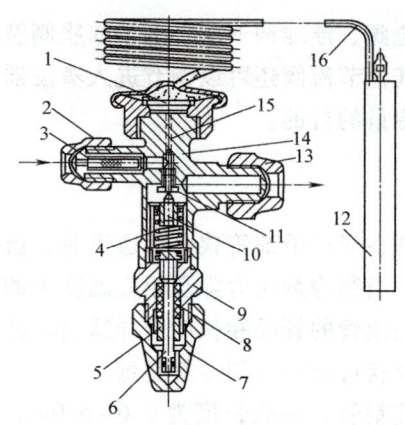

图 2-78 内平衡式热力膨胀阀
1—膜片 2、13—螺母 3—过滤网 4—弹簧
5—填料压盖 6—调节杆 7—阀帽 8—密封填料
9—调节杆座 10—阀针 11—阀座 12—感温包
14—阀体 15—传动杆 16—连接管

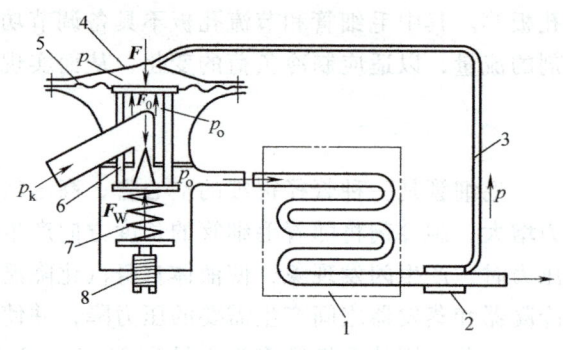

图 2-79 内平衡式热力膨胀阀的安装位置与工作原理
1—蒸发器 2—感温包 3—连接管 4—膨胀阀
5—金属膜片 6—传动杆 7—弹簧 8—调节杆

热力膨胀阀的工作原理是建立在力平衡基础上的。工作时，由于感温包内工质感受到的蒸发器出口温度对应的饱和压力 p 的存在，使得弹性金属膜片上侧产生一个向下的推力 F，下侧受到制冷剂蒸发压力 p_o 产生的力 F_0 和通过阀座、传动杆 6 传递过来的弹簧力 F_W 的作用。由于阀针的面积相对很小，冷凝压力 p_k 作用在阀针上的力极小，可忽略。这样，膜片便在 3 个力的作用下向下或向上鼓起，从而使阀孔关小或者开大，以此调节蒸发器的供液量。当室内温度升高，蒸发器出口处过热度增大，则感应温度上升，相应的感应压力 p 增大，推力 F 也增大，迫使膜片向下鼓出，推动传动杆使阀孔开大，制冷剂流量增加，制冷量随之增大，蒸发器出口过热度相应降低。反之亦然。膨胀阀进行上述自动调节，适应了外界热负荷的变化，满足了所需的室内温度条件。

由此可见，当蒸发器出口蒸气的过热度减小时，阀孔的开度也随之减小。而当过热度减小到某一数值时，阀门便关闭，此时的过热度称为关闭过热度，它在数值上等于阀门刚刚开启时的过热度，因此也称为开启过热度或静装配过热度。

内平衡式热力膨胀阀只适用于蒸发器内部阻力较小的场合，广泛应用于小型制冷机和空调机。

对于蒸发器管路较长或是多组蒸发器装有分液器的大型制冷装置及蒸发器阻力较大（一般为超过 0.03MPa）的场合，由于蒸发器出口处的压力比进口处下降较大，若使用内平衡式热力膨胀阀，将增加阀门的静装配过热度，相应减少了阀门的工作过热度，导致热力膨胀阀供液不足或根本不能开启，影响蒸发器的工作。此时，应采用外平衡式热力膨胀阀。

2-22 外平衡式热力膨胀阀

2. 外平衡式热力膨胀阀

如图 2-80 所示，外平衡式热力膨胀阀的构造与内平衡式热力膨胀阀基本相似，但其膜片 5 下方不与供入的液体接触，而是与阀的进、出口处用一隔板隔开，在膜片与隔板之间引出一根平衡管连接到蒸发器的管路上。这样就消除了蒸发器中流动阻力对膨胀阀调节性能的影响。另外，调节杆的形式也有所不同。

外平衡式热力膨胀阀的安装位置与工作原理如图 2-81 所示。压力 p 是感温包 2 感受到的蒸发器出口温度对应的饱和压力，它作用在波纹膜片 6 上侧产生向下的推力 F；p' 为蒸发器出口蒸发压力，它作用在波纹膜片下侧产生向上的推力 F'；F_W 为弹簧的作用力。当室内温度处于某一工况时，膨胀阀处在一定开度，F、F' 和 F_W 应处在平衡状态，即 $F = F' + F_W$。如果室内温度升高，蒸发器出口过热度增大，则感应温度上升，相应的感应压力 p 增大，推力 F 也增大，这时 $F > F' + F_W$，膜片向下鼓出，推动传动杆使膨胀阀孔开度增大，制冷剂流量增加，制冷量也增大，蒸发器出口过热度相应地降低。反之亦然。

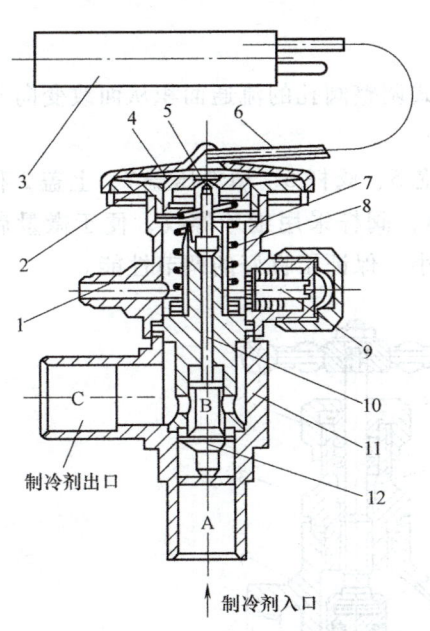

图 2-80 外平衡式热力膨胀阀
1—平衡管接头 2—薄膜外室 3—感温包 4—薄膜内室
5—膜片 6—毛细管 7—上阀体 8—弹簧 9—调节杆
10—传动杆 11—下阀体 12—阀芯

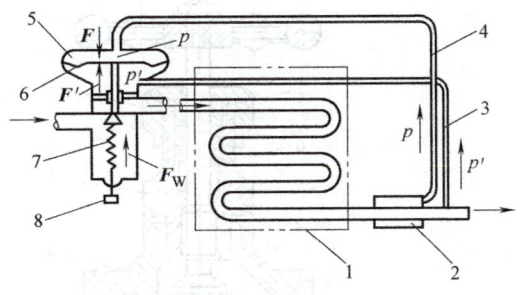

图 2-81 外平衡式热力膨胀阀的安装位置与工作原理
1—蒸发器 2—感温包 3—外部平衡管 4—毛细管
5—膨胀阀 6—波纹膜片 7—弹簧 8—调节杆

外平衡式热力膨胀阀的调节特性基本上不受蒸发器中压力损失的影响，可以改善蒸发器的工作条件，但其结构较复杂，安装与调试也较复杂，因此一般只有当膨胀阀出口至蒸发器出口的制冷剂压力降相应的蒸发温度降超过 2~3℃ 时，才使用外平衡式热力膨胀阀。目前国内一般中小型的氟利昂制冷系统中，除了使用分液器的蒸发器外，蒸发器的压力损失都比较小，所以采用内平衡式热力膨胀阀较多。

3. 热力膨胀阀的选配和容量的选择

选配热力膨胀阀所需要的已知条件有制冷剂的种类、蒸发温度、冷凝温度、蒸发器的热负荷、蒸发器的分路数以及液体制冷剂管路的布置。计算与选配的步骤是：确定膨胀阀两端的压差，选择膨胀阀的形式（内平衡式还是外平衡式）；选择膨胀阀的型号和制冷量规格。

热力膨胀阀的容量是指在某一压差作用下，处于一定开度的膨胀阀通过的制冷剂流量，在一定蒸发温度下完全蒸发时所产生的制冷量。热力膨胀阀的容量与膨胀阀入口处液体制冷剂的压力（或冷凝温度）、过冷度、出口处制冷剂的压力（或蒸发温度）及阀开度有关。热力膨胀阀的容量应与制冷系统特别是蒸发器的容量相匹配，使蒸发器最大限度地加以利用。容量的选择可根据热力膨胀阀制造厂提供的容量表进行，一般所选的膨胀阀容量应比蒸发器热负荷大 20%~30%。

想一想

内、外平衡式热力膨胀阀在结构、原理及使用上各有何区别？

三、手动节流阀

手动节流阀又称为调节阀或膨胀阀，是用手动方式调整阀孔的流通面积从而改变向蒸发器的供液量，多用于氨制冷装置。

手动节流阀的结构如图 2-82 所示，由阀体 4、阀芯 5、阀杆 6、填料压盖 7、上盖 2 和手轮 1 等零件组成。阀芯为针形或具有 V 形缺口的锥体，阀杆采用细牙螺纹，便于微量启闭阀芯。当旋转手轮时，阀门的开启度缓慢地增大或减小，保证了良好的调节性能。

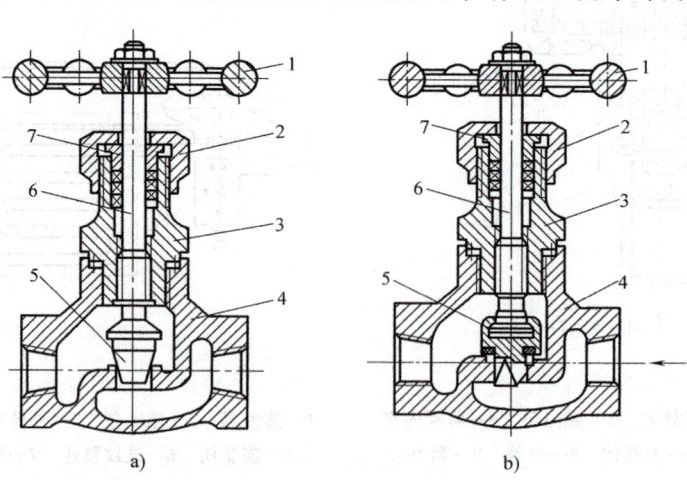

图 2-82 手动节流阀的结构
a）针形锥体阀芯　b）V 形缺口锥体阀芯
1—手轮　2—上盖　3—填料函　4—阀体　5—阀芯　6—阀杆　7—填料压盖

手动节流阀开启的大小需要操作人员频繁地调节，以适应负荷的变化。通常开启度为1/8～1/4圈，一般不超过一圈，开启度过大则起不到节流降压的作用。

手动节流阀现只用于氨制冷系统或试验装置中。在氟利昂制冷系统中，手动节流阀作为备用阀安装在旁通管路上，以便维修自动节流机构时使用。

> **想一想**
> 手动节流阀目前主要用于什么场合？

四、浮球节流阀

浮球节流阀简称浮球阀，是根据液位变化进行流量控制的直接作用式调节阀，起着节流降压和控制液位的作用，常用于具有自由液面的蒸发器、气液分离器和中间冷却器供液量的自动调节，目前主要用于氨制冷装置中。

浮球阀按所处的位置分为低压浮球阀和高压浮球阀两种。高压浮球阀根据冷凝器或高压储液器中的液位变化，调节向蒸发器的供液量。它只适用于一个蒸发器的制冷机组，故现在已很少使用。

低压浮球阀通常直接和满液式蒸发器连通，按蒸发器液位的高低，调节从储液器进到满液式蒸发器的制冷剂流量。按制冷剂液体在浮球阀中的流通方式，低压浮球阀有直通式和非直通式两种结构。图2-83所示为低压浮球阀的结构示意及非直通式浮球节流阀的管路系统。浮球阀是用液体连接管及气体连接管分别与蒸发器（或中间冷却器）的液体部分及气体部分连通，因而两者中具有相同的液位。当蒸发器（或中间冷却器）内的液面下降时阀体内的液面也随之下降，浮球落下，针阀便将阀孔开大，于是供液量增大。反之，当液面上升时浮球上升，阀孔开度减小，供液量减小。而当液面升高到一定的限度时阀孔被关死，即停止供液。

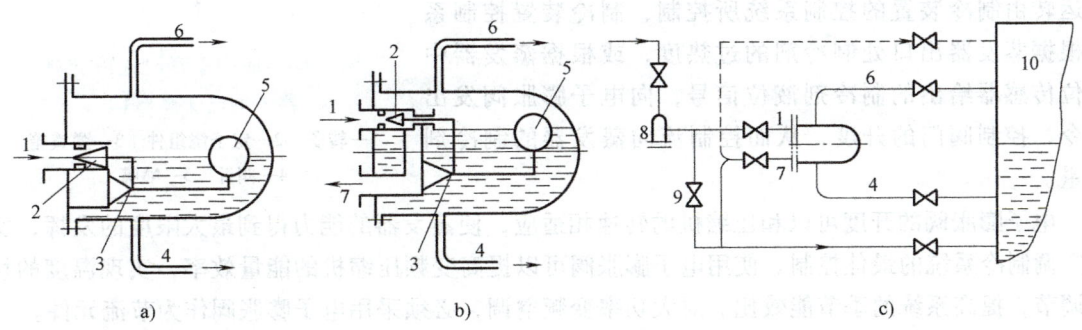

图 2-83 低压浮球阀的结构示意及管路系统
a）直通式 b）非直通式 c）非直通式浮球节流阀的管路系统
1—液体进口 2—针阀 3—支点 4—液体连接管 5—浮球 6—气体连接管
7—液体出口 8—过滤器 9—手动节流阀 10—蒸发器或中冷器

制冷装置中普遍采用的是非直通式浮球阀。在非直通式浮球阀中，节流后的液体先流入容器，通过平衡管再流入浮球室，浮球式内液面较平稳，虽然其结构复杂些，但可充分保证系统正常工作。而制冷剂液体在直通式浮球阀中节流后就先进入浮球室，再流入容器，浮球室内液面波动较大，使浮球阀的工作不稳定，容易使浮球控制失灵。

图 2-83c 所示为非直通式浮球节流阀的管路连接系统，制冷剂液体可以由最下面的实线表示的管子供入蒸发器，也可以由上面虚线表示的管子供入蒸发器。

为了保证浮球节流阀的灵敏性和可靠性，在浮球阀前都设有过滤器，以防污物堵塞阀口。设备运转过程中，应对过滤器进行定期检查和清洗。在浮球节流阀的管路系统中，一般都装有手动节流阀的旁路系统，当浮球阀发生故障或清洗过滤器时，可使用手动节流阀来调节供液。浮球阀前还装有截止阀，停机后应立即关闭，以防大量制冷剂液体进入蒸发器而使制冷压缩机发生液击的危险。

 想一想

制冷装置中常采用的是哪种浮球节流阀？它有何优势？

五、电子膨胀阀

电子膨胀阀广泛应用于智能控制的变频式空调器中，其流量调解范围大，控制精度高，适用于高效率的制冷剂流量的快速变化。

电子膨胀阀的结构由检测、控制、执行三部分组成，按驱动方式可分为电磁式电子膨胀阀和电动式电子膨胀阀，电动式电子膨胀阀又分为直动型电子膨胀阀和减速型电子膨胀阀。目前使用最多的是四极步进电动机驱动的电子膨胀阀。图 2-84 所示为应用于家用变频空调器上的电子膨胀阀。它由电动机控制阀门的开度，而电动机的运转由制冷装置的控制系统所控制，制冷装置控制系统根据蒸发器出口处制冷剂的过热度，或根据蒸发器中液位传感器给出的制冷剂液位信号，向电子膨胀阀发出指令，控制阀门的开度，从而控制流向蒸发器的制冷剂流量。

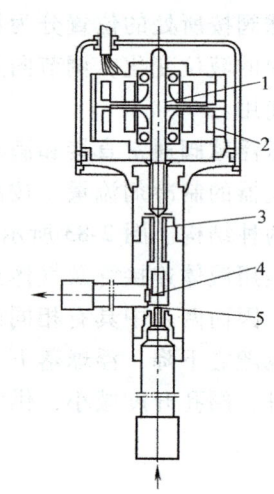

图 2-84 应用于家用变频空调器上的电子膨胀阀
1—转子 2—定子绕组件 3—弹簧箱
4—阀针 5—喷嘴

电子膨胀阀的开度可以和压缩机的转速相适应，使蒸发器的能力得到最大限度的发挥，实现空调制冷系统的最佳控制。使用电子膨胀阀可以提高变频压缩机的能量效率，实现温度的快速调节，提高系统的季节能效比。对大功率变频空调，必须采用电子膨胀阀作为节流元件。

 想一想

为什么大功率的变频空调必须要采用电子膨胀阀作为节流元件？

六、节流孔板

在具有自由液面的蒸发器中除了采用浮球节流阀作为节流机构外，采用孔板节流机构也日趋增多。节流孔板的工作原理如图 2-85 所示。

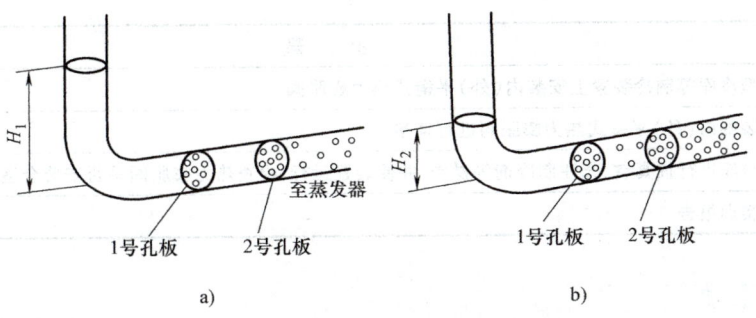

图 2-85 节流孔板的工作原理

在冷凝器至蒸发器的液管上装有两个节流孔板,当蒸发器负荷由小变大时,由于原来负荷小,则冷凝器至孔板的液柱高度较大(图 2-85a),通过 1 号孔板的压力降比冷凝侧液管中液柱高度 H_1 所施加的压力小,液体通过时不闪发,此时经 2 号孔板节流进入蒸发器的制冷剂液体流量最大,以适应蒸发器负荷工作时流量的需要。

当蒸发器负荷下降,蒸发器内的蒸发量减小,机组中制冷剂循环量也减少,由于原来负荷大,则冷凝器至孔板液管中的液柱由 H_1 降至 H_2(图 2-85b)。此时,通过 1 号孔板的压力大于液柱高度 H_2 所施加的压力,所以通过 1 号孔板后的制冷剂液体节流产生闪发蒸气。由于通过 2 号孔板的容积流量不变,而一部分容积流量由闪发蒸气所占据,所以减小了供入蒸发器的液体流量,这样就起到了调节流量和维持高、低压两侧的压力差的作用。

> **想一想**
> 节流孔板是如何调节制冷剂的流量和维持高、低压两侧的压力差的?

技能训练 热力膨胀阀的安装与调整

一、实训目的

利用校内实训室的小型冷库等制冷装置,进行热力膨胀阀的安装并进行制冷系统调整。

二、实训内容与要求

序号	内 容	要 求
1	在校内实训室的小型冷库等制冷装置上安装内(外)平衡式热力膨胀阀	1. 充分考虑感温包的正确安装位置 2. 感温包与吸气管的接触部分应平直、清洁,并用绑带扎紧,外包绝热材料
2	对安装好的热力膨胀阀进行调整	会分别采用散型齿轮式和压杆式两种方法规范进行热力膨胀阀调整操作

三、实训器材与设备

实训器材与设备主要有小型冷库、内平衡式热力膨胀阀等。

四、实训过程

序号	步骤
1	在小型冷库等制冷装置上安装内(外)平衡式热力膨胀阀
2	对安装的内(外)平衡式热力膨胀阀进行调整
3	对小冷库进行抽真空、充注制冷剂等操作,并使装置运行,检查热力膨胀阀是否安装合适
4	撰写实训报告

五、注意事项

1. 热力膨胀阀的安装要点

① 为保证感温包采样信号的准确性,应当安装在不易积液的蒸发器出口的吸气管上。

② 如果吸气管上装有气液回热器,则感温包应当安装在流出回热器的吸气管上。

③ 当蒸发器出口吸气管管径小于 $\phi 22mm$ 时,感温包可水平安装在管的顶部。

④ 当管径大于 $\phi 22mm$ 时,则应将感温包水平安装在管的下侧方 45°的位置。

⑤ 感温包绝对不可随意安装在管的底部,也要避免在立管或多个蒸发器的公共回气管上安装感温包。

⑥ 感温包与吸气管的接触部分应平直、清洁,并用绑带扎紧,使两者之间有良好的传热性能,然后外包绝热材料。

⑦ 外平衡式热力膨胀阀的外平衡管应接于感温包后约 100mm 处,接口一般位于水平管顶部,以保证调节动作的可靠性。

2. 热力膨胀阀的调整

① 调节时千万不可采取大起大落的方式调整。

② 散型齿轮式调整方法是用一个小齿轮带动一个大齿轮,调节的圈数比较多,一般可以调节 2~4 圈(一般外调节杆转动 4 圈内散型齿轮才转一圈)。

③ 压杆式可调圈数比较少,每次按 1/2、1/3、1/4 圈试着调整。

④ 每调整膨胀阀一次,一般需间隔 15~30min 的时间才能再次调整。

思考与练习

1. 填空题

(1) 常用的节流机构有_____、_____、_____、_____等,其中_____和_____不具备调节功能。

(2) 目前使用的毛细管多为内径为 $\phi 0.5 \sim \phi 2.5mm$ 的_____。

(3) 热力膨胀阀按阀的使用条件不同可分为_____和_____两种。

(4) 热力膨胀阀中感温包的作用是_____。

(5) 电子膨胀阀由_____、_____、_____三部分组成。

2. 选择题

(1) 外平衡式热力膨胀阀膜片下方除了弹簧力外,还作用着_____。

A. 蒸发器进口压力　　　　　　B. 蒸发器出口压力
　　C. 温包内饱和压力　　　　　　D. 冷凝压力
　（2）膨胀阀的开启度与蒸发温度的关系是_____。
　　A. 蒸发温度高开启度大　　　　B. 蒸发温度高开启度小
　　C. 蒸发温度低开启度大　　　　D. 开启度调定后不变
　（3）节流机构有多种形式，氨制冷系统适宜采用_____。
　　A. 毛细管　　　　　　　　　　B. 热力膨胀阀
　　C. 热电膨胀阀　　　　　　　　D. 浮球阀
　（4）家用冰箱适宜采用_____做节流元件。
　　A. 毛细管　　　　　　　　　　B. 热力膨胀阀
　　C. 热电膨胀阀　　　　　　　　D. 浮球阀
　（5）目前在氟利昂制冷系统中，_____作为备用阀安装在旁通管路上，以便维修自动节流机构时使用。
　　A. 手动节流阀　　　　　　　　B. 热力膨胀阀
　　C. 电子膨胀阀　　　　　　　　D. 浮球阀

3. 判断题

（1）若制冷剂在蒸发器内压力降较大，最好采用内平衡式热力膨胀阀。（　　）
（2）节流机构除了起节流降压作用外，还具有自动调节制冷剂流量的作用。（　　）
（3）浮球阀与相应容器具有相同液位，是因为阀体与相应容器的液位部分有接管相连通。（　　）
（4）膨胀阀是将感温包感受到的吸气温度转换为压力信号后，再传递到膜片上，自动调整阀的开启度。（　　）
（5）已知节流阀孔径大小，就可大约估计出制冷设备的制冷量。（　　）

4. 简答题

（1）制冷系统的节流机构有哪些作用？
（2）制冷系统的节流机构包括哪些？各有何特点？
（3）内平衡式及外平衡式热力膨胀阀分别适用于何种情况？
（4）画图说明热力膨胀阀的工作原理。

人文·素养·美德·价值

服务社会，承担起更多社会责任

　　我国是当今全球最大的制冷空调设备消费市场，制冷空调设备是国家经济生活中的能源消耗大户。据统计，近年来各类在用的制冷空调设备耗电量占全社会年度发电总量的20%以上，制冷空调行业节能减排责任重大，工作艰巨。"推动能源技术革命，带动产业转型升级"，制冷空调行业以此为中心积极组织开展各方面工作。近年来，伴随我国制冷空调行业由大到强步伐的加快，制冷空调行业企业积极加大研发投入和创新力度，行业内相关产品的能效水平快速提高。据统计，目前行业的主导产品中，节能产品占比已超过70%，为国家的节能减排事业做出了巨大贡献。在党和政府为改善大气环境推进的北方地区冬季清洁取暖的"煤改电"工程中，制冷空调行业企业积极行动，快速开发出高效适用的热泵技术和产品，成为"煤改电"工程的主流技术并取得大范围的推广应用，为解决北方地区空气污染问题做出了积极的贡献。

为全面贯彻落实人才强国战略，中国制冷空调工业协会联合相关单位在行业内连续组织举办"中国制冷空调行业大学生科技竞赛"和"全国行业职业技能竞赛"等涉及制冷空调产业的多工种技能竞赛，助力解决高素质技能型人才的培养问题，大力弘扬"工匠精神"，促进了行业的技术创新和高质量发展。

学习任务六 制冷系统辅助设备

知识点和技能点

1. 掌握油分离器在制冷系统中的位置及作用。
2. 了解洗涤式油分离器、离心式油分离器、填料式油分离器和过滤式油分离器的结构、原理及应用。
3. 掌握集油器在制冷系统中的位置及作用。
4. 掌握气液分离器的结构、原理及在制冷系统中的位置和作用。
5. 掌握高压储液器的结构、原理及在制冷系统中的位置和作用。
6. 掌握低压循环储液器的结构、原理及在制冷系统中的位置和作用。
7. 掌握排液桶的结构、原理及在制冷系统中的位置和作用。
8. 了解不凝性气体的来源与危害。
9. 掌握空气分离器的结构、原理及在制冷系统中的位置和作用。
10. 掌握过滤器和干燥过滤器的结构及在制冷系统中的位置和作用。
11. 了解安全设备的结构与原理。
12. 了解截止阀的结构与作用。
13. 了解止回阀的结构与作用。
14. 了解压力表阀的结构与作用。
15. 了解电磁阀的结构与作用。

重点和难点

1. 油分离器的原理及应用。
2. 气液分离器的结构、原理及作用。
3. 高压储液器的结构、原理及作用。
4. 低压循环储液器的结构、原理及作用。
5. 空气分离器的结构、原理及作用。
6. 过滤器和干燥过滤器的结构及作用。

一、油分离器

制冷系统运行过程中，润滑油往往会随压缩机排气进入冷凝器甚至蒸发器，在传热面上形成油膜，使冷凝器或蒸发器的传热效率降低。因此，要在压缩机和冷凝器之间设置油分离器，将压缩机排出的制冷剂过热蒸气中夹带的润滑油蒸气和微小油粒在进入冷凝器前分离出来。

油分离器是一种气液分离设备，它是利用油滴与制冷剂蒸气的密度不同，通过降低混有润滑油的制冷剂蒸气的温度和流速来分离出润滑油的。常用的油分离器有洗涤式、离心式、填料式和过滤式等几种结构形式。

1. 洗涤式油分离器

洗涤式油分离器常用于氨制冷系统中，分油效率为 80%～85%，其结构如图 2-86 所示。其壳体用钢板卷焊成圆筒体，上、下两端焊有钢板拱形封头。进气管由上封头中心处伸入到油分离器内稳定的工作液面以下，管出口端四周开有四个矩形出气口，底部用钢板焊死，防止高速过热蒸气直接冲击油分离器底部，将沉积的润滑油冲起。油分离器内进气管的中上部设有多孔伞形挡板，进气管上有一平衡孔位于伞形挡板之下、工作液面之上。筒体上部焊有出气管伸入筒体内，并向上开口。筒体下部设有进液管和放油管接口。进气管上平衡孔的作用是为了平衡压缩机的排气管路、油分离器和冷凝器间的压力，当压缩机停机或发生事故时，不致因冷凝压力高于排气压力而将油分离器中的氨液压入压缩机的排气管道中。

洗涤式油分离器工作时，筒内氨液须保持一定的高度，压缩机排出的氨油混合气体进入油分离器后，通过排气的减速和改向及在氨液中的洗涤和冷却，使部分油蒸气凝结为油滴并分离出来。筒体内部分氨液吸热汽化并随同被冷却的制冷剂排气经伞形挡板受阻折流后，由排气管送往冷凝器。

2. 离心式油分离器

离心式油分离器属于干式油分离器，适用于大、中型制冷装置，其结构如图 2-87 所示。在筒体上部设有螺旋状导向叶片，进气从筒体上部沿切线方向进入后，沿导向叶片自上而下做螺旋状流动，使进气中的油滴在离心力的作用下被分离出来，沿筒体内壁流下并积聚到容器底部，分油后的制冷剂蒸气经筒体中央的中心管经三层筛板过滤后从筒体顶部排出。筒体中部设有倾斜挡板，将高速旋转的气流与容器底部隔开，同时也能使分离出来的润滑油沿挡板流到容器底部。当积存的润滑油达到一定量后，浮球阀自动开启，使油自动返回压缩机，也可采用手动方式回油。有的离心式油分离器外部还加有冷却水套，以期提高分油效果。

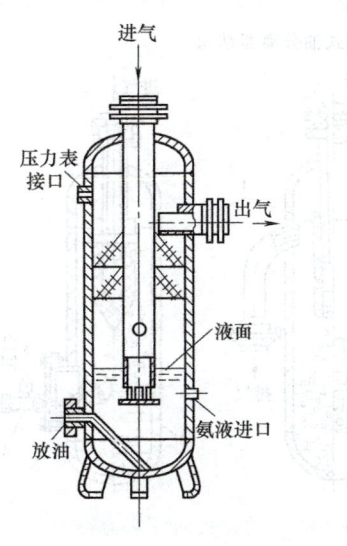

图 2-86 洗涤式油分离器结构

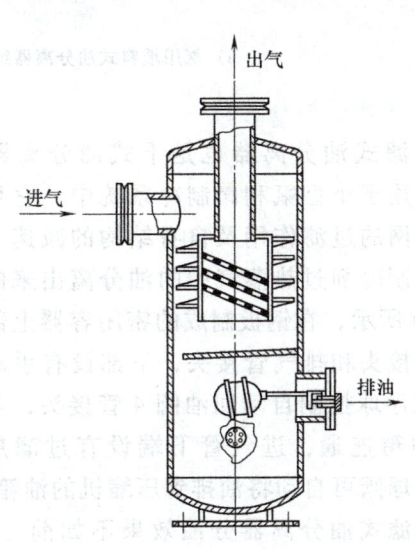

图 2-87 离心式油分离器结构

3. 填料式油分离器

填料式油分离器是干式油分离器的一种，其密闭容器内设有填料，制冷剂过热蒸气进入油分离器后，主要通过降低蒸气流速、改变流向及填料过滤来分离润滑油。其分油效果好（可高达 96%~98%），结构简单，但填料层阻力较大，适用于大、中型制冷装置。

图 2-88 所示为氨用填料式油分离器和氟利昂用填料式油分离器结构，两者基本相同。氨用填料式油分离器在钢板焊制的密闭容器内用钢板隔成上、下两部分，隔板中心之间焊有钢管连通，钢管四周设有填料层。填料层的上、下用两块多孔的钢板固定，填料层下面焊有伞形挡板。容器上部有进气口管接头和出气口管接头，下部有放油管接头和排污管接头。氟利昂用填料式油分离器的结构不同之处在于筒体上部没有隔板隔开进气管和出气管，下部除有手动放油管外，还有浮球控制的自动回油阀连接自动回油管，以便工作时直接回油至压缩机的曲轴箱内。

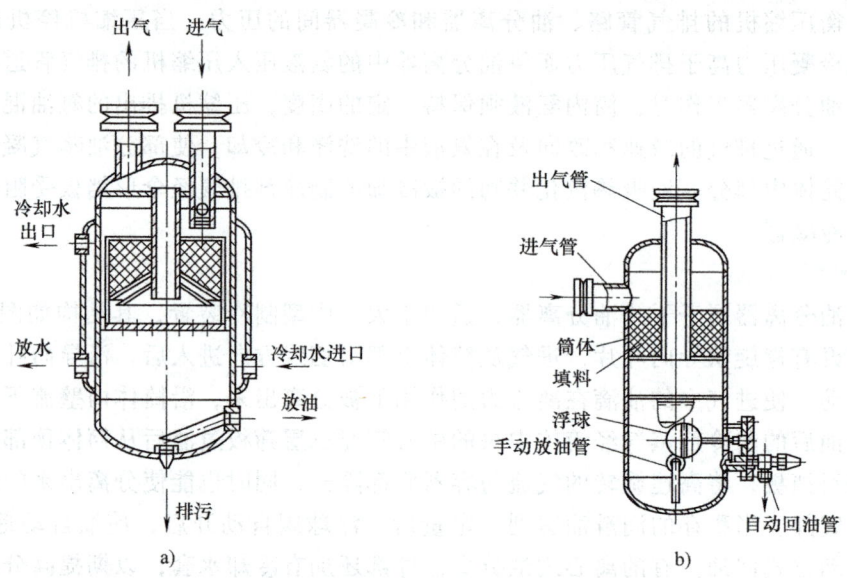

图 2-88 填料式油分离器结构
a）氨用填料式油分离器结构　b）氟利昂用填料式油分离器结构

4. 过滤式油分离器

过滤式油分离器也是干式油分离器的一种，多用于小型氟利昂制冷系统中。它是利用铜丝滤网的过滤作用及自身结构的减速、改向作用将制冷剂过热蒸气中的油分离出来的。如图 2-89 所示，在钢板制成的密闭容器上部设有进气管接头和排气管接头，下部设有手动回油阀 2 或浮球控制自动回油阀 4 管接头，与压缩机曲轴箱连通，进气管下端设有过滤层。其中，浮球阀可自动将油排到压缩机的油箱中。

过滤式油分离器分油效果不如前三种好，但结构简单，制作方便，回油及时，在小型制

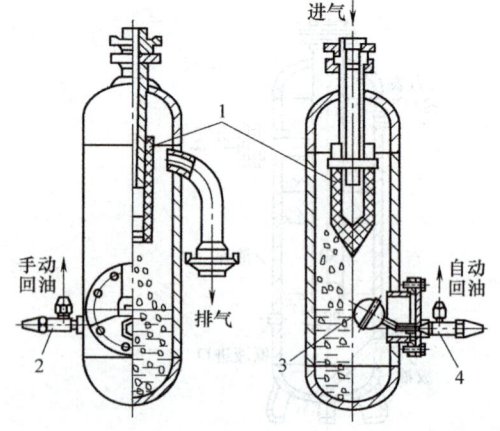

图 2-89 过滤式油分离器结构
1—铜丝滤网　2—手动回油阀　3—浮球　4—自动回油阀

冷装置中应用相当广泛。

 想一想
都有哪些类型的油分离器？它们各用于什么场合？

二、集油器

集油器在氨制冷系统中用于收集从油分离器、冷凝器、储液器、中间冷却器、蒸发器和排液桶等设备放出的润滑油。如图 2-90 所示，集油器是用钢板焊制而成的圆筒形密闭压力容器，筒体上侧有进油管接头，与各设备放油管相接。集油器顶部的回气管接头与系统中氨液分离器或低压循环储液器的回气管相通，用作回收氨气和降低集油器内的压力。集油器下侧设有放油管接头，用以回收氨蒸气后将集油器内的油放出。集油器上还装有压力表和玻璃液位计，用以观察，便于操作。

集油器在氨制冷系统中应根据润滑油排放安全、方便的原则进行设置。高压部分的集油器一般设置于放油频繁的油分离器附近，低压部分的集油器设置在设备间低压循环储液器或排液桶附近。

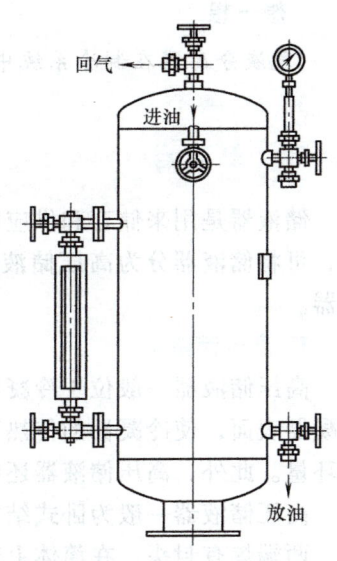

图 2-90 集油器结构

 想一想
集油器用于哪种制冷系统？

三、气液分离器

气液分离器是将制冷剂蒸气与液体制冷剂进行分离的设备，用于重力供液系统。

氨用气液分离器一般具有两方面作用：一是用来分离由蒸发器来的低压蒸气中的液滴，以保证压缩机吸入的是干饱和蒸气，实现运行安全，这种气液分离器又称为机房用气液分离器；二是使经节流阀来的气液混合物分离，只让氨液进入蒸发器，兼有分配液体的作用，这种气液分离器又称为库房用气液分离器。

图 2-91 所示为一种常用立式氨液分离器结构。其分离原理主要是利用气体和液体的密度不同，通过扩大管路通径来减小流速及改变方向，使气体和液体分离。

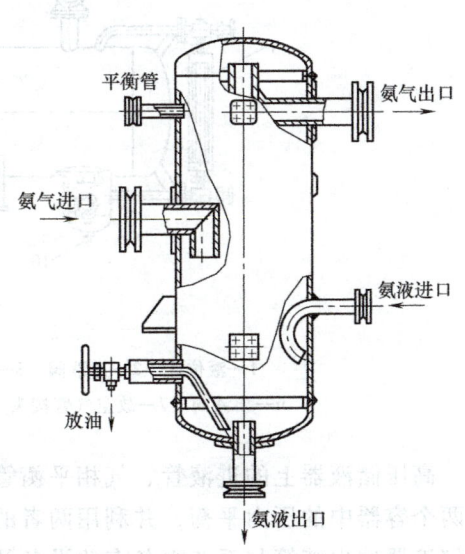

图 2-91 立式氨液分离器结构

在氟利昂制冷系统中，气液分离器主要用于机房。其作用是：储存分离下来的液体制冷剂，防止压缩机发生湿冲程，并防止液体进入压缩机曲轴箱将润滑油稀释；返送足够的润滑油回到压缩机，保证曲轴箱内油量正常；气液分离器内的盘管可作为回热器，使制冷系统运转良好。

> **想一想**
> 气液分离器在制冷系统中有何作用？它安装于制冷系统中什么位置？

四、储液器

储液器是用来储存和供应制冷系统中的液体制冷剂的设备。根据其作用和工作压力的不同，可将储液器分为高压储液器和低压储液器；根据其外形，可分为立式储液器和卧式储液器。

1. 高压储液器

高压储液器一般位于冷凝器之后，用以储存来自冷凝器的制冷剂液体，不致使液体淹没冷凝器表面，使冷凝器的传热面积充分发挥作用，并且为适应工况变化而调节制冷剂液体的循环量。此外，高压储液器还起到液封作用，防止高压制冷剂蒸气窜至低压系统管路中去。

高压储液器一般为卧式结构。图 2-92 所示为氨用高压储液器结构。筒体由钢板卷焊而成，两端焊有封头。在筒体上部设有进液管、气相平衡管、压力表 4、安全阀 5、出液管和放空气管等接头，其中出液管伸入筒体内接近底部，下部设有排污管接头 8 和油包 9，油包上装有放油管接头 10。有些高压储液器不设油包，放油管自筒体上部伸入筒内接近底部。

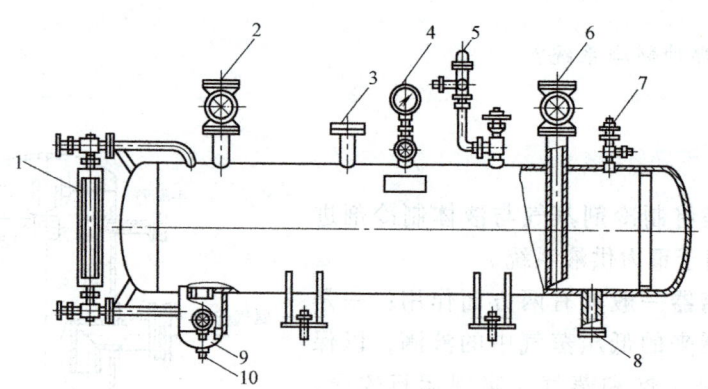

图 2-92　氨用高压储液器结构

1—液位计　2—进液阀　3—气相平衡管接头　4—压力表　5—安全阀
6—出液阀　7—放空气管接头　8—排污管接头　9—油包　10—放油管接头

高压储液器上的进液管、气相平衡管分别与冷凝器的出液管、平衡管相连接。平衡管可使两个容器中的压力平衡，并利用两者的液位差，使冷凝器中的液体流进高压储液器内。高压储液器的出液管与系统中各有关设备及总调节站连通。放空气管和放油管分别与空气分离器和集油器有关管路连接。排污管一般与紧急泄氨器相连，当发生重大事故时，做紧急处理泄氨液用。为了设备安全和便于观察，高压储液器上设有安全阀、压力表和液位计。高压储液器储存的制冷剂液体容量是按整个制冷系统每小时制冷循环量的1/3～1/2。存液量过多，易发生危险和难以保证冷凝器中液体及时流入；存液量过少，则不能满足制冷系统正常供液需要，甚至破坏液封，发生高低压串通事故。

大、中型氟利昂制冷系统中的高压储液器结构与氨用高压储液器基本相同，而小型氟利昂制冷系统中的高压储液器结构相对较简单，只有进液管接头和出液管接头，如图2-93所示。对于只有一个蒸发器的小型氟利昂制冷装置，可不设高压储液器，仅在冷凝器下部储存少量液体。

2. 低压储液器

低压储液器设置在系统的低压侧，仅在大型氨制冷装置中使用。按其用途的不同，可将低压储液器分为低压循环储液器和排液桶等。

（1）低压循环储液器 低压循环储液器是液泵供液系统的关键设备，其作用是保证充分供应液泵所需的低压制冷剂液体，同时又能对回气进行气液分离，保证压缩机的干行程。低压循环储液器有氨用、氟用和立式、卧式之分。图2-94所示为立式氨用低压循环储液器的结构示意。储液器的进气管与机房回气总管相连接，而出气管接在氨压缩机的吸气总管上。下部设有出液管与氨泵进液口连接。氨液通过浮球阀进入，并自动保持合理的液面高度。当浮球阀失灵时，可手动调节节流阀供液。

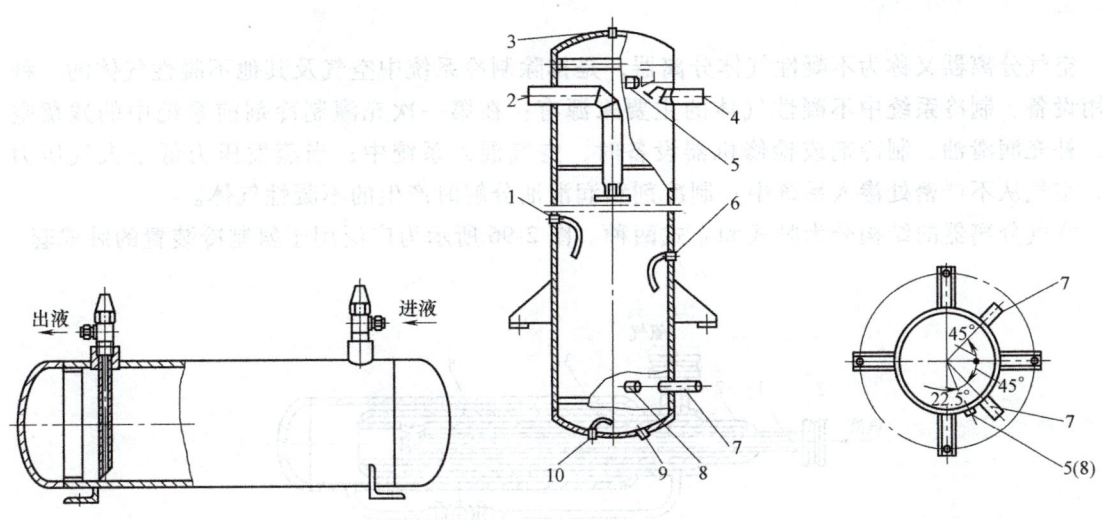

图2-93 小型氟利昂用高压储液器结构　　图2-94 立式氨用低压循环储液器的结构示意
　　　　　　　　　　　　　　　　　　　　1—融霜排液管　2—进气管　3—安全阀
　　　　　　　　　　　　　　　　　　　　4—出气管　5、8—气液均压管　6—供液管
　　　　　　　　　　　　　　　　　　　　7—氨泵供液管　9—排污管　10—放油管

（2）排液桶 排液桶的作用是储存热氨融霜时由被融霜的蒸发器如冷风机或冷却排管内排出的氨液，并分离氨液中的润滑油，一般布置于设备间靠近冷库的一侧。其结构与高压储液器的构造基本相同，如图2-95所示，但管路接头用途不同，桶上减压管与气液分离器的进气管连接，用以降低桶内压力。

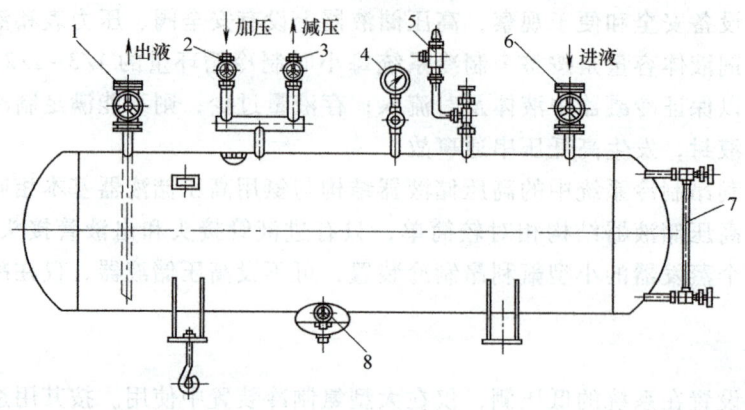

图 2-95 排液桶结构

1—出液管 2—加压管 3—减压管 4—压力表 5—安全阀 6—进液管 7—液位计 8—放油阀

 想一想

储液器有哪几种？试简述其结构及工作过程。

五、空气分离器

空气分离器又称为不凝性气体分离器，是排除制冷系统中空气及其他不凝性气体的一种专用设备。制冷系统中不凝性气体的主要来源有：在第一次充灌制冷剂前系统中的残留空气；补充润滑油、制冷剂或检修机器设备时，空气混入系统中；当蒸发压力低于大气压力时，空气从不严密处渗入系统中；制冷剂和润滑油分解时产生的不凝性气体。

空气分离器的结构分为卧式和立式两种。图 2-96 所示为广泛用于氨制冷装置的卧式套

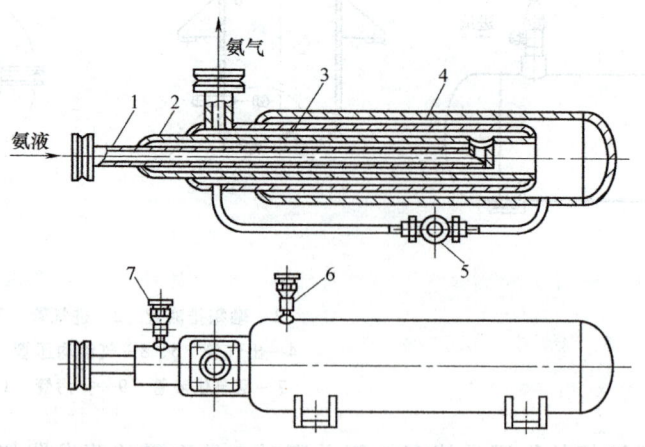

图 2-96 卧式套管式空气分离器结构

1—内管 1 2—内管 2 3—内管 3 4—外管 5—节流阀
6—混合气体进气管 7—放空气管

管式空气分离器结构。它由4根不同直径的无缝钢管做成的同心套管焊接而成，其中内管1与内管3相通，内管2与外管4相通，外管4通过旁通管与内管1相通。在旁通管上装有节流阀。空气分离器的4根套管皆由管接头与各自有关的设备相通。

卧式套管式空气分离器工作时，从高压储液器来的氨液经供液节流阀节流后进入空气分离器的内管1和内管3的腔中，低温氨液吸收管外混合气体的热量而汽化，经内管3上的出气管去往系统氨液分离器或低压循环储液器的进气管。自冷凝器和高压储液器来的混合气体，通过进气管进入空气分离器的外管4和内管2的腔中，在内管1、3腔中的低温氨液的冷却下，混合气体中的氨液凝结成液体而与不凝性气体分离。凝结的氨液积聚在外管4的底部，当氨液积聚到一定量时，关闭内管1上的供液节流阀，开启旁通管上的节流阀5，由旁通管供入内管1作继续蒸发吸热用。而空气和其他不凝性气体经内管2上的放空气管阀门缓缓排至盛水的容器中。可以从水中气泡的大小、多少、颜色和声音判断空气是否放尽及空气中的含氨量多少，以便控制。卧式套管式空气分离器分离效果较好，操作方便，应用较广。

图2-97所示为立式盘管式空气分离器原理示意，它由钢管壳体和一组蛇形盘管2组成。冷凝器出来的制冷剂液体被节流后进入盘管内蒸发，将盘管外来自冷凝器上部的高压过热蒸气冷却和冷凝。凝结下来的高压液体通过壳体底部的排液管3回到储液器，或者通过膨胀阀送入盘管重新利用。在壳体顶部还设有测温装置，用以监测高压混合液体温度，并通过自控装置控制放空气电磁阀，实现连续工作的自动化操作。

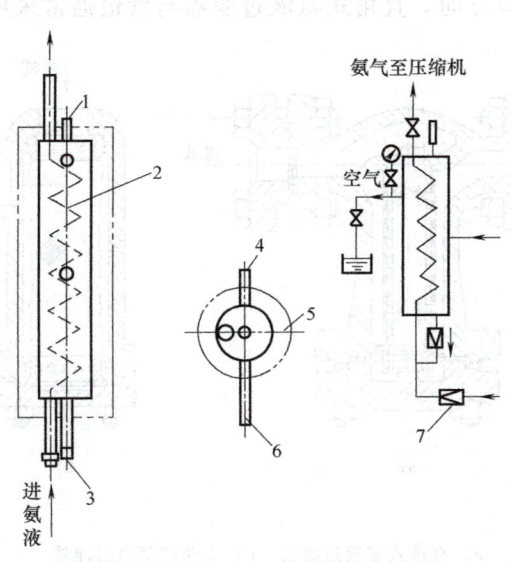

2-23 立式盘管式空气分离器

图2-97 立式盘管式空气分离器原理示意
1—温度计插座 2—蛇形盘管 3—排液管 4—放空气管
5—软木保温层 6—混合气体进气管 7—节流阀

对于氟利昂制冷系统，没有专用的放空气装置，要求系统密封性高。由于空气比氟利昂气体轻，空气积存于冷凝器的上部，停机时可打开冷凝器顶部的放空气阀或压缩机排气截止阀多用孔的堵头，放出空气。氟利昂制冷系统放空气最好停机进行，而氨制冷系统放空气则应在开机时进行。

> **想一想**
>
> 空气分离器中不凝性气体的来源有哪些?

六、过滤器和干燥过滤器

过滤器用于清除制冷剂中的机械杂质,如金属屑、焊渣、氧化皮等,按用途可分为液体过滤器和气体过滤器两种。干燥过滤器用于氟利昂制冷系统中,既能清除机械杂质,同时又能吸附制冷剂中的水分。

1. 氨液过滤器

氨液过滤器一般装在调节阀、电磁阀、氨泵前的液体管路上,用来过滤氨液中的固体杂质,以防污物堵塞或损坏阀件,并保护氨泵,以免发生运转故障。氨液过滤器有直通式和直角式两种结构。如图 2-98a 所示,直通式氨液过滤器的壳体由铸铁制成,壳体内部支座上装有 1~3 层网孔为 $\phi 0.4 mm$ 的细孔过滤网,过滤网下端有弹簧,下端盖加垫片后用螺栓拧紧。壳体上部有氨液进口和出口。工作时氨液从进口流入,经过滤网清除杂质后由出口流出。使用一段时间后,应将过滤器下端盖拆开,取出滤网检查,根据污损情况清洗或更换。

直角式氨液过滤器结构如图 2-98b 所示,其结构、工作原理与直通式氨液过滤器基本相同,不同的只是进口和出口方向。直角式氨液过滤器与管道通常采用螺纹连接。

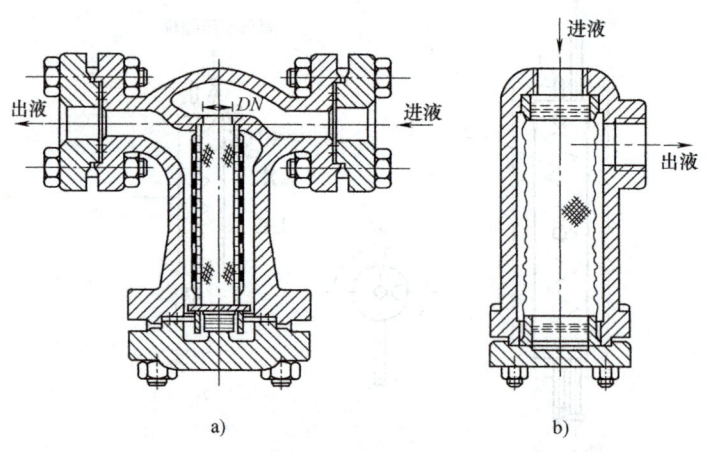

图 2-98 氨液过滤器结构
a) 直通式氨液过滤器 b) 直角式氨液过滤器

2. 氨气过滤器

氨气过滤器装在压缩机吸气管上,用来过滤和清除氨气中的机械杂质和其他污物,以防它们进入压缩机。如图 2-99 所示,氨气过滤器结构与氨液过滤器类似,安装时应按气流方向与系统吸气管连接,不可装反。

3. 干燥过滤器

干燥过滤器设置在氟利昂制冷系统液体管路的节流阀或热力膨胀阀前,既能清除制冷剂中的机械杂质,又能吸附制冷剂中的水分,防止节流阀或热力膨胀阀脏堵或冰堵,保证系统正常运行。

干燥过滤器的形式很多，在电冰箱等小型制冷设备中，通常使用全密封的干燥过滤器。如图 2-100 所示，它是用一个直径较粗的纯铜管作为外壳 2，管内两端装有铜丝制成的过滤网 1 和 4，两网之间装入干燥剂，外壳两端头经滚压收口形成小管径，分别与冷凝器和毛细管连接。这种干燥过滤器结构简单，使用方便，价格便宜，但失效后不易修复，只能更换。

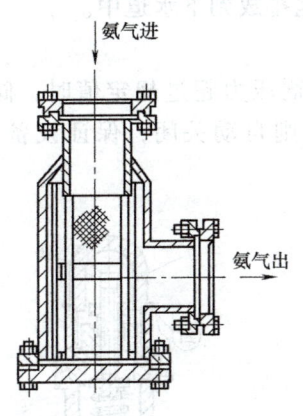

图 2-99　氨气过滤器结构

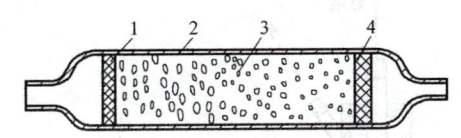

图 2-100　全密封的干燥过滤器结构

1、4—过滤网　2—外壳　3—分子筛或硅胶

制冷量较大的冷冻设备，常把干燥过滤器制成可拆结构，如图 2-101 所示。从端盖 1 的法兰盘处拆下端盖，可取出过滤网 2 清洗，或更换干燥剂 3，恢复后可继续使用。

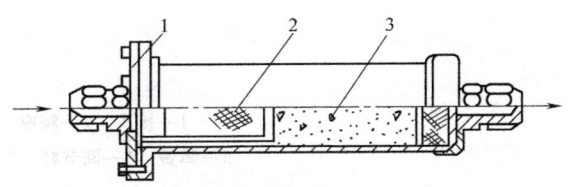

图 2-101　可拆卸式干燥过滤器结构

1—端盖　2—过滤网　3—干燥剂

用于制冷系统中的干燥剂，目前使用较多的是分子筛和硅胶，它们都属于吸附性干燥剂，以物理吸附的方式吸收水分，不生成有害物，并可加热再生后重复使用。

想一想

过滤器和干燥过滤器的安装位置一样吗？

七、安全设备

1. 紧急泄氨器

紧急泄氨器的作用是当制冷设备或制冷机房发生重大事故或情况紧急时，将制冷系统中的氨液与水混合后迅速排入下水道，以保护人员和设备的安全。紧急泄氨器设置在氨制冷系统的高压储液器、蒸发器等储氨量较大的设备附近，其结构如图 2-102 所示。它由两根不同管径的无缝钢管套合而成，内管下部钻有许多小孔，从紧急泄氨器上端盖插入。壳体上侧焊有与其轴线成 30°夹角的进水管。下端盖设有排泄管，接到下水道。

紧急泄氨器的内管与高压储液器、蒸发器等设备的有关管路连通。当需紧急排氨时，先开启紧急泄氨器的进水阀，再开启紧急泄氨器内管上的进氨阀，氨液经布满小孔的内管流向壳体内腔并溶解于水中，成为氨水溶液，由排泄管安全地排放到下水道中。

2. 安全阀

安全阀是用于受压容器的保护装置，当容器内制冷剂压力超过规定值时，阀门自动开启，将制冷剂排出系统；当压力恢复到规定值时，阀门则自动关闭，保证设备安全运行。图 2-103 所示为弹簧微启式安全阀结构。

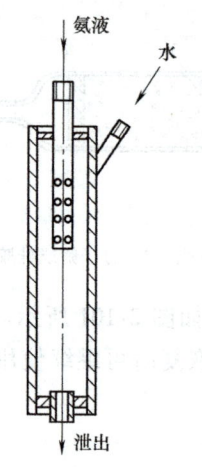

图 2-102 紧急泄氨器结构

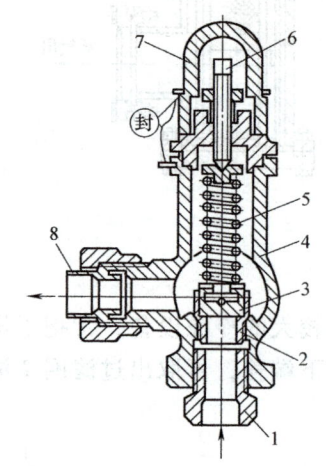

图 2-103 弹簧微启式安全阀结构

1—接头　2—阀座　3—阀芯　4—阀体
5—弹簧　6—调节杆　7—阀帽　8—排出管接头

安全阀可装在制冷压缩机上，连通进气管和排气管。当压缩机排气压力超过允许值时，阀门开启，使高、低压两侧连通，保证压缩机的安全。制冷系统中的冷凝器、储液器、低压循环储液器、氨液分离器、中间冷却器等均装设安全阀，防止设备压力过高而发生爆炸。

此外，用于小型氟利昂系统的还有易熔塞等简易安全设备。

> **想一想**
> 制冷系统中有哪些安全设备？

八、湿度-液流指示器

湿度-液流指示器是一种价廉的保护装置，其作用是显示管路中制冷剂液体或润滑油的流动情况，有时也兼有指示制冷剂中含水量变化的作用。

如图 2-104 所示，在液流指示器中装有一个指示含水量的纸质圆芯 3，在圆芯纸上涂有金属盐指示剂，遇不同含水量的制冷剂时，其水化物能显示出不同的颜色。为了指示剂的反应迅速，在有回热器的制冷系统中，这种有含水量指示作用的液流指示器应装在回热器前、液体温度较高的管路上。

液流指示器也可在安装或维修制冷装置时用作检验工具，临时安装在有关管路中。通过固定安装在液管上的液流指示器，可以观察制冷剂的状况。工作正常时，应能看到稳定流动的液流；制冷剂不足时，液流中会出现气泡。为了使液流指示器的指示不受其他因素的干扰，应尽可能将其安装在靠近储液器（或冷凝器）的位置，并且离前面的阀件远一些。

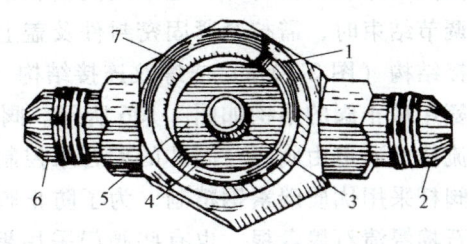

图 2-104　液流指示器
1—壳体　2、6—管接头　3—纸质圆芯
4—芯柱　5—观察镜　7—压环

 想一想

湿度-液流指示器的作用是什么？

九、各类阀件

1. 截止阀

截止阀是制冷系统中用得最多的一种阀门。它安装在制冷设备和管道上，起着开启和关闭制冷剂通道的作用。通过调节截止阀开启的大小可控制制冷剂流量的多少、流动的方向及设备之间的接通。截止阀密封性好，密封圈标准化，检修方便，阀瓣开启高度小，开关方便，但介质在其中流动阻力较大，阀体较长。

截止阀种类繁多，结构特点和工作原理也各不相同。根据制冷剂种类可将其分为氨用截止阀和氟用截止阀；根据其形状，可分为直通式截止阀和直角式截止阀。

制冷系统使用的阀门密封性要求较高，并具有倒关装置。当阀门全开时，阀杆升到最高位置，阀芯的上端面和填料函座密切接触并压紧，以防止制冷剂从填料处逸出。对氟利昂用制冷机，由于氟利昂具有很强的渗透性，所以氟用截止阀一般都不用手轮，而是用扳手调节阀门的开度，并用阀帽将阀杆及填料函处全部盖住，这样可减少系统中制冷剂的泄漏。氟用截止阀的结构如图 2-105 所示，小型氟利昂制冷系统中的阀门大都使用铜合金制成阀体，具有较好的密封性和防锈蚀能力。为防止制冷剂泄漏，

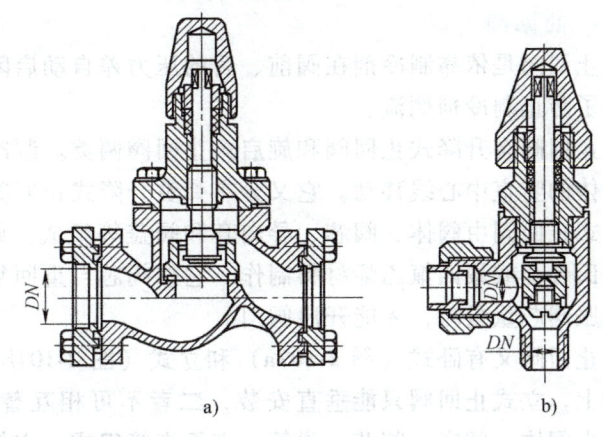

图 2-105　氟用截止阀
a）直通式法兰连接结构　b）直角式外螺纹连接结构

氟用截止阀除填料密封外，还采用阀帽和紧固密封件。调节时，需拧下阀帽和松动紧固密封件。调节结束时，需拧紧紧固密封件及盖上阀帽。阀体两端的进、出口和管道连接可采用法兰连接结构（图 2-105a）或螺纹连接结构（图 2-105b）。

氨用截止阀的结构如图 2-106 所示。阀体用高强度铸铁制成，在阀体内加工出阀座，制冷剂流体的通道由阀座与阀芯的配合来控制；阀芯头部的密封材料采用巴氏合金或聚四氟乙烯；阀杆采用优质碳素钢精制，为了防止阀杆生锈，有些阀杆经过渗氮处理。阀杆密封填装采用石棉浸渍石墨盘根，也有些阀门采用聚四氟乙烯制成的 V 形密封圈，后者具有更加良好的密封效果，阀门开关也较轻便。

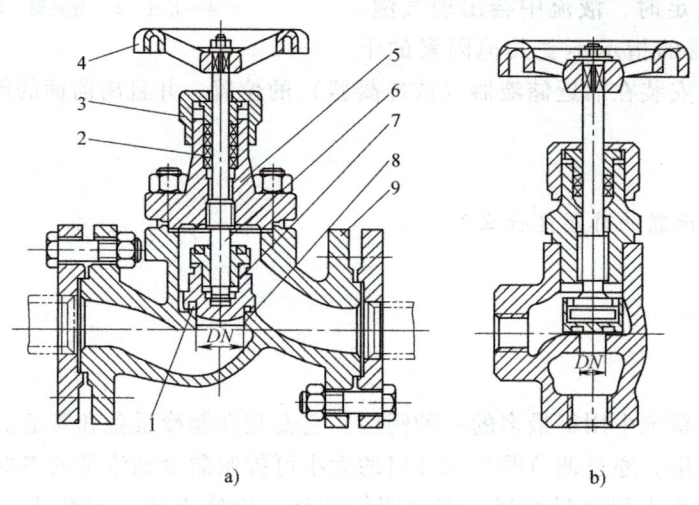

图 2-106　氨用截止阀的结构
a）直通式法兰连接结构　b）直角式内螺纹连接结构
1—密封圈　2—填料　3—压盖　4—手轮　5—阀盖　6—阀杆　7—阀芯　8—阀座　9—阀体

2. 止回阀

止回阀是依靠制冷剂在阀前、后的压力差自动启闭阀门的。制冷系统管路上设置止回阀是为了防止制冷剂倒流。

止回阀有升降式止回阀和旋启式止回阀两类。制冷系统中采用升降式止回阀，其阀芯沿着阀体的竖直中心线移动。它又分有弹簧升降式止回阀和无弹簧升降式止回阀两种。无弹簧升降式止回阀由阀体、阀芯、导向套和阀盖等组成。阀体上有阀座，阀芯下端面有密封圈，用巴氏合金或聚四氟乙烯材料制作。它靠阀芯自重回复，当制冷剂进口压力大于出口压力并能克服阀芯重量时，才能开启阀门。

止回阀又有卧式（图 2-107a）和立式（图 2-107b）之分。卧式止回阀只可水平安装在管路上，立式止回阀只能垂直安装，二者不可相互替代。图 2-108 所示为弹簧升降式止回阀，由阀体、阀座、阀芯、弹簧、支承座等组成。它依靠弹簧力的作用使阀芯回座关闭，因此安装方位不受限制，有气用和液用之分，其中气用弹簧升降式止回阀的弹簧力较液用的弹簧力小。

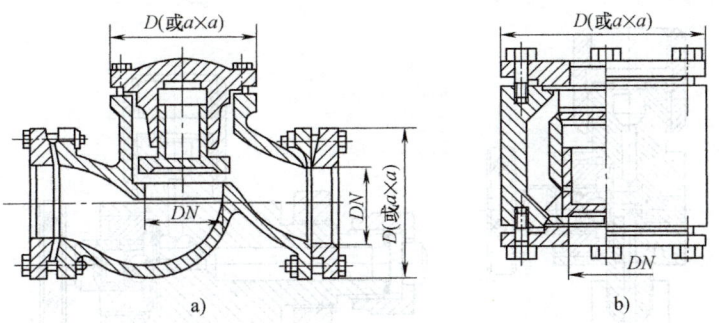

图 2-107 氨用无弹簧升降式止回阀

a）卧式止回阀 b）立式止回阀

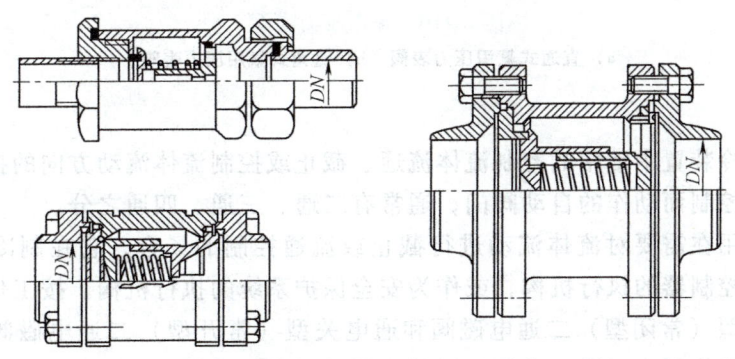

图 2-108 弹簧升降式止回阀（氨用和氟用）

3. 压力表阀

压力表阀是制冷设备、调节站和加氨站上专门用于控制压力表的阀门，便于压力表安装与检修。压力表阀和截止阀的结构大体相同，分为氨用压力表阀（图 2-109）和氟用压力表阀（图 2-110）。由于与截止阀用途不同，结构上稍有区别。压力表阀的通径小，通常公称直径为 $DN = 3 \sim 4\text{mm}$，阀的出口端有专门与压力表螺纹连接的内螺纹 M20×1.5。氟用压力表阀和有些氨用压力表阀阀体内进、出口通道上设有很薄的膜片，由装在阀头上的钢球控制。

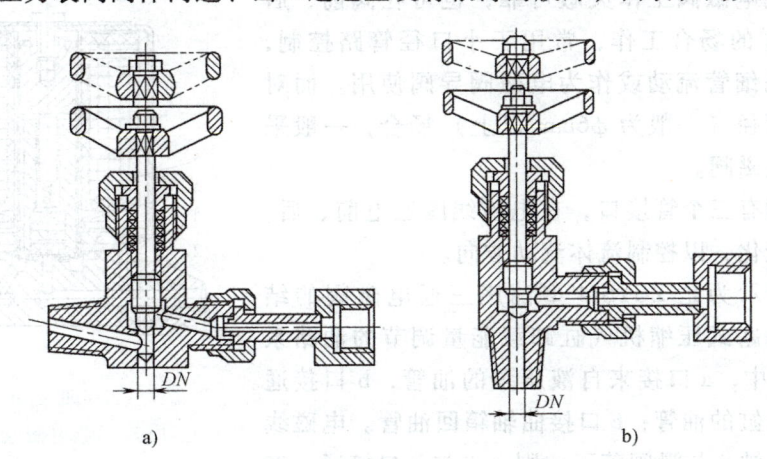

图 2-109 氨用压力表阀

a）直通式氨用压力表阀 b）直角式氨用压力表阀

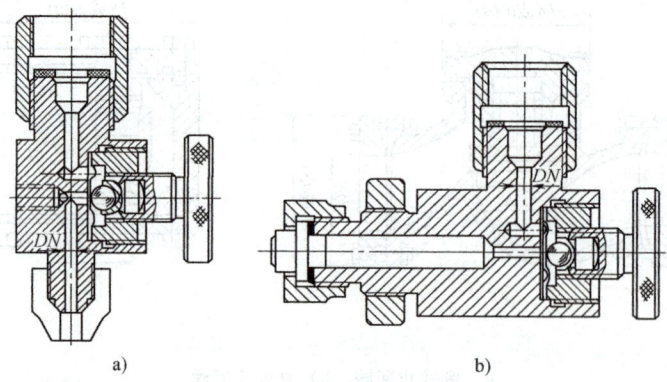

图 2-110 氟用压力表阀
a) 直通式氟用压力表阀　b) 直角式氟用压力表阀

4. 电磁阀

电磁阀是制冷装置中常用的控制流体流通、截止或控制流体流动方向的控制元件，是受电气通、断信号控制而动作的自动阀门，通常有二通、三通、四通之分。

二通电磁阀用在需要对流体流动进行截止或流通控制的场合，它在制冷装置中应用广泛，常作为双位控制器的执行机构，或作为安全保护系统的执行机构。按工作状态，二通电磁阀分为通电开型（常闭型）二通电磁阀和通电关型（常开型）二通电磁阀；按结构与控制方式，分为直接作用式二通电磁阀和间接作用式二通电磁阀。

直接作用式电磁阀直接由电磁力驱动，又称为直动式电磁阀。制冷系统或油压系统中，一般管内径在 $\phi 3mm$ 以下时较多采用直接作用式电磁阀。图 2-111 所示为通电开型直接作用式二通电磁阀的结构。当电源接通时，电磁线圈 5 通过电流产生磁场，衔铁 4 被电磁力吸起。衔铁内装有弹簧和阀板，它被吸起的同时，阀板离开阀座，阀孔被打开。当线圈电流由于控制器动作被切断时，磁场消失，衔铁由于复位弹簧力与自身重力作用而落下，阀门关闭。关闭后由于阀入口侧流体压力施加在阀板上，使阀关闭更紧。

直接作用式电磁阀工作灵敏可靠，也可在阀前、后流动压力降为零的场合工作，常用于小口径管路控制，也可用于控制毛细管流动或作为电磁阀导阀使用。而对中等管径或大管径（一般为 $\phi 6mm$ 以上）场合，一般采用间接作用式电磁阀。

三通电磁阀有三个管接口，在电磁线圈通电前、后，连通状态发生变化，以控制流体流动方向。

图 2-112 所示为是 ZCYS-4 型油用三通电磁阀的结构，主要用于活塞式压缩机气缸卸载能量调节的油路系统中。图 2-112 中，a 口接来自液压泵的油管，b 口接通往能量调节液压缸的油管；c 口接曲轴箱回油管。电磁线圈 6 断电时，衔铁 4 与滑阀落下，则 a 口与 b 口接通，液压泵的高压液压油送往能量调节液压缸，使相应的气缸

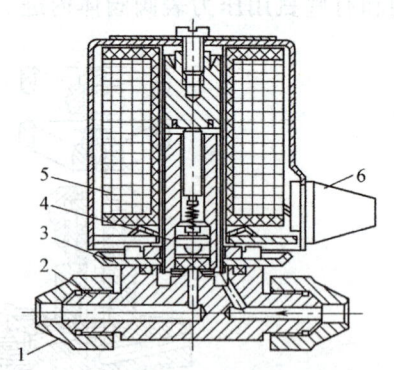

图 2-111　通电开型直接作用式二通电磁阀的结构

1—螺母　2—接头和阀体　3—座板
4—衔铁　5—电磁线圈　6—接线盒

工作；电磁线圈通电时，衔铁与滑阀被吸起，b口与c口相通，气缸中的液压油回流至曲轴箱，气缸卸载。

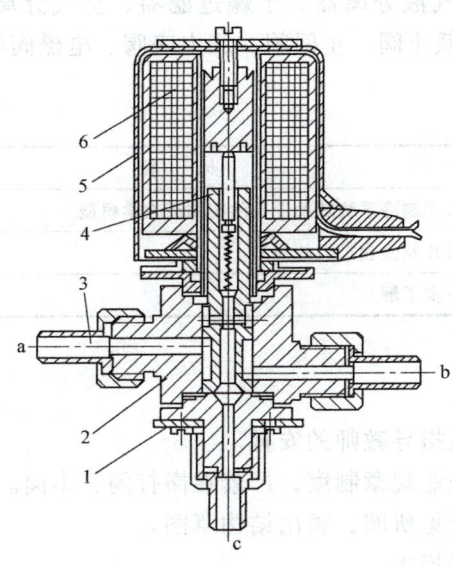

图 2-112　ZCYS-4 型油用三通电磁阀的结构

1—连接片　2—阀体　3—接管　4—衔铁　5—罩壳　6—电磁线圈

想一想

电磁阀的作用是什么？它有何优越性？

技能训练　辨别制冷系统辅助设备

一、实训目的

熟悉并能区分制冷系统辅助设备的基本结构、工作原理、性能特点及适用范围。

二、实训内容与要求

内　容	要　求
利用校内实训室现有条件，熟悉并能区分气液分离器、干燥过滤器、空气分离器、油分离器、储液器、安全阀、截止阀、止回阀、压力表阀、电磁阀等各类制冷系统辅助设备的外观、结构、原理、特点及适用场合等，会合理选用制冷系统辅助设备	1. 掌握相关理论知识和基本技能 2. 仔细观察、比较 3. 培养发现问题和分析问题的能力

三、实训器材与设备

实训器材与设备主要有气液分离器、干燥过滤器、空气分离器、油分离器、高压储液器、低压储液器、安全阀、截止阀、止回阀、压力表阀、电磁阀等各类制冷系统辅助设备。

四、实训过程

序号	步　　骤
1	校内实训室现场教学认识制冷系统辅助设备的实物或教学模型
2	在课程网站上观看电教片及企业拍摄的视频
3	通过参与企业生产进一步了解

五、注意事项

1) 遵守实训纪律，服从指导教师的安排。
2) 到企业实习应遵守企业规章制度，严禁在岗打闹、串岗。
3) 实训中应随时记录所见所闻，画出结构草图。
4) 实训结束后撰写实训报告。

思考与练习

1. 填空题

（1）制冷系统的辅助设备有＿＿＿＿＿、＿＿＿＿＿、＿＿＿＿＿、＿＿＿＿＿、＿＿＿＿＿等。

（2）常用的油分离器有＿＿＿＿＿式油分离器、＿＿＿＿＿式油分离器、＿＿＿＿＿式油分离器和＿＿＿＿＿式油分离器，其中＿＿＿＿＿式油分离器用于氟制冷系统。

（3）气液分离器是将＿＿＿＿＿与＿＿＿＿＿进行分离的设备，用于＿＿＿＿＿系统。

（4）储液器根据其作用和工作压力的不同可分为＿＿＿＿＿储液器和＿＿＿＿＿储液器；根据其外形可分为＿＿＿＿＿和＿＿＿＿＿储液器。

（5）空气分离器是用来排除系统中的＿＿＿＿＿及＿＿＿＿＿的一种专用设备。

2. 选择题

（1）油分离器应设置在＿＿＿＿＿和冷凝器之间。

A. 热力膨胀阀　　B. 蒸发器　　C. 毛细管　　D. 制冷压缩机

（2）集油器是＿＿＿＿＿制冷系统中用于收集从油分离器、冷凝器、储液器等设备放出的润滑油。

A. 氟利昂　　B. 氨　　C. 冷冻水　　D. 冷却水

（3）高压储液器一般位于＿＿＿＿＿之后。

A. 压缩机　　B. 热力膨胀阀　　C. 冷凝器　　D. 蒸发器

（4）用于防止制冷剂倒流的是_____。
A．截止阀　　　　B．热力膨胀阀　　　　C．止回阀　　　　D．安全阀
（5）干燥过滤器两端头分别与冷凝器和_____连接。
A．毛细管　　　　B．热力膨胀阀　　　　C．蒸发器　　　　D．压缩机

3. 判断题
（1）洗涤式油分离器适用于氨制冷系统。（　　）
（2）循环储液器常常具有气液分离器和低压储液器双重功能。（　　）
（3）干燥过滤器装于氟利昂制冷系统的液体管道上，其结构有直角式和直通式。（　　）
（4）当制冷系统出现冰堵、脏堵故障或进行定期检修时，均应更换干燥过滤器。（　　）
（5）压力表阀是受电气通、断信号控制而动作的自动阀门。（　　）

4. 简答题
（1）高压储液器有哪些作用？
（2）空气分离器的作用是什么？系统中空气及其他不凝性气体的来源有哪些？
（3）简述氨液分离器的工作原理及作用。
（4）集油器是如何进行工作的？
（5）气液分离器在制冷系统中起什么作用？它安装在什么位置？
（6）截止阀的作用是什么？管道中的截止阀常用的有哪几种？
（7）止回阀的作用是什么？有哪些结构形式？

人文·素养·美德·价值

研发创新硕果累累，产品能效持续提升

面对新时代多样化、个性化的需求，我国制冷空调行业企业主动求变、勇于探索创新。大部分企业尤其是行业龙头企业由过去重规模、重市场份额，转向重技术创新、重管理提升、重先进制造、重产品质量、重效率、重融合的发展道路。企业创新投入达到空前水平，技术创新主体地位进一步增强，国家级企业技术中心、博士后工作站、工程技术研究中心不断涌现，具有自主知识产权的科技成果和创新产品百花齐放。

行业相关专利申请数量大幅提升，节能技术取得巨大发展，一大批先进技术得到推广应用，行业的整体技术水平显著提升。制冷剂替代技术、直流同步调速和磁悬浮技术、低环境温度热泵技术、高温热泵技术、温湿度独立控制技术、蒸发冷却技术等不断取得新的进展；制冷空调用压缩机在变频化、高能效、小型化、轻量化等方面均取得巨大成果；高效永磁同步电动机在制冷空调领域的应用日益广泛；材料替代技术也得到大范围应用；具有体感、语言、送风跟踪、健康净化和Wi-Fi等智能功能的家用空调新产品持续增长；产品的外观及绿色设计水平得到进一步提升。近年来，多项具有自主知识产权的世界领先技术与产品陆续出现，针对北方清洁供暖的低环境温度热泵技术、直流调速和磁悬浮技术、太阳能等可再生能源利用技术、智能控制技术、能量回收及综合利用技术等先进技术日趋成熟并取得大范围的推广应用；行业内能效评价体系日趋完善，产品能效标准更新步伐不断加快，产品能效水平

持续提高，总体能效水平接近或达到发达国家水平，有些产品甚至达到世界领先水平，自主品牌出口规模稳步增长，国际竞争力明显提升。

与此同时，全行业的制造水平取得了长足进步，先进的制造技术及高端装备广泛应用于制造过程，部分企业的制造水平已经达到了国际先进水平甚至国际领先水平。工业机器人的应用日益广泛，智能制造和服务型制造转型升级逐步深化。充分利用"互联网+"技术，深入推进"两化"融合取得明显成效，行业企业的管理水平显著提高，新业态、新模式不断出现。一大批行业企业加大向国际化迈进的步伐，积极参与全球产业链资源整合，境外设厂、建立境外研发中心、国际并购与合作频繁，呈现出全行业高质量发展的新面貌。

模块三

制冷机组与热泵机组

> ❄ **学习目标**
>
> **（一）知识目标**
> ◇ 掌握蒸气压缩式制冷机组的类型、结构、原理、特点及应用。
> ◇ 掌握热泵机组的类型、结构、原理、特点及应用。
> ◇ 掌握溴化锂吸收式制冷机组的类型、结构、原理、特点及应用。
>
> **（二）能力目标**
> ◇ 具备识读制冷机组和热泵机组结构图的能力。
> ◇ 具备识读溴化锂吸收式制冷机组结构图的能力。
> ◇ 会查阅制冷机组、热泵机组和溴化锂吸收式制冷机组的相关资料、图表、标准、规范、手册等，具有一定的运算能力。

学习任务一　蒸气压缩式制冷机组

知识点和技能点

1. 掌握活塞式冷水机组的结构、特点及工作流程。
2. 掌握螺杆式冷水机组的结构、特点及工作流程。
3. 掌握离心式冷水机组的结构、特点及工作流程。
4. 掌握涡旋式冷水机组的结构、特点及工作流程。
5. 了解模块化冷水机组的特点。

重点和难点

1. 活塞式冷水机组的结构、特点及工作流程。
2. 螺杆式冷水机组的结构、特点及工作流程。
3. 离心式冷水机组的结构、特点及工作流程。
4. 涡旋式冷水机组的结构、特点及工作流程。

蒸气压缩式制冷系统的机组化已成为现代制冷装置的发展方向。制冷机组是指由一台或多台制冷压缩机、换热设备（蒸发器和冷凝器）、节流装置、辅助设备、附带的连接管和附件组成的整体，配上电气控制系统和能量调节装置，为用户提供所需要的制冷量和冷介质的独立单元。它具有结构紧凑、占地面积小、安装简便、操作简单和管理方便等优点，已广泛应用于医学、冶金、机械、旅游、商业、食品加工、化工、民用建筑等领域。

常用的制冷机组包括蒸气压缩式冷水机组和热水机组、压缩冷凝机组及各种空调与低温机组。其中，蒸气压缩式冷水机组根据压缩机形式的不同可分为活塞式冷水机组、螺杆式冷水机组、离心式冷水机组、涡旋式冷水机组；按冷凝器冷却方式的不同，可分为水冷冷水机组和风冷冷水机组；按其结构设计的不同又可分为常规型冷水机组和模块化冷水机组。

不同形式蒸气压缩式冷水机组的制冷量范围、使用工质及性能指标见表3-1。

表3-1 不同形式蒸气压缩式冷水机组的制冷量范围、使用工质及性能指标

种类		制冷剂	单机制冷量/kW	性能
蒸气压缩式冷水机组	活塞式	R22, R134a	52~580	3.57~4.16
	螺杆式	R22, R134a	352~3870	4.50~5.56
	离心式	R123	250~10500	5.00~6.00
		R134a	250~28150	4.76~5.90
		R22	1060~35200	—
	涡旋式	R22	<210	4.00~4.35

一、活塞式冷水机组

1. 活塞式冷水机组的特点及应用

活塞式冷水机组主要采用活塞式开启式或半封闭式的压缩机，单台或多台并联使用。它是一种发展最早、技术最成熟、对工况变化适应性强的冷水机组。该机组结构紧凑，操作简单，管理方便；采用多机头、高速多缸、短行程，性能得到改善，能量调节灵活；材料为普通金属材料，加工容易，造价低。但活塞式冷水机组往复运动的惯性大，振动大，运动部件多，寿命不长，单机制冷量不大。

活塞式冷水机组主要应用于中、小制冷量的制冷系统与热泵系统。

2. 活塞式冷水机组制冷系统的组成及工作流程

活塞式冷水机组可用一台或多台制冷压缩机组装，以扩大制冷量选择范围。整个制冷设备装在槽钢底架上。在安装时，用户只需固定底架，连接冷却水和冷冻水管，以及电动机电源，即可进行调试。

以活塞式多机头冷水机组为例。活塞式多机头冷水机组由2台以上半封闭或全封闭活塞式制冷压缩机为主机组成，目前，活塞式多机头冷水机组最多可配8台压缩机。国内应用最多的活塞式多机头冷水机组是上海合众-开利空调设备有限公司生产的30HK、30HR系列活塞式冷水机组。它采用半封闭压缩机，由多台压缩机组合，逐台起动，在部分负荷运行时节能效果显著。压缩机底部有减振弹簧，防振性能好。机组多采用双制冷回路，当一个回路保

护装置跳脱或发生故障时，另一个回路可继续运行，提高了机组运行的可靠性。由于机组设有手动转换开关，可以改变机组的起停顺序，用以均衡压缩机的磨损，并延长机组使用寿命。30HK、30HR 系列活塞式冷水机组的典型接线和管路布置如图 3-1 所示，机组采用卧式壳管式冷凝器、干式蒸发器、外平衡式热力膨胀阀，制冷量范围为 112~680kW。

3-1 氨制冷系统中制冷剂流程

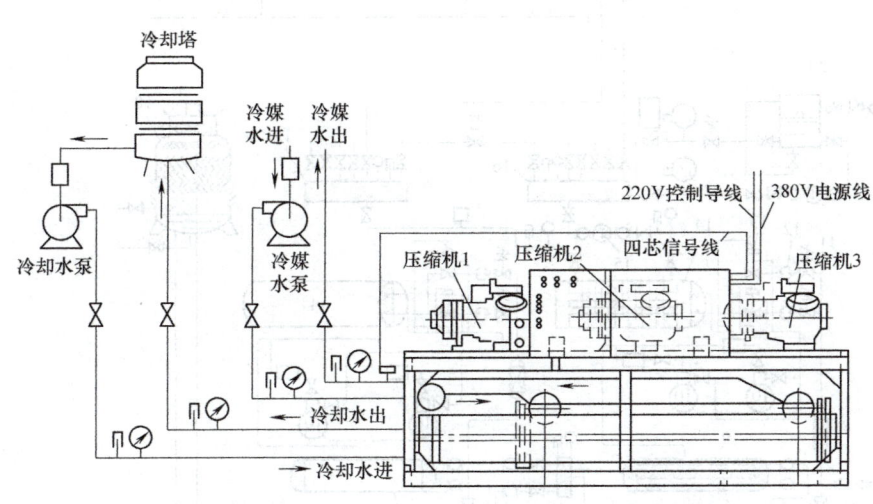

图 3-1　30HK、30HR 系列活塞式冷水机组的典型接线和管路布置

现以 30HR-161 型机组为例，介绍该系列活塞式冷水机组。30HR-161 型活塞式多机头冷水机组外形及结构如图 3-2 所示，它配备有 4 台半封闭活塞式制冷压缩机、2 台冷凝器和 1 台具有两个并列制冷回路的蒸发器。每个制冷回路中各有一台 06E6 系列压缩机（有一组气缸可以卸载）和一台 06EF 系列压缩机（三组气缸均不能卸载）。冷凝器位于机架最下端，中间为 4 台横向排列的制冷压缩机，上部为蒸发器，控制-开关箱位于蒸发器的前面。

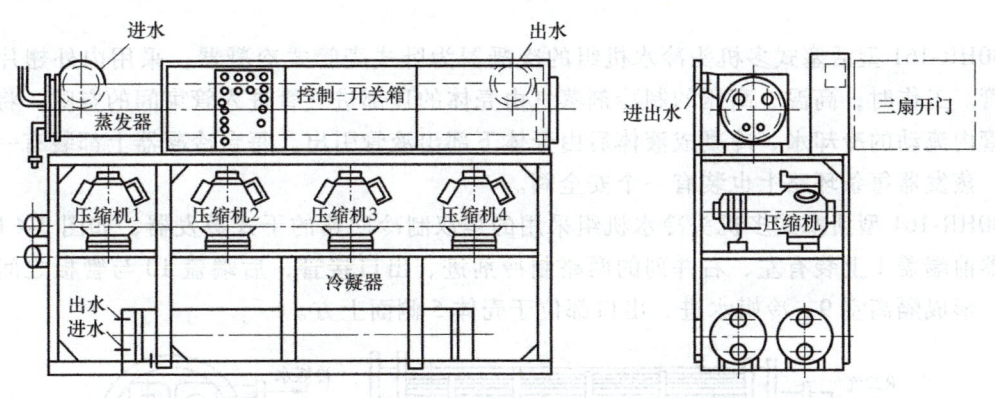

图 3-2　30HR-161 型活塞式多机头冷水机组外形及结构

30HR-161 型活塞式多机头冷水机组制冷系统流程如图 3-3 所示。来自干式蒸发器 14 的 R22 制冷剂蒸气经半封闭活塞式压缩机 10 压缩后排入卧式壳管式冷凝器 9，向流经冷凝器的冷却水放出热量同时冷凝为液体，然后流出冷凝器，经干燥过滤器 8 过滤后再通过电磁阀进入外平衡式热力膨胀阀 13，节流降压至与蒸发温度相对应的饱和压力并进入干式蒸发器，吸收流经蒸发器的冷媒水的热量而汽化成低压、低温的制冷剂蒸气，再被吸入压缩机压缩。

如此循环往复，产生制冷效应。

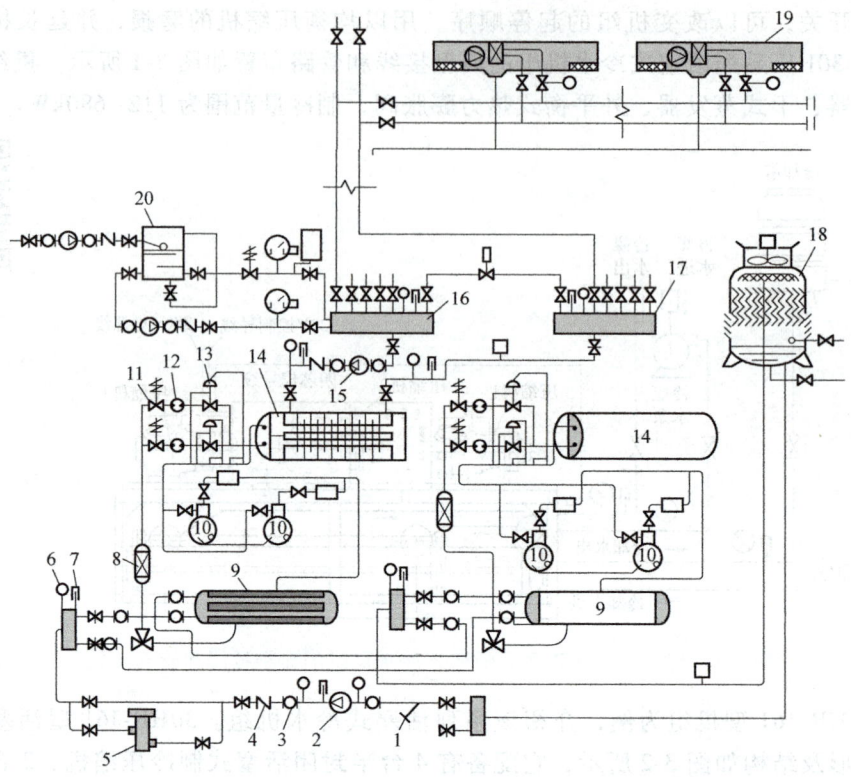

图 3-3　30HR-161 型活塞式多机头冷水机组制冷系统流程

1—过滤器　2—冷却水泵　3—软接头　4—单向阀　5—电水处理器　6—压力表　7—温度计　8—干燥过滤器　9—卧式壳管式冷凝器　10—半封闭活塞式制冷压缩机　11—供液电液阀　12—视液镜　13—外平衡式热力膨胀阀　14—干式蒸发器　15—冷媒水泵　16—回水总站　17—供水总站　18—冷却塔　19—空调末端装置　20—膨胀水箱

30HR-161 型活塞式多机头冷水机组的冷凝器为卧式壳管式冷凝器，采用内外翅片高效换热管。工作时，高温、高压的制冷剂蒸气由壳体的顶部进气管进入管束间的空隙，将热量传给管内流动的冷却水，冷凝成液体后由壳体下部出液管引出。每台冷凝器上都装有一个安全阀，蒸发器每条环路上也装有一个安全阀。

30HR-161 型活塞式多机头冷水机组采用的是双制冷回路的干式蒸发器，如图 3-4 所示。蒸发器前端盖 1 上装有左、右并列的两路制冷剂进、出口接管，后端盖 10 与管板之间有分隔板，形成隔离室 9。冷媒水进、出口都位于壳体 5 侧面上方。

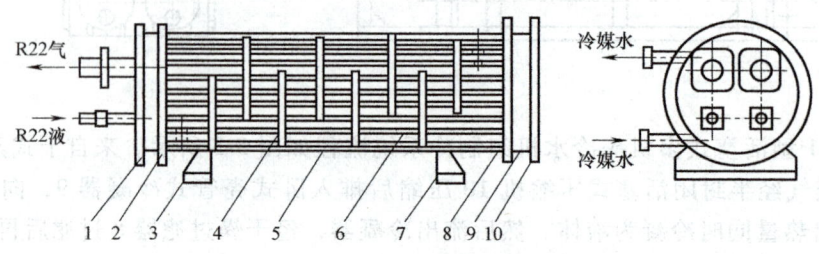

图 3-4　双制冷回路的干式蒸发器结构

1—前端盖　2、8—管板　3、7—底脚　4—折流板　5—壳体　6—换热管　9—隔离室　10—后端盖

> **想一想**
>
> 活塞式冷水机组的构成和主要特点是什么？它主要用于什么场合？

二、螺杆式冷水机组

以螺杆式制冷压缩机为主机的冷水机组称为螺杆式冷水机组。螺杆式冷水机组根据制冷压缩机的不同分为单螺杆式冷水机组和双螺杆式冷水机组；根据冷凝器结构的不同可分为水冷螺杆式冷水机组与风冷螺杆式冷水机组；根据采用压缩机台数的不同可分为单机头螺杆式冷水机组与多机头螺杆式冷水机组。

1. 螺杆式冷水机组的特点及应用

螺杆式冷水机组通过转动的两个螺旋形转子相互啮合而吸入气体和压缩气体，利用滑阀调节气缸的工作容积来调节负荷。它结构简单，维护管理方便，无往复运动的惯性力，转速高，允许压缩比高，排气压力脉冲性小，容积效率高，对湿冲程不敏感，可通过滑阀进行无级调节，能量调节方便。螺杆式冷水机组的单机制冷量较大，其制冷效率略高于活塞式冷水机组。目前该机组采用的制冷剂主要为 R22，也有部分厂家的产品使用了 R134a 及其他无公害制冷剂。螺杆式冷水机组的缺点是润滑油系统比较庞大和复杂，耗油量较大，要求加工精度和装配精度高。

目前，螺杆式冷水机组在我国制冷空调领域内得到越来越广泛的应用，一般应用于高层建筑、宾馆、饭店、医院、科研院所等需要大、中型制冷量的场所。

2. 水冷螺杆式冷水机组

单机头水冷螺杆式冷水机组是传统形式，其基本结构如图 3-5 所示。它由螺杆式制冷压缩机 1、蒸发器 4、冷凝器 2、干燥过滤器 3、节流元件、油分离器 9、油冷却器 5、油泵 8、电气控制箱 7 等主要部件组成。

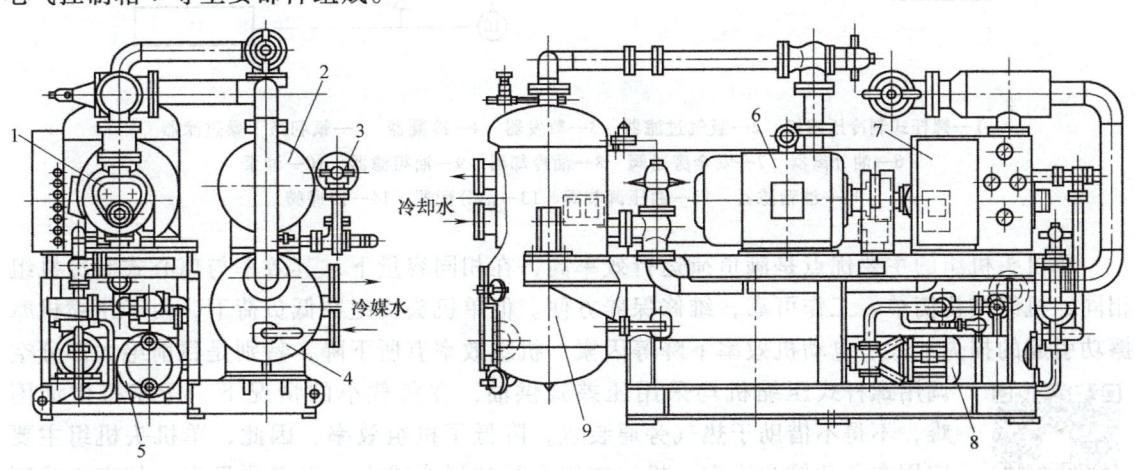

图 3-5　单机头水冷螺杆式冷水机组的基本结构

1—螺杆式制冷压缩机　2—冷凝器　3—干燥过滤器　4—蒸发器　5—油冷却器
6—电动机　7—电气控制箱　8—油泵　9—油分离器

单机头水冷螺杆式冷水机组的典型工作流程如图3-6所示,它由制冷系统和润滑油系统两部分组成。制冷系统的工作流程为:制冷剂在蒸发器3中汽化,所产生的蒸气经过吸气过滤器2、吸气单向阀进入R22螺杆式制冷压缩机1。制冷剂在压缩机中被压缩为高压气体,同时润滑油喷入压缩机中与制冷剂一起被压缩,压缩后润滑油和制冷剂进入油分离器6,其中,无油的制冷剂通过单向阀、排气截止阀进入冷凝器4,在冷凝器中成为饱和液体后进入过冷器过冷,成为过冷液体,然后流向节流阀,经过节流降压、降温后进入蒸发器。

润滑油系统由油分离器6、油冷却器8、油粗滤器9、油泵10、油压调节阀12、油分配器13和四通阀14等组成。其工作流程为:从油分离器分离出来的润滑油,为避免油温过高而润滑性降低,先经过油冷却器进行冷却,然后在油泵作用下经过油粗滤器、油精滤器11进入油分配器,接着分成两路进入压缩机。一路去润滑轴承并起冷却作用;另一路去压缩机喷射。

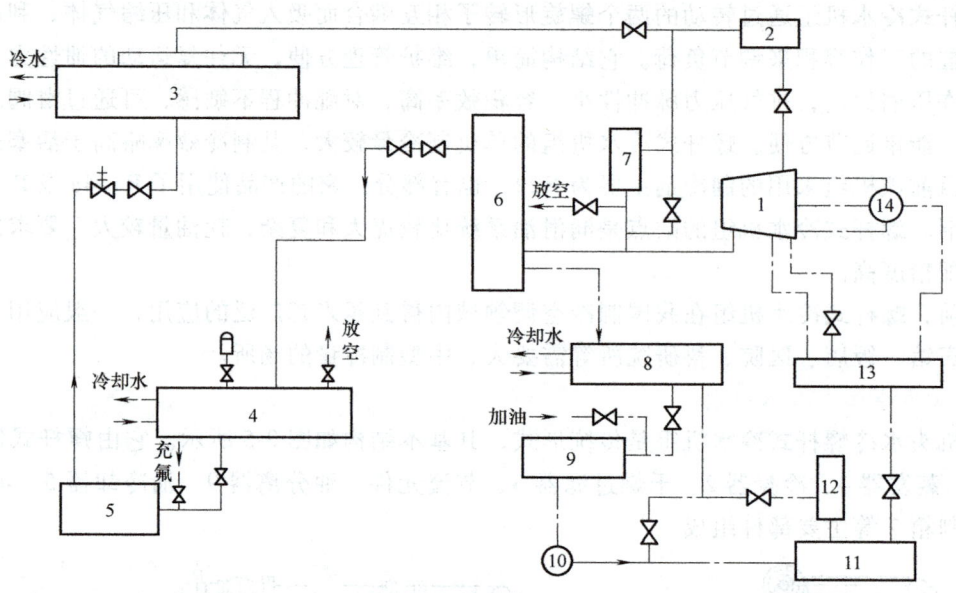

图3-6 单机头水冷螺杆式冷水机组的典型工作流程

1—螺杆式制冷压缩机 2—吸气过滤器 3—蒸发器 4—冷凝器 5—氟利昂干燥过滤器
6—油分离器 7—安全旁通阀 8—油冷却器 9—油粗滤器 10—油泵
11—油精滤器 12—油压调节阀 13—油分配器 14—四通阀

单机头机组的主要优点是满负荷运行效率高,在相同容量下,其效率与离心式制冷机组相同,机组结构简单,工作可靠,维修保养方便。但单机头机组在低负荷下,由于压缩机摩擦功引起的损失加大、电动机效率下降等因素,机组效率有所下降,特别是目前绝大部分空调用螺杆式压缩机均采用压差式供油,在负载小的情况下,压缩机供油困难,不得不借助于热气旁通装置,降低了机组效率。因此,单机头机组主要应用在负荷较为稳定、机组常年运行的场合或大、中型项目中,与离心式制冷机组配合使用。

随着螺杆式压缩机半封闭化、小型化及控制系统的发展,近十几年来多机头水冷螺杆式冷水机组取得很大发展,它可以根据负荷需要调节运行压缩机的台数,从而

3-2 螺杆式中低温机组

大大提高冷水机组在部分负荷下运行的效率。由于绝大多数空调用冷水机组在不同季节、每天不同时间段负荷变化很大,故对于使用冷水机组台数不多的中、小型项目,多机头机组可大大节省运行费用。

3. 风冷螺杆式冷水机组

风冷螺杆式冷水机组由螺杆式制冷压缩机、蒸发器、风冷冷凝器、油分离器、电气控制箱等主要部件组成。目前市场上常见的风冷螺杆式冷水机组,绝大部分为多机头机组。风冷式冷水机组工作流程与水冷式冷水机组大致相同,所不同的是水冷式冷水机组的冷凝器采用壳管式换热器,而风冷式冷水机组的冷凝器采用翅片式换热器。风冷螺杆式冷水机组的主要特点如下:

① 冷水机组效率与冷凝温度有关。水冷式冷水机组的冷凝温度取决于室外湿球温度,对于湿球温度变化不大且温度较低的地区较适用。风冷式冷水机组冷凝温度取决于室外干球温度,在室外干球温度下降时,可大幅度降低耗电量,故风冷式冷水机组在南方地区应用较广。

② 风冷式冷水机组不需配水泵、冷却塔,不需冷却塔补水,水系统清洁,使用方便。在缺水地区、超高层建筑和环境要求较高的场合也具有优势。

③ 在满负荷状态下,风冷式冷水机组的耗电量大于水冷式冷水机组,但由于风冷式冷水机组在室外干球温度下降时,耗电量可大大降低,从一些研究来看,风冷式冷水机组全年耗电量与水冷式冷水机组基本相同。而水冷式冷水机组在设备保养方面的费用较风冷式冷水机组高。因此,风冷式冷水机组总费用略低于水冷式冷水机组。

想一想

螺杆式冷水机组有哪些优缺点?

三、离心式冷水机组

1. 离心式冷水机组的特点及应用

以各种形式的离心式制冷机为主机的冷水机组,称为离心式冷水机组。离心式冷水机组适用于大制冷量的冷冻站。随着大型公共建筑、大面积空调厂房和机房的建立,离心式冷水机得到广泛的应用和发展。

离心式冷水机组通过叶轮产生的离心力吸入气体并对气体进行压缩,单机容量大,结构紧凑,重量轻,可实现多级压缩。叶轮做旋转运动,运转平稳,振动小,噪声低。无吸气阀和排气阀等易损件,工作可靠,操作方便。制冷剂中不混有润滑油,蒸发器和冷凝器传热性能好。在15%~100%负荷运行可实现无级调节。离心式冷水机组由于压缩机转速较高,对材料的强度、加工精度和制造质量要求严格。机组受转速的影响较大,随着转速减小,制冷量急剧下降。工况范围比较狭窄,不宜采用较高的冷凝温度和过低的蒸发温度。当蒸发温度下降、冷凝温度升高时制冷量下降较大,在冷凝温度过高时机组功耗上升,在过高的冷凝温度和过低的负荷下易发生喘振现象。

离心式冷水机组目前已从单级离心式发展到三级离心式,单机制冷量可达2600kW。离心式冷水机组多采用半封闭式压缩机,是目前普遍采用的机型。离心式冷水机组以前较常使用的制冷剂为 R22、R11，目前使用 R22 的离心机已被使用 R134a 的机组替代，使用 R11 的机组已被使用 R123 的机组替代。

2. 离心式冷水机组的结构及工作流程

（1）离心式冷水机组的基本结构　离心式冷水机组主要由离心式制冷压缩机、冷凝器、蒸发器、节流装置、润滑系统、进口低于大气压时用的抽气回收装置、进口高于大气压时用的泵出系统、能量调节机保护装置等组成。一般空调用离心式制冷机组制取 4~9℃冷媒水时，采用单级、双级或三级离心式制冷压缩机，而蒸发器和冷凝器往往做成单筒式或双筒式置于压缩机下面，作为压缩机的基础。节流装置常采用浮球阀、节流孔板、线性浮阀及提升阀等。抽气回收装置用于随时排除机组内不凝性气体和水分，防止冷凝器内压力过高而引起机组换热能力下降。泵出系统用于机组维修时对制冷剂的充灌和排出处理。图 3-7 所示为常见离心式冷水机组的外形和结构。除水冷离心式冷水机组外，还有风冷离心式冷水机组，但其用量较少。

（2）离心式制冷压缩机的工作流程　图 3-8 所示为单级半封闭离心式冷水机组的制冷循环工作流程。离心式制冷压缩机 4 从蒸发器 6 中吸入制冷剂蒸气，在高速叶轮的作用下成为高速高压气体并进入冷凝器 5 内，其热量被冷却水带走，制冷剂蒸气冷凝为液体。冷凝后的制冷剂液体经除污后，通过节流阀 7 节流后进入蒸发器，在蒸发

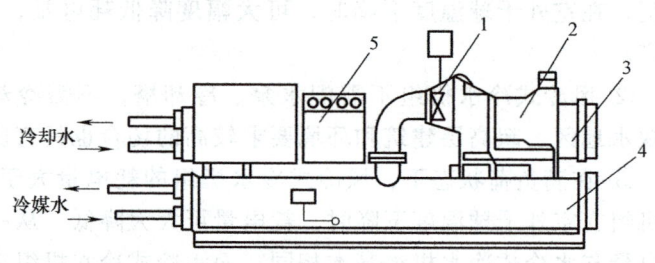

图 3-7　常见离心式冷水机组的外形和结构
1—离心式压缩机　2—电动机　3—冷凝器　4—蒸发器　5—仪表箱

器内吸收列管中的冷媒水的热量，成为气态而被压缩机再次吸入进行循环工作。冷媒水被冷却降温后，由循环水泵送到需要降温的场所进行降温。另外，在通过节流阀节流前，用管路引出一部分液体制冷剂，进入蒸发器中的过冷盘管，使其过冷，然后经过滤器 9 进入电动机转子端部的喷嘴，喷入电动机，使电动机得到冷却，再流回冷凝器再次冷却。

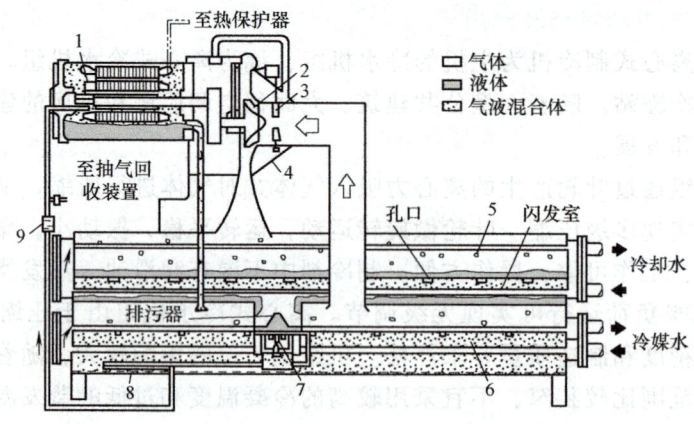

图 3-8　单级半封闭离心式冷水机组的制冷循环工作流程
1—电动机　2—叶轮　3—进口导流叶片　4—压缩机　5—冷凝器
6—蒸发器　7—节流阀　8—过冷盘管　9—过滤器

图 3-9 所示为三级全封闭离心式冷水机组的制冷循环原理。蒸发器中的液态制冷剂吸收冷媒水热量而汽化成制冷剂蒸气并被吸入到第一级压缩机，提高其温度和压力。从第一级压缩机出来的制冷剂蒸气和来自二级节能器（也称增效器）低压级一侧的较冷的制冷剂蒸气混合，使其焓值降低后进入第二级压缩机，进一步提高其温度和压力。从第二级压缩机出来的制冷剂蒸气和来自一级节能器高压级一侧的较

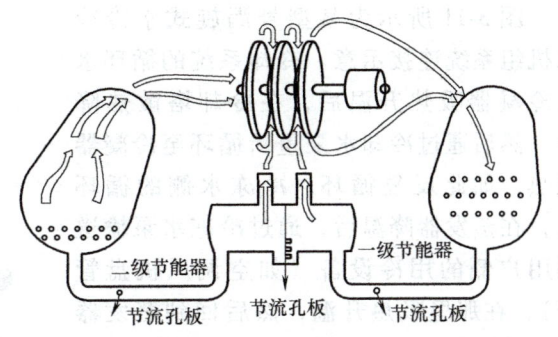

图 3-9　三级全封闭离心式冷水机组的制冷循环原理

冷的制冷剂蒸气混合，使其焓值降低后进入第三级压缩机，再次提高其温度和压力，然后排入冷凝器。制冷剂蒸气进入冷凝器，在冷凝器中将热量传给冷凝器的循环冷却水，制冷剂蒸气冷凝成冷凝液体。离开冷凝器的液态制冷剂流经第一个孔板，并进入节能器的高压级一侧，该孔板和节能器的作用是使少量的制冷剂在中间压力（介于蒸发器和冷凝之器间的压力）下闪蒸，从而使其他的液态制冷剂得到冷却。从一级节能器出来的制冷剂经第二个孔板进入二级节能器，部分制冷剂在更低一些的中间压力下闪蒸，使其他的液态制冷剂进一步得到过冷。从二级节能器出来的过冷液体经第三孔板节流降压进入蒸发器。

> **想一想**
> 离心式冷水机组的结构组成有哪些？

四、涡旋式冷水机组

1. 涡旋式冷水机组的特点及应用

以涡旋压缩机为主机的冷水机组称为涡旋式冷水机组。它结构紧凑，重量轻，占地面积小，管路设计简单，运转平稳，噪声低，操作简便，可实现能量无级调节。

涡旋式冷水机组有多种形式。根据冷凝器结构的不同或冷却方式的不同分为风冷涡旋式冷水机组和水冷涡旋式冷水机组；根据采用压缩机台数的不同可分为单机头涡旋式冷水机组与多机头涡旋式冷水机组。

涡旋式冷水机组单台机的电动机功率为 2.5~4.5kW，制冷量为 5~350kW，只适用于中、小制冷量要求的场合。近年来涡旋式冷水机组发展很快，尤其是在家用中央空调系统中已大量使用。

2. 涡旋式冷水机组的组成及工作流程

涡旋式冷水机组主要由涡旋式制冷压缩机、冷凝器、蒸发器、节流装置、控制装置等组成。图 3-10 所示为某型号涡旋式冷水机组的实物图。机组有全封闭式涡旋压缩机，压缩机的轴向和径向是可塑性的，轨迹式涡旋叶轮与电动机采用摆动的结构连接，以消除制冷剂和润滑油的影响。采用离心油泵进行润滑。机组的蒸发器和冷凝器采用卧式壳管式结构，节流阀采用热力膨胀阀。

图3-11所示为某型号涡旋式水冷冷水机组系统连接示意。冷却系统的循环水在冷凝器吸热升温后，在冷却塔散热降温，然后通过冷却水泵重新循环至冷凝器吸热，如此反复循环。冷冻水侧的循环水，在蒸发器降温后，通过冷冻水泵输送到用户侧的用冷设备（如空调风机盘管等），在那里吸热升温，然后回到蒸发器继续降温。

图3-10 某型号涡旋式水冷冷水机组实物图

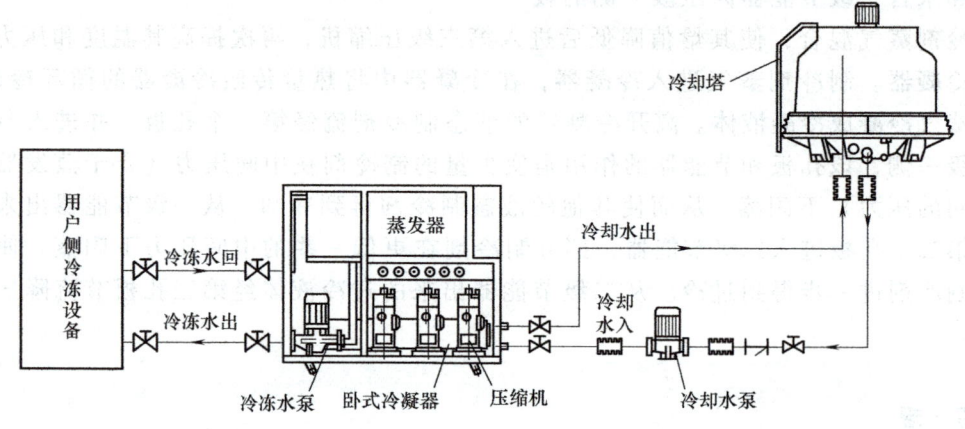

图3-11 某型号涡旋式水冷冷水机组系统连接示意

 想一想

涡旋式冷水机组都有哪些优越性？

五、模块化冷水机组

自第一台模块化冷水机组于1986年9月在澳大利亚墨尔本投入使用以来，目前已遍及世界许多国家。它由多台小型冷水机组单元并联组合而成（图3-12），每个冷水机组单元称为一个模块，每个模块包括一个或几个完全独立的制冷系统。该机组可提供5~8℃工业或建筑物空调用低温水。

模块化冷水机组的特点如下：

① 计算机控制，自动化和智能化程度高。机组内的计算机检测和控制系统按外界负荷量大小，适时起停机组各模块，全面协调和控制整个冷水机组的动态运行，并能记录机组的运行情况，因此不必设专人

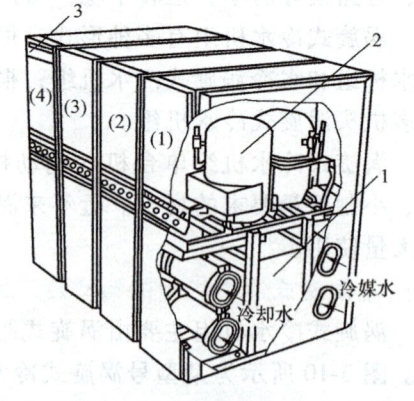

图3-12 RC130型水冷模块化冷水机组
1—换热器 2—压缩机 3—控制器

值守。

② 可以使冷水机组制冷量与外界负荷同步增减和最佳匹配，机组运行效率高，节约能源。

③ 模块化机组在运行过程中，如果外界负荷发生突变或某一制冷系统出现故障，通过计算机控制，可自动地使各个制冷系统按步进方式顺序运行，并启用后备的制冷系统，提高整个机组的可靠性。

④ 机组中各模块单元体积小，结构紧凑，可以灵活组装，有效地利用空间，节省占地面积和安装费用。

⑤ 机组采用组合模块单元化设计，用不等量的模块单元可以组成制冷量不同的机组，可选择的制冷量范围宽。特别是在改造项目中，根据工程需要，在机组允许组合数量范围内，只需并联几个单元即可。

⑥ 模块化冷水机组设计简单，维修人员不需要经过专门的技术训练，可以减少最初维修费用投资。另外，用微处理机发挥其智能特长，使各个单元轮换运行的时间差不多相等，从而延长了机组寿命，降低了运行、维护费用。

当前我国生产的活塞式模块化冷水机组主要有 RC130 型水冷模块化冷水机组、RCA115C 型和 RCA280C 型风冷模块化冷水机组、RCA115H 型和 RCA280H 型风冷热泵冷（热）水机组、MH/MV 水源热泵空调机以及精密恒温恒湿机。RC130 型水冷模块化冷水机组的每个模块单元由 2 台压缩机及相应的 2 个独立制冷系统、计算机控制器、V 形管接头、仪表盘、单元外壳构成。各单元之间的连接只有冷冻水管与冷却水管。将多个单元相连时，只要连接 4 根管道，接上电源，插上控制件即可。制冷剂选用 R22。制冷系统中选用 H2NG244DRE 高转速全封闭活塞式制冷压缩机，蒸发器和冷凝器均采用结构紧凑、传热效率高、用不锈钢材料制造且为耐腐蚀的板式热交换器。每个单元模块制冷量为 110kW，在一组多模块的冷水机组中，可使 13 个单元模块连接在一起，总制冷量可达 1690kW。

 想一想

模块化冷水机组与常规冷水机组有何不同？

技能训练　解析各类冷水机组

一、实训目的

熟悉并会判别、分析各类冷水机组的结构、工作流程、特点及适用场合。

二、实训内容与要求

序号	内　　容	要　　求
1	熟悉活塞式冷水机组、螺杆式冷水机组、离心式冷水机组、涡旋式冷水机组和模块化冷水机组的外观、结构组成、工作流程、特点及应用场合等	1. 掌握各类型冷水机组制冷系统的工作原理 2. 画出各类型冷水机组的工作流程图 3. 仔细观察、比较，培养发现问题和分析问题的能力
2	了解各类冷水机组的装配工艺	

三、实训器材与设备

实训器材与设备主要有活塞式、螺杆式、离心式、涡旋式和模块化等各类冷（热）水机组。

四、实训过程

序号	步　骤
1	参观制冷机组生产企业的冷水机组生产车间
2	在课程网站上观看电教片及企业拍摄的视频
3	参与企业生产，以便有进一步了解

五、注意事项

1）遵守实训纪律，服从指导教师的安排。

2）到企业实习应遵守企业规章制度和安全操作规程，严禁在岗打闹、串岗。

3）实训中应随时记录所见所闻，画出系统流程图。

4）实训结束后撰写实训报告。

思考与练习

1．填空题

（1）蒸气压缩式冷水机组根据压缩机形式的不同可分为＿＿＿＿、＿＿＿＿、＿＿＿＿、＿＿＿＿机组。

（2）蒸气压缩式冷水机组按冷凝器冷却方式的不同，可分为＿＿＿＿和＿＿＿＿。

（3）活塞式冷水机组主要采用＿＿＿＿式或＿＿＿＿式的压缩机，单台或多台＿＿＿＿使用。

（4）螺杆式冷水机组主要由＿＿＿＿、＿＿＿＿、＿＿＿＿、＿＿＿＿、＿＿＿＿、＿＿＿＿、＿＿＿＿等部件组成。

（5）离心式冷水机组目前已发展到＿＿＿＿级离心式，单机制冷量可达 2600kW。

（6）涡旋式冷水机组采用＿＿＿＿制冷压缩机。

2．选择题

（1）从压缩机排出口排出的气体首先进入＿＿＿＿。

　　A．蒸发器　　　　B．节流阀　　　　C．节流元件　　　　D．冷凝器

（2）螺杆式压缩机可以采用＿＿＿＿来调节其输气量。

　　A．滑阀　　　　　B．球阀　　　　　C．提升阀　　　　　D．浮球阀

（3）水冷式螺杆机组的冷凝温度取决于＿＿＿＿。

　　A．室外湿球温度　B．室外干球温度　C．室外洁净度　　　D．冷却水温

（4）目前使用 R22 的离心机已被＿＿＿＿所替代。

A. R123　　　　　B. R134a　　　　　C. R600a　　　　　D. 氨

（5）模块化冷水机组可提供＿＿＿＿＿＿工业或建筑物空调用低温水。

A. 3~8℃　　　　B. 4~9℃　　　　C. 5~8℃　　　　D. 7~12℃

3. 判断题

（1）活塞式制冷压缩机可进行高速运转。　　　　　　　　　　　　　（　　）

（2）水冷螺杆式冷水机组的冷凝器采用壳管式换热器，而风冷螺杆式冷水机组的冷凝器采用翅片式换热器。　　　　　　　　　　　　　　　　　　　　　　（　　）

（3）离心式冷水机组可在10%~100%负荷运行时能较经济地实现无级调节。（　　）

（4）离心式冷水机组抽气回收装置用于抽出系统中多余制冷剂气体，防止冷凝器内压力过高。　　　　　　　　　　　　　　　　　　　　　　　　　　　　　（　　）

（5）目前涡旋式冷水机组在家用中央空调系统中已大量使用。　　　　（　　）

4. 简答题

（1）活塞式冷水机组的构成和特点是什么？主要应用在什么场合？

（2）螺杆式冷水机组的工作流程是怎样的？

（3）离心式冷水机组主要应用在什么场合？

（4）涡旋式冷水机组的特点有哪些？

（5）什么是模块化冷水机组？它都有哪些特点？

人文·素养·美德·价值

国之重器——格力磁悬浮变频离心机组

作为制冷技术的重要应用领域，空调技术的发展日新月异。尤其在我国，经济的高速发展和科技的不断进步带动了空调的应用和发展，我国制冷空调产业规模已位居世界第一。格力、美的、海尔、奥克斯、TCL等众多品牌已经走向世界。现今社会，节能、健康、环保日益成为人们关注的焦点。建筑空调系统不仅关系到人们的舒适度与健康，还决定了能源消耗的多少。近年来的统计结果表明，空调系统消耗的电能占楼宇电耗总量的40%~60%。中央空调作为建筑能耗中的大户，成为绿色建筑节能减排的工作重心。格力磁悬浮变频离心机组的问世，则为节能、低碳、环保的理念提出了新的解决方案。

那么，什么是磁悬浮呢？磁悬浮技术是利用磁力使物体处于无接触悬浮状态，减小由于摩擦浪费的能耗。磁悬浮中央空调就是采用磁悬浮变频技术的中央空调，它采用磁悬浮无油运转技术、全直流变频技术、高效换热管设计、冷媒二次强化过冷技术、集控技术等领先技术，具有超高能效，是目前中央空调行业中最高级别能效的空调。与普通离心机组相比，传统的离心机组中的机械轴承必须要有润滑油以及润滑油循环系统来保证正常运行，但有摩擦就会有噪声和机械磨损。随着磨损的增加，制冷性能将受到影响，噪声大、耗能高、温度适应性差等缺点也长期困扰着空调行业。而格力磁悬浮离心机组的轴承利用磁场使转子悬浮起来，从而在旋转时不产生机械接触，不产生机械磨擦，不需要机械轴承以及润滑，因此没有结构性的振动，运转噪声低，轴承在机组使用年限内无需维护，十分节能和稳定。

作为我国空调行业的龙头企业，格力始终秉持着自主创新，掌握核心技术的理念，在挑战与机遇中砥砺奋进，大放异彩。近年来，格力磁悬浮中央空调以其国际领先的产品技术、卓越的节能效果、完美的质量控制得到众多客户的高度认可和青睐，服务于北京冬季奥运会冬奥村、上海虹桥万豪大酒店等国内多个大型标杆工程。在南非世界杯等一系列海外重大工程招标中，格力接连中标。作为行业的领跑者，从技术、产品到销售、服务，格力中央空调都一直保持着昂扬之势。

格力磁悬浮离心机组都有哪些技术突破呢？磁悬浮离心压缩技术的难度同压缩机电动机功率大小相关，功率越大，电动机对磁悬浮轴承的电磁干扰越大，转轴高精度悬浮越难实现；同时，电动机功率越大，转轴会越长，轴承系统的稳定性和可靠性越难保证。因此，从磁悬浮变频离心机实现产品化以来，如何实现单机冷量的突破一直是一个难题。2014 年 3 月，格力凭借自主创新成功突破核心技术壁垒，推出完全自主知识产权的磁悬浮变频离心机组，成为国内唯一一家可以完全自主研发、制造磁悬浮压缩机和整机的企业。这一年，格力磁悬浮变频离心式冷水机组被评为"国际领先"，并在业界首次推出 1000 冷吨磁悬浮变频离心机，填补了大冷量磁悬浮离心机的空白。2019 年，格力又推出了 1300RT 磁悬浮离心机，以创新优势挺进技术"无人区"，为我国大型建筑节约更多的能源。

未来，格力将继续以"让天空更蓝、大地更绿"为愿景，以其"自主"力量展示创新成就，以中国品牌助力全球节能减排事业，让世界爱上中国造！

学习任务二　热 泵 机 组

知识点和技能点

1. 掌握热泵的基本概念及分类。
2. 了解常用热泵热源及其特点。
3. 掌握空气源热泵的特点、原理及工作流程。
4. 掌握水源热泵的特点、原理及工作流程。
5. 掌握地源热泵的工作原理与特点。
6. 了解地埋管的形式与特点。
7. 了解热源塔的工作原理与特点。

重点和难点

1. 热泵的基本概念及分类。
2. 空气源热泵的特点及工作流程。
3. 地源热泵的工作原理与特点。

一、热泵的基本概念及分类

1. 热泵的基本概念

热泵是一种将低位热源的热能转移到高位热源的装置。它通常是本身消耗一部分能量，先从自然界的空气、水或土壤中获取低品位热能，然后再向人们提供可被利用的高品位热能。从某种意义上说，热泵就是制冷机，因为它也是通过消耗外界能量、将低温热源的热量转移到高温热源中的。热泵在利用低品位热源方面占有重要地位，它是回收和利用低品位热源的有效手段之一。借助热泵，能够把自然界或废弃的工业低温余热、废热变为较高温度的有用热能，满足生产和生活的需要。采用热泵系统是解决当前供暖、通风和空气调节中能源的供需矛盾，减少环境污染的有效方法之一。

热泵和制冷机的不同主要表现在两方面。

① 热泵与制冷机的工作目的不同。如果工作的目的是获得高温（制热），即着眼于向高温热源放热，这就是热泵。如果目的是获得低温（制冷），也就是着眼于从低温热源吸热，那就是制冷机。

② 热泵循环与制冷循环工作的温度区间不同。制冷循环以环境介质作为高温热源向其排热，以被冷却物体作为低温热源从中吸热，因而它是在被冷却物体温度和环境温度之间工作的。热泵循环一般以环境介质作为低温热源从中吸热，向温度较高的热源放热，因而它是在环境温度和温度较高的热源温度之间工作的。

2. 理想热泵循环

热泵装置的经济性用供热系数 $\varepsilon_{H.P}$ 表示。供热系数 $\varepsilon_{H.P}$ 是指完成热泵循环时向被加热系统（高温热源）放出的热量 Q_k 与完成循环所消耗的能（机械功 W_{net} 或工作热能 Q）的比值，也称为热泵循环性能系数 $(COP)_{H.P}$，即

$$\varepsilon_{H.P} = (COP)_{H.P} = \frac{Q_k}{W_{net}} = \frac{Q_k}{Q_k - Q_o} \tag{3-1}$$

或

$$\varepsilon_{H.P} = (COP)_{H.P} = \frac{Q_k}{Q} = \frac{Q_k}{Q_k - Q_o} \tag{3-2}$$

式中　$\varepsilon_{H.P}$——热泵供热系数；

$(COP)_{H.P}$——热泵循环性能系数；

Q_k——向被加热系统（热源）放出的热量（kW）；

Q_o——从冷源中取出的热量（kW）；

W_{net}——完成循环所消耗的净功（kW）；

Q——完成循环所消耗的工作热能（kW）。

同理，供热系数 $\varepsilon_{H.P}$ 表示了热泵循环的经济性。热泵循环消耗的机械功 W_{net} 或工作热能 Q 越少，向热源供热 Q_k 越多，则供热系数 $\varepsilon_{H.P}$ 值越大，循环性能也越好，并且 $\varepsilon_{H.P}$ 的值总是大于1的。

由式（3-1）可得

$$\varepsilon_{H.P} = (COP)_{H.P} = \frac{Q_k}{W_{net}} = \frac{Q_o + W_{net}}{W_{net}} \tag{3-3}$$

$$\varepsilon_{H.P} = \frac{Q_o}{W_{net}} + 1 = \varepsilon + 1 \tag{3-4}$$

式（3-4）给出同一台机器，在相同工况下作为热泵使用时的供热系数与作为制冷机使用时的制冷系数之间的关系。式（3-4）表明，$\varepsilon_{H.P}$ 永远大于1，所以热泵的热力学经济性比消耗电能或燃料直接获取热量的设备经济性总是高的。

由此可见，热泵的供热量永远大于所消耗的功，所以应用热泵是综合利用能源的一种很

有价值的措施。

3. 热泵的种类

热泵的形式和种类比较多，常见的热泵装置有下列几种类型。

（1）按热泵工作原理分　与制冷机的分类相同，根据完成逆向循环的补偿形式及工质在系统中有无相变等特点，热泵可以分为蒸气压缩式热泵、气体压缩式热泵、蒸气喷射式热泵、吸收式热泵等。它们的系统组成及工作过程，和与其对应形式的制冷装置相同。所不同的是两者作用目的不同。

（2）按热源种类分　热泵的热源多为低品位。根据热源的种类可分为空气源热泵、水源热泵、土壤源热泵、太阳能热泵等，其中水源热泵的水又有地表水、地下水、生活废水及工业热水等。

（3）按热泵用途分

1）住宅用热泵。制热量为1~70kW。

2）商业及农业用热泵。制热量为2~120kW。

3）工业用热泵。制热量为0.1~10MW。工业用热泵还可进一步按干燥、工艺过程浓缩及蒸馏等不同用途进行分类。

（4）按热泵供热温度分

1）低温热泵。供热温度<100℃。

2）高温热泵。供热温度>100℃。

（5）按热泵驱动方式分　热泵可分为电动机驱动热泵和热驱动热泵两种，其中热驱动热泵又可分为热能驱动热泵（如吸收式热泵、蒸气喷射式热泵）和发动机驱动热泵（如内燃机驱动热泵、汽轮机驱动热泵）两种。

（6）按热源和供热介质的组合方式分　可分为空气-空气热泵、空气-水热泵、水-水热泵、水-空气热泵、土壤-空气热泵等。

（7）按热泵的功能分　由于功能不同，热泵可分为仅用作供热（供暖或热水供应）的热泵、既可制冷又可制热的热泵、可同时制冷与制热的热泵、热回收热泵等。

（8）按热泵配用的压缩机形式分　可分为往复活塞式热泵、滚子式热泵、涡旋式热泵、螺杆式热泵、离心式热泵等。

（9）按热泵机组的安装形式分　可分为单元式热泵机组、分体式热泵机组、现场安装式热泵机组。

（10）按热泵的热量提升范围分

1）初级热泵。利用天然能源（如室外空气、地表水、地下水、土壤等）作为热源。

2）次级热泵。以生产或生活排出的废水、废气、废热等作为热源。

3）第三级热泵。初级热泵或次级热泵联合使用，即将前一级热泵制取的热量再次升温。

4. 热泵的热源

热泵运行时，通过蒸发器从热源吸收热量，所以不同的热源对热泵的装置、工作特性、经济性等都有重要的影响。

作为热泵的热源一般应满足下列要求：

① 热源的温度尽可能高。因为在一定的供热温度条件下，热泵的热源温度与供热温度之间的差值越小，其供热系数越大。

② 热源尽可能提供必要多的热量，以免设置辅助加热装置，这样可以减少附加投资。

③ 热源的热能应便于输送，而且输送热量的热（冷）媒动力消耗应尽可能小，以减少热泵的运行费用。

④ 热源对换热设备的材料无腐蚀作用，而且尽可能不产生污染和结垢现象。

⑤ 热源温度的时间特性和供热的时间特性应尽量一致，以免造成热量供求的矛盾。

热泵可利用的热源分为两大类。一类为自然能源，其温度较低，如空气、水（地下水、海水、江河水等）、土壤、太阳能等；另一类为生活或生产中的排热，如建筑物内部的排热，工业生产过程的排热，生产或生活废水、地下铁道、垃圾焚烧过程的排热等，这种热源的温度较高。

热泵热源的种类较多，选择热源时必须因地制宜，满足主要要求。一般选择热源时应考虑容易取得、投资少、无腐蚀、热容量大、热泵安装和使用方便、运行时工况稳定等条件。目前热泵所利用的热源主要是空气、水、土壤等。

根据热泵的不同热源，热泵设计中应注意以下问题：

① 热源的蓄热问题。由于空气、太阳能、废水等热源的温度都是周期性变化的，废水的流量也可能随时变化，难以提供稳定的热量，所以可以通过蓄热装置储存低峰负荷时的能量，供给高峰负荷时使用，这对热泵运行的稳定性和经济性是很重要的。

② 热源与辅助热源的匹配问题。在没有足够的蓄热热量可以利用的情况下，高峰负荷时热泵可利用辅助热源供热。热泵的容量及其与辅助加热量的合理匹配，对减少装置的初期投资和经济运行都是有利的。

③ 多种热源的合理利用。当有多种热源可利用时，不同热源可以组合利用。例如，在环境温度较高时可用空气热源，而在环境温度低时可改用水热源。

想一想

什么是热泵？热泵是如何分类的？

二、空气源热泵机组

1. 空气源热泵及其特点

空气是自然界存在的最普遍的物质之一，用环境空气作为热泵低位热源的热泵称为空气源热泵。空气源热泵无论在什么条件下均可应用，对环境也不会产生有害影响，且系统运行和维护方便。因此，在热泵的应用中以空气源热泵最为普遍。但由于空气的温度随季节变化较大、单位热容量小、传热系数低且含有一定的水蒸气，使得空气源热泵的单机容量较小，热泵循环性能系数低，对机组变工况能力要求高，成本高，在低温环境下工作时需要定期除霜。

空调源热泵按冷凝器放出热量时进行热交换介质的不同，又分为空气-空气热泵和空气-水热泵。在空气源热泵系统中，制热时系统从室外空气吸收热量释放到室内；制冷时，系统吸收室内的热量释放到室外空气中。空气源热泵系统成为住宅和许多商业建筑中使用最广泛的热泵形式之一，大多数空气源热泵的制冷量为 3.5~105kW。

2. 空气源热泵的应用

（1）热泵型房间空调器　在单户住宅和很多办公场所，房间空调器的使用非常普及，目前生产的房间空调器多为热泵型的，既能在夏季制冷又能在冬季供热。与单冷式空调器相比，热泵型空调器加装了一个四通电磁换向阀，使制冷剂可正、反两个方向流动，从而实现制冷和制热工况的转换。其工作原理如图 3-13 所示。

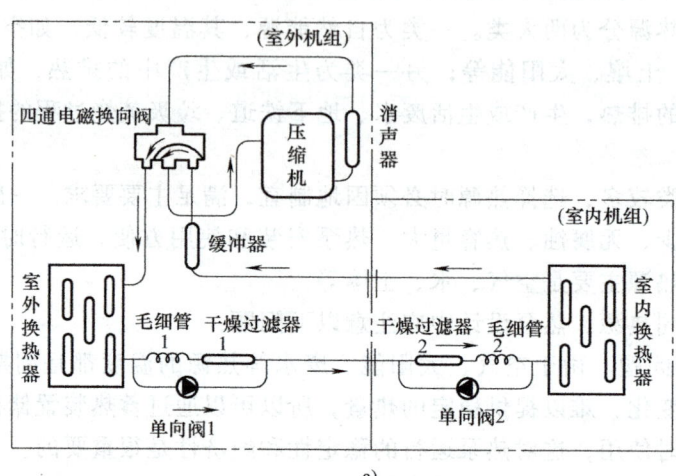

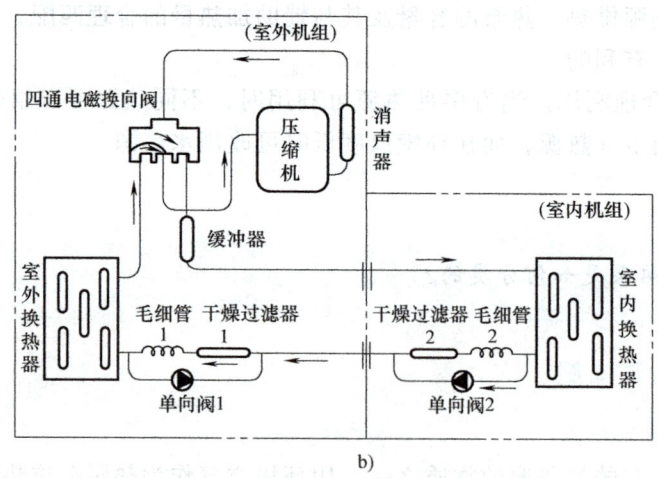

图 3-13　热泵型房间空调器的工作原理
a）制冷工况　b）制热工况

热泵型房间空调器属于空气-空气热泵。在制冷工况下运行时，四通电磁换向阀没有接通电源，经压缩机排出的高温制冷剂经四通电磁换向阀流向室外换热器（即冷凝器），在冷凝器中制冷剂放热冷却冷凝为制冷剂液体，再经毛细管进入室内换热器（即蒸发器）吸热汽化，又经过四通电磁换向阀回到压缩机，如图 3-13a 所示。

在制热工况下运行时,四通电磁换向阀接通电源,驱动阀内机构完成制冷剂通道的切换,使压缩机排出的高温制冷剂蒸气经四通电磁换向阀通道切换后,排向室内换热机器,此刻的室内换热器作为冷凝器使用。制冷剂的热量通过离心风扇作用与室内冷空气进行热交换,达到室内制热的目的。经放热后的制冷剂冷凝为液体,然后经毛细管进入室外换热器(即蒸发器),吸收室外空气的热量蒸发,回到四通电磁换向阀,经切换后的通道进入压缩机,如此循环。

(2)风冷热泵型冷热水机组　风冷热泵型冷热水机组属于空气-水热泵,目前在各种商业和工业场所中使用越来越多。它可以满足全年制冷采暖的需要,有的还可以提供生活热水。

风冷热泵型冷水机组制冷系统主要有：室外机和室内机（风机盘管）；水泵通过供水管和回水管连接起来；用户侧需要安装膨胀水箱和放气阀。冬季按制热循环运行,供热水作为空调采暖。夏季按制冷循环运行,供冷水作为空调用。制冷循环与制热循环的切换通过换向阀改变制冷剂的流向来实现。

现以风冷螺杆式热泵型冷热水机组制冷系统为例来说明风冷热泵型冷热水机组的工作流程。

如图3-14所示,在制冷工况时,电磁阀12开启,电磁阀6关闭,从螺杆压缩机1排出的高温高压制冷剂气体经止回阀16、四通换向阀2进入空气侧换热器3,冷凝后的制冷剂液体经止回阀10进入储液器4。从储液器出来的高压液体经气液分离器9中的换热器得到过冷。过冷后制冷剂液体分两路：一路经电磁阀14、单向膨胀阀15成为低压低温的液体喷入螺杆式压缩机的压缩腔内进行冷却；另一路经干燥过滤器5、电磁阀12和单向膨胀阀13进入水侧板式换热器8。在额定工况下,将冷水从12℃冷却到7℃,同时制冷剂液体吸热蒸发后变为低温低压的制冷剂蒸气。低温低压的制冷剂蒸气再经四通换向阀2进入气液分离器9,分离后的制冷剂气体进入压缩机。

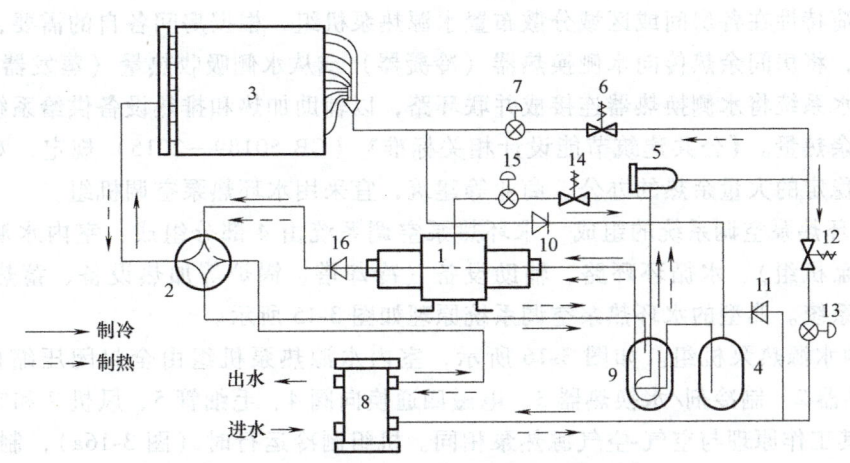

图3-14　风冷螺杆式热泵型冷热水机组工作流程

1—螺杆压缩机　2—四通换向阀　3—空气侧换热器　4—储液器　5—干燥过滤器　6、12、14—电磁阀　7、13、15—单向膨胀阀　8—水侧板式换热器　9—气液分离器　10、11、16—止回阀

在制热工况时,四通换向阀 2 换向,电磁阀 12 关闭,电磁阀 6 打开,从螺杆压缩机排出的高温高压制冷剂气体直接进入水侧板式换热器 8,将热水从 40℃加热到 45℃,送入空调系统,在换热器中冷凝的液体,经止回阀 11 进入储液器。从储液器出来的制冷剂液体经气液分离器再经干燥过滤器、电磁阀 6、单向膨胀阀 7 进入空气侧换热器。在其中蒸发后的制冷剂气体经四通换向阀,回到气液分离器。在气液分离器中分离后的制冷剂气体回到压缩机。

风冷热泵型冷热水机组占地面积少,省去了冷却水系统,安装简便,在缺水地区尤其具有比其他水冷机组更大的优势。该机组一般用于中、小型制冷量的场合。

想一想
空气源热泵在空调系统中有哪些应用形式?它们各有何特点?

三、水源热泵机组

水源热泵是以水作为高、低温热源。作为热泵低位热源的水可以是地表水(如江水、湖水、河水、海水)和地下水(如深井水)。一般水源热泵的制冷供热效率高于空气源热泵,但对水质有一定的要求,且要采用合适的换热器,因此水源热泵的应用远不及空气源热泵。

3-3 如何有效利用水的热源?——水源热泵来帮您

按冷凝器放出热量时进行热交换介质的不同,水源热泵又分为水-水热泵和水-空气热泵。

1. 水环热泵空调系统

水环热泵空调机组是水-空气热泵的一种应用形式,即通过水循环环路将众多的水-空气热泵机组并联成一个以回收建筑物余热为主要特征的空调系统。它是一种很有发展前景的节能型空调系统,办公楼、商场等场合是水环热泵空调系统的主要应用场合。水环热泵空调系统中,按负荷特性在各房间或区域分散布置水源热泵机组,根据房间各自的需要,控制机组制冷或制热,将房间余热传向水侧换热器(冷凝器)或从水侧吸收热量(蒸发器);以双管封闭式循环水系统将水侧换热器连接成并联环路,以辅助加热和排热设备供给系统热量的不足和排除多余热量。《公共建筑节能设计相关标准》(GB 50189—2015)规定,对有较大内区且常年有稳定的大量余热的办公、商业等建筑,宜采用水环热泵空调机组。

(1)水环热泵空调系统的组成 水环热泵空调系统由 4 部分组成:室内水源热泵机组(水-空气热泵机组)、水循环环路、辅助设备(冷却塔、锅炉等加热设备、蓄热装置等)、新风与排风系统。典型的水环热泵空调系统原理如图 3-15 所示。

1)室内水源热泵机组。如图 3-16 所示,室内水源热泵机组由全封闭压缩机 1、制冷剂/空气换热器 2、制冷剂/水换热器 3、电磁四通换向阀 4、毛细管 5、风机 7 和空气过滤器 6 等组成,其工作原理与空气-空气源热泵相同。机组制冷运行时(图 3-16a),制冷剂/空气换热器为蒸发器,制冷剂/水换热器为冷凝器,利用制冷剂汽化吸热供给房间冷量,制冷剂冷凝放热于环路中的水;机组制热运行时(图 3-16b),制冷剂/空气换热器为冷凝器,制冷剂/水换热器为蒸发器。制冷剂在蒸发器中吸收封闭环路中的水的热量,而在冷凝器中放热给需供热房间。

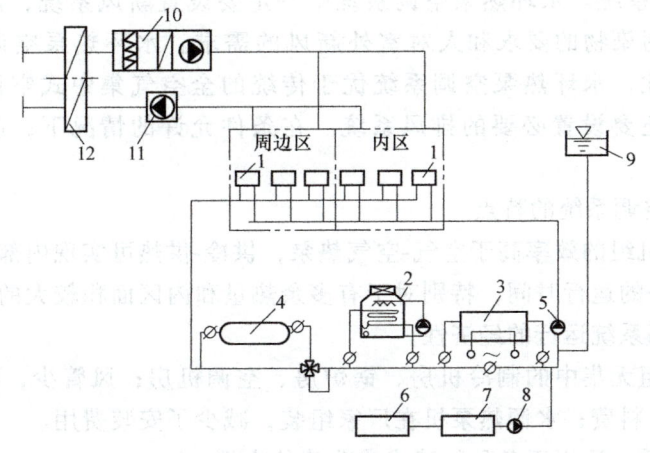

图 3-15 典型的水环热泵空调系统原理

1—水-空气热泵机组 2—闭式冷却塔 3—加热设备 4—蓄热容器 5—水环路循环水泵
6—水处理装置 7—补水水箱 8—补水泵 9—定压装置 10—新风机
11—排风机 12—热回收装置

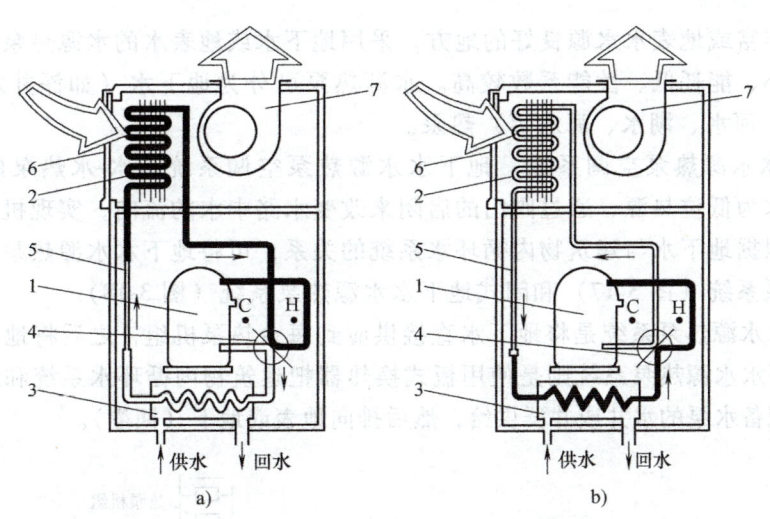

图 3-16 室内水源热泵机组工作原理

a) 制冷方式运行 b) 制热方式运行

1—全封闭压缩机 2—制冷剂/空气换热器 3—制冷剂/水换热器
4—电磁四通换向阀 5—毛细管 6—空气过滤器 7—风机

2) 水循环环路。所有室内水源热泵机组都并联在一个或几个水循环环路系统上。通过水循环环路使流过各台水源热泵空调机组的循环水量达到设计流量,以确保机组的正常运行。

3) 辅助设备。为了保持水循环环路中的水温在一定范围内,提高系统运行的经济可靠性,水环热泵空调系统应设置一些辅助设备,主要有加热设备(如电锅炉、燃气锅炉、燃油锅炉等)、冷却装置(如冷却塔等)、蓄热容器等。

4）新风与排风系统。水环热泵空调系统中一定要设置新风系统，向室内送入必要的新风，以满足稀释污染物的要求和人对室外新风的需求。水环热泵空调系统中通常采用独立新风系统。因此，水环热泵空调系统优于传统的全空气集中式空调系统。为了维持室内的空气平衡，还要设置必要的排风系统。在条件允许的情况下，应尽量考虑回收排风中的能量。

（2）水环热泵空调系统的特点

① 节约能源。机组的效率高于空气-空气热泵，供冷-供热可实现内部的能量平衡，减少了冷却塔或加热设备的运行时间，特别对于有多余热量和内区面积较大的建筑物，可以实现良好的热回收，提高系统运行的经济性。

② 投资少。机组无集中的制冷机房、锅炉房、空调机房；风管少，可减少层高，无保温的冷水，减少了材料费；水源热泵机在厂家组装，减少了安装费用。

③ 机组应用灵活，适用于各种新建成或改建的大楼。

④ 机组维修成本低，系统安装方便，起动调整容易。

⑤ 单台水源热泵空调机的制冷量不能过大，否则噪声较大。

⑥ 不利于利用新风，安装要与室内装修密切配合，水源热泵机组质量要求高。

2. 水源热泵空调系统

在地下水丰富或地表水水源良好的地方，采用地下水或地表水的水源热泵系统换热性能好、换热系统小、能耗低、性能系数较高。水源热泵可分为地下水（如深井水）热泵和地表水（如江水、河水、湖水、海水等）热泵。

（1）地下水水源热泵空调系统　地下水水源热泵空调系统是水-水热泵的一种应用形式，它以深井水为低位热源，通过阀门的启闭来改变水路中水的流向，实现机组制冷、供热工况的转换。根据地下水与建筑物内循环水系统的关系，可将地下水水源热泵系统分为开式地下水水源热泵系统（图3-17）和闭式地下水水源热泵系统（图3-18）。

开式地下水水源热泵系统是将地下水直接供应到每台热泵机组，之后将地下水回灌到地下，而闭式地下水水源热泵系统则是使用板式换热器把建筑物内循环水系统和地下水系统分开。地下水由配备水泵的水井或井群供给，然后排向地表或地下（回灌）。

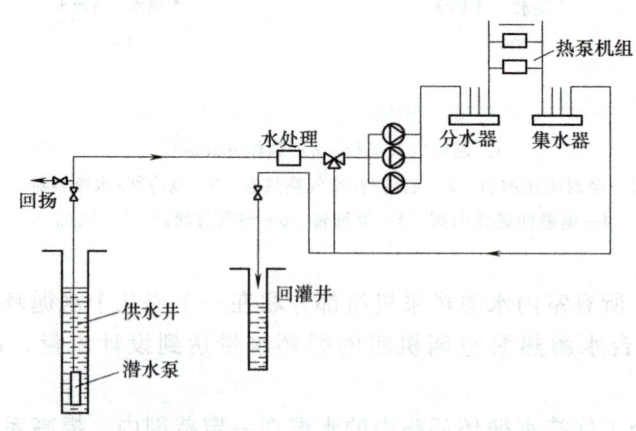

图3-17　开式地下水水源热泵系统

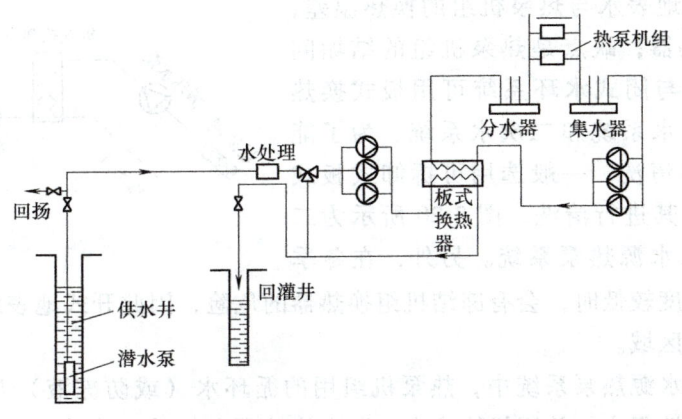

图 3-18 闭式地下水水源热泵系统

地下水水源热泵中央空调系统成败的关键是深井水源。文献显示，提升的深井水含有 1/10000 的细沙，长期运行就会将回灌井壁的网眼堵塞，使回灌量下降直到报废。解决的方法是使供水井和回灌井都安装深井泵，供水井和回灌井轮换运行，且回灌井要定期回扬。所谓回扬，是将由回灌井中提升上来的含有细沙的水排掉，其目的是使回灌井的网眼不致堵塞。一般每运行 15 天左右就应回扬一次，时间持续 10~20min。由于开式地下水水源热泵系统可能导致管路堵塞和腐蚀，因此通常不直接应用地下水而采用间接供水，以保证系统设备和管路不受地下水矿物质及泥沙的影响，减少系统维护费用。

地下水水源热泵系统能效比高，耗电量低，可以充分利用地下水、地表水、海水、城市污水等低品位能源，不向空气排放热量，节能环保。但该系统水质处理复杂，取水构筑物烦琐，地下水回灌较难。

（2）地表水水源热泵空调系统　地表水水源热泵就是利用江、河、湖、海的地表水作为热泵机组的热源。当建筑物的周围有大量的地表水域可以利用时，可通过水泵和输配管路将水体的热量传递给热泵机组或将热泵机组的热量释放到地表蓄水体中。根据热泵机组与地表水连接方式的不同，可将地表水水源热泵系统分为开式地表水水源热泵系统和闭式地表水水源热泵系统。

图 3-19 所示为地表水水源热泵系统。在开式地表水水源热泵系统中，循环水泵从蓄水体底部将水通过管道输送到热泵机组中，进行热量交换后，再通过排水管道将其输送回湖水表面，但循环水泵的吸入口与排水口的位置应相隔一定的距离。开式地表水水源热泵系统的

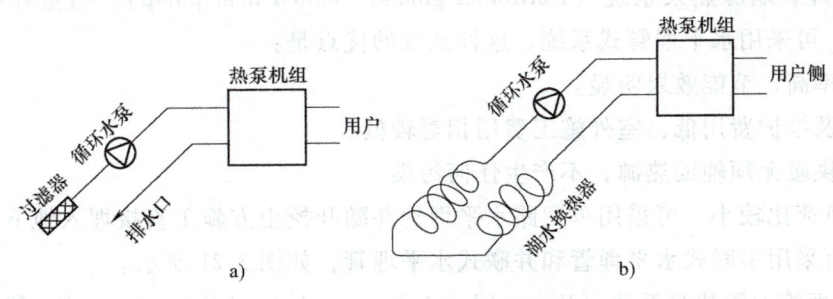

图 3-19 地表水水源热泵系统
a) 开式系统　b) 闭式系统

优点是可有效利用地表水与热泵机组的换热温差，因为没有中间换热器；缺点是热泵机组的结垢问题。为此，地表水与闭式水环系统可用板式换热器隔开，形成一次水系统和二次水系统。为了能方便板式换热器的清洗，一般选用可拆卸式板式换热器，并定期对其进行清洗，图3-20所示为二次换热开式地表水水源热泵系统。另外，在冬季制热时，如湖水温度较低时，会有冻结机组换热器的危险，因此开式地表水水源热泵系统只能用于温暖气候的区域。

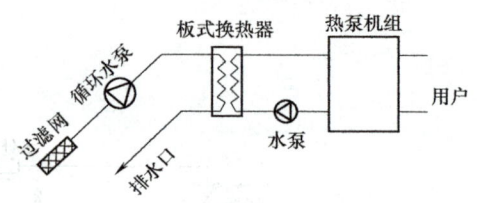

图 3-20　二次换热开式地表水水源热泵系统

在闭式地表水水源热泵系统中，热泵机组用的循环水（或防冻液）与湖水不接触，因此机组结垢的可能性很小，并可保持洁净。湖水换热器是闭式地表水水源热泵系统的关键，制作湖水换热器最常用的材料是高密度聚乙烯塑料管，也有采用铜管来制作的。铜管导热性能比聚乙烯管要好，但它的使用寿命不如聚乙烯管，且价格昂贵。

 想一想

水源热泵的应用有哪些？

四、地源热泵机组

地源热泵也称为地源闭环泵或土壤源热泵，是一种利用浅层和深层的大地的天然低品位能源，通过消耗少量电能，由热泵机组向建筑物供冷或供热的系统。

地源热泵系统通过埋设在地下的换热管（称为土壤耦合地热交换器）与土壤进行热交换，中间介质（通常为水或者是加入防冻剂的水）作为热载体在封闭环路中循环流动。冬季把土壤中的热能"取"出来，供给室内采暖，此时地能为"热源能"；夏季把室内热能取出来，释放到土壤中，此时地能为"冷源"。在地源热泵系统中，大地起到了蓄能器的作用，进一步提高了空调系统全年的能源利用效率，可以大大减少对化石燃料的消耗，减少对环境的污染，符合人类可持续发展的要求。

1. 地源热泵系统的分类与特点

（1）地源热泵系统的分类　根据地下埋管方式不同，地源热泵系统有以下几种形式。

1）水平埋管地源热泵系统（Horizontal ground-coupled heat pump）。当室外有足够大的空地面积时，可采用水平埋管式系统。这种系统的优点是：

① 热效率高，节能效果明显。

② 运行及维护费用低，室外施工费用相对较低。

③ 冬季供暖无须辅助热源，不产生任何污染。

当室内负荷比较小，可采用单回路水平埋管并随开挖土方施工直接埋入地下；当室内负荷比较大，可采用串联式水平埋管和并联式水平埋管，如图3-21所示。

2）垂直埋管地源热泵系统（Vertical borehole ground-coupled heat pump）。使用垂直埋管地源热泵系统具有以下特点：

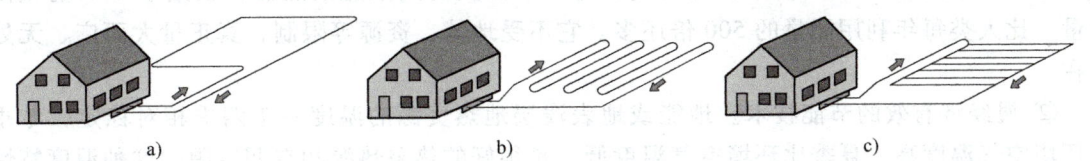

图 3-21 水平埋管示意

a）单回路 b）串联式 c）并联式

① 运行及维护费用低。
② 占地面积较小。
③ 冬季无需辅助热源，不产生任何污染，节能效果明显。

当室内负荷较小，土壤换热器长度较短，换热器井数较少，可直接接入机房，如图 3-22a 所示；当室内负荷较大，土壤换热器长度较长时，可将若干口井汇集到集水器，统一由干管接入机房，如图 3-22b 所示。垂直埋管地源热泵系统有一种特殊形式，称为桩基换热器或能量桩（Energy piles），即在桩基里布设换热管，如图 3-22c 所示。

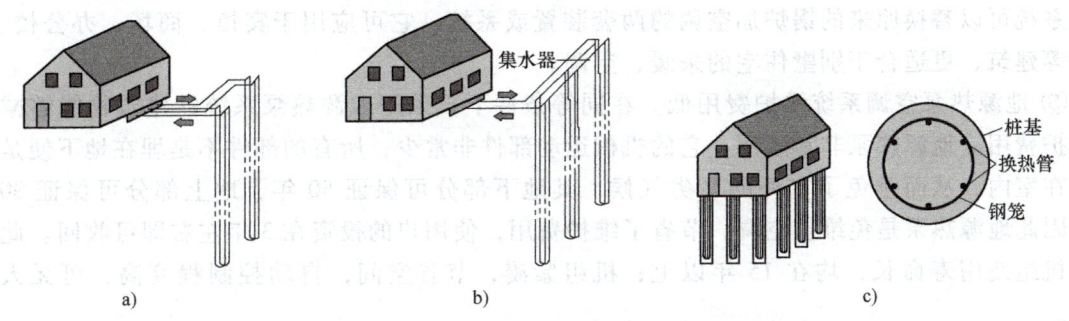

图 3-22 垂直埋管地源热泵系统示意

a）换热器井管路直接接入机房 b）换热器井管路汇集到集水器 c）桩基换热器

3）螺旋埋管地源热泵系统（Slinky ground-coupled heat pump）。包括长轴水平布置的螺旋埋管地源热泵系统（图 3-23a）和长轴竖直布置的螺旋埋管地源热泵系统（盘旋布置埋管地源热泵系统）（图 3-23b）。此外，还有一种特殊布置形式，称为沟渠集水器式螺旋埋管地源热泵系统，也有学者把它归到多层水平埋管地源热泵系统（图 3-23c）。

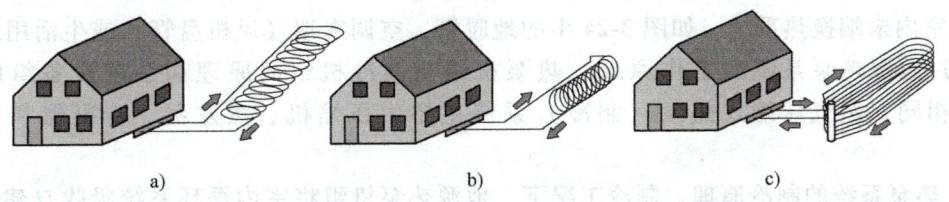

图 3-23 螺旋埋管地源热泵系统示意

a）长轴水平布置式 b）长轴竖直布置式 c）沟渠集水器式

(2) 地源热泵系统的特点

① 属可再生能源利用技术。地表浅层是一个巨大的太阳能集热器，收集了 47% 的太阳能量，比人类每年利用能量的 500 倍还多。它不受地域、资源等限制，真正量大面广、无处不在。

② 属经济有效的节能技术。地能或地表浅层地热资源的温度一年四季相对稳定，冬季比环境空气温度高，夏季比环境空气温度低，是很好的热泵热源和空调冷源。这种温度特性使得地源热泵系统比传统空调系统运行效率要高 40%，因此节能和节省运行费用 40% 左右。另外，地能温度较恒定的特性使得热泵机组运行更可靠、稳定，也保证了系统的高效性和经济性。

③ 环境效益显著。地源热泵的污染物排放与空气源热泵相比相当于减少 40% 以上，与电供暖相比相当于减少 70% 以上。如果结合其他节能措施，节能减排会更明显。虽然也采用制冷剂，但比常规空调装置减少 25% 的充灌量；属于自含式系统，即该装置能在工厂车间内事先整装密封好，因此制冷剂泄漏概率大为降低。装置运行没有任何污染，可以建造在居民区内，无燃烧，无排烟，也无废弃物，不需要堆放燃料废物的场地，且不用远距离输送热量。

④ 一机多用，应用范围广。地源热泵系统可供暖、空调，还可供生活热水，一机多用。一套系统可以替换原来的锅炉加空调的两套装置或系统。它可应用于宾馆、商场、办公楼、学校等建筑，更适合于别墅住宅的采暖、空调。

⑤ 地源热泵空调系统维护费用低。在同等条件下，采用地源热泵系统的建筑物能够减少维护费用。地源热泵非常耐用，它的机械运动部件非常少，所有的部件不是埋在地下便是安装在室内，从而避免了室外的恶劣气候，其地下部分可保证 50 年，地上部分可保证 30 年，因此地源热泵是免维护空调，节省了维护费用，使用户的投资在 3 年左右即可收回。此外，机组使用寿命长，均在 15 年以上；机组紧凑，节省空间；自动控制程度高，可无人值守。

地源热泵缺点是：其应用会受到不同地区、不同用户及国家能源政策、燃料价格的影响；一次性投资及运行费用会随着用户的不同而有所不同；采用地下水的利用方式，会受到当地地下水资源的制约。

2. 地源热泵系统的组成及工作原理

(1) 地源热泵系统的组成　地源热泵冷暖空调系统主要由 3 部分组成。

① 室外地下热交换环路（地埋侧热交换器）系统。如图 3-24 中的垂直地埋管。

② 地源热泵机组。如图 3-24 中的地源热泵主机。

③ 室内末端换热系统。如图 3-24 中的地暖管、空调末端（风机盘管）或生活用水。

(2) 地源热泵系统的工作原理　热泵机组与制冷机组的原理和系统设备组成及功能基本相同，蒸气压缩式热泵（制冷）系统主要由压缩机、蒸发器、冷凝器和膨胀阀组成。

1) 热泵系统的制冷原理。制冷工况下，地源热泵机组将室内循环系统吸收自建筑物内的热量传递给室外的地下热交换环路系统中，室外地下热交换环路系统中的循环液体在吸收了这部分热量后，将该部分热量携带到地下，把热量通过地下埋管释放到大地中。这样，各环路不断地循环，室内的热量就不断地被转移至地下，从而实现建筑物的制冷。

3-4 地源热泵

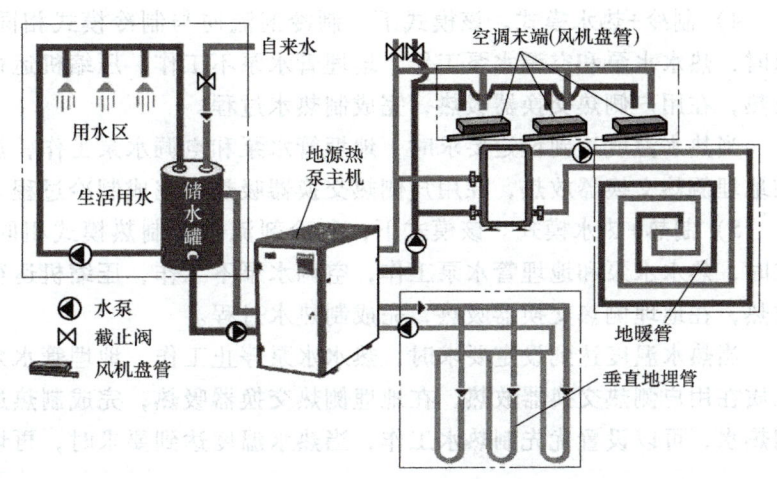

图 3-24 带生活热水的地源热泵系统结构

2) 热泵系统的制热原理。制热工况下,地源热泵机组把室外地下埋管热交换环路系统吸收自大地的热量传递给室内循环系统,室内循环系统将该部分热量携带到建筑物内,各环路不断地循环,地下的热量就不断地被转移至建筑物内,从而实现建筑物的供暖。

(3) 三联供地源热泵 三联供地源热泵系统是可以提供空调、地暖和生活热水三种功能的热泵机组,其综合能效高,一机多用。图 3-25 所示为地源热泵三联供机组工作原理。

地源热泵三联供机组有 5 种工作模式,各种模式下的制冷剂流向分别为:

1) 热水模式。压缩机→热水换热器→四通换向阀→用户侧热交换器→单向阀 A→储液罐→过滤器→节流阀→单向阀 D→地埋侧热交换器→四通换向阀→气液分离器→压缩机。

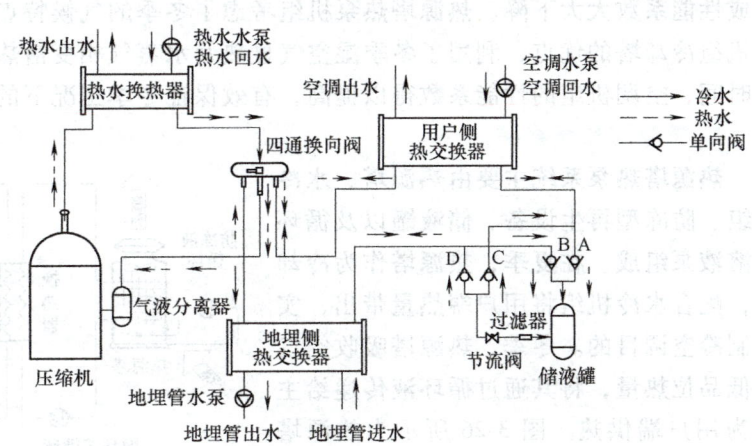

图 3-25 地源热泵三联供机组工作原理

单独制热水时,热水水泵和地埋管水泵工作,空调水泵不工作,压缩机运行后,制冷剂在热水换热器放热,在地埋侧热交换器吸热,完成制热水过程。

2) 制冷模式。压缩机→热水换热器→四通换向阀→地埋侧热交换器→单向阀 B→储液罐→过滤器→节流阀→单向阀 C→用户侧热交换器→四通换向阀→气液分离器→压缩机。

单独制冷时,热水水泵不工作,地埋管水泵和空调水泵工作,压缩机运行后,制冷剂在地埋侧热交换器放热,在用户侧热交换器吸热,完成制冷过程。

3) 制热模式。该模式下,制冷剂流向与制热水模式相同。热水水泵不工作,地埋管水泵和空调水泵工作,压缩机运行后,制冷剂在用户侧热交换器放热,在地埋侧热交换器吸热,完成制热过程。

4）制冷+热水模式。该模式下，制冷剂流向与制冷模式相同。热水温度未达到设定要求时，热水水泵和空调水泵工作，地埋管水泵不工作，压缩机运行后，制冷剂在热水换热器放热，在用户侧热交换器吸热，完成制热水过程。

当热水温度达到设定要求时，地埋管水泵和空调水泵工作，热水水泵停止工作，制冷剂在地埋侧热交换器放热，在用户侧热交换器吸热，完成制冷过程。

5）制热+热水模式。该模式下，制冷剂流向与制热模式相同。热水温度未达到设定要求时，热水水泵和地埋管水泵工作，空调水泵不工作，压缩机运行后，制冷剂在热水换热器放热，在地埋侧热交换器吸热，完成制热水过程。

当热水温度达到设定要求时，热水水泵停止工作，地埋管水泵和空调水泵工作，制冷剂工质在用户侧热交换器放热，在地埋侧热交换器吸热，完成制热过程。如果同时需要制热和制热水，可以设置优先制热水工作，当热水温度达到要求时，再切换到制热工作。

> **想一想**
>
> 地源热泵系统的组成及工作原理是什么？

五、热源塔热泵机组

空气源热泵在冬季制热运行时，由于室外空气的低温高湿特点，机组运行时容易结霜，造成性能系数大大下降。热源塔热泵机组考虑了冬季的气候特点，同时结合空气源热泵及水冷机组冷却塔的优点，利用了冬季湿空气显热及水蒸气相变潜热并延迟了室外热交换器的结霜时间，空调机组的性能系数得以提高，有效保证冬季工况下的正常运行。

1. 热源塔热泵系统

热源塔热泵系统主要由热源塔、水冷机组、防冻型再生设备、储液罐以及循环水溶液泵组成。在夏季，热源塔作为冷却塔，配合水冷机组将用户端热量带出，实现制冷空调目的。冬季，热源塔吸收空气中低品位热量，将其通过循环液传递给主机为用户端供热。图3-26所示为热源塔热泵系统示意，其中包括4个水溶液循环以及两端的空气循环。考虑到防冻液的腐蚀性以及对环境的影响，目前大多数循环液和防冻液均采用质量分数为40%的乙二醇水溶液。

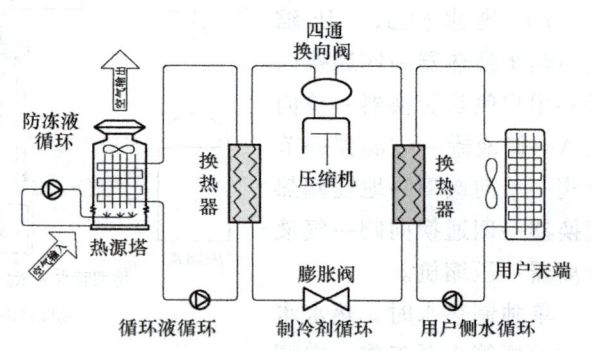

图 3-26 热源塔热泵系统示意

2. 热源塔的结构及工作原理

热源塔热泵系统冬季采用冰点低于 0℃ 的液体介质，利用液体介质与空气的接触，高效提取低温环境下相对湿度较高的空气中的低品位热能，通过向热源塔热泵机组输入少量高品位热能，实现低温环境下低品位热能向高温环境转移，对建筑物进行供热或者提供热水。

热源塔热泵系统的制冷系统与其他热泵系统是相似的，如图3-27所示。热源塔（图

3-28）主要由围护构架、通风系统（风机2）、肋片管换热器7、气液分离器16、凝结水分离系统、低温防霜系统等组成。其中围护构架包括塔体框架4、顶部出风筒3、侧壁的围护板5及进风栅栏9；通风系统由位于风筒内部的风机控制装置1和风机组成；热交换器由肋片管、进液口6、出液口8组成；热交换器上方设有气液分离器；热交换器的下方设有接水盘10、凝结水控制装置11和溶液控制阀12组成的凝结水分离系统；此外，热源塔还设置有溶液池13、喷淋泵控制装置14、喷淋器15等构成的低温防霜系统。当空气经热交换器表面逆向流通时，形成传热面与空气之间的显热与潜热交换，获得低于环境温度2~3℃的溶液作为热源塔热泵的低品位热源。同时，凝结了空气中的水分，使防冻液浓度下降，冰点上升。而浓缩装置的作用是将被稀释的防冻液浓度上升，降低其冰点，保证热源塔正常运行。

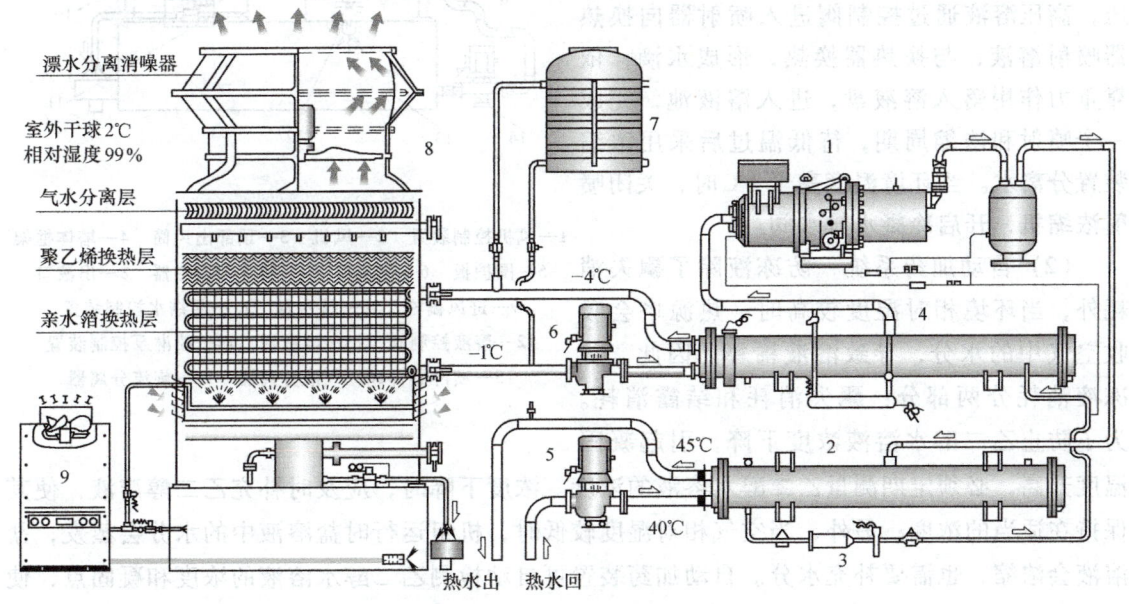

图3-27 闭式热源塔热泵系统工作原理

1—压缩机 2—冷凝器 3—膨胀阀 4—蒸发器 5—负荷泵 6—热源泵
7—膨胀罐 8—闭式热源塔 9—间歇防霜浓缩装置

热源塔分为开式热源塔和闭式热源塔两类。开式热源塔供热的原理是：将低于空气湿球温度的防冻液均匀地喷淋在填料层上，形成液膜，当空气经过填料层时，气液之间在接触面上发生热质交换，从而使防冻液获得热量，作为热泵的低品位可再生能源。而防冻液所吸收的热量主要来自空气和溶液之间由于温差引起的显热交换和空气中水蒸气凝结而放出的汽化潜热。

开式热源塔中的防冻液与空气接触，溶液温度易受环境气温条件变化的影响，其冰点发生变化，需要定时起动浓缩装置。而闭式热源塔克服了这一缺点，通过使空气逆向流过肋片热交换器的表面，形成传热面与空气之间的显热与潜热交换。同时，由于闭式热源塔的热交换器管内防冻液依靠强制循环，因而流动速度快，换热效率高。闭式热源塔既有盘管又有填料，填料的作用是使进入热源塔的水尽可能形成细小的液滴或膜，增加水与空气之间的接触面积，延长接触时间，以增加水、气之间的热质交换。盘管的作用是增强换热效果，避免管内流体受环境的污染，减少换热介质的消耗。闭式热源塔夏季为开式负压冷却塔，通过调节风机的流量来实现变风量控制，可在高温条件下实现负压蒸发，冷却水温度低于传统冷却塔，提高了制冷机效率。

3. 热源塔热泵系统的辅助系统

（1）热源塔热泵的防霜系统　热源塔热泵防霜系统的工作原理是：当喷射浓缩机检测到环境温度低于1℃时，关闭冷凝水排水阀，起动喷射浓缩机，将溶液池溶液浓缩升压，高压溶液通过控制阀进入喷射器向换热器喷射溶液，与换热器换热，形成水滴，依靠重力作用落入溶液盘，进入溶液池，完成一个喷射和浓缩周期，待低温过后采用浓缩装置分离水。当环境温度高于1℃时，关闭喷射浓缩机，开启冷凝水排水阀。

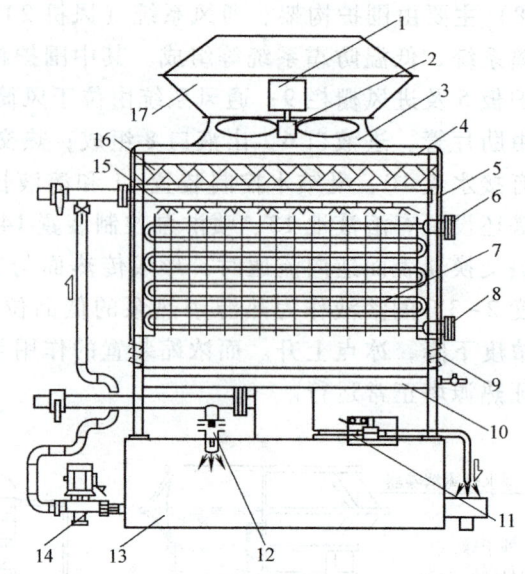

图 3-28　热源塔结构示意

1—风机控制装置　2—风机　3—顶部出风筒　4—塔体框架
5—围护板　6—进液口　7—肋片管换热器　8—出液口
9—进风栅栏　10—接水盘　11—凝结水控制装置
12—溶液控制阀　13—溶液池　14—喷淋泵控制装置
15—喷淋器　16—气液分离器　17—旋流分离器

（2）自动加药系统　防冻液除了飘失消耗外，当环境相对湿度较高时，热源塔会吸收空气中的水分，导致溶液稀释。因此，防冻液消耗分两部分：飘失消耗和结露消耗。为了防止乙二醇水溶液浓度下降，引起凝固温度升高，必须定期测量乙二醇水溶液的浓度。浓度下降时，应及时补充乙二醇溶液，使其保持在适当的浓度；另外，当空气相对湿度较低时，机组运行时盐溶液中的水分会蒸发，盐溶液会浓缩，也需要补充水分。自动加药装置可自动检测乙二醇水溶液的浓度和凝固点，使乙二醇水溶液的浓度能够达到一个动态的平衡。

4. 热源塔热泵系统的特点

① 工作环境范围广、能效高。由于充分利用了冬季阴雨湿冷、湿球温度高、储能大的特点，热源塔提取低品位能性能相对空气源热泵稳定，冬季机组运行时，无须除霜操作，性能系数高。

② 一机多用。热源塔热泵系统不仅可以夏季制冷，冬季供暖，而且机组可以提供一年四季的生活热水，特别是夏季机组可以做热回收，将室内的热量收集起来转移到生活热水中，相当于夏季获得免费的生活热水。

③ 节能环保。由于热源塔采用了特殊的结构，冬季载体循环提取低品位能，省去了辅助供热时既不卫生又污染环境的锅炉。夏季采用常规制冷，载体循环面积大，能效高，还可提供生活热水，提高了设备使用率，降低了初投资，节能环保。

5. 热源塔热泵系统的应用

热源塔热泵技术投资少，而且节能效果明显，其投资回收期均在一年左右。在新建或既有建筑改造中应用，特别是与使用燃油或燃气溴化锂的机组相比，有明显的节能优势，是长江以南区域供暖、制冷并提供卫生生活热水的最佳方案之一。所有新建和改建的办公楼、酒店、宾馆、工业厂房、医院、学校、大型商场、体育馆等公共建筑,以及居民住宅楼和农村集中建设的住宅均可采用。

想一想

热源塔热泵的工作原理是什么?

技能训练　辨别热泵型空调系统

一、实训目的

熟悉空气源热泵、水源热泵的结构特点和工作流程。

二、实训内容与要求

序号	内　容	要　求
1	熟悉空气源热泵机组、水源热泵机组、地源热泵机组的外观、结构组成、特点及应用场合等	1. 掌握空气源热泵、水源热泵制冷系统的工作原理 2. 画出空气源热泵、水源热泵系统的工作流程图 3. 仔细观察、比较,培养发现问题和分析问题的能力
2	分析各类热泵机组的工作流程	

3-5　螺杆式水(地)源热泵机组

三、实训器材与设备

实训器材与设备主要有空气源热泵、水源热泵、地源热泵等。

四、实训过程

序号	步　骤
1	参观热泵机组生产车间或热泵机组应用工程现场
2	在课程网站上观看电教片及企业拍摄的视频
3	参与企业生产,进一步了解热泵组成,会辨别、分析热泵型空调系统

五、注意事项

1)遵守实训纪律,服从指导教师的安排。

2)到企业实习应遵守企业规章制度和安全操作规程,严禁在岗打闹、串岗。

3)实训中应随时记录所见所闻,画出系统流程图。

4)实训结束后撰写实训报告。

思考与练习

1. 填空题

（1）热泵根据热源的种类可分为_____、_____、_____、_____等多种。

（2）热泵根据热源和供热介质的组合方式不同，可分为_____热泵、_____热泵、_____热泵、_____热泵、_____热泵等。

（3）可供热泵作为低温热源的水有_____、_____、_____和生活废水。

（4）在空气源热泵系统中，制热时系统从_____吸收热量释放到室内；制冷时，系统吸收_____的热量释放到室外空气中。

（5）地源热泵冷暖空调系统主要由_____、_____、_____3部分组成。

2. 选择题

（1）热泵供热系数 $\varepsilon_{H \cdot P}$_____，所以热泵的热力学经济性比消耗电能或燃料直接获取热量的经济性总是高的。

　　A. 永远不小于1　　B. 永远小于1　　C. 永远等于1　　D. 永远大于1

（2）风冷热泵冷热水机组制冷与制热循环的切换是通过_____来实现。

　　A. 换向阀　　　　B. 电磁阀　　　　C. 单向阀　　　　D. 膨胀阀

（3）水环热泵属于_____热泵的应用方式。

　　A. 空气-空气　　　B. 水-空气　　　　C. 水-水　　　　　D. 土壤-空气

（4）地下水源热泵中央空调系统的回灌井要定期_____。

　　A. 回灌　　　　　B. 回升　　　　　C. 回扬　　　　　D. 回流

（5）_____不属于热源塔热泵系统组成。

　　A. 热源塔及水冷机组　　　　　　　B. 防冻型再生设备
　　C. 水处理设备　　　　　　　　　　D. 储液罐及循环水溶液泵

3. 判断题

（1）热泵和制冷机都是按逆向循环工作的，可见逆向循环既可用来制冷，又可以供热。（　　）

（2）风冷热泵机组的安装需要专门的机房。（　　）

（3）地源热泵需要开采地下水，所使用的地下水全部回灌会对水质产生污染。（　　）

（4）地源热泵机械运动部件非常少，部件不是埋在地下便是安装在室内，从而避免了室外的恶劣气候，使用寿命长。（　　）

（5）热源塔热泵技术投资大，但节能效果明显，其投资回收期均在一年左右。（　　）

4. 简答题

（1）什么是热泵？它与制冷机有哪些不同？

（2）风冷热泵型冷热水机组有哪些优缺点？

（3）地下水水源热泵空调系统的工作原理是什么？有什么特点？

(4) 土壤源热泵系统的工作原理是什么？有什么特点？
(5) 三联供地源热泵的工作原理是什么？
(6) 热源塔热泵系统有何特点？热源塔热泵系统的工作原理是什么？

人文·素养·美德·价值

冰轮环境：不断创造中国制冷领域的"第一"

从99个人、44台皮带车床到中国机械工业核心竞争力30佳，从修马车、弹花机的手艺人到提供智慧绿色能源系统解决方案，冰轮环境技术股份有限公司一路过关斩将发展壮大成为如今的"智慧"企业。

1956年，在社会主义工商业改造的浪潮下，烟台的13家私营小工厂合并组成"公私合营烟台机械修配厂"，冰轮的涅槃之旅由此展开。冰轮创建之时国家百废待兴，在没有一张完整图纸的情况下，老一辈冰轮人硬是借助自制工装和设备，靠肩扛，靠铁锤，"手工制作"出了第一台完全模仿苏联技术的活塞式制冷压缩机。这是冰轮正式进入制冷行业的标志，也是冰轮创新的起点。1966年，冰轮自行设计和生产了我国第一台活塞式4AV-12.5制冷压缩机，为系列开发和生产压缩机产品、跻身全国制冷空调行业前列奠定了基础。几十年来，冰轮依靠着技术创新，不断创造着中国制冷领域的"第一"。第一台螺杆制冷压缩机的成功研发，使我国拥有了自主产权的螺杆压缩机；第一台移动式螺杆盐水机组的试制成功，获得了部级科技进步三等奖；第一台谷物冷却机的研发，使冰轮成为我国唯一拥有谷物冷却机自主知识产权的企业。CCUS是国际公认的大规模直接减排技术，冰轮在二氧化碳应用领域具有多年的技术积累。如今，冰轮二氧化碳增压液化撬块装置可以对各行业产生的CO_2原料气进行增压液化，生产出的二氧化碳产品可达到国家工业级、食品级标准，累计降碳达800万吨/年。除了捕获CO_2生产相关产品，冰轮通过技术创新改进了制冷领域对CO_2的有效利用。冰轮2006年开始自主研发的NH_3/CO_2复合制冷系统，兼顾了环保、节能、安全，项目累计降碳达370万吨/年。

哈特福德智能压缩机工厂是冰轮工业智汇云MICC平台的垂直应用领域，是业内首个拥有自主知识产权的复杂离散型智能压缩机原生工厂。与传统工厂相比，员工减少50%、产能增加40%、交期缩短60%、设备全物联、数据全打通、质量一致性显著提升。对内，MICC平台通过3DP智能铸造工厂和哈特福德智能压缩机工厂实现数智化生产管理，提高生产效率，实现绿色低碳生产，驱动企业转型升级；对外，MICC平台采集过的参数可提供低碳能源服务、工业物联平台、制造运营管控、数据智能服务、智能园区运维等解决方案。除了智慧平台的架构，对氢能的探索是冰轮"智慧绿能"多能源互联互补系统战略的另一组成部分，目前已在氢气增压液化、车载燃料电池系统用氢循环泵和空压机、加氢站隔膜压缩机等领域取得显著成果。未来，冰轮将通过技术的革新探索更多可能，为实现"绿色复苏"贡献更多"冰轮智慧"。

学习任务三　溴化锂吸收式制冷机组

知识点和技能点

1. 掌握溴化锂吸收式制冷的工作原理。

2. 了解溴化锂吸收式制冷机组的分类及特点。
3. 掌握溴化锂吸收式制冷循环主要设备的作用。
4. 掌握单效溴化锂吸收式制冷机组的工作过程及工作特点。
5. 了解单效溴化锂吸收式制冷循环在 h-ξ 图上的表示。
6. 掌握双效溴化锂吸收式制冷机组的工作特点。
7. 了解串联、并联和串并联的双效溴化锂机组的工作原理，及其制冷循环在 h-ξ 图上的表示。
8. 了解溴化锂吸收式制冷机组的性能影响因素。
9. 了解溴化锂吸收式制冷机组性能提高的途径。

重点和难点

1. 溴化锂吸收式制冷的工作原理。
2. 单效溴化锂吸收式制冷机组的工作过程。
3. 串联、并联和串并联的双效溴化锂机组的工作原理。

3-6 吸收式制冷的先驱者—溴化锂吸收式制冷

溴化锂吸收式制冷机组以溴化锂水溶液为工质对，其中低沸点的水为制冷剂，高沸点的溴化锂为吸收剂，只能制取 0℃ 以上的冷量，主要用于大型空调系统。溴化锂水溶液中溴化锂的沸点高达 1265℃，故在一般的高温下对溴化锂水溶液加热时，可以认为仅产生水蒸气，整个系统中没有精馏设备，因而系统更加简单。溴化锂制冷机可用一般的低压蒸汽或 60℃ 以上的热水作为热源，在利用低温热能及太阳能制冷方面具有明显优势。

一、溴化锂吸收式制冷机组的工作原理与分类

1. 溴化锂吸收式制冷机组的工作原理

溴化锂吸收式制冷机主要由发生器、冷凝器、制冷节流阀、蒸发器、吸收器等设备组成，它们组成了两个循环，即制冷剂循环和吸收剂循环。右半部分是制冷剂循环，由冷凝器、节流阀、蒸发器组成；左半部分是吸收剂循环，由吸收器、发生器、溶液泵以及溶液节流阀等设备组成，如图 3-30 所示。

由于外部热源的加热作用，发生器内的溴化锂水溶液所含的比溴化锂沸点低得多的水分汽化成水蒸气。水蒸气进入冷凝器被冷却水冷却，凝结成制冷剂水，经节流阀节流降压后进入蒸发器。在蒸发器内，低压制冷剂水吸收被冷却介质的热量，使其温度降低而产生冷量。吸热后的低温制冷剂水蒸气再进入吸收器，被其中的溴化锂水溶液吸收，吸收过程中放出的溶解热由冷却水带走。

吸收了制冷剂水蒸气的溴化锂水溶液变为稀溶液，由溶液泵送到发生器中。由于外部驱动热源对发生器的加热作用，溴化锂稀溶液不断释放出水蒸气而使溴化锂的质量分数提高，变成浓溶液。溴化锂浓溶液经节流阀降压后进入吸收器，吸收来自蒸发器的制冷剂水蒸气而使溴化锂的质量分数降低，变为稀溶液，再由溶液泵将吸收器里的溴化锂稀溶液送入发生器中，如此循环，从而达到不断制冷的目的。

2. 溴化锂吸收式制冷机组的分类及特点

（1）溴化锂吸收式制冷机组的分类

1）按用途分。可分为冷水机组、冷热水机组和热泵机组。

① 溴化锂吸收式冷水机组。供应空调或工艺用冷水，冷水出口温度分为7℃、10℃、13℃、15℃四种。

② 溴化锂吸收式冷热水机组。供应空调和生活用冷热水，冷水进口温度和出口温度分别为12℃和7℃；用于采暖的热水进口温度和出口温度分别为55℃和60℃。

③ 溴化锂吸收式热泵机组。依靠驱动热源的能量，将低势位热量提高到高势位，供采暖或工艺过程使用。

2）按驱动热源分。可分为蒸汽型溴化锂吸收式制冷机组、热水型溴化锂吸收式制冷机组、直燃型溴化锂吸收式制冷机组和太阳能型溴化锂吸收式制冷机组等。

① 蒸汽型溴化锂吸收式制冷机组。以蒸汽作为驱动热源，根据工作蒸汽的品位高低，还可分为单效型溴化锂吸收式制冷机组和双效型溴化锂吸收式制冷机组。单效型溴化锂吸收式制冷机组工作蒸汽的压力为0.03~0.15MPa（表压），双效型溴化锂吸收式制冷机组工作蒸汽的压力一般为0.25~0.8MPa（表压）。

② 热水型溴化锂吸收式制冷机组。以热水作为驱动热源，通常以工业余热、废热、地热热水、太阳能热水为热源，根据热源温度可分为单效热水型溴化锂吸收式制冷机组及双效热水型溴化锂吸收式制冷机组。单效型溴化锂吸收式制冷机组的热水温度为85~150℃，双效型溴化锂吸收式制冷机组的热水温度高于150℃。

③ 直燃型溴化锂吸收式制冷机组。以燃料的燃烧为驱动热源，又分为燃油型（轻油或重油）溴化锂吸收式制冷机组、燃气型（液化气、城市煤气、天然气等）溴化锂吸收式制冷机组、双燃料型（轻油燃气型或重油燃气型）溴化锂吸收式制冷机组等。此外，也可以煤粉及其他可燃废料为燃料制成特殊型的直燃机组。

④ 太阳能型溴化锂吸收式制冷机组。利用太阳能集热装置获取能量，用来加热溴化锂机组发生器内的稀溶液，进行制冷循环。该类型又分为两类：一类是利用太阳能集热装置直接加热发生器管内稀溶液；另一类是先加热循环水而后再将热水送入发生器内加热溶液。后者与热水型机组相同。

此外，还有将以上热源联合使用的混合热源型机组。如蒸汽-直燃混合型溴化锂吸收式制冷机组、热水-直燃混合型溴化锂吸收式制冷机组，以及蒸汽-热水混合型溴化锂吸收式制冷机组等。

3）按驱动热源的利用方式分。可分为单效溴化锂吸收式制冷机组、双效溴化锂吸收式制冷机组和多效溴化锂吸收式制冷机组。

① 单效溴化锂吸收式制冷机组。驱动热源在机组内被直接利用一次。

② 双效溴化锂吸收式制冷机组。驱动热源在机组的高压发生器内被直接利用，产生的高温制冷剂水蒸气在低压发生器内被二次间接利用。

③ 多效溴化锂吸收式制冷机组。驱动热源在机组内被直接和间接多次利用。

4）按溶液的循环流程分。

① 串联流程溴化锂吸收式制冷机组。又分为串联流程溴化锂吸收式制冷机组和倒串联流程溴化锂吸收式制冷机组两种。

② 并联流程溴化锂吸收式制冷机组。溶液分别同时进入高、低压发生器，然后分别流回吸收器。

③ 串并联流程溴化锂吸收式制冷机组。溶液分别同时进入高、低压发生器，高压发生器流出的溶液先进入低压发生器，然后和低压发生器的溶液一起流回吸收器。

5）按机组结构分。

① 单筒型溴化锂吸收式制冷机组。机组的主要换热器（发生器、冷凝器、蒸发器、吸收器）布置在一个筒体内。

② 双筒型溴化锂吸收式制冷机组。机组的主要换热器布置在两个筒体内，从而形成上、下两个筒的组合。

③ 三筒或多筒型溴化锂吸收式制冷机组。机组的主要换热器布置在三个或多个筒体内。

（2）溴化锂吸收式制冷机组的特点　溴化锂吸收式制冷机组利用热源为动力，能利用低品位热能（余热、废热、排热），可以大量节约能耗；其制冷剂和吸收剂无臭、无味、无毒，对人体无危害，对大气臭氧层无破坏作用；整个装置基本上是换热器的组合体，除功率较小的泵外没有其他运动部件，故振动、噪声都很小（噪声仅为75~80dB），运转平稳，可在露天甚至楼顶安装，尤其适用于航船、医院、宾馆等场合；结构简单，整个装置处于真空状态下运行，制造操作方便，易于实现自动化运行；能在10%~100%负荷范围内实现制冷量的自动、无级调节，而且在部分负荷时，机组的热力系数并不明显下降。

但溴化锂吸收式制冷机组对管路耐蚀性、气密性要求高，对外界的排热量大，冷却水耗量大。价格较贵，机组充灌量大，初投资较高。因为用水做制冷剂，故一般只能制取5℃以上的冷水，多用于空气调节及一些生产工艺用冷冻水。

想一想

溴化锂吸收式制冷机组是如何分类的？

二、单效溴化锂吸收式制冷机组

单效溴化锂吸收式冷水机组是溴化锂吸收式制冷机组的基本形式。它通常采用0.03~0.15MPa的低压饱和蒸汽或75℃以上的热水等低品位热源作为热源。机组体积小、结构紧凑、操作简单；使用热源的品位低、造价便宜。但其热力系数较低，一般只有0.6~0.7。

1. 单效溴化锂吸收式制冷机组的工作过程和在 h-ξ 图上的表示

（1）工作过程　图3-29所示为单效双筒溴化锂吸收式制冷机的工作过程，其循环流程可分为制冷剂循环和吸收剂循环两个部分。

① 制冷剂循环。溴化锂水溶液被发生器2管簇内的工作蒸汽或热水加热。由于溶液内水的沸点比溴化锂的沸点低得多，故稀溶液中的水先汽化，成为制冷剂水蒸气。制冷剂水蒸气经挡水板将其携带的液滴分离后进入冷凝器1，被冷凝器管簇内的冷却水冷却凝结成制冷剂水，积聚在冷凝器下面的水盘内。由于冷凝器的压力较高，制冷剂水通过U形管6节流降压降温后进入蒸发器3的水盘内，然后由蒸发器泵送往蒸发器的喷淋装置，被均匀喷淋在蒸发器管簇的外表面上。由于蒸发器内压力较低，制冷剂水在低压下汽化，同时吸收蒸发器管簇内冷冻水的热量蒸发，产生制冷效应。冷冻水温度被降至7℃左右，送往需冷用户。蒸发器中，由于汽化吸热而产生的制冷剂水蒸气经过挡水板，被挡水板将其中所携带液滴分离后进入吸收器。

② 吸收剂循环。在吸收器4内，吸收了制冷剂水蒸气而产生的溴化锂稀溶液积聚在吸收器下部的溶液囊内，由发生器泵11送至溶液热交换器5，通过溶液换热器吸收来自发生

器的高温浓溶液的热量,温度升高后进入发生器 2 生成为溴化锂浓溶液,经过溶液热交换器放出热量后进入吸收器下部的溶液囊内,与部分稀溶液混合后成为中间溶液,再被吸收器泵 10 送往吸收器内的喷淋装置而均匀地喷淋出来,吸收由蒸发器进入吸收器的制冷剂水蒸气,吸收过程中放出的热量被吸收器管簇内的冷却水带走。吸收了制冷剂水蒸气的溴化锂水溶液变成稀溶液。这些稀溶液通过发生器泵 11 的加压作用,再通过溶液换热器,送往发生器加热沸腾,重新加热发生,形成制冷剂水蒸气和浓溶液。如此周而复始,不断制取冷量。

与吸收式制冷的原理循环相比,实际的单效制冷循环有如下特点:

① 吸收器与蒸发器、发生器与冷凝器封闭在同一容器内。一个标准大气压下,水的饱和温度为 100℃,水作为制冷剂时要达到制冷所需的 5℃ 低温,就必须降低水的饱和压力。5℃ 时水的饱和压力为 0.87kPa。因此,通常吸收器与蒸发器内的压力为 0.87kPa 左右,处于高度真空状态。同理,由于环境介质冷却水需先经过吸收器吸热,再去冷凝器,而冷却水进水温度一般在

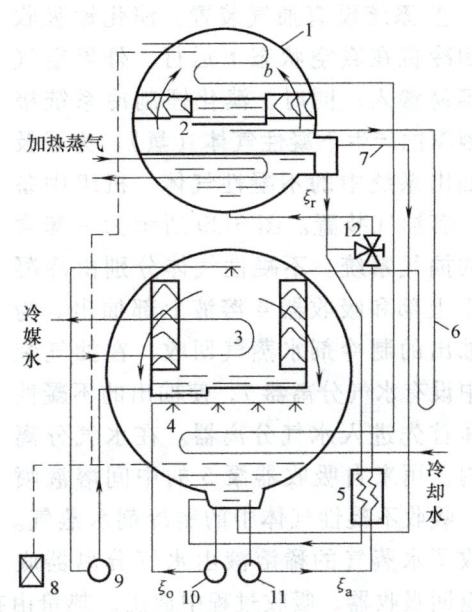

图 3-29 单效双筒溴化锂吸收式制冷机的工作过程

1—冷凝器 2—发生器 3—蒸发器 4—吸收器 5—溶液热交换器 6—U 形管 7—防晶管 8—抽气装置 9—蒸发器泵 10—吸收器泵 11—发生器泵 12—三通阀

30℃ 左右,因而冷凝温度一般为 45℃ 左右,对应冷凝压力一般为 9.5kPa,即发生器、冷凝器内工作压力小于大气压,处于真空状态。由于吸收器与蒸发器、发生器与冷凝器各设备均在真空状态下运行,密封要求较高。另外,水蒸气的比体积很大,流动时,要求连接管道的截面面积较大,否则将产生较大的压力降,使制冷循环效率降低。把吸收器与蒸发器、发生器与冷凝器分别密封在一个容器内,只需密封两个容器,容器间的连接管路也可省略,制冷循环效率提高。

实际循环中,发生器与冷凝器压力较高,通常其所处的筒体称为高压筒;吸收器与蒸发器压力较低,其所处的另一个筒体称为低压筒。

② 制冷剂水从冷凝器降压至蒸发器使用的节流降压装置为 U 形管。溴化锂吸收式制冷循环中,冷凝压力一般为 9.5kPa 左右,蒸发压力一般为 0.87kPa 左右,冷凝压力与蒸发压力的差值仅有 8kPa 左右。与蒸气压缩式制冷循环相比,溴化锂吸收式制冷循环冷凝压力与蒸发压力的差值就显得非常小,因而采用 U 形管(或节流短管、节流小孔)即可达到节流降压的目的。

③ 吸收器内需通入冷却水对溶液进行冷却。吸收过程伴随着大量的溶解热放出,并且溶液的浓度也随着吸收过程的进行不断下降,如果吸收器内温度升高,溶液吸收水蒸气的能力将大大降低。因此,吸收器内需通入冷却水对溶液进行冷却,及时带走吸收过程放出的溶解热,使稀释的溶液温度降低,并使溶液处于过冷状态,维持吸收过程的进行。

④ 系统设有抽气装置。溴化锂吸收式制冷机在真空状态下运行，外界空气很容易渗入；同时，溴化锂制冷系统极易因腐蚀产生不凝性气体（氢）。为了及时抽出系统中的不凝性气体，机组中备有一套抽气装置。图3-30所示为一套常用的抽气系统。不凝性气体分别由冷凝器1上部和吸收器4溶液上部抽出。为将抽出的制冷剂水蒸气回收，在抽气装置中设有水气分离器7，使抽出的不凝性气体首先进入水气分离器。在水气分离器内，用来自吸收器泵5的中间溶液喷淋，吸收不凝性气体中的制冷剂水蒸气。吸收了水蒸气的稀溶液由水气分离器底

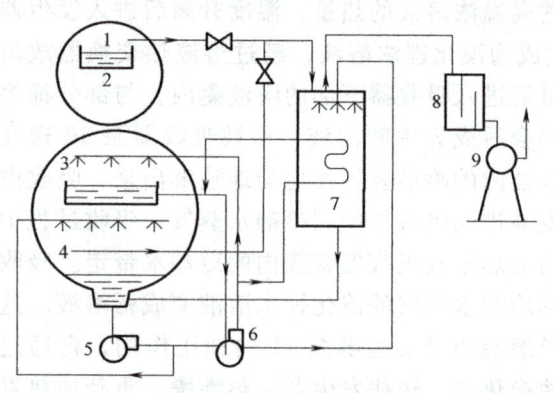

图3-30 抽气系统

1—冷凝器 2—发生器 3—蒸发器 4—吸收器 5—吸收器泵
6—蒸发器泵 7—水气分离器 8—阻油室 9—旋片式真空泵

部返回吸收器，吸收过程中放出的热量由在管内流动的制冷剂水带走，未被吸收的不凝性气体从分离器顶部排出，经阻油室8进入旋片式真空泵9，压力升高后排至大气。阻油室内设有阻油板，防止旋片式真空泵停止运行时大气压力将真空泵油压入制冷机系统。

⑤ 系统增设了防结晶装置。溴化锂水溶液的浓度过高或温度过低均会产生结晶，堵塞管道，破坏机组的正常运行，因此系统内通常设置自动溶晶管（也称防晶管）。如图3-29所示，发生器2的出口处溢流箱的上部连接的一条J形管，J形管的另一端通入吸收器。机组正常运行时，浓溶液由溢流箱底部流出，经溶液热交换器降温后流入吸收器。如果浓溶液在热交换器出口处因温度过低而结晶，将管道堵塞，则溢流箱内的液位将因溶液不再流通而升高，当液位高于J形管的上端位置时，高温的浓溶液便通过J形管直接流入吸收器，吸收器出口的稀溶液温度升高，从而提高溶液热交换器中浓溶液出口处的温度，使结晶的溴化锂自动溶解。结晶消除后，发生器中的浓溶液又重新从正常的回流管流入吸收器。

自动溶晶管只能消除结晶，并不能防止结晶产生。为此，机组必须配备一定的自控元件来预防结晶的产生。

⑥ 系统增加了吸收器泵、蒸发器泵。系统增加吸收器泵5和蒸发器泵6，目的是提高制冷循环效率。

（2）制冷循环在 h-ξ 图上的表示　如同蒸气压缩式制冷循环的分析、热力计算均在热力性质图即 p-h 图上进行一样，对溴化锂吸收式制冷机组的制冷循环分析、热力计算均在相图 h-ξ 图上进行。由于实际工作过程是复杂、多变的，不便于定性、定量地分析和计算，因此通常将其视为理想工作过程。所谓理想工作过程是指工质在流动过程中没有任何阻力损失；系统中各设备与外界不发生热量交换；发生终了和吸收终了的溶液均达到平衡状态。

图3-31所示为单效溴化锂吸收式制冷机的理想工作过程在 h-ξ 图上的表示。图中，p_k 为冷凝压力，也就是发生器压力，p_a 为吸收器压力，即蒸发压力。ξ_a、ξ_r 分别为稀溶液和浓溶液中溴化锂的质量分数。

① 发生过程。点2表示吸收器出口的饱和稀溶液状态，其质量分数为 ξ_a，压力为 p_a，温度为 t_2。经发生器泵压力升高至 p_k，然后送往溶液热交换器。在等压条件下温度由 t_2 升

高至 t_7，质量分数不变（点 7），成为 p_k 下的过冷液，再进入发生器。在发生器中，稀溶液被外界工作蒸气加热至饱和状态（点 5），温度升高至 p_k 压力下的饱和温度 t_5，并开始在等压下沸腾，成湿蒸气状态。溶液中的水分不断蒸发，溶液的质量分数逐渐增大，温度也逐渐升高，发生过程终了时溶液的浓度达到 ξ_r，温度达到 t_4（点 4）。2—7 表示稀溶液在溶液热交换器中的预热升温过程，7—5—4 表示稀溶液在发生器中的加热和发生过程，所产生的水蒸气状态用开始发生时的状态（点 5′）和发生终了时的状态（点 4′）的平均状态点 3′表示。由于产生的是纯水蒸气，故 3′点位于 $\xi=0$ 的纵坐标轴上。整个发生过程中溶液的温度和质量分数不断变化，生成的制冷剂水蒸气的温度也不断在变化。

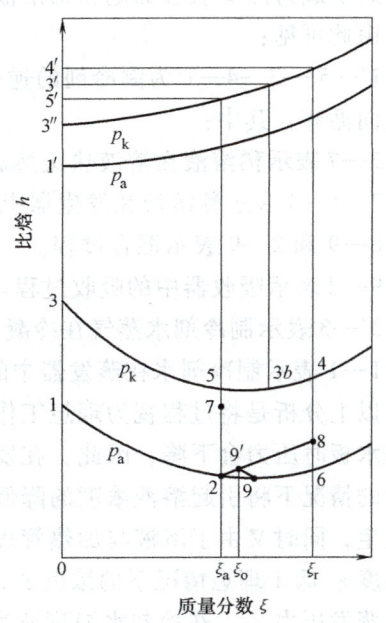

图 3-31 单效溴化锂吸收式制冷机工作过程在 h-ξ 图上的表示

② 冷凝过程。由发生器产生的水蒸气（点 3′）进入冷凝器后，在压力 p_k 不变的情况下被冷凝器管内流动的冷却水冷却，首先变为饱和蒸气（点 3″），继而被冷凝成饱和液体（点 3），3′—3 表示制冷剂水蒸气在冷凝器中冷却及冷凝的过程。

③ 节流过程。压力为 p_k 的饱和制冷剂水（点 3）经过节流装置（如 U 形管），压力降为 p_o（$p_o=p_a$）后进入蒸发器。节流前后因制冷剂水的比焓值和浓度均不发生变化，故节流后的状态点与点 3 重合。但由于压力的降低，部分制冷剂水汽化成制冷剂蒸气（点 1′），尚未汽化的大部分制冷剂水温度降低到与蒸发压力 p_o 相对应的饱和温度 t_1（点 1），并积存在蒸发器水盘中。因此，节流前的点 3 表示冷凝压力 p_k 下的饱和水状态（常温），而节流后的点 3 表示压力为 p_o 下的饱和蒸气（点 1′）和饱和液体（点 1）相混合的湿蒸气状态（低温）。

④ 蒸发过程。湿蒸气中的饱和蒸气（点 1′）被吸收剂及时吸收，积存在蒸发器水盘中的饱和制冷剂水（点 1）通过蒸发器泵均匀地喷淋在蒸发器管簇的外表面，吸收管内冷冻水的热量而蒸发，使制冷剂水在等压、等温条件下由点 1 变为点 1′，1—1′表示制冷剂水在蒸发器中的汽化过程（实质上吸热蒸发过程为 3—1′）。

⑤ 吸收过程。浓度为 ξ_r、温度为 t_4、压力为 p_k 的溶液，在自身的压力与压差作用下由发生器流至溶液热交换器，将部分热量传给稀溶液，温度降到 t_8，质量分数不变（点 8），4—8 表示浓溶液在溶液热交换器中的放热过程。p_k 下点 8 的浓溶液经管道降压至 p_o 进入吸收器，因降压前、后溶液的焓值和质量分数均不发生变化，故节流前、后的状态点与点 8 重合（但含义不同）。点 8 溶液与吸收器中的部分稀溶液（点 2）混合，形成浓度为 ξ_o、温度为 t'_9 的中间溶液（点 9′），再由吸收器泵均匀喷淋在吸收器管簇的外表面，因闪发出一部分水蒸气，溶液浓度增大（点 9）。由于吸收器管簇内流动的冷却水不断地带走吸收热，中间溶液便具有不断吸收来自蒸发器的水蒸气 1′的能力，使溶液浓度降至 ξ_a，温度由 t_9 降至 t_2（点 2）。8—9′和 2—9′表示混合过程，9—2 表示吸收器中的吸收过程。混合溶液吸收传热管簇四周空间中的制冷剂水蒸气，同时被冷却水冷却。溶液的质量分数、温度不断下降，吸收

过程终了成为点 2 状态的饱和稀溶液。

由此可见：

1′—5′—3—4—1′为制冷剂的逆向循环，2—7—5—3—4—8—9—2 为"热化学压缩器"的正向循环。其中：

2—7 表示稀溶液在溶液热交换器中的升温过程。

7—5—4 表示稀溶液在发生器中的加热和发生过程。

8—9′和 2—9′表示混合过程。

9—2 表示吸收器中的吸收过程。

3′—3 表示制冷剂水蒸气在冷凝器中冷却及冷凝的过程。

1—1′表示制冷剂水在蒸发器中的汽化过程。

以上分析是将过程视为理想工作过程进行的。实际上，由于流动阻力的存在，水蒸气经过挡水板时压力会下降，因此，在发生器中，发生压力 p_g 应大于冷凝压力 p_k，在加热温度不变的情况下将引起溶液浓度的降低。另外，由于溶液液柱的影响，底部的溶液在较高压力下发生，同时又由于溶液与加热管表面的接触面积和接触时间的有限性，使发生终了浓溶液的浓度 ξ_r 低于理想情况下的浓度 ξ_r'，$\xi_r-\xi_r'$ 称为发生不足；在吸收器中，吸收器压力 p_a 应小于蒸发压力 p_0，在冷却水温度不变的情况下，它将引起稀溶液浓度的增大。由于吸收剂与被吸收的蒸气相互接触的时间很短且接触面积有限，加上系统内空气等不凝性气体的存在，均降低了溶液的吸收效果，吸收终了的稀溶液浓度 ξ_a 比理想情况下的 ξ_a' 高，$\xi_a-\xi_a'$ 称为吸收不足。发生不足和吸收不足均会引起工作过程中参数的变化，使放气范围减少，从而影响循环的经济性。

2. 单效溴化锂吸收式制冷机组的组成

单效溴化锂吸收式制冷机组由下列 9 个主要部分组成：

① 发生器。其作用是使从吸收器来的稀溶液沸腾浓缩，产生制冷剂蒸汽和浓溶液，一般为管壳式结构、沉浸式或喷淋式换热器。

② 吸收器。其作用是使发生器来的浓溶液吸收由蒸发器来的制冷剂蒸汽，产生稀溶液，保持蒸发压力恒定，一般为管壳式结构的喷淋式换热器。

③ 冷凝器。其作用是使发生器产生的制冷剂蒸汽冷凝成制冷剂水并送往蒸发器，一般为管壳式结构。

④ 蒸发器。其作用是使制冷剂水蒸发吸热，供应低温冷媒水。一般为管壳式结构、喷淋式的换热器。

⑤ 溶液热交换器。其作用是使从吸收器来的低温稀溶液和从发生器来的高温浓溶液之间进行热交换，从而减轻发生器和吸收器的热负荷，提高机组的性能系数，一般为长方形管壳式结构或板式结构。

⑥ 溶液泵和制冷剂泵。其作用是输送溴化锂水溶液和制冷剂水，为屏蔽自润滑密封电泵。

⑦ 抽气装置。其作用是抽除影响机组吸收与冷凝效果的不凝性气体。抽气装置一般布置在吸收器和冷凝器中，有机械真空泵抽气装置与各种形式的自动抽气装置。

⑧ 控制装置。主要有冷量控制装置、液位控制装置等。

⑨ 安全装置。其作用是确保所用的装置安全运转。

上述设备①~④（发生器、冷凝器、蒸发器、吸收器）之间的组合有许多种形式，实际的产品主要有单筒型、双筒型、三筒型和多筒型等几种布置形式。机组的主要换热器布置在一个筒体内的布置形式称为单筒型；将发生器、冷凝器两个压力较高的换热设备置于一个筒体中，而将蒸发器和吸收器两个压力较低的换热设备置于另一个筒体中，再将两个筒体上下叠置的结构形式称为双筒型；机组的主要换热器布置在三个或多个筒体内的布置形式称为三筒型或多筒型。

3. 单筒型溴化锂吸收式制冷机组

单筒型溴化锂吸收式制冷机主要用于小型机组（1000kW 以下）。单筒型溴化锂吸收式制冷机的整个筒体一分为二，形成两个压力区，即发生-冷凝压力区和蒸发-吸收压力区。压力区之间通过管道及节流装置相连。单筒型溴化锂吸收式制冷机 4 个热交换器的布置形式按照其性能特点可布置为图 3-32 所示的形式。

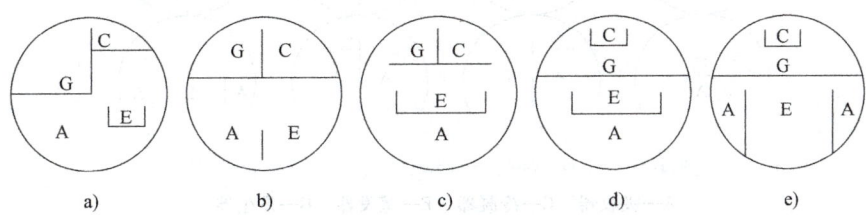

图 3-32 单筒型溴化锂吸收式制冷机 4 个热交换器的布置形式
A—吸收器　C—冷凝器　E—蒸发器　G—发生器

其中，图 3-32a 所示为单筒型机组中一种较早的布置形式，这种布置形式不够紧凑，蒸发器的制冷剂蒸汽通道面积又较小，因此目前已很少采用。图 3-32b 所示也是单筒型机组中一种较早的布置形式，这种布置形式能使蒸发器与吸收器之间的流通面积增加，流动阻力减小，且减少一个水槽，布置也较方便。但因发生器中气流上升高度较小，溴化锂水溶液的液滴易进入冷凝器，造成制冷剂水的污染，设计时应注意加挡液措施。这种布置形式目前在热水型溴化锂吸收式制冷机中应用较多。图 3-32c、d、e 所示形式均为图 3-32a、b 所示形式的改进。图 3-32c 所示是在图 3-32b 所示布置形式的基础上变换了吸收器和蒸发器的排列方式，将左右布置改为上下布置，可减少吸收器与蒸发器的垂直方向的管排数，且在管排间留有气道，从而降低了管间气阻。图 3-32d 所示布置形式目前在蒸汽型单效溴化锂吸收式制冷机中应用较多。这种布置形式是在图 3-32c 所示布置形式的基础上，把发生器和冷凝器左右布置改成上下布置，从而使发生器在垂直方向的管排数明显减少，溶液的液位降低，减少了静液柱对发生过程的影响，提高了发生器换热效果。同时，冷凝器的管排数也相应减少，传热系数相应得以提高。这一布置形式的另一优点是结构紧凑，可以减小筒体直径。图 3-32e 所示布置形式近年才使用，它在图 3-32d 所示布置形式的基础上将吸收器改为∏形布置，将蒸发器放在吸收器的中间，从而增加了蒸发器与吸收器之间的通道面积，使蒸汽的流动阻力进一步减小。同时，这种布置形式和图 3-32b 所示一样，可以使吸收器中的冷却水下进上出，增强吸收效果。但这种布置形式不够紧凑，吸收器冷却水管路和溶液喷淋管路布置较为复杂，也易造成制冷剂的污染。

4. 双筒型溴化锂吸收式制冷机组

双筒型溴化锂吸收式制冷机组是将压力大致相同的发生器和冷凝器置于一个筒体内

（称为上筒体），而将蒸发器和吸收器置于另一个筒体内（称为下筒体），两个筒体上下叠置。常见的双筒单效溴化锂吸收式制冷机的布置形式有四种，如图3-33所示。这几种布置形式目前在机组中都有使用。发生器和冷凝器的布置在蒸汽型溴化锂吸收式制冷机中一般为上下排列方式，在热水型溴化锂吸收式制冷机中一般为左右排列方式。上下排列的发生器和冷凝器可使纵向管排数减少，有利于克服静液柱的影响，可提高传热系数；而左右排列可使机组结构紧凑，体积缩小，同时也可减小气流阻力，但应在发生器与冷凝器之间加强挡液措施，以免造成制冷剂水的污染。

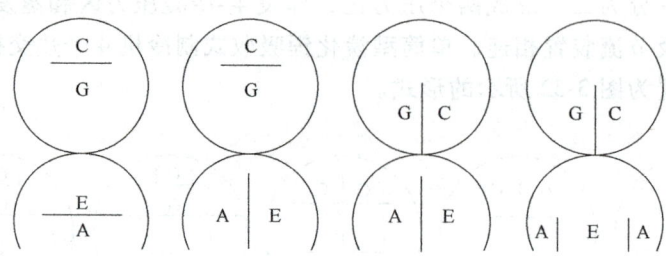

图3-33 双筒型溴化锂吸收式制冷机的布置形式
A—吸收器　C—冷凝器　E—蒸发器　G—发生器

吸收器与蒸发器左右排列的优点是：①有足够空间布置挡液板，蒸发器与吸收器之间的制冷剂蒸汽的流阻小，吸收效果可得到提高；②利用壳体代替了蒸发器水盘，使结构变得简单；③喷淋管组可布置于同一高度，结构紧凑；④在同一喷淋密度下，制冷剂水与溶液的喷淋量可减少，从而可减小蒸发器泵与吸收器泵的流量和功率；⑤吸收器中冷却水管可以布置成下进上出的形式，可增强其吸收效果。而吸收器与蒸发器上下排列减小了吸收器与发生器在垂直方向上的管排数，可以提高传热效果。

> **想一想**
> 单效溴化锂吸收式制冷机组是如何工作的？

三、双效溴化锂吸收式制冷机组

单效溴化锂吸收式制冷机组的热源温度受浓溶液结晶的限制（通常不超过110℃），且当工作蒸汽压力较高（工作蒸汽超过0.15MPa）时，需要减压方能使用，造成能量利用上的浪费。为充分利用高品位的能源，在单效溴化锂吸收式制冷机组的基础上，又开发了双效溴化锂吸收式制冷机组。

双效溴化锂吸收式制冷机中采用了高压和低压两个发生器。驱动热源（工作蒸汽）通常采用0.25~0.8MPa（表压）的饱和蒸汽或150℃以上的高温热水，也可直接以燃油或燃气作为驱动热源，使溴化锂吸收式制冷机得到更大范围的推广和应用。由于双效溴化锂吸收式制冷机高压发生器由外界高品位的驱动热源提供热量，低压发生器则由高压发生器中产生的高温制冷剂蒸汽提供热量，不仅有效利用了制冷剂水蒸气的凝结潜热，而且减少了冷凝器中的冷却负荷，使机组的效率得到提高，其热力系数为1.1~1.2，较之单效机组热力系数要高。但其结构较复杂，金属消耗较多，操作维护要求也高。双效溴化锂吸收式制冷机组适用于电力供应紧张而又有热源的大面积的空调系统，以及区域集中的供热供冷系统、热-电联供系统等。

1. 双效蒸汽型溴化锂吸收式制冷机组

由于双效溴化锂吸收式制冷机驱动热源在机组中被直接和间接地两次利用，因此称为双效机组。双效机组不仅采用了高、低压两个发生器，为了充分回收系统内部能量，同时还采用了两个溶液热交换器和一个凝水换热器。因此，相对于单效机组，它的循环流程要复杂得多。

（1）串联流程的双效蒸汽型溴化锂吸收式制冷机　串联流程的机组中，吸收器出来的稀溶液在溶液泵的输送下，以串联的方式先后进入高压发生器和低压发生器。串联流程的双效蒸汽型溴化锂吸收式制冷机组适用于蒸汽参数较高的应用场合。

图 3-34 所示为串联流程的双效溴化锂吸收式制冷机工作原理。这种循环在双效溴化锂吸收式机组中应用得最早，也最为广泛。

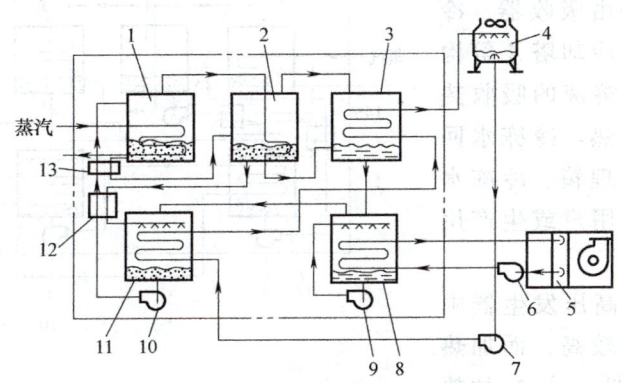

图 3-34　串联流程的双效溴化锂吸收式制冷机工作原理

1—高压发生器　2—低压发生器　3—冷凝器　4—冷却塔　5—冷却盘管　6—冷冻水泵　7—冷却水泵
8—蒸发器　9—制冷剂泵　10—溶液泵　11—吸收器　12—低温溶液热交换器　13—高温溶液热交换器

与单效机组相比，串联流程的双效机组多了一个高压发生器和一个高温溶液热交换器 13。在高压发生器中，稀溶液被驱动热源加热。在相对较高的发生压力 p_r 下产生制冷剂水蒸气，该水蒸气又被通往低压发生器作为热源，加热低压发生器中的溶液，使之在冷凝压力 p_k 下产生制冷剂水蒸气。此时，低压发生器则相当于高压发生器在 p_r 压力下的冷凝器。由此可见，驱动热源的能量在高压发生器和低压发生器中得到了两次利用，与单效循环相比，产生同等制冷量所需的驱动热源加热量减少，且减少了冷凝器的冷却负荷，使其热效率提高。其工作过程如下：

① 制冷剂循环。高压发生器 1 中产生的制冷剂水蒸气，通过管道进入低压发生器 2，在低压发生器中加热溶液后，凝结为 p_r 下的制冷剂水，经沿途的流动降压后再进入冷凝器 3，部分闪发的水蒸气与低压发生器中产生的制冷剂水蒸气一起被冷凝器管内的冷却水冷却，凝结为 p_k 下的制冷剂水。冷凝器中的制冷剂水经节流（管道或其他装置）后进入蒸发器 8，由制冷剂泵 9 输送，喷淋在蒸发器管簇外面，吸收管簇内冷冻水的热量，在蒸发压力 p_o 下蒸发，使冷冻水温度降低，达到制冷的目的。蒸发器中产生的冷剂水蒸气流入吸收器 11，

被其内的浓溶液吸收成为稀溶液，稀溶液由溶液泵 10 经低温溶液热交换器 12 和高温溶液热交换器 13 进入高压发生器，在发生器内发生，完成了双效制冷循环的制冷剂回路。

② 吸收剂循环。由低压发生器 2 流出的浓溶液，进入低温溶液热交换器 12，在其中加热进入高压发生器的稀溶液。浓溶液温度降低后，喷淋（降压）在吸收器管簇上，吸收来自蒸发器的制冷剂水蒸气，从而维持蒸发器中较低的蒸发压力，使制冷过程得以连续进行。在管簇内冷却水的冷却下，浓溶液吸收水蒸气后温度、质量分数均降低成为稀溶液。流出吸收器的稀溶液由溶液泵升压，按串联流程经低温溶液热交换器和高温溶液热交换器送往高压发生器发生，再经高温溶液热交换器降温后，送往低压发生器发生。完成了双效制冷循环的吸收剂溶液回路。

图 3-34 中蒸汽型双效机组除了以上吸收剂回路、制冷剂回路，还有热源回路、冷却水回路和冷冻水回路。热源回路有两个：一个是由高压发生器和驱动热源等构成的驱动热源加热回路；另一个是由高压发生器和低压发生器等构成的冷剂水蒸气加热回路。冷却水回路由吸收器、冷凝器、冷却水泵 7 和冷却塔 4 等构成，向环境介质排放溶液的吸收热和冷剂水蒸气的凝结热。冷冻水回路由蒸发器、空气处理箱、冷冻水泵 6 等构成，向空调用户或生产用户提供冷源。

在上述循环中，高压发生器中工作蒸汽的饱和温度较高，而加热的溶液质量分数却较低（由 ξ_a 加热到 ξ_{r0}），即加热溶液的沸点较低；低压发生器中来自高压发生器的制冷剂水蒸气的饱和温度较低（一般为 95℃ 左右），而加热的溶液质量分

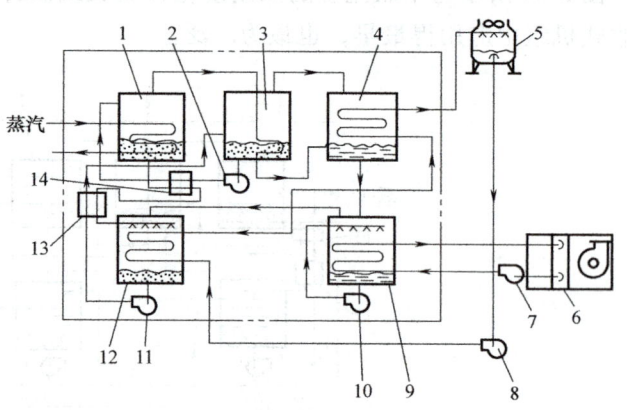

图 3-35　倒串联流程的双效溴化锂吸收式机组工作原理
1—高压发生器　2—溶液泵Ⅱ　3—低压发生器　4—冷凝器
5—冷却塔　6—冷却盘管　7—冷冻水泵　8—冷却水泵
9—蒸发器　10—制冷剂泵　11—溶液泵Ⅰ　12—吸收器
13—低温溶液热交换器　14—高温溶液热交换器

数却较高（由 ξ_{r0} 加热到 ξ_r），即加热溶液的沸点较高。显然，不能实现对不同品位能量的合理利用，影响了机组热效率的提高。为此，提出了图 3-35 所示的稀溶液先进低压发生器，再进高压发生器的串联流程，称为倒串联流程。需要注意的是，为实现该循环，必须多设置一台高温溶液泵Ⅱ，以将低压发生器出口的高温溶液输送到高压发生器中。

（2）并联流程的双效溴化锂吸收式制冷机的工作原理　一般来说，先、后进入高、低压发生器的串联流程机组操作方便，调节稳定，为国外大部分产品所采用；并联流程的机组具有较高的热力系数，为国内的大部分产品所采用；串并联流程机组介于两者之间，近年来被国内外较多的产品所采用。根据驱动热源的不同情况，合理选择循环流程，对于提高机组的热效率、降低机组的成本有着重要意义。

并联流程的机组中，吸收器出来的稀溶液在溶液泵的输送下，分成两路分别进入高压发生器和低压发生器。根据稀溶液是在低温溶液热交换器前分流还是在低温溶液热交换器后分流，并联流程也有两种不同形式。图 3-36 所示为稀溶液在低温溶液热交换器前分流的并联

流程的双效溴化锂吸收式制冷机工作原理。

① 制冷剂循环。高压发生器1中产生的制冷剂水蒸气，通过管道经过低压发生器2，在其中加热溶液后凝结为 p_r 下的制冷剂水，经沿途流动降压后进入冷凝器3，部分闪发的水蒸气与低压发生器中产生的制冷剂水蒸气一起被冷凝器管簇内的冷却水冷却，凝结为 p_k 下的制冷剂水。冷凝器中的制冷剂水节流（管道或其他节流装置）后进入蒸发器8，在蒸发压力 p_0 下蒸发产生制冷效果。蒸发器中产生的制冷剂水蒸气流入吸收器12，被进入吸收器的浓溶液吸收成为稀溶液。稀溶液由溶液泵11升压后分为两路：一路经高温溶液热交换器14进入高压发生器发生；另一路经低温溶液热交换器13和凝水热交换器15进入低压发生器发生。完成了双效制冷循环的制冷剂回路。

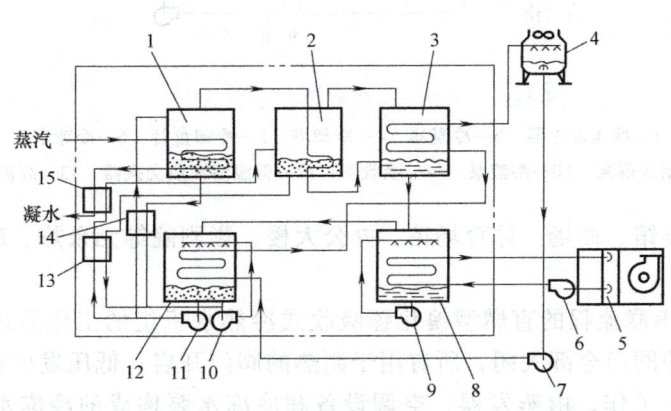

图 3-36　并联流程的双效溴化锂吸收式制冷机工作原理

1—高压发生器　2—低压发生器　3—冷凝器　4—冷却塔　5—冷却盘管　6—冷冻水泵
7—冷却水泵　8—蒸发器　9—制冷剂泵　10—溶液泵Ⅱ　11—溶液泵Ⅰ　12—吸收器
13—低温溶液热交换器　14—高温溶液热交换器　15—凝水热交换器

② 吸收剂循环。自高压发生器1和低压发生器2流出的浓溶液，分别进入高温溶液热交换器和低温溶液热交换器，在其中加热进入高压发生器和低压发生器的稀溶液，降温、降压后与来自吸收器中的稀溶液混合成中间溶液，经溶液泵Ⅱ输送，喷淋（降压）在吸收器管簇上，吸收来自蒸发器的冷剂水蒸气成为稀溶液。流出吸收器的稀溶液由溶液泵Ⅰ升压，按并联流程经低温溶液热交换器和凝水热交换器、高温溶液热交换器送往低压发生器、高压发生器发生。完成了并联流程的双效制冷循环的吸收剂溶液回路。凝水热交换器起到了充分利用高压加热蒸汽的高温凝水的显热的作用，降低了双效机组的气耗。

（3）串并联流程的双效溴化锂吸收式制冷机组的工作原理　串并联流程是一种结合串联流程和并联流程两者特点的溴化锂吸收式双效机组工作流程，其工作原理如图3-37所示。

2. 直燃型溴化锂吸收式制冷机组

直燃型溴化锂吸收式冷热水机组的制冷原理与蒸汽型双效溴化锂吸收式冷水机组基本相同，只是高压发生器不以蒸汽为加热热源，而是以燃气或燃油作为能源，以燃料燃烧所产生的高温烟气为热源。这种机组燃烧效率高，热源温度高，传热损失小，对大气环境污染小，体积小，占地省，既可用于夏季制冷，又可用于冬季采暖，必要时还可提供生活热水，使用

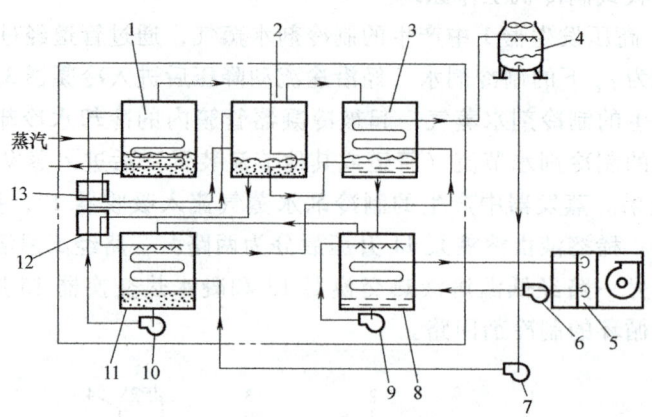

图 3-37 串并联流程双效机组的工作原理

1—高压发生器 2—低压发生器 3—冷凝器 4—冷却塔 5—冷却盘管 6—冷冻水泵 7—冷却水泵
8—蒸发器 9—制冷剂泵 10—溶液泵 11—吸收器 12—低温溶液热交换器 13—高温溶液热交换器

范围广，广泛用于宾馆、商场、体育场馆、办公大楼、影剧院等无余热、废热可利用的中央空调系统。

图 3-38 所示为串联流程的直燃型溴化锂吸收式冷热水机组的工作原理。机组用于制取热水时，用于制冷的阀门全部关闭，所有用于制热的阀门开启；低压发生器、冷凝器失去作用；冷却水回路停止工作；由蒸发器、空调设备和冷冻水泵构成的冷冻水回路变为热水回路，冷却盘管兼用作加热盘管，冷冻水泵兼用作热水泵。

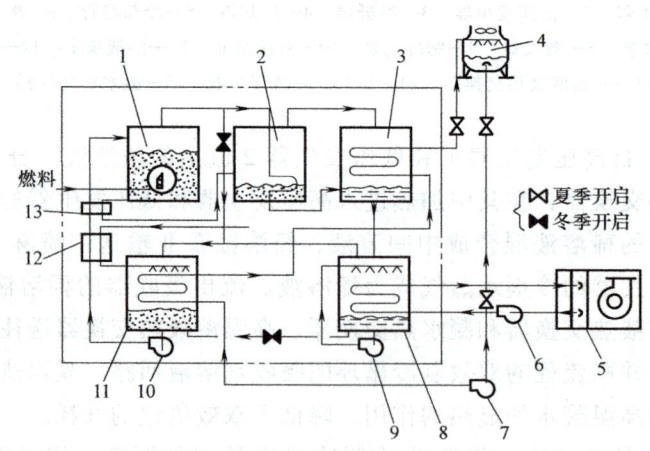

图 3-38 直燃型溴化锂吸收式冷热水机组工作原理

1—高压发生器 2—低压发生器 3—冷凝器 4—冷却塔 5—冷却（加热）盘管
6—冷冻水（热水）泵 7—冷却水泵 8—蒸发器 9—制冷剂泵 10—溶液泵
11—吸收器 12—低温溶液热交换器 13—高温溶液热交换器

① 吸收剂循环。自高压发生器 1 流出的浓溶液，按串联流程经高温溶液热交换器 13 和低温溶液热交换器 12 送往吸收器 11，沿途在管道和机组壳体中散热降温。在吸收器内，浓溶液被来自蒸发器 8 的制冷剂水稀释，然后由溶液泵 10 升压，再经低温溶液热交换器和高

温溶液热交换器进入高压发生器。

② 制冷剂循环。高压发生器中产生的制冷剂水蒸气，经管路直接输送到蒸发器，向蒸发器内管簇放热，冷凝成制冷剂水输送到吸收器稀释其中的浓溶液，然后由溶液泵 10 升压，再经低温溶液热交换器和高温溶液热交换器进入高压发生器。

③ 热水循环。热水回路即为制冷时的冷冻水回路。给空调用户（加热盘管 5）放热而降温的循环热水，由热水泵 6 输送到蒸发器的管簇中，管簇内的热水吸收来自高压发生器的高温制冷剂水蒸气的显热和潜热而温度升高，再回到加热盘管放出热量，供空调用户用热。

制热循环流程中，蒸发器实质上是高压发生器中产生的制冷剂水蒸气的冷凝器。

有的直燃机组中还另设一个热水器，与加热盘管、热水泵构成专门的热水回路，提供采暖用热或生活热水。这类机组可以同时制取冷冻水和热水。如图 3-39 所示，其热水回路工作过程为：高压发生器 1 产生的高温制冷剂水蒸气直接进入热水器 2，加热热水器管簇中来自加热盘管 5 的热水，被加热的热水由热水泵提供动力向采暖用户供热或供生活用热水。高温制冷剂水蒸气放出显热和潜热后冷凝成制冷剂水，制冷剂水依靠位差（重力）自动返回高压发生器。

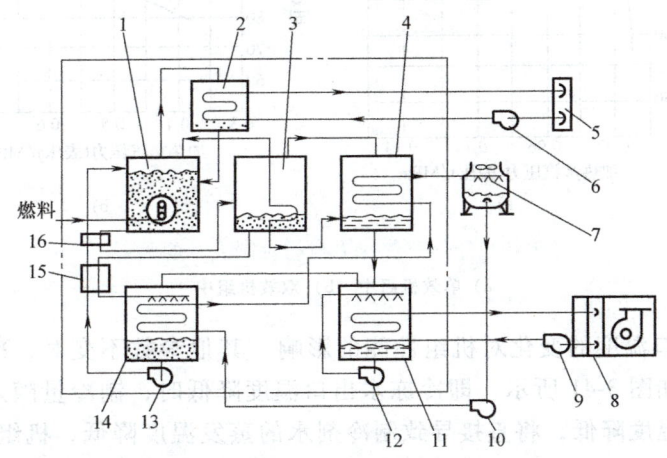

图 3-39　同时制取冷冻水和热水的直燃型冷热水机组工作原理
1—高压发生器　2—热水器　3—低压发生器　4—冷凝器　5—加热盘管　6—热水泵　7—冷却塔　8—冷却盘管　9—冷冻水泵　10—冷却水泵　11—蒸发器　12—制冷剂泵　13—溶液泵　14—吸收器　15—低温溶液热交换器　16—高温溶液热交换器

　**想一想**

水源热泵的应用有哪些？

四、溴化锂吸收式制冷机组的性能影响因素及性能提高途径

溴化锂吸收式制冷机组的性能，通常是指机组在不同工况条件下运行时产生的制冷量及相应的热力系数等主要经济指标。溴化锂吸收式制冷机组的性能不仅与外界因素有关，而且也受加热蒸汽的压力（温度）、冷冻水和冷却水温度、流量，以及水质、溶液的流量、不凝性气体存在等因素的影响。

1. 溴化锂吸收式制冷机组的性能影响因素

（1）加热蒸汽压力（温度）的变化对机组性能的影响　在以蒸汽为工作热源的溴化锂吸收式制冷循环中，其他参数不变时，加热蒸汽压力与相对制冷量的关系如图3-40所示。由图可知，当加热蒸汽压力提高时，制冷量增大。因此，提高加热蒸汽压力是提高机组制冷量的方法之一。但蒸汽压力不宜过高，否则，不但制冷量增加缓慢，而且浓溶液有产生结晶的危险，同时会削弱铬酸锂的缓蚀作用。因此，一般加热蒸汽压力以不超过0.29MPa（132℃）为宜。

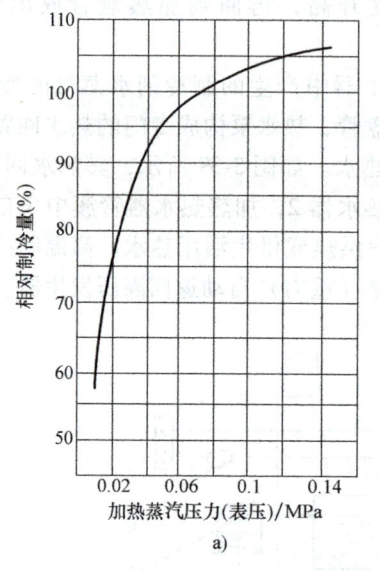
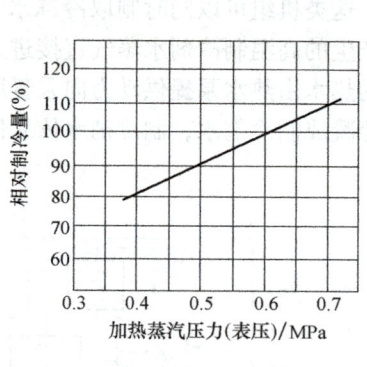

图3-40　加热蒸汽压力与相对制冷量的关系
a）单效机组中　b）双效机组中

（2）冷冻水出口温度的变化对机组性能的影响　其他参数不变时，冷冻水出口温度与相对制冷量的关系如图3-41所示，即冷冻水出口温度降低时，制冷量随之大幅度下降。这是因为冷冻水出口温度降低，将直接导致制冷剂水的蒸发温度降低，机组的放气范围减少，制冷量降低。如果蒸发温度过低，还可能引起蒸发器液囊中制冷剂水冻结。因此，一般控制冷冻水出口温度不低于3℃。

（3）冷却水进口温度的变化对机组性能的影响　其他参数不变时，冷却水进口温度与相对制冷量的关系如图3-42所示。由图可以看出，随冷却水进口温度的降低，制冷量增大。

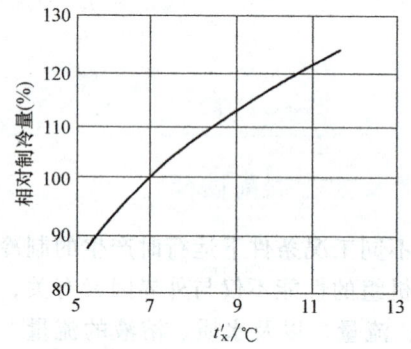
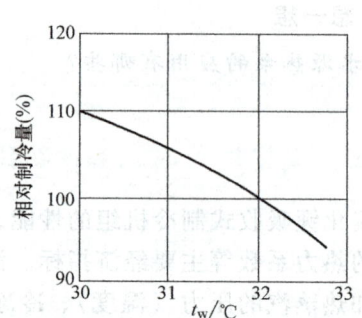

图3-41　冷冻水出口温度与相对制冷量的关系　　图3-42　冷却水进口温度与相对制冷量的关系

冷却水进口温度降低，首先引起吸收器稀溶液温度降低与冷凝压力降低。前者促使吸收效果增强，因此稀溶液浓度降低；而后者却将引起浓溶液浓度升高。两者均使浓度差加大，使制冷量增加。必须指出，对于溴化锂吸收式制冷机，冷却水进口温度不宜过低，当冷却水温度低于16℃时，应减少冷却水量，使其出口温度适当提高。

（4）冷却水量与冷冻水量的变化对机组性能的影响　冷却水量的变化与制冷量的关系如图3-43所示。由图可知，冷却水量减少会引起制冷量的降低。不过，冷却水量变化，除了引起循环中蒸发压力、冷凝压力、吸收器出口溶液温度和发生器出口浓溶液温度等参数变化外，还会引起吸收器、冷凝器中冷却水的流速变化，使传热性能发生变化。

冷冻水出口温度不变时，冷冻水量的变化对制冷量的影响较小，如图3-44所示。当冷冻水量增大时，一方面使得蒸发器传热管内流速增加，传热系数增大，制冷量增加；另一方面，由于外界负荷不变，从而使冷冻水回水温度（即冷冻水的进口温度）降低，导致平均温差降低，制冷量减少。两者综合的结果是机组的制冷量几乎不发生变化。

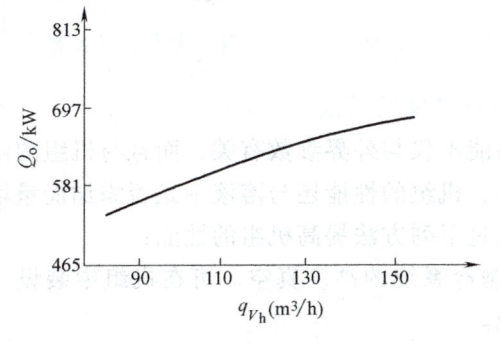
图3-43　冷却水量与制冷量的关系

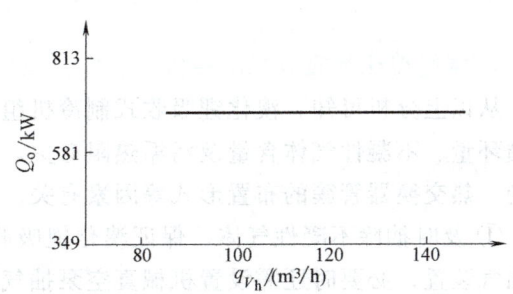
图3-44　冷冻水量与制冷量的关系

（5）冷冻水与冷却水水质的变化对机组性能的影响　溴化锂吸收式制冷机运转一段时间后，各容器中传热管内壁和外壁将形成一层污垢，污垢的影响常用污垢系数来度量。污垢系数越大，热阻越大，传热性能越差，机组制冷量下降越多。因此，必须对水质进行处理，并及时对传热管进行清洗，消除污垢的影响。

水中的污垢对换热器的传热性能影响很大，水质越差越易形成污垢，表3-2列出了污垢系数与相对制冷量的关系。由表可知，污垢系数越大，制冷量的降低也越大。

表3-2　污垢系数与相对制冷量的关系

污垢系数/(m²·K/kW)		0.086	0.172	0.344
相对制冷量(%)	冷却水侧	100	89	74
	冷冻水侧	100	92	—

（6）稀溶液循环量的变化对机组性能的影响　稀溶液循环量与相对制冷量的关系如图3-45所示。当溶液的循环倍率保持不变时，由于单位制冷量变化不大，因此机组的制冷量几乎与溶液的循环量成正比。

（7）不凝性气体对机组性能的影响　不凝性气体的存在增加了溶液表面的分压力，使制冷剂水蒸气通过液膜被吸收时的阻力增加，吸收效果变差，如图3-46所示。若机组中加入30g氮气（$\xi_{N_2}=0.08$），就会使机组的制冷量由原来的2267.4kW降低为1162.8kW，几乎下降50%。另外，倘若不凝性气体停滞在传热管表面，将造成热阻，影响传热效果。它们均导致制冷量下降。

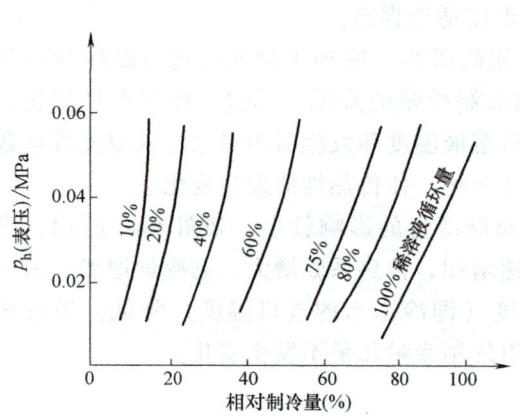

图 3-45　稀溶液循环量的变化与相对制冷量的关系　　　图 3-46　不凝性气体与制冷量的关系

2. 提高溴化锂吸收式制冷机组性能、减少制冷量衰减的方法

从以上分析可知，溴化锂吸收式制冷机组的性能不仅与外界参数有关，而且与机组的溶液循环量、不凝性气体含量及污垢热阻有关。此外，机组的性能还与溶液中是否添加能量增强剂、热交换器管簇的布置形式等因素有关。可通过下列方法提高机组的性能：

① 及时抽除不凝性气体，保证溴化锂吸收式制冷系统的高度真空。可在机组中装设一套抽气装置，必要时还需设置机械真空泵抽气系统。

② 调节溶液的循环量，以获得最佳制冷效果。溶液循环量的调节可通过三通阀完成。它将部分稀溶液旁通到由发生器返回到溶液热交换器的浓溶液管路中，直接流回吸收器，达到调节稀溶液循环量的目的。

③ 强化机组的传热与传质过程，使机组的性能有所改善。例如，在系统中添加辛醇等能量增强剂，不仅能增加溶液与水蒸气的结合能力，还能降低溴化锂水溶液的分压力，从而增加吸收推动力，使传质过程得到增强；改进挡液板结构形式，布置蒸发器和吸收器管簇时留有气道，吸收器采用热、质交换分开进行的结构形式等，以增大流通截面，减少制冷剂蒸汽的流动阻力，从而增强吸收推动力；提高换热器管内工作介质的流速；对传热管表面进行脱油和防腐处理；改进喷嘴结构，改善喷淋溶液的雾化情况；采用锯齿形低肋管和多孔性镀层金属管等；合理地调节喷淋密度等，以强化传热和传质过程。

④ 防止制冷剂水污染。制冷剂水污染会使制冷量下降，运行中，应杜绝制冷剂水的污染根源，并进行制冷剂水再生处理，使系统保持良好的运转状态。

⑤ 采取适当的防腐措施。例如，在溶液中添加铬酸锂、Sb_2O_3、CrO_4 等缓蚀剂，使金属表面形成一层细密的保护膜，阻止碱性溶液、氧气等与机组金属的接触。

> **想一想**
>
> 提高溴化锂吸收式制冷机组性能、减少制冷量衰减的方法有哪些？

技能训练　溴化锂吸收式制冷机组气密性试验

一、实训目的

了解气密性对溴化锂吸收式机组运行性能的影响；掌握溴化锂吸收式机组气密性试验的方法和试验步骤。

二、实训内容与要求

序号	内容	要求
1	溴化锂机组抽真空操作	1. 抽真空前对真空泵油质、油位进行检查 2. 对真空泵进行极限真空试验 3. 检查真空电磁阀及抽气系统是否有泄漏 4. 按正确步骤打开机组各隔膜阀进行抽真空操作
2	溴化锂机组的正压试验	1. 充入氮气最大压力不大于机组说明书规定的最大值 2. 用检漏液检查法兰密封面、螺纹连接处、传热管胀接头以及焊缝等位置 3. 保压时间不小于24h,根据压力降计算公式正确记录参数并计算
3	溴化锂机组的负压试验	1. 关闭所有通大气阀门,将机组真空度抽至50Pa 2. 保压时间不小于24h,根据压力升高量计算公式正确记录参数并计算

三、实训器材与设备

蒸汽型双效溴化锂制冷机组、干燥的工业氮气、连接表阀及胶管、麦氏真空计、真空泵、真空泵油等。

四、实训过程

序号	步骤
1	向机组内充入0.15MPa的氮气,用检漏液检查法兰密封面、螺纹连接处、传热管胀接头以及焊缝等位置
2	排除机组泄漏点,根据正压检漏压力降公式记录参数并保压大于24h $$\Delta p = (B_1+p_1)\times(273+t_2)/(273+t_1)-B_2-p_2$$ 式中　Δp——机组因泄漏引起的压力差(Pa); 　　　B_1——试验开始时当地气温下的大气压(Pa); 　　　p_1——试验开始时U形管上水银高度差所产生的压力差(Pa); 　　　t_1——试验开始时当地的温度(℃); 　　　t_2——24h后的当地温度(℃); 　　　B_2——24h后当地气温下的大气压(Pa); 　　　p_2——24h后U形管上的水银高度差所产生的压力差(Pa)。 根据公式计算压力下降值,若在66.5Pa以内认为密封性合格
3	放空机组内氮气,关闭机组通往大气的所有阀门
4	检查真空泵及抽气系统气密性,将机组真空度抽至50Pa

(续)

序号	步骤
5	根据真空检漏压力升高量公式记录参数并保压大于24h $$\Delta p = B_2 + p_2 - (B_1 + p_1) \times (273+t_2)/(273+t_1)$$ 式中 B_1——开始时当地气温下的大气压(Pa)； 　　　p_1——开始时机组内的真空度(Pa)； 　　　t_1——开始时的温度(℃)； 　　　B_2——结束时当地气温下的大气压(Pa)； 　　　p_2——结束时机组内的真空度(Pa)； 　　　t_2——结束时的温度(℃)。 计算压力升高量，若不超过5Pa，则认为气密性合格

五、注意事项

1) 采用氮气进行正压试验时，充入氮气压力不超过机组最大允许压力。氮气应采用低压缓慢充入的方法。

2) 采用真空负压试验时，应考虑机组内是否含有水分，如机组内含有水分，则抽真空至9.33kPa后保压试验。

3) 真空负压试验时还应考虑温度变化而产生的绝对压力值变化。通常可参考如下公式计算：

$$\Delta p = p_2 - \frac{273+t_2}{273+t_1} p_1$$

式中 p_1——试验开始时机组内的绝对压力（Pa）；

　　　t_1——试验开始时温度（℃）；

　　　p_2——试验结束时机组内的绝对压力（Pa）；

　　　t_2——试验结束时温度（℃）。

思考与练习

1. 填空题

（1）溴化锂吸收式制冷机组的工质对中以_____为制冷剂，以_____为吸收剂。

（2）溴化锂吸收式制冷机主要由_____、_____、_____、_____、_____等设备组成。

（3）根据机组使用的驱动热源可将溴化锂机组分为_____、_____和_____等。

（4）溴化锂吸收式制冷机组按驱动热源的利用方式可分为_____、_____和_____。

（5）溴化锂吸收式制冷机组按溶液的循环流程分_____、_____、_____。

2. 选择题

(1) 溴化锂吸收式制冷机组常用的节流降压装置为_____。
A. U 形管　　　　B. 热力膨胀阀　　　　C. 电子膨胀阀　　　　D. 毛细管

(2) 溴化锂吸收式制冷机组随加热蒸汽压力提高时，制冷量_____。
A. 减小　　　　B. 增大　　　　C. 不变　　　　D. 无法确定

(3) 溴化锂吸收式制冷机组随不凝性气体压力增加，制冷量_____。
A. 减小　　　　B. 增大　　　　C. 不变　　　　D. 无法确定

(4) 双效溴化锂吸收式制冷机中驱动热源（工作蒸汽）通常采用_____的饱和蒸气。
A. 0.25～0.8MPa（表压）　　　　B. 0.25～0.5MPa（表压）
C. 0.4～0.8MPa（表压）　　　　D. 0.25～0.4MPa（表压）

(5) 双效溴化锂吸收式制冷机组的热力系数为_____。
A. 1.0～1.2　　　　B. 1.1～1.2　　　　C. 0.7～1.2　　　　D. 0.5～0.7

3. 判断题

(1) 溴化锂吸收式制冷机中的蒸发温度必须低于0℃。（　　）

(2) 串联流程溴化锂吸收式机组的溶液流动方式有两种：一种是先进入高压发生器，后进入低压发生器，最后流回吸收器；另一种是溶液先进入低压发生器，后进入高压发生器，最后流回吸收器。（　　）

(3) 发生器的作用是使从吸收器来的稀溶液沸腾浓缩，产生制冷剂蒸汽和浓溶液。（　　）

(4) 双筒型溴化锂吸收式制冷机组是将压力大致相同的发生器和冷凝器置于一个筒体内，而将蒸发器和吸收器置于另一个筒体内，两个筒体上下叠置。（　　）

(5) 单效型溴化锂吸收式机组热水温度高于150℃。（　　）

4. 简答题

(1) 简述溴化锂吸收式机组的工作原理，并画出其工作原理图。

(2) 溴化锂吸收式制冷机组的主要优点有哪些？

(3) 简述单效溴化锂吸收式制冷机组的主要构成及工作过程。

(4) 溴化锂吸收式制冷机组中溶液热交换器起什么作用？

(5) 说明双效蒸汽型溴化锂吸收式冷水机组串联流程和并联流程的特点，并加以比较。

(6) 提高溴化锂吸收式制冷机组性能、减少制冷量衰减的方法有哪些？

人文·素养·美德·价值

双良："数字化"赋能低碳技术，助力打造绿色未来

碳达峰，是指在某一个时点，二氧化碳的排放达到峰值，之后逐步回落。碳中和，指针对排放的二氧化碳，要采取植树、节能减排等各种方式全部抵消掉。

2020年9月，习近平主席在第七十五届联合国大会上庄严承诺，中国将采取更加有力的政策和措施，二氧化碳排放力争于2030年前达到峰值，努力争取2060年前实现碳中和。

"双碳"目标是我国基于推动构建人类命运共同体的责任担当和实现可持续发展的内在

要求而作出的重大战略决策，向全世界展示了应对气候变化的中国雄心和大国担当，彰显了中国积极应对气候变化、走绿色低碳发展道路、推动全人类共同发展的坚定决心。随着国家"双碳"目标的推行，统筹推动经济、能源、产业等向绿色低碳转型发展成为国家"十四五"期间生产发展的重点工作，中国制冷暖通空调行业迎来新的挑战和机遇。

以绿色产业为核心的双良集团积极担负起社会责任，凭借自身坚实的基础与前沿的技术加快转型改革，致力于成为高端化、智能化、服务化的领跑企业，以清洁化、智慧化、综合化构建的综合能源系统，推动能源转型，为国家实现清洁能源替代、达成"双碳"目标贡献双良智慧和力量。双良集团研发溴化锂机组及智能化全钢结构间接空冷系统被评为国家"单项冠军产品"，被誉为"造福人类，大国重器"。

1. 打造智慧生态，改变能源未来

经过近四十年的孜孜探索，双良正在从传统的能源设备制造商转型成为能源系统集成商和综合能源服务商，先后经历了"产品+售后服务""产品+增值服务""技术营销服务+产品"和"转型经营模式+产品"等重要阶段。双良集自主制造装备、集成优化设计、运维服务保障、智慧能源管理四大核心能力于一身，全面为用户提供公共建筑能源服务、工业余热利用、分布式冷热电联供、多能互补清洁供热等综合性智慧能源服务解决方案。

2. 赋能工业互联网，数字化助力"双碳"目标达成

在所有行业边界都被打破重造的数字化时代，双良一次次拓宽"节能、节水、环保"领域的边界，不局限于细分领域的产品，还为整个能效管理提供系统的综合解决方案。数字化是双良转型发展的必经之路，公司以数字化为核心驱动力，在内部实行数字化经营、数字化管理和数字化商业全方位变革，在产品和服务方面通过数字化升级实现产品智能化、系统智能化和运维智能化，达到能源价值最大化、能效管理最优化。双良将几十年的行业积淀与数字化相结合，进行社会输出，已成功应用到白酒生产厂、机场、医院、政府大楼等建筑场景，在工业领域作出巨大的贡献。双良智慧云平台用全新数字化技术为制冷领域描绘出智慧能源解决方案应用的广阔前景。未来，双良将始终不忘初心，坚持创新，追求极致，以数字化赋能工业互联网，助力"双碳"目标达成，以"人类命运共同体"的视角，创造人类共同利益和价值，为更多领域的产业数字化革新"节尽所能"。

紧跟时代发展，引领技术潮流，一切以客户为中心，致力数字化驱动的综合能源服务。双良始终贯彻匠心精神，紧跟国家政策、聚焦低碳发展，用实际行动践行绿色中国梦！

模块四 常用制冷装置

> **学习目标**
>
> **（一）知识目标**
>
> ◇ 掌握电冰箱、冷藏柜、陈列柜、运输式冷藏车及冷库等食品冷冻冷藏装置的结构、制冷系统工作过程及应用。
>
> ◇ 了解制冰及干冰装置的结构、原理、特点及应用。
>
> ◇ 掌握分体空调器、车辆空调、冷冻除湿机等空调用制冷装置的结构、原理、特点及应用。
>
> ◇ 了解试验用制冷装置的用途、分类、结构特点及工作原理。
>
> **（二）能力目标**
>
> ◇ 具备识读常用制冷装置结构图的能力。
>
> ◇ 会查阅常用制冷装置的相关资料、图表、标准、规范、手册等。

学习任务一 食品冷冻冷藏装置

知识点和技能点

1. 掌握家用电冰箱和商用电冰箱的分类、构成、制冷系统工作过程及应用。
2. 了解冷藏汽车、铁路冷藏车、冷藏集装箱等运输式冷藏装置的结构、制冷系统工作过程及应用。
3. 掌握冷库的组成、类型及制冷系统工作过程。
4. 会识读、绘制常用制冷装置的结构图。

重点和难点

1. 家用电冰箱的构成及制冷系统工作过程。
2. 商用电冰箱的结构及制冷系统工作过程。

一、家用电冰箱

家用电冰箱是一种供家庭使用的具有适当容积和装置的绝热箱体，以消耗电能的方式制冷，使箱体保持低温，用于食物或其他物品保持恒定低温状态的制冷设备。低温环境可以抑制食品组织中的酵母作用，阻碍微生物的繁衍，能在较长时间内储存食品而不损坏其原有的色、香、味与营养价值，这使得电冰箱自问世以来得到了广泛的应用。电冰箱在发达国家的普及率已达到百分之百，其设计制造技术及功能也日新月异。

1. 家用电冰箱的分类

家用电冰箱的分类方法较多，除国家标准的基本分类外，还有其他传统分类方法。表 4-1 列出了常见家用电冰箱的分类。

表 4-1 常见家用电冰箱的分类

序号	分类依据	名称
1	制冷方式	蒸气压缩式电冰箱
		吸收式电冰箱
		半导体电冰箱
2	冷却方式	直冷式电冰箱
		间冷式（风冷、无霜）电冰箱
		混冷式电冰箱
3	储藏温度	冷藏箱
		冷藏冷冻箱
		冷冻箱
4	箱门数量	单门电冰箱
		双门电冰箱
		三门及多门电冰箱
5	冷冻能力	一星级
		二星级
		三星级
		速冻三星级
6	气候环境	亚温带型电冰箱
		温带型电冰箱
		热带型电冰箱
		亚热带型电冰箱

2. 家用电冰箱的组成

家用电冰箱具备制冷、保温、控温三大功能。为了实现这三大功能，所有的电冰箱在整体结构上都应具有与上述功能相对应的三个基本组成部分，即箱体及隔热保温系统、制冷系统、电气控制系统，如图 4-1 所示。无论是单门电冰箱还是双门或多门电冰箱，无论是直冷式电冰箱还是间冷式电冰箱，虽然它们的外形各有不同，但其主要结构都大体相同。

制冷系统是电冰箱的主要组成部分。它通过制冷剂在管道中的变化，使箱内的热量转移到箱外的空气中，达到箱内降温的目的。目前的电冰箱绝大多数都采用压缩式制冷系统。

电气控制系统的任务是控制压缩机工作，使其自动起动、自动停止，以及控制箱内的温

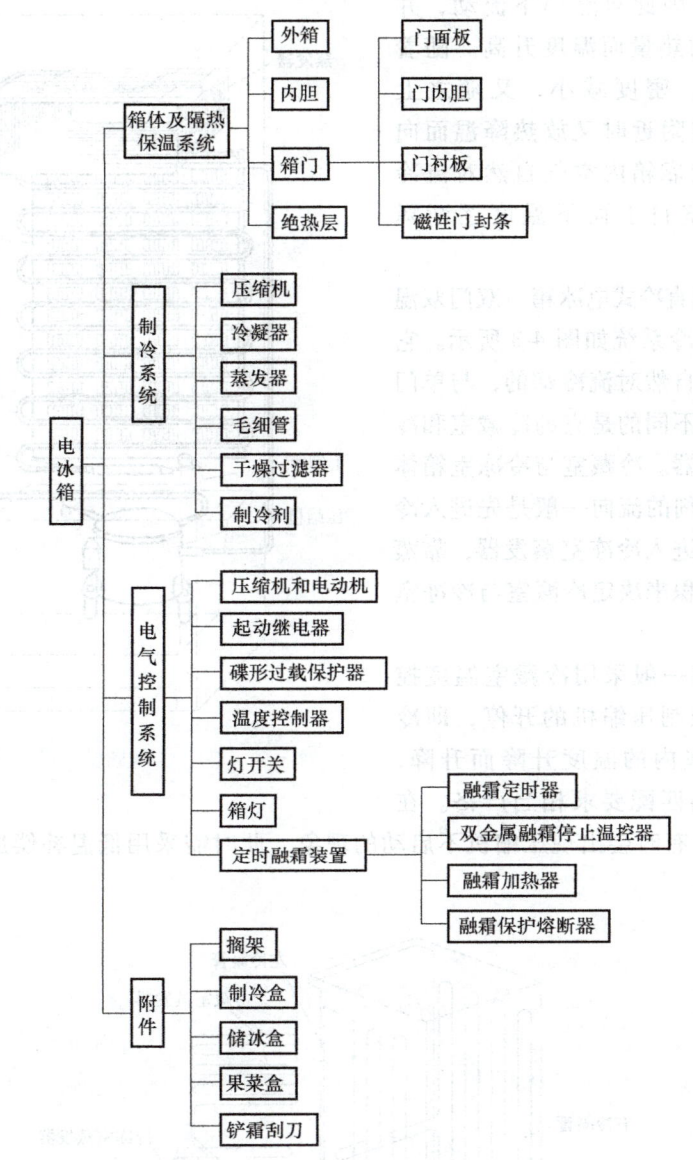

图 4-1 电冰箱的组成

度。另外控制系统还要完成除霜的任务，保证电冰箱在各种条件下都能安全、可靠地工作。

电冰箱的箱体、隔热保温层和内胆是电冰箱的"躯体"部分，它能使箱内空气与外界良好隔绝，起到保温作用。

3. 家用电冰箱的制冷系统

家用电冰箱制冷系统很多，以下按箱门和制冷方式介绍几种最常用的制冷系统。

（1）单门双温直冷式电冰箱　单门双温直冷式电冰箱的制冷系统如图 4-2 所示。它只有一个蒸发器，靠蒸发器下面的接水盘将电冰箱分隔成冷冻室和冷藏室。由于蒸发器在冷冻室内，所以冷冻室温度较低。蒸发器的一部分冷量由接水盘与箱壁间的缝隙传递至冷藏室，而冷藏室本身没有蒸发器，因此冷藏室的温度相对比较高。在冷藏室，上面的空气离冷源近，温度低，密度大，因此自然向下流动，并且吸收冷藏物品的热量而温度升高。随着空气温度的升高，密度减小，又随之上升，上升至蒸发器附近时又放热降温而向下流动。就这样依靠箱内空气自然对流冷却，最终使冷藏室自上而下温度逐渐降低，并相对稳定。

(2) 双门双温直冷式电冰箱　双门双温直冷式电冰箱的制冷系统如图4-3所示。它也是依靠箱内空气自然对流冷却的，与单门双温直冷式电冰箱不同的是它的冷藏室和冷冻室各有一个蒸发器。冷藏室与冷冻室箱体间相互隔离。制冷剂的流向一般是先进入冷藏室蒸发器，然后进入冷冻室蒸发器，靠蒸发器管路的换热面积来决定冷藏室与冷冻室的箱内温度。

直冷式电冰箱一般采用冷藏室温度控制器，通过它来控制压缩机的开停，即冷冻室温度随冷藏室内的温度升降而升降，因而两个蒸发器的匹配要求相当严格。在环境温度较低时，有时会出现压缩机不启动的现象，此时需采用低温补偿加热装置来解决这个问题。

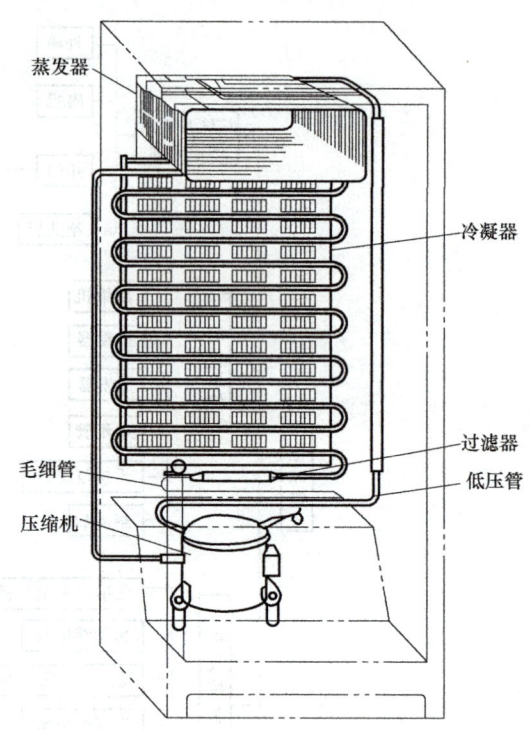

图 4-2　单门双温直冷式电冰箱的制冷系统

4-1　风冷冰箱结构

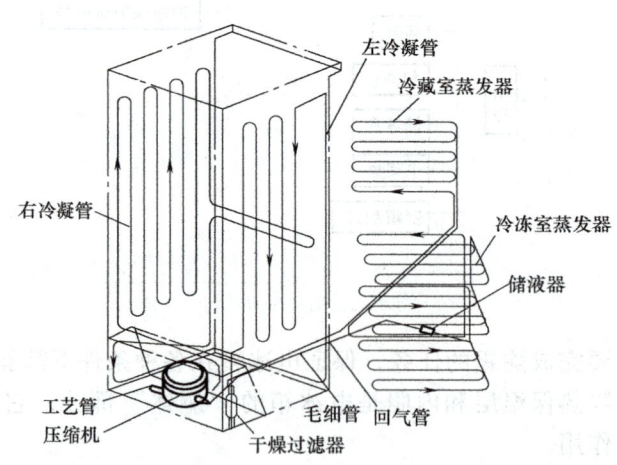

图 4-3　双门双温直冷式电冰箱的制冷系统

(3) 间冷式无霜电冰箱　间冷式无霜电冰箱，不管是双门还是多门，其制冷系统基本相同，即采用一个翅片盘管式蒸发器，通过循环风扇使箱内空气强迫对流，通过风道及风门温度控制器对冷气进行合理分配和调节控制，来满足冷冻室、冷藏室等不同的温度要求。图4-4所示为双门间冷式无霜电冰箱的制冷系统。间冷式无霜电冰箱的制冷系统所采用的压缩有两类：一类是往复式压缩机，另一类是旋转式压缩机。

（4）双温双控电冰箱　双温双控电冰箱的制冷系统分为直冷式和风直冷混合式两种，均采用两个蒸发器，由两个温控器分别进行控制。前者冷冻室蒸发器为板管式或层架式结构，需人工除霜，后者冷冻室蒸发器为翅片盘管式结构，可自动除霜。双温双控电冰箱采用双蒸发器、双毛细管加二位三通电磁阀，并在冷冻室和冷藏室各装一只温度控制器，对两室分别进行控制，其制冷系统如图 4-5 所示。

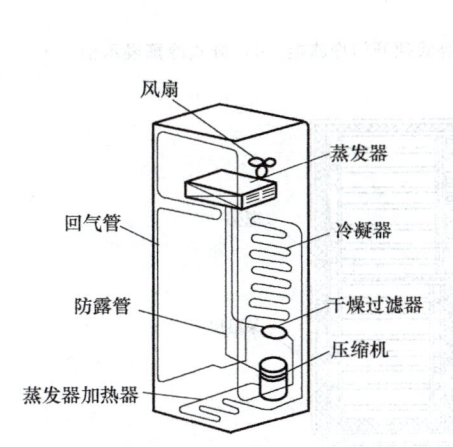

图 4-4　双门间冷式无霜电冰箱的制冷系统

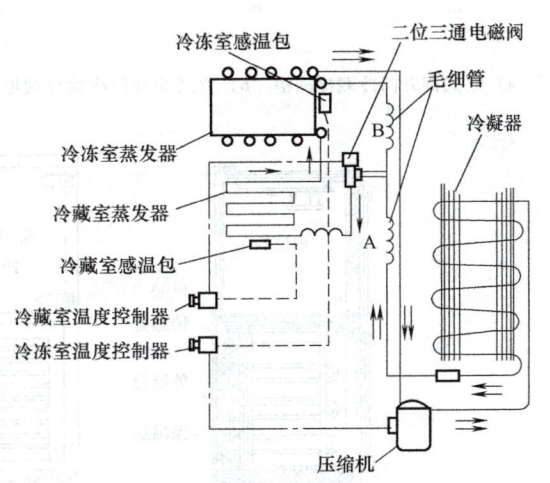

图 4-5　双温双控电冰箱的制冷系统

注：――表示温控器的感温管，---表示电磁阀的导线

 想一想

双温双控电冰箱的工作循环过程是怎样的？

二、商用电冰箱

商用电冰箱是商业用小型制冷装置的总称，它与家用电冰箱相比较具有容积大、形式多、功能多的特点。商用电冰箱的压缩机多采用开启式与半封闭活塞式，也有的采用全封闭活塞式或其他类型（如旋转式、涡旋式等）。商用电冰箱是为了适应商业的不同需要而研制的，根据不同的用途可分为冷藏柜、陈列柜、冰淇淋机、小型冷饮机等装置。

1. 冷藏柜

冷藏柜又称为冷藏箱，主要用于商店、食堂、宾馆等场所的食品冷藏，也可用于医药部门药品的冷藏。它可以制成立式或卧式，卧式冷藏柜可兼做柜台使用，温度可在 -15～5℃ 范围内灵活调节。如果采用双级压缩或复叠式制冷系统，箱内温度可更低，可达 -80℃，用于特殊物品的储藏，但商业中用得较少。常用冷藏柜形式如图 4-6 所示。

冷藏柜的总体结构依据冷藏柜的种类、形式和功能的不同而不同。其基本结构如图 4-7 所示。

冷藏柜的柜体通常采用角钢焊接成框架，柜体外壳采用 Q235 钢板冲压、点焊而成，柜

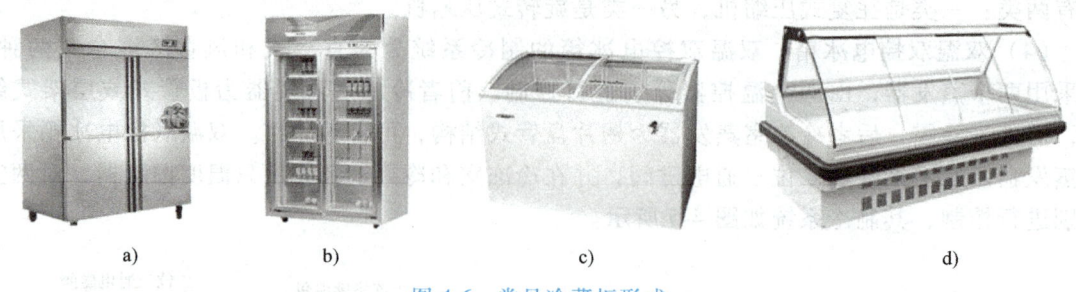

图 4-6 常见冷藏柜形式

a) 立式四开门冷藏冷冻柜　b) 立式双开门冷饮冷藏柜　c) 卧式顶开门冷冻柜　d) 卧式冷藏展示柜

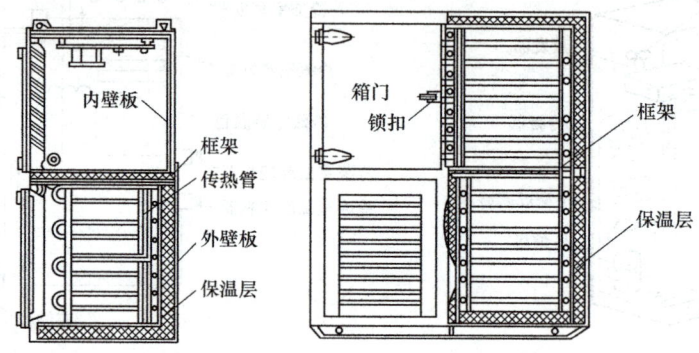

图 4-7 冷藏柜的基本结构

体的内壁可以使用不锈钢板、铝合金板和喷塑钢制板等,组成风道的内壁板还可采用高强度纤维板。小型立式冷藏柜的内壁也可如冰箱一样采用 ABS 塑料板。由于采用硬质聚氨酯泡沫塑料作隔热材料,具有强度高、质量轻、导热系数小等特点,使得冷藏柜柜体厚度减小。

冷藏柜柜体中间隔热保温材料一般采用两种形式:一种是采用软木、玻璃纤维、聚氨酯泡沫塑料填充,另一种是采用预制聚氨酯泡沫塑料板拼装。前者常用于小型卧式冷藏柜,而后者大多数用于较大型立式冷藏柜。

冷藏柜的门几乎都是使用隔热材料的隔热门。立式冷藏柜的门几乎占据橱柜的整个前面。由于门的开启对柜内温度影响较大,通常根据冷藏柜的用途来决定门的数目和大小。门封可使用磁性胶条,也可以使用普通胶条并使用锁紧机构。卧式冷藏柜的门设置在柜体上方,通常采用三种形式:移动盖板式,转动开启式和滑动开启式。

2. 陈列柜

陈列柜用于短期存放并展示冷藏、冷冻食品,通常用于食品店或超市零售。因为食品种类不同、冷藏温度不同,陈列柜的温度高低也不同,因此有低温和中温两大类陈列柜。陈列柜所需的冷源可直接附设于柜上,亦可将制冷机组单独设置,仅将节流后的制冷剂低压液体引入陈列柜内的蒸发器中。前者常用于移动场合(如赛场),后者常用于零售固定场合(如超市)。陈列柜一般不会做得很大,对于大型超市,若需要大容量陈列柜,可将若干小模块组合在一起构成一个大的陈列柜。

(1) 内藏式陈列柜　内藏式陈列柜的内部结构如图 4-8 所示,压缩机多为封闭式,冷凝器采用强制通风冷凝器，压缩机和冷凝器一般置于柜体底部。为防止灰尘堵塞冷凝器，在冷凝器前设置了空气过滤器。

（2）分体式陈列柜　分体式陈列柜的内部结构如图4-9所示，其压缩机多采用半封闭式，一般为多台压缩机并联成机组形式，可同时为多台陈列柜提供冷量。冷凝器一般以强制对流风冷凝器为多，布置在室外。蒸发器有铝制平板式、金属丝翅片蛇形盘管式、交叉翅片盘管式和管板式等形式。节流机构通常采用热力膨胀阀，小型内藏式陈列柜有时也采用毛细管作为节流机构。用于陈列果蔬或鲜花的陈列柜还配有加湿装置，用以预防果蔬或鲜花因柜内空气湿度小而脱水。

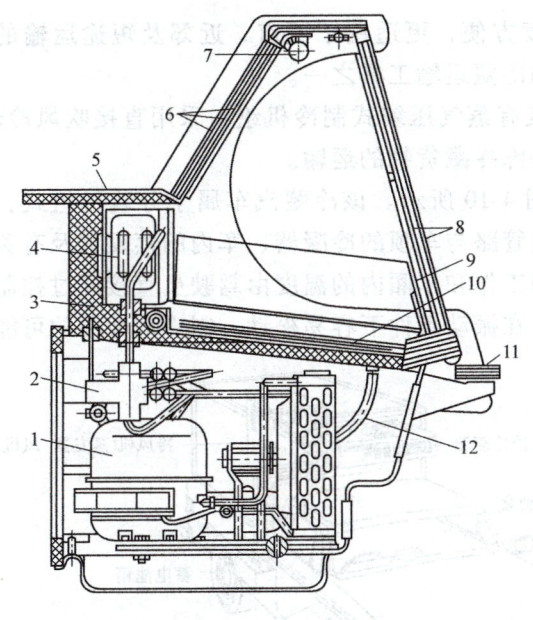 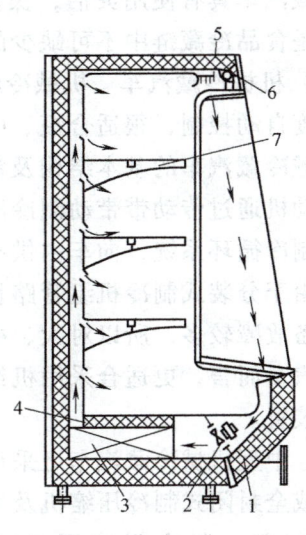

图4-8　内藏式陈列柜的内部结构
1—压缩冷凝机组　2—热力膨胀阀　3—绝热外壳　4—蒸发器　5—桌面　6—滑门　7—照明灯　8—双层玻璃窗　9—保护玻璃　10—集水盘　11—搁架　12—管道

图4-9　分体式陈列柜的内部结构
1—绝热外壳　2—风机　3—蒸发器　4—隔热板　5—格栅　6—照明灯　7—食品搁架

分体式陈列柜使用时，由于外界空气的渗入，使陈列柜内空气含水量增加，造成蒸发器结霜。当霜层厚度超过1mm后，会导致陈列柜中蒸发器传热能力下降，难以保持陈列柜内的温度。因此，陈列柜中设计有停机融霜、电加热融霜和制冷剂回流融霜等融霜装置。

陈列柜的内外壁面多用彩色铝板、不锈钢板、彩色钢板或镀锌钢板制作，也可用纤维增强复合材料（FRP）、ABS塑料板或高强度纤维板制作，在外壁面主要的凸起部位采用不锈钢板予以保护，兼作装饰之用。

 想一想

冷藏柜的制冷系统是如何工作的？

三、运输式冷藏装置

冷藏运输包括食品的中、长途运输及短途送货,是食品和冻结食品低温流通的主要环节,它应用于冷藏链中食品从原料产地到加工基地到菜场冷藏柜之间的低温运输,也应用于低温冷藏链中冷冻食品从生产厂到消费地之间的批量运输,以及消费区域内冷库之间和销售店之间的运输。因此,冷藏运输是食品冷藏链中十分重要而又必不可少的一个环节。冷藏运输设备是指本身能造成并维持一定的低温环境以运输冷冻食品的设施及装置,包括冷藏汽车、铁路冷藏车、冷藏船和冷藏集装箱等。

1. 冷藏汽车

冷藏汽车具有使用灵活,操作管理及调度方便,更适用于城市、近郊及短途运输的特点。它是食品冷藏链中不可缺少的公路运输的冷藏运输工具之一。

(1) 机械冷藏汽车 机械冷藏汽车车内装有蒸气压缩式制冷机组,采用直接吹风冷却,实现温度自动控制,很适合短、中、长途或特殊冷藏货物的运输。

机械冷藏汽车的基本结构及制冷系统如图4-10所示。该冷藏汽车属于分装机组式,由汽车发动机通过传动带带动制冷压缩机,通过管路与车顶的冷凝器、车内的蒸发器及有关阀件组成制冷循环系统,向车内供冷。制冷机的工作和车厢内的温度由驾驶员直接通过控制盒操作。由于分装式制冷机组管路长,接头多,在振动条件下容易松动,制冷剂泄漏的可能性大,设备故障较多,所以对大、中型冷藏汽车而言,更适合采用机组式制冷装置。

大、中型机械冷藏汽车可采用半封闭或全封闭式制冷压缩机及风冷冷凝机组。制冷剂选用R22、R134a、R404A或R500。冷藏汽车使用温度可以在较大范围内调节,且可在驾驶室内进行全部操作控制,并具备温度记录、显示数据或异常警报声光信号功能。为保证冷冻机的稳定工作,不受停车、慢速等因素影响,大、中型冷藏汽车

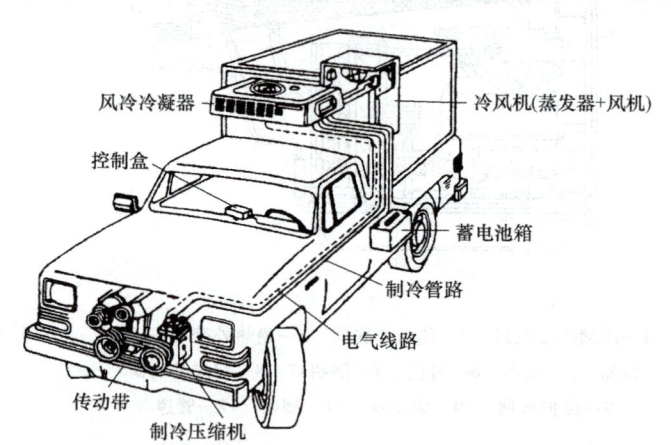

图4-10 机械冷藏汽车的基本结构及制冷系统

设有辅助发动机。制冷系统的操作一般为自动控制。新型冷藏汽车还设有热气融霜装置,并在融霜时自动关闭冷风机,防止因融霜造成车内温度回升。通用性冷藏汽车在车外温度为35℃的条件下运送冻结食品时,可保持车内温度为-18~-15℃,最低达-20℃;运送冷却食品时,保持车内温度0℃左右。

中、小型机械冷藏汽车的压缩机采用汽车发动机驱动,停车时用外接交流电220V/50Hz或380V/150Hz驱动。大型冷藏汽车的压缩机多采用独立的柴油机动力驱动或备有机、电两用制冷压缩机组。某些特殊冷藏汽车或拖车采用独立柴油发电机组380V/150Hz供电,回场停车时,使用地面交流电供电。

(2) 机械式冷藏挂车 机械式冷藏挂车又称为冷藏拖车,它具有如同机械冷藏车的隔

热箱体、制冷机组,并有较大承载能力的后轮和一定支承力的小前轮。冷藏挂车的制冷设备由车下电源供电,通常采用机组式制冷系统,并整体安装。冷藏挂车使用灵活,往往一个动力牵引车可以为多台冷藏挂车服务,进行短途调运。图4-11所示为典型机械式冷藏挂车的结构和冷风吹送循环原理。

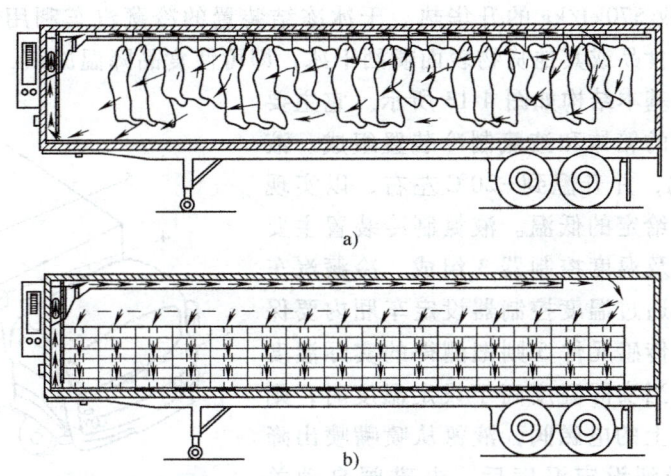

图4-11 典型机械式冷藏挂车的结构和冷风吹送循环原理
a)车内吊挂食品吹风冷却 b)车内箱装食品吹风冷却

（3）冷冻板式冷藏汽车 冷冻板式冷藏汽车简称冷板冷藏汽车,它是利用有一定蓄冷能力的冷冻板进行制冷的,冷冻板的基本结构与充冷原理如图4-12所示。冷藏汽车用的冷冻板为100~150mm厚的钢板壳体,壳体内充注有特殊的溶液——冻晶溶液3,并布置有制冷蒸发盘管4。它利用制冷机与冻结板相连,且向冷冻板充冷,使板内的冻晶溶液在一定温度下冻结。冷冻板依靠冻结的冻晶溶液融解时向周围吸热的原理,对汽车货间起制冷降温作用,实现制冷。选用不同性质的冻晶溶液,则有不同的冻结温度,进而可以得到不同的汽车制冷温度。通常,冷冻板冷藏汽车使用的冻晶溶液,其冻结温度为-40~-25℃。采用冷冻板式的蓄冷器,不仅用于冷藏汽车,同时可用于铁路冷藏车、冷藏集装箱、小型冷库或食品冷藏柜等。使用时蓄冷板分别对称地安装在货间两侧。小型车辆一般装两块,大中型车辆可装四块。为了降低蓄

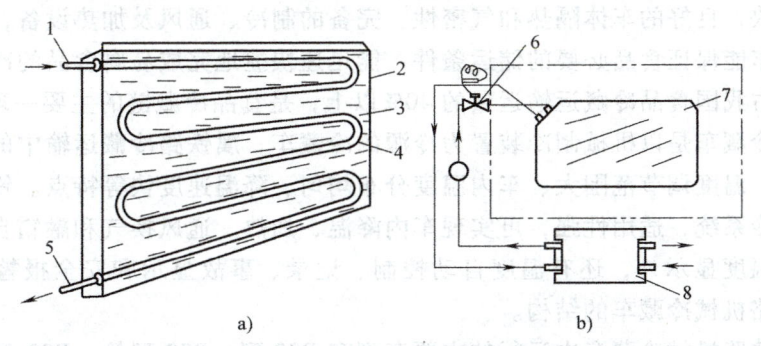

图4-12 冷冻板的结构及充冷原理
a)冷冻板结构 b)冷冻板充冷
1—制冷剂进口 2—冷冻板板壳 3—冻晶溶液 4—制冷蒸发盘管 5—制冷剂出口 6—热力膨胀阀 7—冷冻板 8—充冷机组

冷板的自重，新型汽车用蓄冷板已开始用合金铝材或强化塑料（如FRP）制造。

（4）液氮与干冰冷藏汽车　液氮冷藏汽车是利用液氮沸腾吸热，实现车内冷却降温的。具有液氮冻结装置的冷藏汽车，通过液氮喷淋速冻器完成食品的冻结，以适应公路冷藏运输。

干冰冷藏汽车是利用干冰制冷。干冰即固体二氧化碳，它在升华时的升华温度为-78.5℃，并能吸收570kJ/kg的升华热。干冰冻结装置的冷藏汽车利用专门的干冰喷洒系统，定时向储运的食品或其他货物表面喷洒干冰，即可使食品降温冻结，保证其低温运输。

液氮冷藏汽车基本结构如图4-13所示。它主要由汽车底盘、隔热的箱体和液氮制冷装置组成。液氮在-195.9℃汽化，并升温到-20℃左右，以实现吸热制冷，并达到给定的低温。液氮制冷装置主要由液氮罐1、喷嘴及温度控制器3组成。冷藏汽车内的货物装好后，通过温度控制器设定车厢内要保持的温度，而温度传感元件5则把测得的实际温度传回温度控制器。当实际温度高于设定温度时，则自动打开液氮管道上的电磁阀，液氮从喷嘴喷出降温；当实际温度降到设定温度后，电磁阀自动关闭。液氮由喷嘴喷出后，立即吸热汽化，体积膨胀高达650倍，即使货堆放密实，没有通风设施，氮气也能进入货堆内。冷的氮气下沉时，在车厢内形成自然对流，使温度更加均匀。为了防止液氮汽化

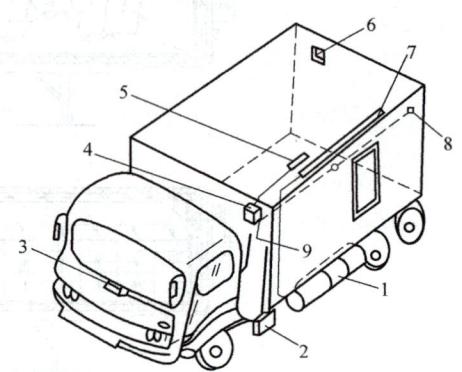

图4-13　液氮冷藏汽车的基本结构

1—液氮罐　2—气体控制箱　3—温度控制器
4—温度控制箱　5—温度传感元件　6—安全
排气窗　7—液氮喷淋管　8—紧急关
闭阀　9—电控调节阀

时引起车厢内压力过高，车厢上部装有安全排气阀，有的还装有安全排气门或安全排气窗。

液氮制冷时，车厢内的空气被氮气置换。而氮气是一种惰性气体，长途运输果蔬类食品时，不但可减缓其呼吸作用，还可防止食品被氧化。

液氮制冷式冷藏汽车装置简单，初投资少；降温速度很快，可较好地保持食品的质量；无噪声；与机械制冷式冷藏汽车比较，重量大大减小。但液氮成本较高，运输途中液氮补给困难，长途运输时必须装备大的液氮容器，减少了有效载货量。

2. 铁路冷藏车

在陆上冷藏运输中，铁路冷藏车（即铁路保温车）是冷藏链的主要运输工具。它具有运量大、速度快，良好的车体隔热和气密性，完备的制冷、通风及加热设备，适应性强等特点。铁路冷藏车能保证食品必要的储运条件，能迅速快捷地完成易腐食品的冷藏运送。铁路冷藏车的运量占我国食品冷藏运输运量的40%以上，是食品冷藏链的主要一环。

铁路机械冷藏车是以机械制冷装置为冷源的冷藏车，属铁路冷藏运输中的主要车型，具有制冷温度低、温度调节范围大、车内温度分布均匀、降温速度快等特点。铁路机械冷藏车均装有车载制冷系统，适应性强，可实现车内降温、加热、通风换气和融霜自动化。新型铁路冷藏车除有温度显示外，还有温度自动控制、记录、事故显示和安全报警装置。图4-14所示为典型铁路机械冷藏车的结构。

目前我国铁路机械冷藏车中运行的主要车型有B22型、B23型等，B22型铁路冷藏车为5节车组式（4辆货物车，1辆乘务及发电车）。货车车体长98m，载量40t，每车组总载量184t。货车在外温t_w=-45~36℃下可保证车内温度在-24~14℃范围内调整。

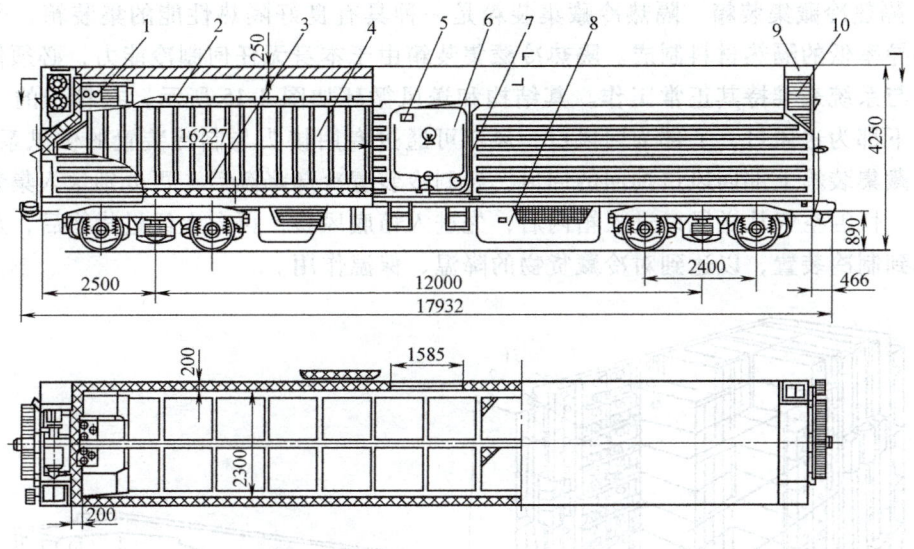

图 4-14 典型铁路机械冷藏车的结构

1—制冷机组　2—车顶通风风道　3—地板离水格子　4—垂直气流隔墙　5—车门排气口
6—车门　7—车门温度计　8—独立柴油发电机组　9—制冷机外壳　10—冷凝器通风格栅

3. 冷藏集装箱

冷藏集装箱是具有良好的隔热、气密性能，且能维持一定的低温要求，适用于各类易腐食品运送、储藏的特殊集装箱。集装箱运输已成为冷藏运输的重要运输工具之一。目前冷藏集装箱内的温度、湿度和融霜完全由计算机自动控制，并有新鲜空气交换装置，箱内温度调节范围可达±25℃。近年又生产出精确控制箱内湿度的冷藏箱，使新鲜活体货物保鲜储运更加可靠。

冷藏集装箱按其功能、制冷特点可分为耗用制冷剂式冷藏集装箱、机械式冷藏集装箱、隔热冷藏集装箱、气调冷藏集装箱等类型。表 4-2 给出了几种典型冷藏集装箱的技术性能比较。

表 4-2 几种典型冷藏集装箱的技术性能比较

制冷方式	机械式制冷	冷冻板制冷	液氮、干冰制冷	气调箱
主要用途	低温货冻结货	低温货冻结货	低温货冻结货	冷却货
运输温度	-20℃	-20℃	-20℃以上	0℃以上
箱内湿度	减湿	有一定减湿	减湿	不减湿
运输距离	远距离	近距离 15h 左右	近距离 1~2d	近距离 1~2d
制冷设备	重	重	轻	轻
制造费	高	高	比较高	低
箱内温度分布	均匀	比较均匀	比较均匀	均匀
优点	能控制温度，且比较稳定。箱内吹风冷却适用性强	温度稳定	能控制温度且比较稳定，适用运送冻结货物	适用运送果蔬，冷藏质量比较高
缺点	生产、使用技术要求高，噪声高	自重大，温度不能调节	操作控制技术要求高，箱内温差大	控制、检测技术要求高

（1）隔热冷藏集装箱　隔热冷藏集装箱是一种具有良好隔热性能的集装箱，所有箱壁都采用热导率低的隔热材料制成。隔热冷藏集装箱由于本身无任何制冷能力，必须依赖外部制冷装置与系统来维持其正常工作。其结构和送风循环如图 4-15 所示，在箱子的一端有两个风口，下部为送风口，上部为回风口，风口可通过专用接头与制冷装置的供风系统相连。从隔热冷藏集装箱上部回风口抽回的回风，经制冷装置冷却降温后，再分别送入集装箱的下部送风口。低温空气从送风口进入箱内后，先进入箱底风轨，再向上经过货物后，从回风口被抽出回到制冷装置，以达到对冷藏货物的降温、保温作用。

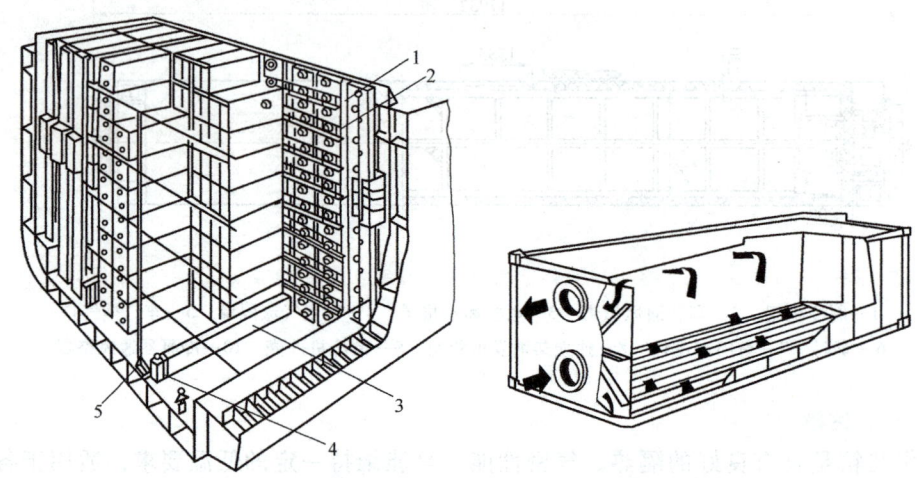

图 4-15　隔热型冷藏集装箱的结构和送风情况
1、3—风管　2—送风机　4—空气冷却器　5—排风机

（2）机械式冷藏集装箱　机械式冷藏集装箱由具有良好隔热结构的集装箱和与箱体构成一体的机械制冷装置组成。由于制冷装置置于箱体的一端，因此又称为内藏式冷藏集装箱。

机械式冷藏集装箱的工作原理如图 4-16 所示，冷藏箱由箱体 2 和制冷装置两部分组成。制冷机组 5 的蒸发器离心风机将冷藏箱的回风经回风格栅后抽回到制冷机组，回风经机组蒸

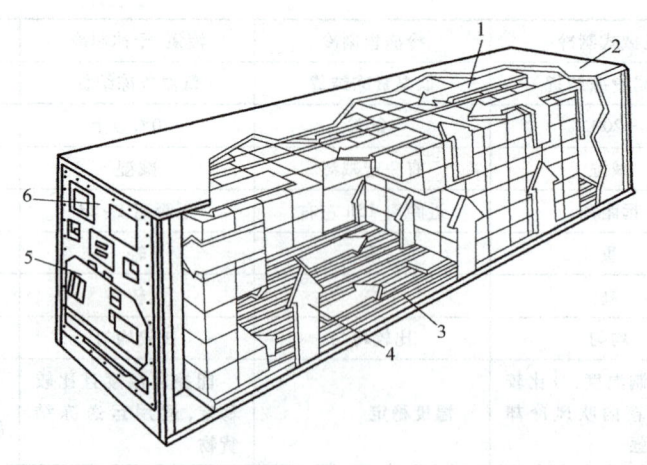

图 4-16　机械式冷藏集装箱的工作原理
1—回风气流　2—箱体　3—通风轨道　4—送风气流　5—制冷机组　6—冷风机位置

发器冷风机降温后，被送入送风道并进入送风压力室；冷却降温后的送风从送风压力室经T形风轨被送入冷藏箱，冷风在冷藏箱内从下往上经过货物后，回到回风格栅进入下一次循环。在机械式冷藏集装箱的正常工作过程中，集装箱内部的热量由循环空气不断带回到制冷装置；制冷装置中的制冷剂则不断地将热量从蒸发器带到冷凝器，并经冷凝器将热量排至周围环境中。

机械式冷藏集装箱的制冷机组布置如图4-17所示。

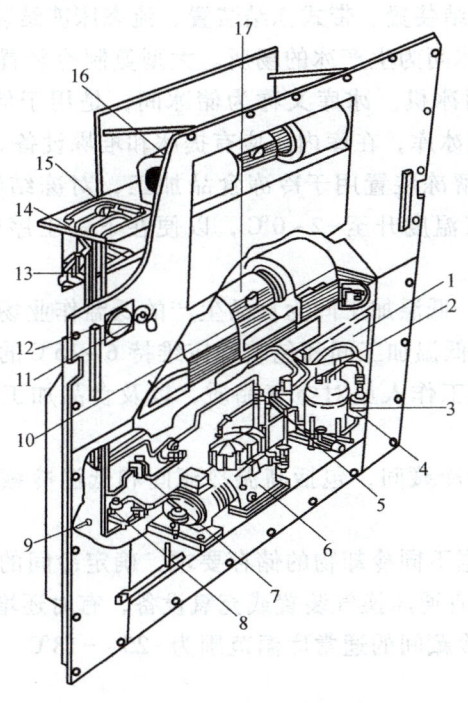

图4-17 机械式冷藏集装箱的制冷机组布置

1—控制箱 2—回气调节阀 3—辅助冷凝器（水冷） 4—过滤干燥器 5—视液镜 6—半封闭式制冷压缩机 7—供液阀 8—旁通阀 9—温度控制器 10—主冷凝器（风冷） 11—箱内气体取样口 12—新风进口 13—空气冷却器（蒸发器） 14—电热元件 15—热力膨胀阀 16—蒸发器风机 17—冷凝器风机

 想一想

B22型铁路冷藏车制冷、融霜、加热三种工况的运行过程各是什么？

四、冷库

冷库是以人工制冷的方法，对易腐食品进行加工和储存的特种仓库。冷库的结构、隔热性能、布置及卫生条件对冷藏食品具有重要意义。

1. 冷库的基本组成

目前，我国冷库制冷系统有氨制冷系统和氟利昂制冷系统之分。大、中型冷库采用氨制冷系统，小型冷库一般都是采用氟利昂制冷系统。

典型的冷库，如土建冷库和综合性装配式冷库，往往是以主（冷）库为中心的多间（库）的建筑群。

4-2 食品保存"大胃王"——冷库

（1）主库　主库为冷库建筑的主体，又称库房，其组成以生产工艺的需要由冷加工间、冷却间、冷藏间、冷冻间、冰库以及直接为它服务的建筑，如电梯间、穿堂一、解冻间、机房、设备间和操作平台等组成。

1）冷却间。冷却间是用于对食品进行冷却的房间。

2）冻结间。冻结间是用于食品冻结的场所。食品冻结可以通过冻结装置与设备进行，如搁架式冻结装置、吹风冻结装置、带式冻结装置、流态床冻结装置、平板冻结装置等。

3）制冰间和冰库。制冰间为生产冰的场所。大型氨制冷装置的制冰间设有制冰池，一般制冰间内设有一定量的制冰机。冰库又称为储冰间，是用于储存冰的冷间，并以 $-10 \sim -4℃$ 的库温储冰。对于大型冰库，在库内还应有提冰和堆垛设备。

4）解冻间。解冻间及解冻装置用于冷冻食品加工，对冻结物利用空气、水或电解冻等方法进行加热升温，使其温度升至 $-2 \sim 0℃$，以便在下一工序中对食品加工或低温食品保存。

5）低温加工及包装间。低温加工间为食品生产的低温作业场所。包装间为生产的成品进行包装作业的场地。食品低温加工间和包装间应维持 $6 \sim 15℃$ 的温度，特殊食品可能要求温度更低。此外，还应考虑工作人员对空气品质，以及食品加工生产、包装对空气洁净的要求。

（2）储藏库　储藏库即冷藏间，包括高温冷藏间和低温冷藏间，有时也称作冷却物冷藏间和冻结物冷藏间。

1）高温冷藏间。它根据不同冷却物的储存要求，确定冷间的温湿度，其大致温度范围为 $-5 \sim 15℃$。高温冷藏间均有通风换气装置或充氧设备，有时还增设臭氧发生器进行消毒。

2）低温冷藏间。低温冷藏间的通常库温范围为 $-25 \sim -18℃$，某些特殊水产品甚至要求库温为 $-40℃$ 以下。

（3）冷库货物进出配套设施　冷库货物进出配套设施主要有穿堂、装卸平台、电梯间、楼梯间、门斗及空气幕等。

（4）冷库的辅助设施　冷库的辅助设施按冷库的功能及需要而配置，包括主机房，电控室，变电与配电间，充电、发电机房，锅炉房，储氨库，化验室，办公室，休息室以及更衣室等。

2. 冷库的类型

冷库分类方法很多，按结构类别分，目前小型冷库主要有土建式冷库和组合式冷库两种。

（1）土建式冷库　土建冷库的建筑物主体一般为钢筋混凝土框架结构或混合结构。土建冷库的围护结构属重体性结构，热惰性较大，库温易于稳定。

图 4-18 所示为某 500t 土建式冷库平面布置。该冷库为某肉类加工厂的生产性冷库，冷藏量为 500t，冻结能力为每昼夜 13t。冷藏间库温为 $-15℃$，冻结间库温为 $-18℃$。冷库建筑中除冻结间和冷藏间外，还有机房、设备间、变电室、办公室等辅助性用房。此外

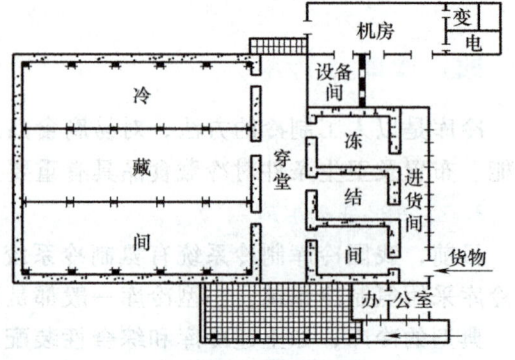

图 4-18　某 500t 土建式冷库平面布置

在库房出入口设置了公路装运平台，供汽车等车辆装卸货物使用。

土建式冷库的主要耗冷量来源于建筑物维护结构的传热。因此，对于各冷间的地板、顶棚及墙体均应有保温防潮层，这对于降低冷库热负荷、保持库内温度的稳定具有重要作用。

（2）组合式冷库　组合式冷库也称为装配冷库或移动式冷库，其结构如图 4-19 所示。库体采用工厂制造好的一系列地板、侧板、顶板和角板等现场组装而成。根据用户的需要，可迅速地组合成不同尺寸、不同的库间位置、不同类别的冷库，特别适合于企事业单位的冷冻、冷藏之用。

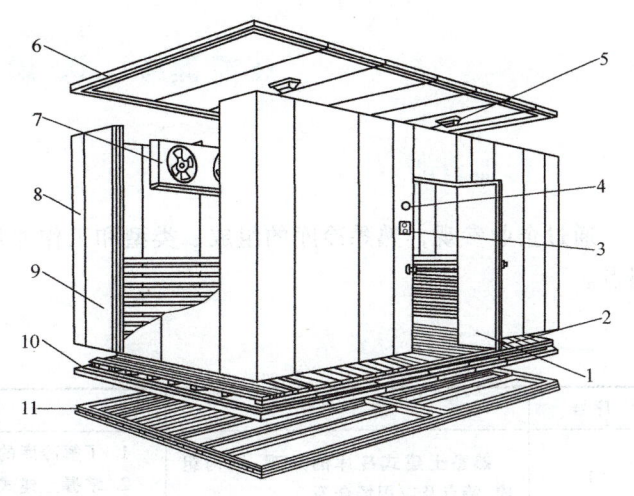

图 4-19　组合式冷库的结构

1—门板　2—脚踏板　3—灯开关　4—温度计　5—防水灯
6—顶棚板　7—冷风机　8—角板　9—侧板　10—地板　11—托架

组合式冷库按库容量大小分别配有全套的制冷设备。目前，国内库容量在 $10 \sim 600 m^3$ 的组合式冷库已有标准规格产品。冷库内温度为 $-8 \sim 5℃$，制冷系统配有完善的自动控制装置，可自动开停制冷压缩机，自动控制温度，自动融霜等。

组合式冷库的制冷压缩机多为半封闭式和全封闭式，压缩冷凝机组置于库外部箱体内，也有的安装在冷库顶上，与冷库库体形成机组和库体的总成式，即制冷机组与冷风机集于一体，在库的顶板或侧板开洞，将冷风机部分嵌入洞内即可，机组形式如图 4-20 所示。

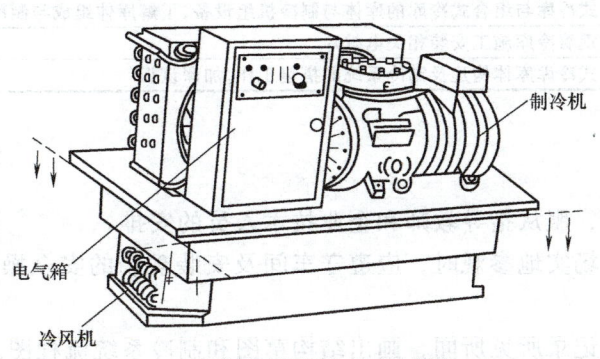

虚线以下部分嵌入冷库内即可

图 4-20　制冷机组与库体总成式

组合式冷库从库体装配到完成制冷设备安装调试，整个施工周期比土建式冷库短得多，且结构简单，能反复拆卸，很适宜库址不定、需迁移的单位使用。目前组合式冷库的造价比土建式冷库稍高。

想一想

组合式冷库与土建式冷库在结构上有何不同？

技能训练 认识冷库

一、实训目的

通过企业参观,熟悉冷库的组成、类型和工作原理,分析土建式冷库与组合式冷库的异同点。

二、实训内容与要求

序号	内　　容	要　　求
1	熟悉土建式冷库的外观、结构组成、特点及应用场合等	1. 了解冷库的组成与类型 2. 掌握土建式冷库与组合式冷库的结构组成与工作原理 3. 仔细观察土建式冷库与组合式冷库的结构特点,分析对比其异同点 4. 培养发现问题和分析问题的能力
2	熟悉组合式冷库的外观、结构组成、特点及应用场合等	

三、实训器材与设备

器材与设备主要有土建式冷库和组合式冷库等。

四、实训过程

序号	步　　骤
1	现场参观土建式冷库与组合式冷库的库体与制冷机组设备,了解库体组成与制冷系统布置
2	在课程网站上观看冷库施工安装相关电教片
3	参与小型组合式冷库库体构建及制冷系统的搭建工作,加深认识

五、注意事项

1)遵守实训纪律,服从指导教师和企业技术人员的安排。

2)到工程施工现场实地参观时,应遵守车间及安装现场的安全操作规程,避免发生安全事故。

3)实训中应随时记录所见所闻,画出结构草图和制冷系统流程图。

4)实训结束后撰写实训报告。

思考与练习

1. 填空题

(1)电冰箱按制冷方式不同可分为_____、_____和_____电冰箱。

(2)冷藏柜制冷系统压缩机多采用_____式、_____式及_____式。

(3)陈列柜融霜方式主要有_____与_____两种方式。

(4)机械冷藏汽车车内装有_____，采用_____冷却，温度实现自动控制。
(5)目前小型冷库的结构形式主要有_____和_____两种。

2. 选择题

(1)_____不属于电冰箱按冷却方式的分类。
A. 直冷式和混冷式　　B. 间冷式　　C. 混冷式　　D. 预冷式
(2)家用电冰箱的冷凝器散热方式为_____。
A. 强制风冷　　B. 自然冷却　　C. 水冷却　　D. 混合冷却
(3)分体式陈列柜的节流机构通常采用_____。
A. 热力膨胀阀　　B. 电子膨胀阀　　C. 毛细管　　D. 孔管节流阀
(4)冷冻板式冷藏汽车用的冷冻板壳体内充注有_____。
A. 制冷剂　　B. 吸收剂　　C. 冻晶溶液　　D. 防晶液
(5)铁路加冰冷藏车是以_____作为冷源。
A. 溴化锂水溶液　　　　　　B. 四氯化碳水溶液
C. 冰或冰盐混合物　　　　　D. 乙二醇水溶液

3. 判断题

(1)间冷式电冰箱的蒸发器通常采用翅片管式蒸发器。（　　）
(2)间冷式电冰箱使空气在箱内行程自然对流而冷却降温。（　　）
(3)电冰箱在运行时，由温度控制器根据设定的温度控制压缩机的开停。（　　）
(4)根据制冷温度的不同，陈列柜分为超低温、低温和中温三种。（　　）
(5)氮气是一种惰性气体，长途运输果蔬类食品时，会加快其呼吸作用，食品易被氧化。
（　　）

4. 简答题

(1)什么是直冷式电冰箱？什么是间冷式电冰箱？它们分别有什么特点？
(2)陈列柜的制冷系统与冷藏柜的制冷系统有何不同点？
(3)试比较几种不同类型的冷藏集装箱的技术性能。
(4)冷库的基本组成包括哪些？

人文·素养·美德·价值

既然选择了远方，便只顾风雨兼程

我国选手钟建伟在第43届世界技能大赛制冷与空调项目中获得银牌。钟建伟以高超技艺刷新了我国在世界技能大赛制冷与空调项目中的成绩记录，更展现了我国职业青年坚韧不拔、勇于挑战巅峰、为国争光的勇气担当。

唯有艰辛付出，才能水到渠成

报名广州市工贸技师学院学习制冷与空调技术专业，是钟建伟自己的选择。他一直坚信，掌握一门扎实过硬的技能，同样可以挺起胸膛，顶天立地。几年来，凭借对制冷与空调技术的热爱，以及在专业方面的领悟能力，钟建伟在广州市工贸技师学院练就了一手熟练、规范的空调制冷操作技能。

成功并非偶然。既然选择了技能成才的道路，唯有艰辛付出，才能水到渠成。以前，同学们夸钟建伟的颜值高，后来，同学们都夸钟建伟的技能水平高。每天学习技能操作的时间多一点，每天努力进步一点。打遍天下无敌手，才是真正的高手。钟建伟给自己立下誓言，一定要拿下第43届世界技能大赛的"入场券"，决战巴西。

中国梦，我的技能强国梦

没有比脚更长的路，没有比人更高的山。狭路相逢，勇者胜。2015年3月，钟建伟一鼓作气，力克群雄，一举拿到第43届世界技能大赛制冷与空调项目的参赛资格。

2015年4月，钟建伟在世界技能大赛中国组委会的组织下，远征新西兰，参加了大洋洲技能大赛。在新西兰，钟建伟因看错图纸"大意失荆州"，表现要比在国内逊色许多。回到基地，在专家、教练的鼓励和耐心指导下，钟建伟立刻进行有针对性的训练和学习，终于慢慢地找回了信心。训练是艰苦的，也是孤独的。在基地的安排下，钟建伟走进工厂，走进车间，学习焊接、保压、电气等更高的技术技能。

弯弓射大雕，巴西决雌雄

付出的每一分努力，流下的每一滴汗水，都见证着钟建伟一次又一次的进步。

钟建伟代表中国出征第43届世界技能大赛制冷与空调项目。来到巴西，来到赛场，钟建伟旋即投入紧张的比赛。娴熟的动作，精美的作品，让众多国外观众在钟建伟的工位前驻足、欣赏、评论。最终钟建伟仅以微弱差距落后于第一名，获得了这个项目的银牌。

从选拔赛到世界技能大赛，这一过程就像一场长跑。面对实力相当的选手，成功的关键在于坚持，并且在比赛中保持一颗纯洁的心。"打拼过，尽力了，就没有遗憾。"当银牌挂在钟建伟胸前时，他再也抑制不住内心的激动和兴奋，像狮子般怒吼起来。掌声、喝彩声、乐声混响在一起，成为钟建伟在圣保罗的光荣回响。

学习任务二　制冰及干冰装置

知识点和技能点

1. 了解常用小型制冰机的类型与构造。
2. 了解干冰及其制造过程。

重点和难点

常用小型制冰机的类型与构造，识读与绘制制冷系统流程图。

一、小型制冰机

小型制冰机体积小，制冰迅速、方便，广泛用于餐厅、商店、医院和家庭。根据制成冰块的形状，小型制冰机可分为立体冰块制冰机和薄片冰制冰机。立体冰块制冰机又可分为单晶粒型制冰机和板型制冰机。

小型制冰机形式多样，但结构和工作原理大同小异，下面以典型单晶粒型制冰机为例，介绍小型制冰机的结构及工作过程。

单晶粒型制冰机也称冰粒机，其外形及内部结构如图4-21所示。这种制冰机的下部安置有压缩冷凝机组（如压缩机1和冷凝器4），蒸发器9设在上部，中间的冷藏室为储存冰块的空间，冷水通过供水阀口5向制冰水槽12内加水。图4-22所示为单晶粒型制冰机的制冰循环与收冰循环原理。其工作过程为：冷水进入水槽内，水位由装在槽上的水位控制开关进行自动控制，使水槽内好存入够一个制冰周期用的冷水。水槽内的水由循环泵送往水盘内的压力室，由压力室经送水支管喷至制冰室内。由于喷射作用，水开始在制冰室周围逐渐凝固而形成冰块或冰粒。没有结冰的水通过水盘中的返回孔流回水槽。制冰的全过程是通过定时器和温控器来完成的，它们可以控制水泵动作打开水盘，由热气阀将冷凝器的热气流送出使之循环流动，使冰块脱离冰模靠自重落入冷藏室内。水盘再次闭合，又开始第二周期的制冰过程。

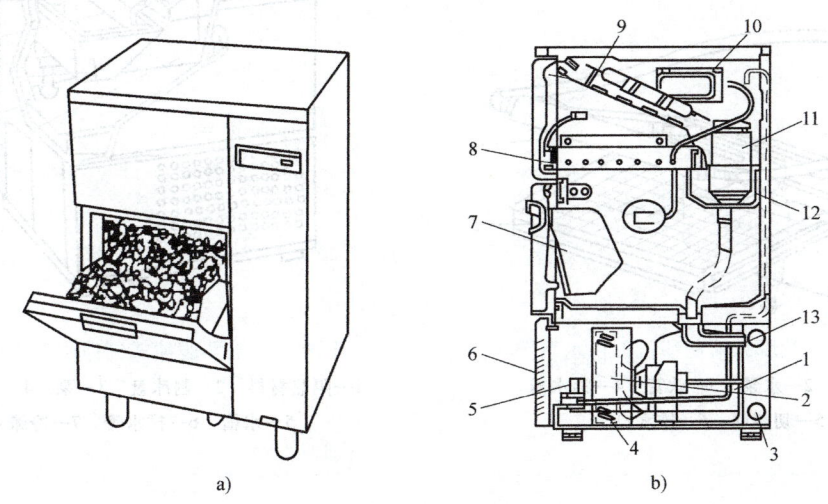

图4-21 单晶粒型制冰机

a）外形 b）内部结构示意

1—压缩机 2—冷凝过滤器 3—给水口 4—冷凝器 5—供水阀门 6—格栅 7—冰挡板
8—切割网 9—蒸发器 10—储存室 11—水泵 12—制冰水槽 13—排水口

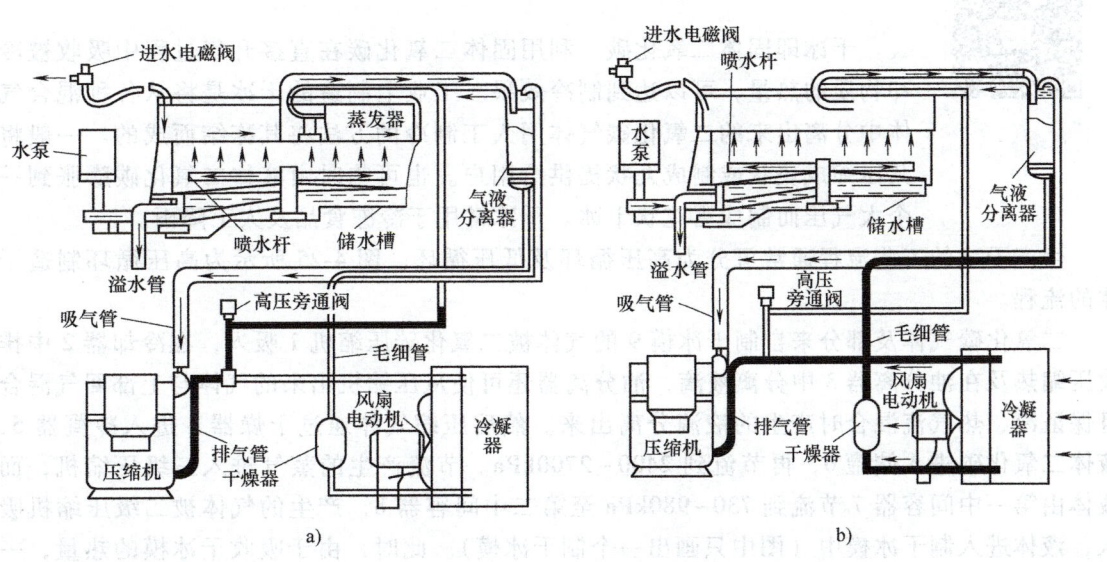

图4-22 单晶粒型制冰机的制冰循环与收冰循环原理

a）制冰循环 b）收冰循环

还有一种电热脱冰式制冰机，当清水流过很冷的金属薄板制作的水槽时逐渐降温，最终凝结为冰。待冰结至一定的厚度时，通过网状的电热格栅（切割网5）将冰切成正方形的晶体冰块。图4-23、图4-24所示分别为电热脱冰式制冰机供水系统与内部结构。

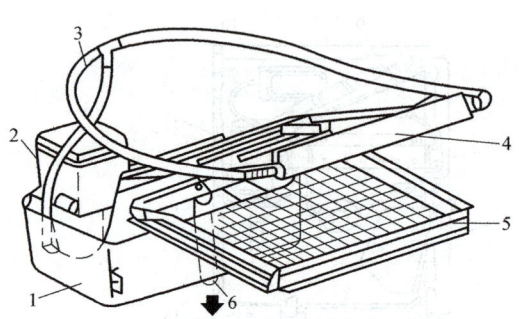

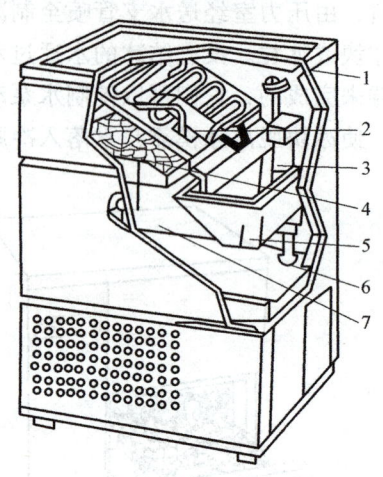

图4-23　电热脱冰式制冰机的供水系统
1—水箱　2—水泵　3—软管　4—洒水器
5—切割网　6—排水口

图4-24　电热脱冰式制冰机的内部结构
1—隔热材料　2—制冰盘　3—泵　4—电热格栅
5—水槽　6—排水管　7—冷藏室

 想一想

小型制冰机是如何制冰的？

4-3　舞台效果的硬角色——"干冰"

二、干冰的制造

干冰即固体二氧化碳。利用固体二氧化碳在直接升华过程中吸收被冷却物质的热量，可以达到制冷效果。工业上制造的干冰是将从各种混合气体中分离出来的二氧化碳气体用人工制冷的方法将其冻结而成的。一般将其压缩成块状或制成丸状提供给用户。也可临时由液体二氧化碳膨胀到一个大气压而制成雪花状干冰。干冰常用于冷冻食品及人工降雨。

生产干冰的工艺流程通常可分为高压循环及低压循环。图4-25所示为高压循环制造干冰的流程。

二氧化碳气体及部分来自制干冰模9的气体被二氧化碳压缩机1吸入，在冷却器2中排放压缩热及在油分离器3中分离液滴，油分离器还可使从压缩机出来的气体与上部回气混合且保证冷、热气流混合时产生的液滴分离出来。然后压缩气体通过干燥器4进入冷凝器5，液体二氧化碳进入储罐6，再节流到2400~2700kPa。节流产生的蒸气进入三级压缩机，而液体由第一中间容器7节流到730~980kPa至第二中间容器8，产生的气体被二级压缩机吸入，液体进入制干冰模中（图中只画出一个制干冰模）。此时，由于吸收干冰模的热量，一部分液体二氧化碳汽化，因而在干冰模的充液过程中需将干冰模与第二级压缩机连通，同时关闭其与第一级压缩机的通路，以抽出所产生的二氧化碳蒸气。当干冰模充满液体以后即关

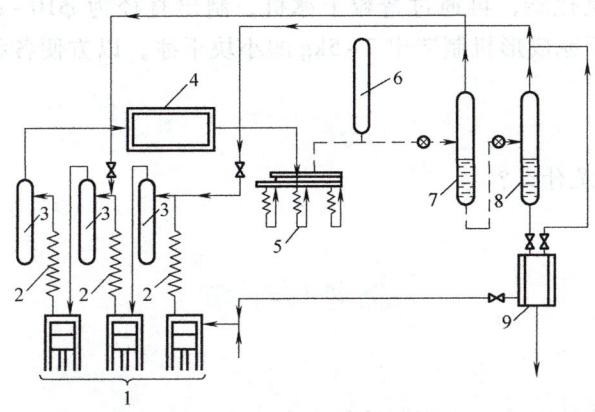

图 4-25 高压循环制造干冰的流程
1—二氧化碳压缩机 2—冷却器 3—油分离器 4—干燥器 5—冷凝器
6—液体二氧化碳储罐 7—第一中间容器 8—第二中间容器 9—制干冰模
注：图中虚线表示液体二氧化碳段。

闭其与第二中间容器及第二级压缩机相连通的阀门，同时打开其与第一级压缩机相连接的阀门，以降低其中的压力。当干冰模上的压力降低时，液体二氧化碳即逐渐冻结成干冰。干冰模的尺寸为190mm×190mm×800mm时，所制得干冰块的质量为42~44kg，干冰形成的时间为40~60min。当干冰块冻结好以后，打开干冰模底部的活盖，干冰块即自动落下，可储存于冰库或容器中。

图 4-26 所示为低压循环生产干冰的工艺流程。二氧化碳气体经单级压缩机 1 压缩至 880~984kPa，然后进入水冷却器 2、油分离器 3、具有氯化钙的塔 4、硅胶干燥过滤器 5 及冷凝凝结器 6。在冷凝蒸发器 7 中，压缩后的二氧化碳气体被液化，然后流入干冰模 8，由干冰模升华出的气体再引入压缩机。为了液化二氧化碳所必需的冷量可由压缩式制冷机或氨水吸收式制冷机提供，当在 880~980kPa 压力下液化二氧化碳时，所要求冷凝蒸发器中制冷剂的蒸发温度为 -48~-45℃。除了这些块状制干冰设备之外，尚有利用固体二氧化碳生产

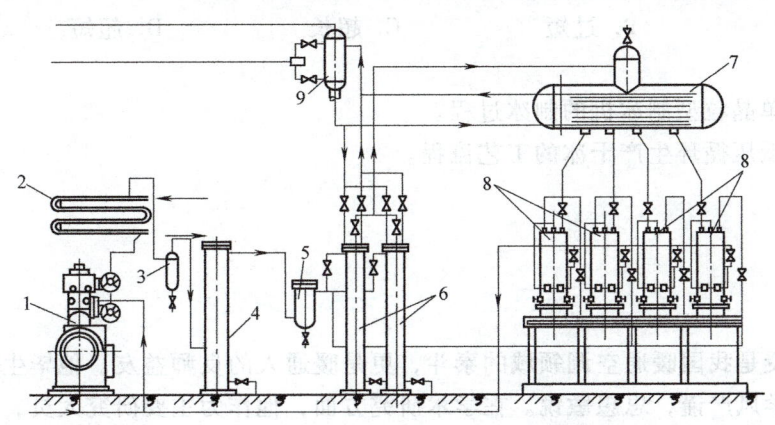

图 4-26 低压循环生产干冰的工艺流程
1—压缩机 2—水冷却器 3—油分离器 4—具有氯化钙的塔 5—硅胶干燥过滤器
6—冷凝凝结器 7—冷凝蒸发器 8—干冰模 9—氨液分离器

工艺制得雪花状的二氧化碳，再通过造粒干冰机，制出直径为 φ10~φ25mm 的各种粒状干冰；也可以通过简易干冰成形机制造出 2~5kg 的小块干冰，以方便各种用途使用。

> **想一想**
> 干冰的生产工艺是什么？

思考与练习

1. 填空题

（1）根据制成冰块的形状，小型制冰机可分为_____和_____。

（2）电热脱冰式制冰机通过网状的_____将冰切成正方形的晶体冰块。

（3）干冰制冷是利用固体二氧化碳在直接_____过程中吸收被冷却物质的热量，以达到制冷效果。

（4）干冰常用于_____及_____。

（5）生产干冰的工艺流程通常可分为_____和_____。

2. 选择题

（1）单晶粒型制冰机制冰的全过程是通过定时器和_____来完成的。
A. 高压开关　　B. 电磁阀　　C. 起动器　　D. 温控器

（2）单晶粒型制冰机的蒸发器设在_____。
A. 不能确定　　B. 中部　　C. 上部　　D. 下部

（3）单晶粒型制冰机冰块脱离冰模是靠_____落入冷藏室内。
A. 自重　　B. 压差作用　　C. 温差作用　　D. 动能

（4）干冰即_____。
A. 固体二氧化氯　　B. 固体二氧化碳　　C. 固体二氧化氮　　D. 干燥的冰块

（5）干冰的储存期不宜_____。
A. 过长　　B. 过短　　C. 超长　　D. 超短

3. 简答题

（1）简述单晶粒型制冰机的制冰过程。

（2）简述低压循环生产干冰的工艺流程。

人文·素养·美德·价值

忘己之为大　无私之为公

吴元炜教授是我国暖通空调领域的泰斗，更是暖通人的良师益友。他毕生致力于暖通空调技术进步，学风严谨，思想敏锐。在学术研究方面，他作为主要研究人员，根据热泵理论提出应用辅助冷凝器作为恒温恒湿空调机组二次加热器的流程，是当时世界首创，LHR20 热泵机组实现了我国第一例恒温恒湿工程。他组织开拓了城市集中供热、建筑节能、空调设备检测、空调净化设备标准化等工作，为学科技术和行业标准化发展奠定了基础；在国际交流方面，他建立了我国与美国、日本、欧洲各国的学术交流渠道，积极搭建与国际学术组织接轨的桥梁，促进了国内外的技术交流与合作。鉴于他在国际交流方面作出的突出贡献，2011 年被 ASHRAE 授予"James 国际奖"；他发挥学会行业引领作用，提出产、学、研、用、管、宣结合推动行业发展，工作中广泛联系大学、设计院、企业，为行业学企间的交流合作搭建桥梁。1975 年，他带头创办了国内第一本行业期刊《建筑技术通讯·暖通空调》（《暖通空调》杂志前身）。在人才培养方面，他满腔热情关心青年一代科技工作者的成长，培养了一大批行业专家，为推动我国暖通空调人才进步和行业持续发展做出了巨大贡献。

吴元炜教授爱岗敬业，严以律己，宽厚待人，开拓创新，无私奉献。每一位行业前辈，都是一部书，承载了许多荣耀与艰辛，值得我们细细品读和学习；追忆行业前辈们的点点滴滴，借鉴他们宝贵的人生经验，谨记老前辈们的教诲，创新发展，是我们责无旁贷的重任。

学习任务三　空调用制冷装置

知识点和技能点

1. 掌握家用分体空调器的类型、结构及制冷原理，会绘制其制冷系统工作原理图。
2. 了解车辆空调的类型和结构特点。
3. 了解冷冻除湿机的组成和工作原理。

重点和难点

家用分体空调器的类型、结构及制冷原理。

一、家用分体式空调器

1. 分体挂壁式空调器

分体挂壁式空调器包括室内机组和室外机组，因其室内机组可挂在墙壁上而得此名。室内机组和室外机组由两根粗细不等的铜管连接，粗的一根是气管，细的一根是液管，统称配管。电路由室内机端子和室外机端子通过电缆连接。

（1）室内机组结构　分体挂壁式空调器的室内机组结构如图 4-27 所示，主要由换热

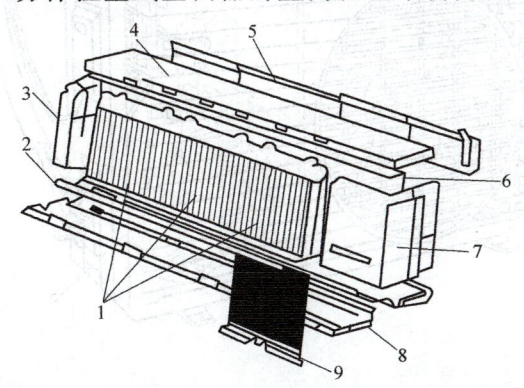

图 4-27　分体挂壁式空调器的室内机组结构

1—进气格栅　2—保护板　3、7—侧面板　4—顶框　5—内壁夹板　6—卷形板　8—底板　9—过滤网

器、贯流风扇及电动机、自动风向系统、排水系统和壳体等组成。

① 换热器。换热器盘管位于进气格栅1的后面，图中未显示出来，用于冷却（或加热）室内空气。

② 贯流风扇及电动机。贯流风扇及电动机用于完成室内空气的循环。与窗式空调器的离心风扇相比，贯流风扇叶片数目多，转速低，因而在保持总送风量不变的情况下，噪声有明显降低。

③ 自动风向系统。自动风向系统又称为摇风机构，它是为使空调器向室内送风均匀、舒适而设置的。室内机组配置自动上下摆动的送风百叶，由一台微型电动机带动并由微型计算机进行控制。导向器（导流叶片）可按左、中和右三个方向对风向手动调整，以满足舒适性的需要。图4-28所示为室内机组风扇零件。

④ 排水系统。排水系统用于空调制冷运行时，将室内换热器（此时为蒸发器）上的冷凝水通过排水管排向室外适当位置。

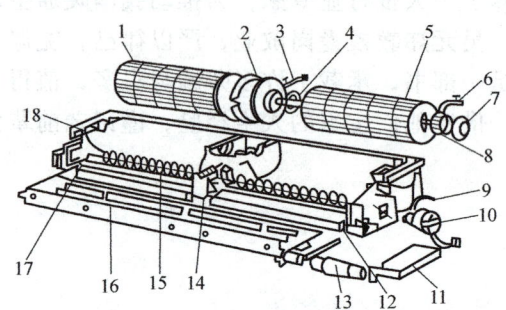

图4-28　室内机组风扇零件

1、5—贯流风扇　2—风扇电动机　3、9—电动机支架
4—橡胶垫　6—轴承支架　7—轴承套
8—轴承橡胶垫　10—电动机　11—排泄保护
12—导向器　13—排泄管　14、17—轴
15—摆动叶栅　16—排泄盘　18—涡壳组件

（2）室外机组结构　分体挂壁式空调器的室外机组结构如图4-29所示，主要包括全封闭式压缩机5、热交换器1、电磁四通换向阀3、毛细管6、轴流风扇2及电动机等。在室外机组侧面管路上有两个阀：一个是二通阀，和室内机组的液管（细管）连接；另一个是三通阀，和室内机组的气管（粗管）连接，且三通阀中有一个维修口可以用来抽真空和充灌制冷剂等。由于分体挂壁式空调器的制冷量一般在1860~3750W之间，容量小，故其室外机组均为单个风扇类型。

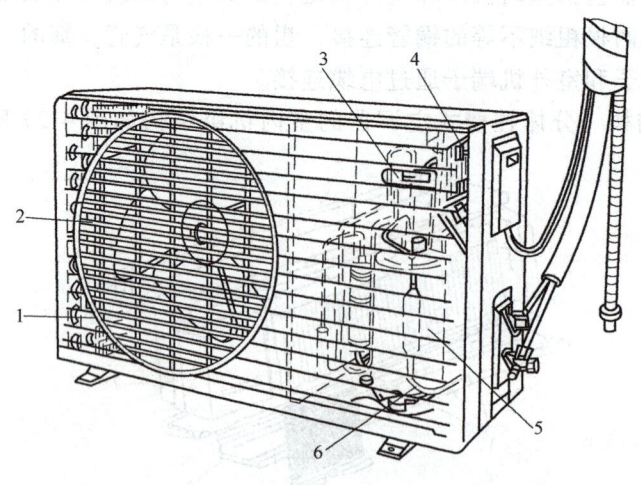

图4-29　分体挂壁式空调器的室外机组结构

1—热交换器　2—轴流风扇　3—电磁四通换向阀　4—电气盒　5—压缩机　6—毛细管

2. 分体落地式空调器

分体落地式空调器有立式和卧式两种，室内机组在高度方向呈细长形的称为柜式空调器。柜式空调器制冷量大，冷热气流射程远，适用于面积较大的客厅或会议室。

（1）室内机组结构　分体柜式空调器的室内机组外形美观，结构紧凑，占地面积小。送风方式多为前送风，少数也有左右两侧分别送风，加上摆动风栅的作用，可以形成多方向的气流，使室内温度比较均匀。室内机组主要由外壳3、风栅、空气过滤器（过滤网）、离心式风机2、室内热交换器4和控制器7等组成。图4-30所示为分体柜式空调器的室内机组结构。

（2）室外机组结构　分体柜式空调器的室外机组有单风扇和双风扇的不同类型。风扇强制空气流过室外热交换器，以使热交换器中的制冷剂与室外空气进行热交换。双风扇机组比单风扇机组的风量大，换热效果好，大多用于容量比较大的机组中。图4-31所示为分体柜式空调器的室外机组内部结构。

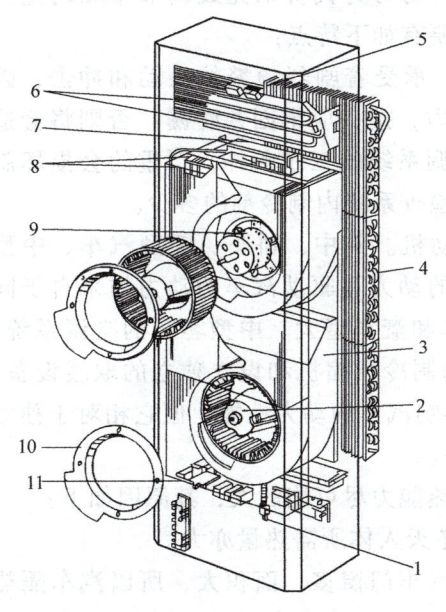

图4-30　分体柜式空调器的室内机组结构
1—排水管　2—离心式风机　3—外壳　4—室内热交换器　5—熔丝　6—加热器　7—控制器　8—电容器　9—风扇电动机　10—风口　11—室内控制板

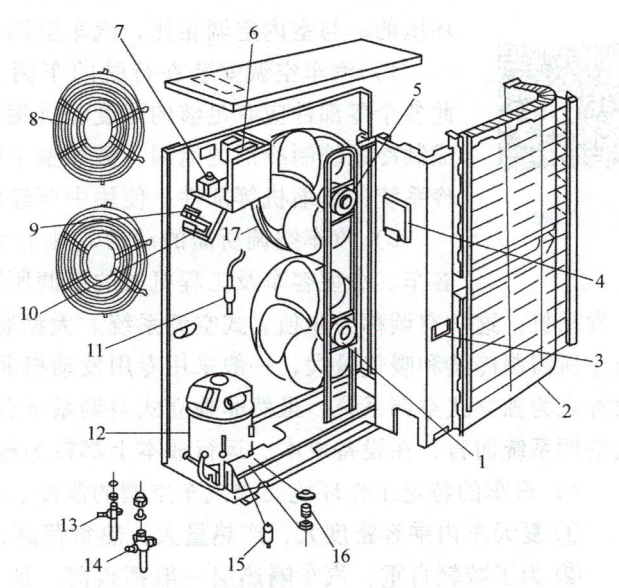

图4-31　分体柜式空调器的室外机组内部结构
1、5—电动机　2—冷凝器　3—吊装孔　4—开关盒　6—电磁开关　7—电解电容　8—防护罩　9、10—接线端子　11—高压开关　12—压缩机　13—液体截止阀　14—气体截止阀　15—干燥器　16—减振弹簧　17—风扇

在分体柜式空调器制热运行时，如果环境温度较低，室外机组换热器肋片上将结霜，即当干湿温度计上的温度达到3℃，相对湿度为80%时，室外机组就有可能结霜。结霜严重可导致空调器制热能力下降，此时应进行融霜。方法是通过倒转制冷系统和接通电加热器，经5~6min，融霜结束再转为原来的制热运行模式。

4-4　空调器工作原理

> **想一想**
> 分体挂壁式空调器的结构组成是什么？

二、车辆空调

车辆空调的作用是将一定量的车外新鲜空气和车内再循环空气混合，经过滤、冷却或加热、减湿或加湿等处理后，以一定的流速送入车内，并将车内一定量的污浊空气排出车外，从而控制车厢内的温度、湿度、风速、清洁度及噪声，并使之达到规定标准，以提高车内的舒适性，改善乘车环境。

车辆空调根据其载体不同主要分为铁路客车空调和汽车空调。下面以汽车空调为例介绍车辆空调。

（1）汽车空调的特点　汽车空调是以耗用发动机的动力为代价来完成调节车厢内空气环境的。与室内空调相比，汽车空调主要有如下特点：

4-5　舒适驾乘环境谁营造?—汽车空调当主角

1）汽车空调安装在行驶的车辆上，承受着剧烈频繁的振动和冲击，因此各个零部件应有足够的强度和抗振能力，接头应牢固并防漏，否则将会造成制冷系统制冷剂的泄漏，破坏整个空调系统的工作条件，严重的会损坏制冷系统的压缩机等部件。使用中要经常检查系统内制冷剂的多少。

2）汽车空调所需的动力均来自发动机。其中，轿车、轻型汽车、中型客车、小型客车及工程机械的空调所需的动力和驱动汽车的动力均来自同一发动机，这种空调称为非独立式空调系统。大型客车和豪华型大、中型客车的空调系统，由于所需制冷量和暖气量大，一般采用专用发动机驱动制冷压缩机和设立独立的取暖设备，故称之为独立式空调系统。虽然非独立式空调系统会影响汽车的动力性能，但它相对于独立式空调系统而言，在设备成本、运行成本上都较为经济。

3）汽车的特定工作环境要求汽车空调的制冷、制热能力尽可能的大，其原因如下：

① 夏天车内乘客密度大，产热量大，热负荷高；冬天人体所需热量亦大。

② 为了减轻自重，汽车隔热层一般都很薄，加上汽车门窗多、面积大，所以汽车隔热性差，热损失多。

③ 汽车的工作环境变化剧烈，要在最短时间内使车厢达到舒适的环境，就要求汽车空调制冷量特别大，这必然导致压缩机输送的制冷剂量变化极大。因此，汽车空调制冷系统较室内空调复杂得多。

④ 由于汽车本身的特点，要求汽车空调结构紧凑、质轻、量小，能在有限的空间进行安装。

⑤ 汽车空调的供暖方式与室内空调完全不同。对于非独立式汽车空调，一般利用发动机的冷却液或废气余热供暖。

（2）汽车空调的分类

1）按驱动方式分，可分为独立式空调和非独立式空调。独立式空调配备专门的副发动机作为压缩机的动力源（如大客车空调），而非独立式空调是由汽车主发动机直接驱动压缩机（如轿车、小型客车以及货车空调等）。

2）按功能分，可分为冷暖分开型空调、冷暖合一型空调和全功能型空调。

冷暖分开型空调由两个完全独立的冷风机和暖风机组成，各有各的鼓风机，控制系统也是完全分开的。制冷时完全是吸入车内空气，采暖时既可吸入车内空气，也可吸入车外新风。这种结构占用空间较多，主要用于早期的汽车空调中。

冷暖合一型空调是在暖风机的基础上增加蒸发器和冷气出风口，但制冷和供暖各自分开，不能同时工作。目前，许多轿车（如桑塔纳轿车等）都还采用这种结构形式。它虽然结构合一了，但制冷和供暖的功能仍然是分开的。

全功能型空调集制冷、除湿、供暖、通风、净化于一体，既可供冷气，又可供暖气，还可进行通风、除尘。

3）按送风方式分，可分为直吹式空调和风道式空调。

冷气或暖气直接从空调送风面板吹出的送风方式称为直吹式，将空调处理后的空气用鼓风机送到塑料风道，再由车厢顶部或座位下的各风口、风阀送至车内的送风方式称为风道式。前者结构简单，但送风均匀性差，一般轿车、中型客车、小型客车及货车空调常采用；后者送风较均匀，冷气或暖气可送到所需要的部位（如人体头部、脚部等），但结构较复杂，风道阻力增加，同时鼓风机所耗功率加大。

4）按结构形式分，可分为整体式空调、分体式空调和分散式空调。

整体式空调将副发动机、压缩机、冷凝器、蒸发器通过传动带、管道连接成一个整体，安装在一个专用机架上，构成一个独立总成，由副发动机带动，通过车内送风管将冷风送入车室内。

分体式空调将压缩机、冷凝器、蒸发器以及独立式空调的副发动机部分或全部分开布置，用管道连接成一个制冷系统。

分散式空调将蒸发器、冷凝器、压缩机等各部件分散安装在汽车各个部位，并用管道相连接。轿车、中型客车、小型客车及货车都采用这种结构形式。

(3) 汽车空调的结构　轿车是采用非独立式空调设备，即由主发动机来驱动压缩机，通过传动带传递转矩。传动带的张紧力大小和长度对空调装置的正常工作有很大影响。压缩机上装有电磁离合器，当不需要空调或怠速、加速、爬坡动力不足时，则电磁离合器脱开。蒸发器箱通常置于仪表盘下方。供暖时，压缩机停转，热水通过热水阀进入热交换器。加热后空气由与蒸发器共用的风机进入车厢。冷凝器通常放在发动机散热器前，靠散热器的风扇使空气进行强迫对流换热。行车时还可借助行车风来强化换热。图4-32所示为轿车空调结构布置。

大、中型客车空调设备的布置有多种形式，独立式和非独立式空调设备均有应用。非独立式空调采用分散布置，与轿车大体上相同，主要区别在管道布置上。蒸发器和冷凝器组合设备放在车顶的后部（也有放在前部和中间的），这种放法不占用汽车的有效空间，有利于气流组织，使车厢内的温度分布均匀，安装和维修也方便。

独立式空调往往采用整体空调方式。辅发动机通过传动带传递转矩来

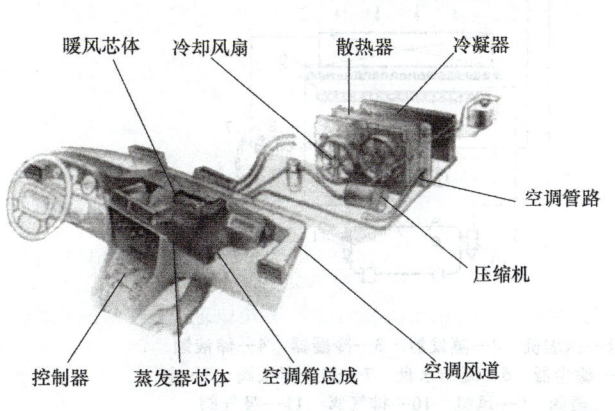

图4-32　轿车空调结构布置

驱动压缩机，并和冷凝器、蒸发器装在一个机架上，形成一个整体结构。处理过的空气通过风道输送到车厢内。如将整体空调放在车身的裙部，这里通风状况良好，有利于散热，风道也较易布置。由于独立式空调设备离驾驶员位置较远，因此必须要有监控、报警和安全设备。

> **想一想**
> 与室内空调相比，汽车空调有哪些特点？

三、冷冻除湿机

冷冻除湿机广泛应用于潮湿地区的建筑物或地下建筑的电讯、仪表、档案室等场所。凡是空气温度为 15~35℃，相对湿度小于 90% 的场合，都可使用冷冻除湿机。冷冻除湿机的除湿能力以除湿量来表示。除湿量与进口空气参数有关，进口空气温度高，除湿量增大，温度低，除湿量减小；当温度太低时，有可能使蒸发器表面结霜，使制冷量和除湿量急剧下降，影响除湿机的正常工作。冷冻除湿机的优点是去湿性能稳定，工作可靠，不需冷却水和热源，只要接上电源即可工作，运转费用低。

1. 冷冻除湿机的组成及工作原理

冷冻除湿机主要由制冷压缩机、直接蒸发式空气冷却器、冷凝器、膨胀阀、风机和过滤器组成。其组成及工作原理如图 4-33 所示，待去湿的空气经滤尘器 5 后通过蒸发器 2 冷却干燥，然后通过冷凝器 3，吸收冷凝器的放热升温，然后经风机送入室内。

2. 冷冻除湿机的分类

冷冻除湿机主要有两类：一类为不调温的冷冻除湿机，另一类为调温的冷冻除湿机。调温的冷冻除湿机又分为直接蒸发式冷冻除湿机和间接蒸发式冷冻除湿机及间接冷却冷冻式除湿机。

（1）不调温的冷冻除湿机　如图 4-34 所示，不调温的冷冻除湿机出风温度不能控制，

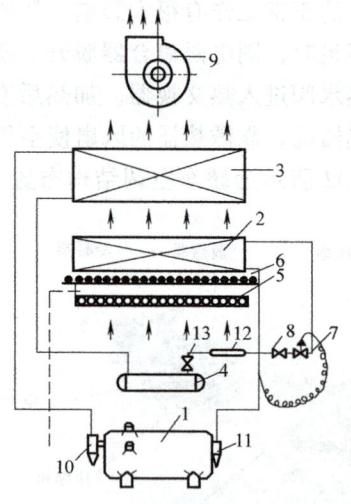

图 4-33　冷冻除湿机的组成及工作原理
1—压缩机　2—蒸发器　3—冷凝器　4—储液罐
5—滤尘器　6—凝结水盘　7—热力膨胀阀　8—电
磁阀　9—风机　10—排气阀　11—吸气阀
12—过滤器　13—截止阀

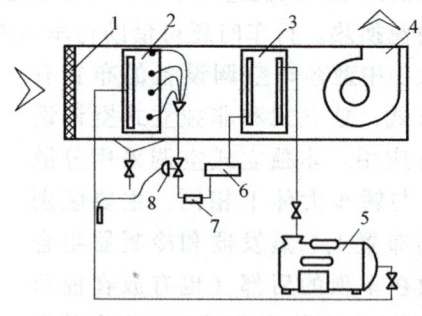

图 4-34　不调温的冷冻除湿机原理
1—空气过滤器　2—蒸发器　3—风冷冷凝器
4—风机　5—压缩机　6—储液罐
7—干燥过滤器　8—热力膨胀阀

导致被除湿的空气温度不断上升，对于一些人员长期停留的场所，不宜使用这种除湿机。

（2）调温的冷冻除湿机　调温的冷冻除湿机可同时满足调温和调湿的要求，其原理如图 4-35 所示。与不调温的冷冻除湿机相比，它在制冷系统中增加了一个水冷式冷凝器 9，在冷凝器不通水时，与不调温的除湿机一样，即除湿升温。通冷却水则有除湿降温的作用，冷却水量越大则出风温度就越低。

（3）间接冷却式冷冻除湿机　间接冷却式冷冻除湿机主要由过滤器、表面式空气冷却器、空气加热器、风机、水泵、制冷机等组成。制冷机产生冷冻水供表面式空气冷却器用，空气加热器的热水由制冷机的冷凝器的放热提供，其原理如图 4-36 所示。

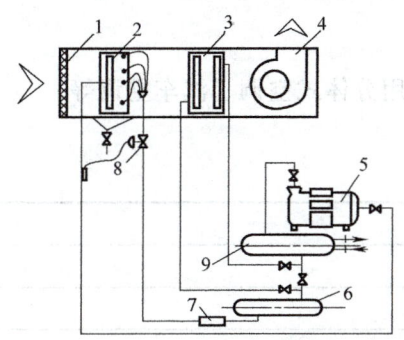 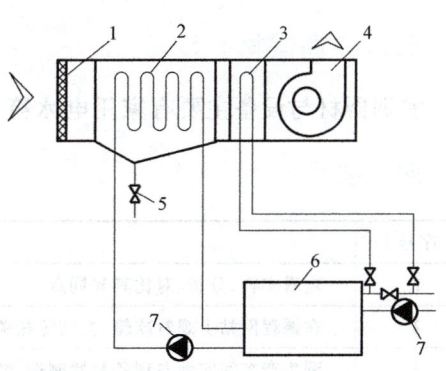

图 4-35　调温的冷冻除湿机原理

1—空气过滤器　2—蒸发器　3—风冷冷凝器
4—风机　5—压缩机　6—储液罐
7—干燥过滤器　8—热力膨胀阀
9—水冷式冷凝器

图 4-36　间接冷却式冷冻除湿机原理

1—过滤器　2—表面式空气冷却器　3—加热器
4—风机　5—凝结水排出阀
6—冷水机组　7—循环泵

 想一想

冷冻除湿机的组成及工作原理是什么？

技能训练　辨识常用制冷空调装置

一、实训目的

1）熟悉家用电冰箱的工作原理、基本结构、性能特点及适用范围。
2）熟悉商用电冰箱的工作原理、基本结构、性能特点及适用范围。
3）熟悉冷藏汽车的分类、结构及供冷特点。
4）熟悉家用分体式空调的组成与类型，掌握分体式热泵空调器的工作原理。
5）熟悉汽车空调的特点及分类，掌握汽车空调的工作原理与结构组成。

二、实训内容与要求

序号	内 容	要 求
1	熟悉家用电冰箱和商用电冰箱的工作原理、基本结构、性能特点及适用范围等	1. 了解常用制冷空调装置的分类、结构、原理及适用范围,增强感性认识 2. 仔细观察不同类型结构的电冰箱,分析、对比其异同点 3. 仔细观察不同类型结构的家用分体式空调,分析、对比其异同点 4. 仔细观察不同类型结构的汽车空调,分析、对比其异同点 5. 培养发现问题和分析问题的能力
2	熟悉家用分体式空调的组成与类型、工作原理及适用范围等	
3	熟悉汽车空调的特点及分类,掌握汽车空调的工作原理与结构组成等	

三、实训器材与设备

实训器材与设备主要有家用电冰箱、商用电冰箱、家用分体式空调、汽车空调等。

四、实训过程

序号	步 骤
1	观看实物,分析、对比其异同点
2	在课程网站上观看冰箱、空调等相关电教片
3	到生产车间实地参观各装置制造、装配过程
4	参与一些简单装置的生产实习

五、注意事项

1) 遵守实训纪律,服从指导教师和企业技术人员的安排。
2) 到生产车间实地参观时,应遵守车间安全操作规程,避免发生安全事故。
3) 实训中应随时记录所观看到的装置、设备、配件,画出结构草图和工作流程图。
4) 实训结束后撰写实训报告。

思考与练习

1. 填空题

(1) 室内机组和室外机组由两根粗细不等的铜管连接,粗管是_____,细管是_____。

(2) 分体挂壁式空调器的室内机组主要由换热器、_____、_____、_____和壳体等组成。

(3) 汽车空调根据驱动方式不同可分为_____空调和_____空调。

(4) 轿车是采用_____空调设备,即由主发动机来驱动压缩机,_____传递转矩。

(5) 冷冻除湿机主要有两类,一类为_____的除湿机,另一类为_____

的除湿机。

2. 选择题

（1）热泵型空调器四通阀的作用是_____。
A. 改变压缩机的吸、排气方向　　B. 改变压缩机的排气方向
C. 改变系统制冷剂的流向　　　　D. 改变压缩机的吸气方向

（2）分体柜式空调器的室内机采用_____风扇。
A. 轴流　　　B. 贯流　　　C. 离心　　　D. 横流

（3）按驱动方式不同，大型客车空调一般采用_____。
A. 独立式空调　　B. 分体式空调　　C. 整体式空调　　D. 非独立式空调

（4）中、小型客车或轿车的空调送风方式一般采用_____。
A. 风道式　　　B. 直吹式　　　C. 散流式　　　D. 间接式

（5）汽车空调压缩机由_____驱动。
A. 发动机　　　B. 发电机　　　C. 电动机　　　D. 起动机

3. 判断题

（1）分体式空调器的节流装置一般采用热力膨胀阀。　　　　　　　　（　　）
（2）分体式空调器制热时，制冷剂经过双重节流。　　　　　　　　　（　　）
（3）非独立式汽车空调的开停是受电磁离合器控制的。　　　　　　　（　　）
（4）非独立式汽车空调采暖系统的热源来源于发动机的冷却水或排气。（　　）
（5）调温式除湿机的制冷系统中增加了一个电加热器。　　　　　　　（　　）

4. 简答题

（1）简述分体挂壁式热泵空调器制冷、制热循环工作过程。
（2）简述分体柜式空调器的工作原理。
（3）与室内空调相比，汽车空调有哪些特点？
（4）简述汽车空调系统的组成、功用及原理。
（5）简述冷冻除湿机的组成及工作原理。

人文·素养·美德·价值

热泵技术助力"双碳"目标，促进能源利用绿色发展

在我国，建筑业、工业和农业消耗了大量中低温热能，且大部分由化石燃料制备，可再生能源利用比例低。在全面推进碳达峰、碳中和的战略背景下，能源转换链条由目前的"燃料产热、热发电"变革为"绿电生产、电制热"，终端用能电气化态势明显。热泵作为一种可再生能源利用装置，是电制热的最有效方式，其显著的节能、减碳特征成为替代化石能源中低温热能生产的最优技术方案。

在热泵应用、电力生产方式改革、需求侧改造的共同作用下，预计2060年前，建筑供暖与热水供应、工业中低温用热、农业环境调控领域碳排放量将实现80%的碳减排。

热泵应用能一定程度上辅助实现柔性用电，有助于电力调峰。热泵应用的减排量也有助于在碳交易市场创造巨额价值。热泵技术的推广还能为我国环保、民生事业做出显著贡献。

热泵技术作为绿色低碳的热能供应方案，是供热领域替代化石能源、实现"双碳"目

标的必然路径。中低温供热领域实现"双碳"目标的关键在于热泵技术的普及应用。碳达峰、碳中和是一场广泛而深刻的经济社会系统性变革,在创建社会主义生态文明建设的伟大征程上,热泵技术可为我国乃至全球的碳达峰、碳中和事业做出巨大贡献!

学习任务四　试验用制冷装置

知识点和技能点

1. 了解试验用制冷装置的用途、分类及结构特点。
2. 了解试验用制冷装置的工作原理并能绘制工作原理图。

重点和难点

试验用制冷装置的工作原理。

1. 试验用制冷装置的用途

低温及环境试验装置是在试验室内,用人工的方法模拟一种或多种试验产品的实际工作环境或其组合环境,以检测其工作性能。在科学研究、产品的定期检验及验收试验等方面,低温及环境试验设备是必不可少的。

环境试验种类很多,与温度、湿度、压力有关的环境试验有如下几种:

(1) 低温试验　这类试验要求低温与环境试验设备提供大气压下-80~-40℃的温度环境。

(2) 高低温试验　这类试验要求低温与环境试验设备提供大气压下-80~80℃的温度环境。

(3) 低温低压或高低温低压试验　这类试验要求低温与环境试验设备提供的环境温度为-60~80℃,环境压力为0.001~0.1MPa。

(4) 高低温湿热试验　可分为恒温恒湿试验和交变湿热试验。前者要求低温与环境试验设备提供的温度为(40±2)℃,相对湿度为90%~100%;后者要求低温与环境试验设备提供的温度根据产品的检验要求而定,一般为-70~155℃,相对湿度为75%~100%。

2. 试验用制冷装置的分类

试验用制冷装置按大小可分为环境试验室和环境试验箱。前者体积大,多为建筑结构,人员可以进出试验室;后者体积小,多为金属结构,人员不进入。

试验用制冷装置按用途分为低温试验室(箱)、高低温试验室(箱)、高低温低压试验室(箱)、高低温湿热试验室(箱)。

试验用制冷装置按其布置方式分为集中式试验用制冷装置和分体式试验用制冷装置。前者多为小型试验箱,所有设备和测试室都放在一个箱体内;后者为大型试验室,测试室与加热系统、控制系统等做成一个箱体,与制冷机组分开,这种环境试验室的冷却可用制冷剂直接冷却,也可用载冷剂冷却。

3. 试验用制冷装置的结构

常用的试验装置有3种结构形式:金属结构、砖结构(或混凝土结构)和木结构。由于木结构容易变形,木材来源较困难,目前已很少采用,其他两种结构形式均有采用。砖结构一般在大型低温环境试验装置中采用,而中、小型低温试验装置以金属结构为多。试验装置低温的获得，大部分是采用制冷剂在低温室的蒸发器内蒸发直接冷却空气，或者在低温室外，制冷系统先冷却中间介质（载冷剂），然后通过中间介质再冷却低温室的空气。后一种系统增加设备投资及能源消耗，制冷能力降低。根据低温要求的温度不同，可以分别采用单级、双级及复叠式三种不同的制冷系统。有些大型试验装置可以采用空气制冷机。空气制冷机以空气作为制冷剂，使高压常温下的空气进行膨胀来实现制冷。

（1）低温箱　低温箱也称为低温冰箱或低温试验箱。它的总体结构与一般冰箱相似，具有一个整体的外壳，试验箱及制冷机组均装在外壳中。试验箱均采用金属结构，除骨架之外，箱体内外设有金属护板，内填隔热材料，通常用泡沫塑料，厚度为 200~300mm。在正面或上面有门，便于试件的取放；有时在适当的地方装有窥视玻璃，在试验过程中用来观察试件的情况。试验箱内装有冷却排管或冷风机，用制冷剂的直接蒸发来冷却。如果试验箱需要保持高温，则需装设电加热器。此外还应有照明灯及放置试件的架子。图 4-37 所示为 D-8/0.2 型低温箱的外形。

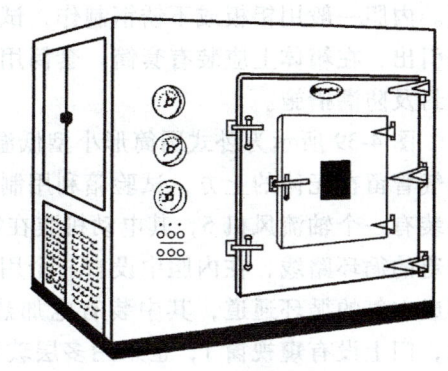

图 4-37　D-8/0.2 型低温箱外形

（2）低温室　较大型的低温或高低温试验装置，通常是将制冷机与试验部分分开布置，而且将试验部分做成房间的形式，工作人员可以入内进行作业，这样的低温房间称为低温室。低温室一般采用砖木结构或混凝土结构，也可采用金属结构，其隔热层一般都敷设在室内侧。低温室内可以采用冷却排管或冷风机。当采用冷风机时，降温较快，室内温度也比较均匀，故广泛应用。一般低温室结构中还设计有预冷室，常采用冷却排管，其用途是减少低温室门打开时的冷量损失，同时还可以在此预冷试件。为了防止基础下面的土壤冻结，通常在低温室地坪之下设有通风道。低温室都具有向外开的门，并装有窥视窗，以便在试验过程中观察室内试验情况。窥视窗也要有良好的隔热性能，一般采用多层玻璃结构，并在相邻玻璃之间放有干燥剂（如硅胶），以防夹层中的水分在玻璃上结霜而影响视线。低温室所配套的制冷机安装在近旁，便于管道连接和操作管理。图 4-38 所示为小型低温室的结构。

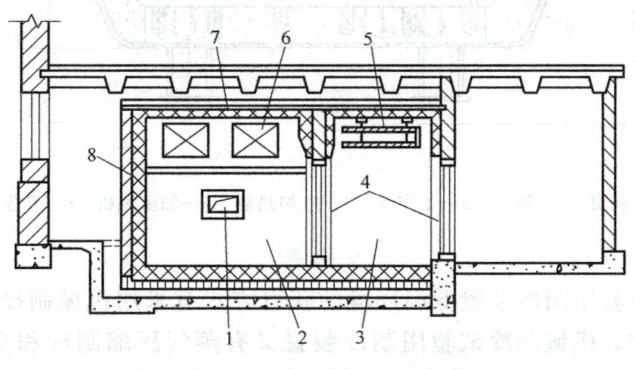

图 4-38　小型低温室的结构

1—窥视窗　2—低温室　3—预冷室　4—热绝缘门　5—冷却排管　6—冷风机　7—绝热结构　8—外墙

（3）低温低压箱　低温低压箱与低温箱的主要区别是箱内要保持较高的真空度，因而其壳体要承受外压，所以这种试验箱均采用金属结构，且制作成卧式或立式圆筒状，两端具有凸形封头。箱体的外壳用钢板焊成，若直径较大时，还可采用型钢焊成的内骨架，以减小钢板厚度。箱体外壳应具有足够的耐压强度和稳定性。箱体的隔热采用优质隔热材料，隔热层的厚度为250~300mm。大多数情况都是采用内侧隔热，即将隔热结构敷设在壳体的内侧。内侧隔热的优点是：可以保护隔热层免受空气中水分的影响，而且箱体的热惰性较小，在降温及当试验工况转换时，冷量负荷或热量负荷比较小。其缺点是：使外壳的尺寸增大，而且隔热结构要经受箱内介质及试验条件的作用。为了防止隔热结构受潮甚至冰冻，需有一个内胆。内胆一般用铝板或不锈钢制作，试验工作室即在其中。为了将制冷剂管子、电线等从箱内引出，在箱体上应装有套筒。套筒用不锈钢管制成，两端分别焊在外壳及内胆上，并采取密封及防潮措施。

图4-39所示为卧式圆筒形小型低温低压箱的结构。箱体采用内侧隔热，具有一个内胆，抽气管留在壳体的上方，试验箱利用制冷剂的直接蒸发来冷却。蒸发器6装在箱体的后端，并装有一个轴流风机5，其电动机装在箱体之外，通过一个长轴来传动。为了使箱内空气有确定的循环路线，在内胆中设有一个用带孔钢板组成的工作室3。工作室的外壁与内胆之间形成空气的循环通道，其中装有电加热器4，在高温试验工况时使用。箱门2设在箱体前端，门上设有窥视窗1，也采用多层玻璃结构。门框用隔热性能好的材料制成，以减少冷量损失。此外，在箱门设计时，需要考虑门框与壳体连接处的结构，以免出现冷桥或泄漏缝隙。门与门框之间要有适当的密封面，并垫以密封垫片，以保证密封性。为了防止冻结，在垫片下面应设有小功率的电阻丝，箱门也采用金属结构并采取隔热措施。

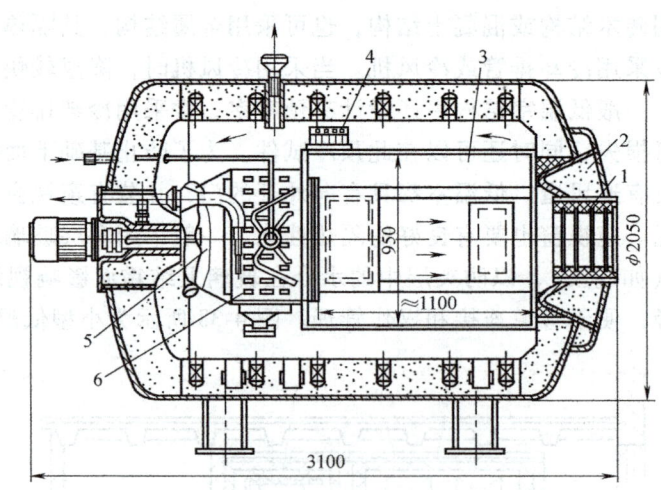

图4-39 卧式圆筒形小型低温低压箱的结构

1—窥视窗 2—箱门 3—工作室 4—电加热器 5—轴流风机 6—蒸发器

4-6 小型实验室专用精密空调

4. 试验用制冷装置的制冷系统

试验用制冷装置低温环境的获得方式有采用机械制冷和采用消耗性制冷剂两种。机械制冷试验用制冷装置又有蒸气压缩制冷和空气膨胀制冷之分，其中前者使用更为广泛，且根据所要获得的低温范围的不同，可以是单级压缩、双级压缩或复叠制冷。空气膨胀制冷试验用制冷装置体积小、重量轻，但效率低，在有压缩空气源的地方使用效率不高的小型低温箱具有优势。消耗性制冷剂有干冰、液态二氧化碳及液氮等，适宜在易于获得消耗性制冷剂的地方，或在机械制冷达不到低温要求，或要求快速降温，或低温环境不常用的环境试验装置中使用，否则将会造成运行费用太高。表 4-3 给出了不同温度环境所采用的制冷方式及制冷剂。

表 4-3　不同温度环境所采用的制冷剂及制冷方式

序号	低温室温度/℃	制冷剂与制冷方式
1	-55 ~ -30	R22 单级 R22 双级 干冰直接蒸发
2	-70 ~ -55	R22 双级 R22 与 R13 二元复叠 干冰直接蒸发 液氮直接蒸发 空气膨胀制冷
3	-100 ~ -70	R22 单级或双级与 R13 二元复叠 空气直接膨胀制冷 液氮直接蒸发

5. 试验用制冷装置的加热系统

环境试验装置的高温环境的获得通常采用电加热器，在要求快速加热的情况下也可以采用红外线碘钨灯加热。电加热器可以用裸金属丝制造，但在需要防爆或不易检修的地方，宜采用管状电加热器。在低温环境中使用的电加热器表面负荷应相应减小，以防因散热效果差导致电加热器烧毁。对于大型试验装置，也可采用蒸汽、热水、热油作为加热介质，通过热交换器加热试验室内的空气。

6. 试验用制冷装置的真空系统

环境试验装置用真空泵获得低压环境，通常用机械真空泵就能满足要求。当要求更高的真空度时，可采用扩散泵。机械真空泵的形式有滑阀式、旋片式、水环式等，其中滑阀式真空泵极限压力达 1.33Pa，可以抽除含有不凝性蒸气的气体，但不适合抽除含氧量过高、有毒、爆炸性、对金属有腐蚀作用、对真空油起化学反应及含有颗粒性尘埃的气体。旋片式真空泵效率较高，真空度较高，极限压力可达 0.067Pa，广泛用于低压试验中，但它也不适合用于抽除含氧量过高、爆炸性、对黑色金属有腐蚀作用、对真空油起化学反应以及含有颗粒性尘埃的气体。

想一想

都有哪些试验用制冷装置？

思考与练习

1. 填空题

（1）低温及环境试验装置是在试验室内，用_____的方法模拟一种或多种试验产品的_____或其组合环境，以检测其工作性能。

（2）环境试验装置按用途分为_____、_____、_____、_____

四种。

(3) 常用的试验用制冷装置有3种结构形式：_____、_____和_____。

(4) 低温低压箱与低温箱的主要区别是箱内要保持_____。

(5) 试验用制冷装置低温环境的获得方式有采用_____和采用_____两种。

2. 选择题

(1) 低温试验装置可提供大气压下_____的温度环境。

A. -80~-40℃　　B. -80~-60℃　　C. -80~-20℃　　D. -80~-10℃

(2) _____不属于常用的试验装置的结构形式。

A. 金属结构　　B. 砖结构　　C. 混凝土结构　　D. 木结构

(3) 中、小型低温试验装置以_____为多。

A. 金属结构　　B. 砖结构　　C. 混凝土结构　　D. 木结构

(4) _____不属于试验用制冷装置的常用制冷方式。

A. 空气膨胀式制冷　B. 蒸气压缩式制冷　C. 吸收式制冷　D. 消耗性制冷剂制冷

(5) _____不属于消耗性制冷剂。

A. 冰块　　B. 干冰　　C. 液氮　　D. 液态二氧化碳

3. 判断题

(1) 高低温试验设备可提供大气压下-80~20℃的温度环境。（　　）

(2) 砖结构一般在大型低温环境试验装置中采用，而中、小型低温试验装置以金属结构为多。（　　）

(3) 空气制冷机以氨气作为制冷剂，使高压常温下的氨进行膨胀来实现制冷。（　　）

(4) 环境试验装置的高温环境的获得通常采用电加热器，在要求快速加热的情况下也可以采用红外线碘钨灯加热。（　　）

(5) 环境试验装置的真空是依靠真空泵获得的。（　　）

4. 简答题

(1) 什么是试验用制冷装置？试验用制冷装置如何分类？

(2) 简述低温低压箱与低温箱的主要区别。

人文·素养·美德·价值

-271℃！超流氦温区大型低温制冷机实现"中国造"

液氦和超流氦温区大型低温制冷装备在现代工业、能源、科学研究中有非常重要的作用，是航空航天、氢能源储运、氦资源开发等领域以及一大批科学装置不可或缺的核心基础。

在实验室中使用液氦或把温度降低到接近绝对零度并制备超流氦不算是太大的难题，但要制备作为能源、资源、大型科研装备使用的液氦或超流氦制冷装备却并不容易。超流氦温区大型低温制冷系统要把温度降低到-271℃，还要保证千瓦级、百瓦级的连续稳定工作，这是一个世界性难题。当到-269℃之后，温度每下降1℃或功率每增加一个数量级，技术难度都将指数级地增加，相关系统都需要重新设计，关键部件也要升级换型。我国大型低温制冷装备多年来全部依赖进口，其中很多关键核心部件和用于特殊领域的专用制冷设备都在发达国家的禁运、禁售名单上，能卖给我们的，不仅价格昂贵，而且还有诸多限制，是名副其实的"卡脖子"技术。

突破"卡脖子"技术，实现超流氦温区大型低温制冷装备"中国造"

2021年4月15日，国家重大科研装备研制项目"液氦到超流氦温区大型低温制冷系统研制"通过验收及成果鉴定，意味着我国自主研发成功超流氦温度（-271℃）大型低温制冷装备。

中国科学院理化技术研究所在低温技术领域有深厚的技术积累和人才储备，经过5年多拼搏奋斗，在液氢温度20K（-253℃）制冷机的基础上，成功研制出了技术指标为2500W@4.5K和500W@2K的大型氦制冷机。这项成果不仅突破了"卡脖子"关键技术，更顺利实现产业化，带动了上下游产业的发展，初步形成了功能齐全、分工明确的低温产业群。

产学研深度融合，我国正在成为低温大型制冷设备制造的"第三极"

中国科学院理化技术研究所在这一系统的研制过程中，创造性地采取了"边研究、边应用、边转化"的发展模式。研究人员攻克关键核心技术的过程中，就加入"能否产业化"这个指标，关注的不是低温或大功率的指标能"刷"到多高，而是能否实现长期稳定运行。中科院理化所与20多家企业联合，通过合作研发、专利授权等方式，解决了关键部件的生产问题。在这样的模式指导下，产出科研成果时，就是产品下线时。

项目不仅取得了包括大型低温制冷系统整机设计体系构建及控制技术、系列化气体轴承氦透平膨胀机技术等一系列核心技术的突破，实现了稳定、高效、自动控制的运行系统，形成了大型氦低温制冷系统集成与调试的工艺包，还带动了我国高端氦螺杆压缩机、低温换热器和低温阀门等行业的快速发展，提高了一批高科技制造企业的核心竞争力，使相关技术实现了从无到有、从低端到高端的提升，在我国初步形成了功能齐全、分工明确的低温产业群，让中国企业在国际高端制造市场也占据了一席之地。

我国成为国际低温大型制冷设备制造的"第三极"的目标正在逐步实现，未来可期！

附录

常用制冷剂的热力性质表和图

附录A　R717饱和液体及饱和蒸气热力性质表

温度 t /℃	压力 p /kPa	比焓/(kJ/kg)		比熵/[kJ/(kg·K)]		比体积/(L/kg)	
		液体 h'	气体 h"	液体 s'	气体 s"	液体 v'	气体 v"
−60	21.86	−69.699	1371.333	−0.10927	6.65138	1.4008	4715.8
−55	30.09	−48.732	1380.388	−0.01209	6.53900	1.4123	3497.5
−50	40.76	−27.489	1387.182	0.08412	6.43263	1.4242	2633.4
−45	54.40	−5.919	1397.887	0.17962	6.33175	1.4364	2010.6
−40	71.59	15.914	1405.887	0.27418	6.23589	1.4490	1555.1
−35	93.00	38.046	1413.754	0.36797	6.14461	1.4619	1217.3
−30	119.36	60.469	1421.262	0.46089	6.0575	1.4753	963.49
−28	131.46	69.517	1424.170	0.49797	6.02374	1.4808	880.04
−26	144.53	77.870	1426.993	0.53483	5.99056	1.4864	805.11
−24	158.63	87.742	1429.762	0.57155	5.95794	1.4920	737.70
−22	173.82	96.916	1432.465	0.60813	5.92587	1.4977	676.97
−20	190.15	106.130	1435.100	0.64458	5.89431	1.5035	622.14
−18	207.07	115.381	1437.665	0.68108	5.86325	1.5093	572.57
−16	226.47	124.668	1440.160	0.71702	5.83268	1.5153	527.68
−14	246.59	133.988	1442.581	0.75300	5.80256	1.5213	486.96
−12	268.10	143.341	1444.929	0.78883	5.77289	1.5274	449.97
−10	291.06	152.723	1447.201	0.82448	5.74365	1.5336	416.32
−9	303.12	157.424	1448.308	0.84224	5.72918	1.5067	400.63
−8	315.56	162.132	1449.396	0.86026	5.71481	1.5399	385.65
−7	328.40	166.846	1450.464	0.87772	5.70054	1.5430	371.35
−6	341.64	171.567	1451.513	0.89526	5.68637	1.5462	357.68
−5	355.31	176.293	1452.541	0.91254	5.67229	1.5495	344.61
−4	369.39	181.025	1453.550	0.93037	5.65831	1.5527	332.12

(续)

温度 t /°C	压力 p /kPa	比焓/(kJ/kg)		比熵/[kJ/(kg·K)]		比体积/(L/kg)	
		液体 h'	气体 h''	液体 s'	气体 s''	液体 v'	气体 v''
−3	383.91	185.761	1454.468	0.94785	5.64441	1.5560	320.17
−2	398.88	190.503	1455.505	0.96529	5.63061	1.5593	308.74
−1	414.29	195.249	1456.452	0.98267	5.61689	1.5626	297.74
0	430.17	200.000	1457.739	1.00000	5.60326	1.5660	287.31
1	446.52	204.754	1458.284	1.01728	5.58970	1.5693	277.28
2	463.34	209.512	1459.168	1.03451	5.57642	1.5727	267.66
3	480.66	214.273	1460.031	1.05168	5.56286	1.5762	258.45
4	498.47	219.038	1460.873	1.06880	5.54954	1.5796	249.61
5	516.79	223.805	1461.693	1.08587	5.53630	1.5831	241.14
6	535.63	228.574	1462.492	1.10288	5.52314	1.5866	233.02
7	554.99	233.346	1463.269	1.11966	5.51006	1.5902	225.22
8	574.89	238.119	1464.023	1.13672	5.49705	1.5937	217.74
9	595.34	242.894	1463.757	1.15365	5.48410	1.5973	210.55
10	616.35	247.670	1465.466	1.17034	5.47123	1.6010	203.65
11	637.92	252.447	1466.154	1.18706	5.45842	1.6046	197.02
12	660.07	257.225	1466.820	1.20372	5.44568	1.6083	190.65
13	682.80	262.003	1467.462	1.22032	5.43300	1.6120	184.53
14	706.13	266.781	1468.082	1.23686	5.42039	1.6158	178.64
15	730.07	271.559	1468.680	1.25333	5.40784	1.6196	172.98
16	754.62	276.336	1469.250	1.26974	5.39534	1.6234	167.54
17	779.80	281.113	1469.805	1.28609	5.39291	1.6273	162.30
18	805.62	285.888	1470.332	1.30238	5.37054	1.6311	157.25
19	832.09	290.662	1470.836	1.32660	5.35824	1.6351	152.40
20	859.22	295.435	1471.317	1.33476	5.34595	1.6390	147.72
21	887.01	300.205	1471.774	1.35085	5.33374	1.64301	143.22
22	915.48	304.975	1472.207	1.36687	5.32158	1.64704	138.88
23	944.65	309.741	1472.616	1.38283	5.30948	1.65111	134.69
24	974.52	314.505	1473.001	1.39873	5.29742	1.65522	130.66
25	1005.1	319.266	1473.362	1.41451	5.28541	1.65936	126.78
26	1036.4	324.025	1473.699	1.43031	5.27345	1.66354	123.03
27	1068.4	328.780	1474.011	1.44600	5.26153	1.66776	119.41
28	1101.2	333.532	1474.839	1.46163	5.24966	1.67203	115.92
29	1134.7	338.281	1474.562	1.47718	5.23784	1.67633	112.56
30	1169.0	343.026	1474.801	1.49269	5.22605	1.68068	109.30
31	1204.1	347.767	1475.014	1.50809	5.21431	1.68507	106.17

(续)

温度 t /°C	压力 p /kPa	比焓/(kJ/kg)		比熵/[kJ/(kg·K)]		比体积/(L/kg)	
		液体 h'	气体 h"	液体 s'	气体 s"	液体 v'	气体 v"
32	1240.0	352.504	1475.175	1.52345	5.20261	1.68950	103.13
33	1276.7	357.237	1475.366	1.53872	5.19095	1.69398	100.21
34	1314.1	361.966	1475.504	1.55397	5.17932	1.69850	97.376
35	1352.5	366.691	1475.616	1.56908	5.16774	1.70307	94.641
36	1391.6	371.411	1475.703	1.58416	5.15619	1.70769	91.998
37	1431.6	376.127	1475.765	1.59917	5.14467	1.71235	89.442
38	1472.4	380.838	1475.800	1.61411	5.13319	1.71707	86.970
39	1514.1	385.548	1475.810	1.62897	5.12174	1.72183	84.580
40	1556.7	390.247	1475.795	1.64379	5.11032	1.72665	82.266
41	1600.2	394.945	1475.750	1.65852	5.09894	1.73152	80.028
42	1644.6	399.639	1475.681	1.67319	5.08758	1.73644	77.861
43	1689.9	404.320	1475.586	1.68780	5.07625	1.74142	75.764
44	1736.2	409.011	1475.463	1.70234	5.06495	1.74645	73.733
45	1783.4	413.690	1475.314	1.71681	5.05367	1.75154	71.766
46	1831.5	418.366	1475.137	1.73122	5.04242	1.75668	69.860
47	1880.6	423.037	1474.934	1.74556	5.03120	1.76189	68.014
48	1930.7	427.704	1474.703	1.75984	5.01999	1.76716	66.225
49	1981.8	432.267	1474.444	1.77406	5.00881	1.77249	64.491
50	2033.8	437.026	1474.157	1.78821	4.99765	1.77788	62.809
51	2086.9	441.682	1473.840	1.80230	4.98651	1.78334	61.179
52	2141.1	447.334	1473.500	1.81634	4.97539	1.78887	59.598
53	2196.2	450.984	1473.138	1.83031	4.96428	1.79446	58.064
54	2252.5	455.630	1472.728	1.84432	4.95319	1.80013	56.576
55	2309.8	460.274	1472.290	1.85808	4.94212	1.80586	55.132

附录 B　R22 饱和液体及饱和蒸气热力性质表

温度 t /°C	压力 p /kPa	比焓/(kJ/kg)		比熵/[kJ/(kg·K)]		比体积/(L/kg)	
		液体 h'	气体 h"	液体 s'	气体 s"	液体 v'	气体 v"
−60	37.48	134.763	379.114	0.73254	1.87886	0.68208	537.152
−55	49.47	139.830	381.529	0.75599	1.86389	0.68856	414.827
−50	64.39	144.959	383.921	0.77919	1.85000	0.69526	324.557
−45	82.71	150.153	386.282	0.80216	1.83708	0.70219	256.990
−40	104.95	155.414	388.609	0.82490	1.82504	0.70936	205.745
−35	131.68	160.742	390.896	0.84743	1.81380	0.71680	166.400

(续)

温度 t /°C	压力 p /kPa	比焓/(kJ/kg)		比熵/[kJ/(kg·K)]		比体积/(L/kg)	
		液体 h'	气体 h"	液体 s'	气体 s"	液体 v'	气体 v"
−30	163.48	166.140	393.138	0.86976	1.80329	0.72452	135.844
−28	177.76	168.318	394.021	0.87864	1.79927	0.72769	125.563
−26	192.99	170.507	394.896	0.88748	1.79535	0.73092	116.214
−24	209.22	172.708	395.762	0.89630	1.79152	0.73420	107.701
−22	226.48	174.919	396.619	0.90509	1.78779	0.73753	99.9362
−20	244.83	177.142	397.467	0.91386	1.78415	0.74091	92.8432
−18	264.29	179.376	398.305	0.92259	1.78059	0.74436	86.3546
−16	284.93	181.622	399.133	0.93129	1.77711	0.74786	80.4103
−14	306.78	183.878	399.951	0.93997	1.77371	0.75143	74.9572
−12	329.89	186.147	400.759	0.94862	1.77039	0.75506	69.9478
−10	354.30	188.426	401.555	0.95725	1.76713	0.75876	65.3399
−9	367.01	189.571	401.949	0.96155	1.76553	0.76063	63.1746
−8	380.06	190.718	402.341	0.96585	1.76394	0.76253	61.0958
−7	393.47	191.868	402.729	0.97014	1.76237	0.76444	59.0996
−6	407.23	193.021	403.114	0.97442	1.76082	0.76636	57.1820
−5	421.35	194.176	403.496	0.97870	1.75928	0.76831	55.3394
−4	435.84	195.335	403.876	0.98297	1.75775	0.77028	53.5682
−3	450.70	196.497	404.252	0.98724	1.75624	0.77226	51.8653
−2	465.94	197.622	404.626	0.99150	1.75475	0.77427	50.2274
−1	481.57	198.828	404.994	0.99575	1.75326	0.77629	48.6517
0	497.59	200.000	405.261	1.00000	1.75279	0.77804	47.1354
1	514.01	201.174	405.724	1.00424	1.75034	0.78041	45.6757
2	540.83	202.351	406.084	1.00848	1.74889	0.78249	44.2702
3	548.06	203.530	406.440	1.01271	1.74746	0.78460	42.9166
4	565.71	204.713	406.793	1.01694	1.74604	0.78673	41.6124
5	583.78	205.899	407.143	1.02116	1.74463	0.78889	40.3556
6	602.28	207.089	407.489	1.02537	1.74324	0.79107	39.1441
7	621.22	208.281	407.831	1.02958	1.74185	0.79327	37.9759
8	640.59	209.477	408.169	1.03379	1.74047	0.79549	36.8493
9	660.42	210.675	408.504	1.03799	1.73911	0.79775	35.7624
10	680.70	211.877	408.835	1.04218	1.73775	0.80002	34.7136
11	701.44	213.083	409.162	1.04637	1.73640	0.80232	33.7013
12	722.65	214.291	409.485	1.05056	1.73506	0.80465	32.7239
13	744.33	215.503	409.804	1.05474	1.73373	0.80701	31.7801
14	766.50	216.719	410.119	1.05892	1.73241	0.80939	30.8683

（续）

温度 t /°C	压力 p /kPa	比焓/(kJ/kg)		比熵/[kJ/(kg·K)]		比体积/(L/kg)	
		液体 h'	气体 h''	液体 s'	气体 s''	液体 v'	气体 v''
15	789.15	217.937	410.430	1.06309	1.73109	0.81180	29.9874
16	812.29	219.160	410.736	1.06726	1.72978	0.81424	29.1361
17	835.93	220.386	411.038	1.07142	1.72848	0.81671	28.3131
18	860.08	221.615	411.336	1.07559	1.72719	0.81922	27.5173
19	884.75	222.848	411.629	1.07974	1.72590	0.82175	26.7477
20	909.93	224.084	411.918	1.08390	1.72462	0.82431	26.0032
21	935.64	225.324	412.202	1.08805	1.72334	0.82691	25.2829
22	961.89	222.568	412.481	1.09220	1.72206	0.82954	24.5857
23	988.67	227.816	412.755	1.09634	1.72080	0.83221	23.9107
24	1016.0	229.068	413.025	1.10048	1.71953	0.83491	23.2572
25	1043.9	230.324	413.289	1.10462	1.71827	0.83765	22.6242
26	1072.3	231.583	413.548	1.10876	1.71701	0.84043	22.0111
27	1101.4	232.847	413.802	1.11299	1.71576	0.84324	21.4169
28	1130.9	234.115	414.050	1.11703	1.71450	0.84610	20.8411
29	1161.1	235.387	414.293	1.12116	1.71325	0.84899	20.2829
30	1191.9	236.664	414.530	1.12530	1.71200	0.85193	19.7417
31	1223.2	237.944	414.762	1.12943	1.71075	0.85491	19.2168
32	1255.2	239.230	414.987	1.13355	1.70950	0.85793	18.7076
33	1287.8	240.520	415.207	1.13768	1.70826	0.86101	18.2135
34	1321.0	241.814	415.420	1.14181	1.70701	0.86412	17.7341
35	1354.8	243.114	415.627	1.14594	1.70576	0.86729	17.2686
36	1389.0	244.418	415.828	1.15007	1.70450	0.87051	16.8168
37	1424.3	245.727	416.021	1.15420	1.70325	0.87378	16.3779
38	1460.1	247.041	416.208	1.15833	1.70199	0.87710	15.9517
39	1496.5	248.361	416.388	1.16246	1.70073	0.88048	15.5375
40	1533.5	249.686	416.561	1.16655	1.69946	0.88392	15.1351
41	1571.2	251.016	416.726	1.17073	1.69819	0.88741	14.7439
42	1609.6	252.352	416.883	1.17486	1.69692	0.89097	14.3636
43	1648.7	253.694	417.033	1.17900	1.69564	0.89459	13.9938
44	1688.5	255.042	417.174	1.18310	1.69435	0.89828	13.6341
45	1729.0	256.396	417.308	1.18730	1.69305	0.90203	13.2841
46	1770.2	257.756	417.432	1.19145	1.69174	0.90586	12.9436
47	1812.1	259.123	417.548	1.19560	1.69043	0.90976	12.6122
48	1854.8	260.497	417.655	1.19977	1.68911	0.91374	12.2895
49	1898.2	261.877	417.752	1.20393	1.68777	0.91779	11.9753
50	1942.3	263.264	417.838	1.20811	1.68643	0.92193	11.6693

附录 C R134a 饱和液体及饱和蒸气热力性质表

温度 t /℃	压力 p /kPa	比焓/(kJ/kg) 液体 h′	比焓/(kJ/kg) 气体 h″	比熵/[kJ/(kg·K)] 液体 s′	比熵/[kJ/(kg·K)] 气体 s″	比体积/(L/kg) 液体 v′	比体积/(L/kg) 气体 v″
-60	16.29	123.37	360.81	0.6847	1.7987	0.67947	1055.363
-55	22.24	129.42	363.95	0.7127	1.7878	0.68583	785.161
-50	29.90	135.54	367.10	0.7405	1.7782	0.69238	593.412
-45	39.58	141.72	370.25	0.7678	1.7695	0.69916	454.926
-40	51.69	147.96	373.40	0.7949	1.7618	0.70619	353.529
-35	66.63	154.26	376.54	0.8216	1.7549	0.71348	278.087
-30	84.85	160.62	379.67	0.8479	1.7488	0.72105	221.302
-28	93.17	163.18	380.92	0.8584	1.7466	0.72416	202.582
-26	102.13	165.75	382.17	0.8688	1.7444	0.72732	185.709
-24	111.76	168.32	383.42	0.8792	1.7425	0.73059	170.783
-22	122.10	170.92	384.65	0.8895	1.7405	0.73380	156.856
-20	133.18	173.52	385.89	0.8997	1.7387	0.73712	144.450
-18	145.03	176.11	387.13	0.9100	1.7371	0.74057	133.457
-16	157.71	178.74	388.35	0.9201	1.7353	0.74393	123.054
-14	171.23	181.35	389.58	0.9303	1.7338	0.74747	113.962
-12	185.65	183.99	390.80	0.9404	1.7323	0.75102	105.499
-10	201.00	186.63	392.01	0.9504	1.7309	0.75463	97.832
-9	209.03	187.96	392.62	0.9554	1.7302	0.75646	94.243
-8	217.32	189.29	393.22	0.9604	1.7295	0.75829	90.783
-7	225.85	190.62	393.82	0.9654	1.7289	0.76016	87.527
-6	234.65	191.95	394.42	0.9704	1.7283	0.76203	84.374
-5	243.71	193.29	395.01	0.9753	1.7276	0.76388	81.304
-4	253.04	194.62	395.61	0.9803	1.7270	0.76584	78.495
-3	262.64	195.96	396.21	0.9852	1.7265	0.76776	75.747
-2	272.52	197.31	396.80	0.9901	1.7258	0.76967	73.063
-1	282.68	198.65	397.40	0.9951	1.7254	0.77168	70.601
0	293.14	200.00	397.98	1.0000	1.7248	0.77365	68.164
1	303.89	201.35	398.57	1.0049	1.7243	0.77565	65.848
2	314.94	202.70	399.16	1.0098	1.7238	0.77769	63.645
3	326.30	204.06	399.73	1.0146	1.7232	0.77967	61.441
4	337.98	205.42	400.32	1.0196	1.7228	0.78176	59.429
5	349.96	206.78	400.90	1.0244	1.7223	0.78384	57.470
6	362.28	208.14	401.48	1.0293	1.7219	0.78593	55.569
7	374.92	209.51	402.05	1.0341	1.7214	0.78805	53.767
8	387.90	210.88	402.62	1.0390	1.7210	0.79017	52.002
9	401.22	212.25	403.20	1.0438	1.7206	0.79235	50.339

（续）

温度 t /℃	压力 p /kPa	比焓/(kJ/kg)		比熵/[kJ/(kg·K)]		比体积/(L/kg)	
		液体 h'	气体 h''	液体 s'	气体 s''	液体 v'	气体 v''
10	414.88	213.63	403.76	1.0486	1.7201	0.79453	48.721
11	428.90	215.01	404.33	1.0534	1.7197	0.79673	47.176
12	443.27	216.39	404.89	1.0583	1.7193	0.79896	45.680
13	458.01	217.77	405.45	1.0631	1.7190	0.80120	44.249
14	473.12	219.16	406.01	1.0679	1.7186	0.80348	42.866
15	488.60	220.55	406.57	1.0727	1.7182	0.80577	41.532
16	504.47	221.94	407.12	1.0774	1.7179	0.80810	40.260
17	520.73	223.34	407.67	1.0822	1.7175	0.81044	39.016
18	537.38	224.74	408.21	1.0870	1.7171	0.81281	37.823
19	554.43	226.14	408.76	1.0917	1.7168	0.81520	36.682
20	571.88	227.55	409.30	1.0965	1.7165	0.81762	35.576
21	589.75	228.96	409.84	1.1012	1.7162	0.82007	34.503
22	608.04	230.37	410.37	1.1060	1.7158	0.82255	33.475
23	626.76	231.79	410.90	1.1107	1.7155	0.82506	32.486
24	645.90	233.20	411.43	1.1154	1.7152	0.82760	31.526
25	665.49	234.63	411.96	1.1202	1.7149	0.83017	30.603
26	685.52	236.05	412.47	1.1249	1.7146	0.83276	29.703
27	706.00	237.49	412.99	1.1296	1.7144	0.83539	28.847
28	726.93	238.92	413.51	1.1343	1.7141	0.83805	28.008
29	748.34	240.36	414.01	1.1390	1.7137	0.84073	27.195
30	770.21	241.80	414.52	1.1437	1.7135	0.84347	26.424
31	792.56	243.24	415.02	1.1484	1.7132	0.84622	25.663
32	815.39	244.69	415.52	1.1531	1.7129	0.84903	24.942
33	838.72	246.15	416.01	1.1578	1.7127	0.85186	24.235
34	862.54	247.61	416.50	1.1625	1.7124	0.85474	23.551
35	886.87	249.07	416.99	1.1672	1.7121	0.85768	22.899
36	911.71	250.53	417.45	1.1718	1.7117	0.86051	22.234
37	937.07	252.00	417.94	1.1765	1.7116	0.86359	21.634
38	962.95	253.48	418.41	1.1812	1.7113	0.86663	21.034
39	989.36	254.96	418.87	1.1859	1.7110	0.86971	20.451
40	1016.32	256.44	419.34	1.1906	1.7108	0.87284	19.893
41	1043.82	257.93	419.79	1.1952	1.7104	0.87601	19.343
42	1071.88	259.43	420.24	1.1999	1.7102	0.87922	18.812
43	1100.50	260.93	420.69	1.2046	1.7099	0.88254	18.308
44	1129.69	262.43	421.11	1.2092	1.7096	0.88579	17.799
45	1159.45	263.94	421.55	1.2139	1.7093	0.88919	17.320
46	1189.80	265.46	421.97	1.2186	1.7090	0.89261	16.849
47	1220.74	266.97	422.39	1.2232	1.7087	0.89604	16.390
48	1252.28	268.50	422.81	1.2279	1.7084	0.89965	15.956
49	1284.43	270.03	423.22	1.2326	1.7081	0.90325	15.529
50	1317.19	271.57	423.62	1.2373	1.7078	0.90694	15.112

附录 D R717 压-焓图

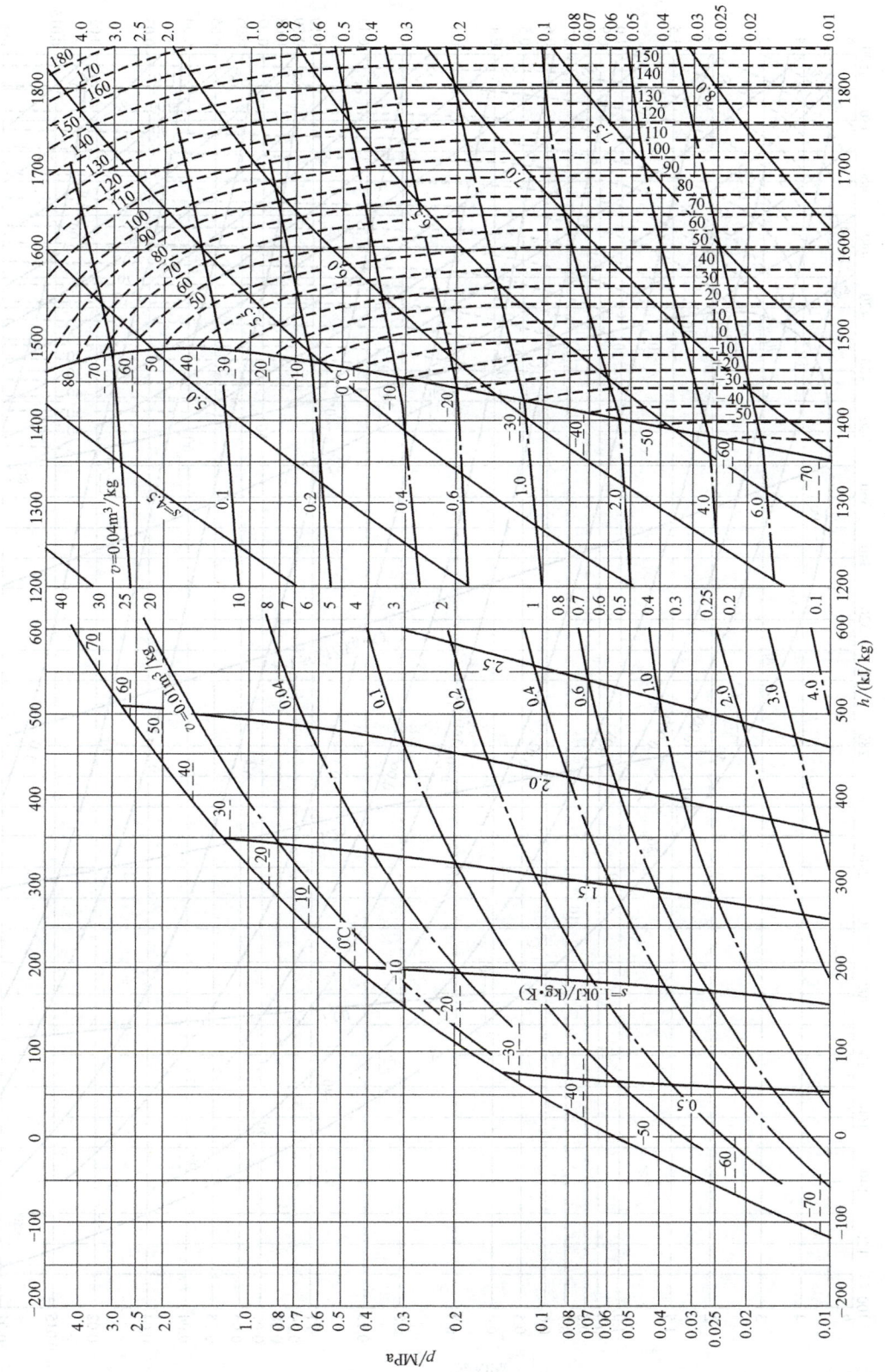

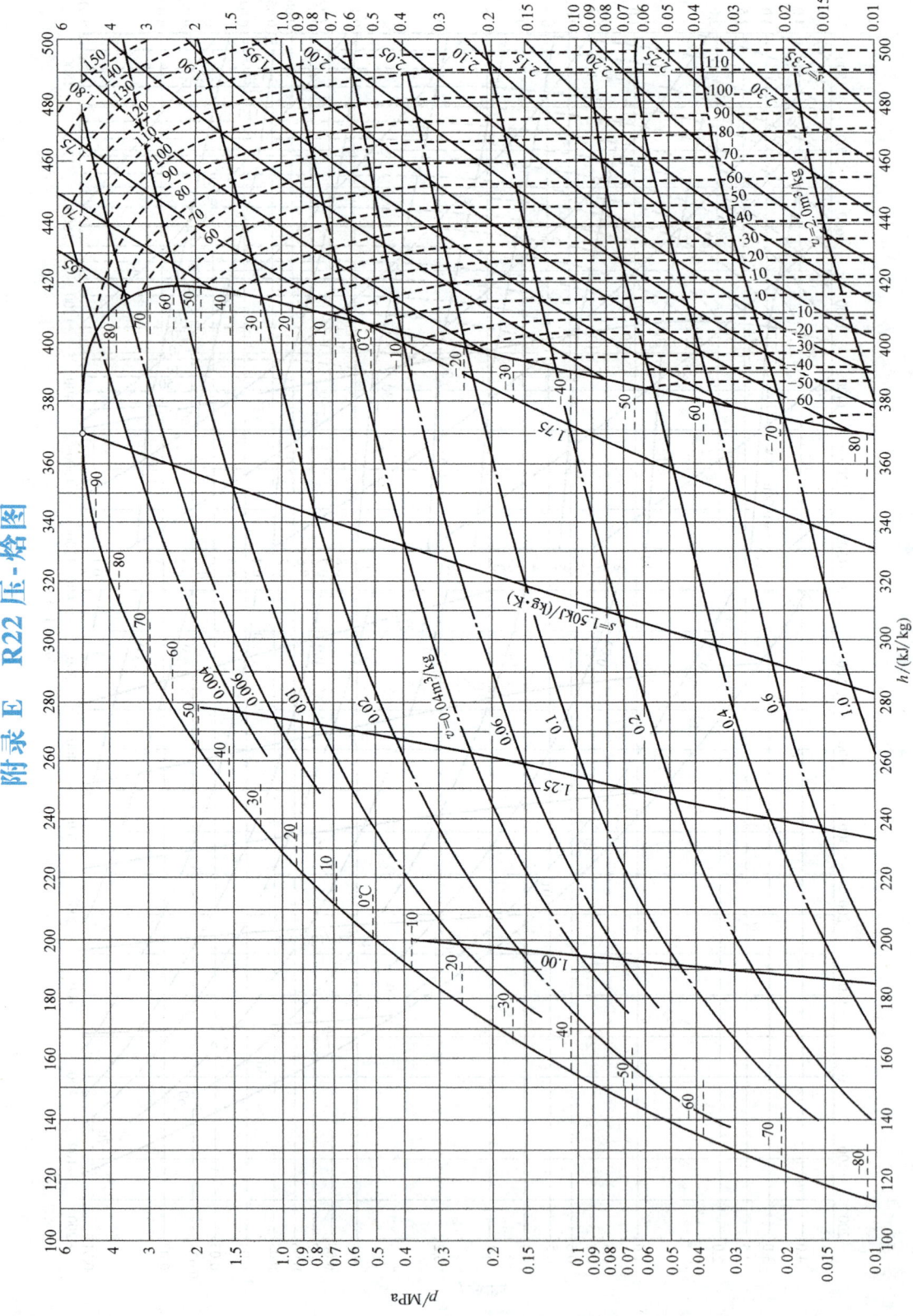

附录 E R22 压-焓图

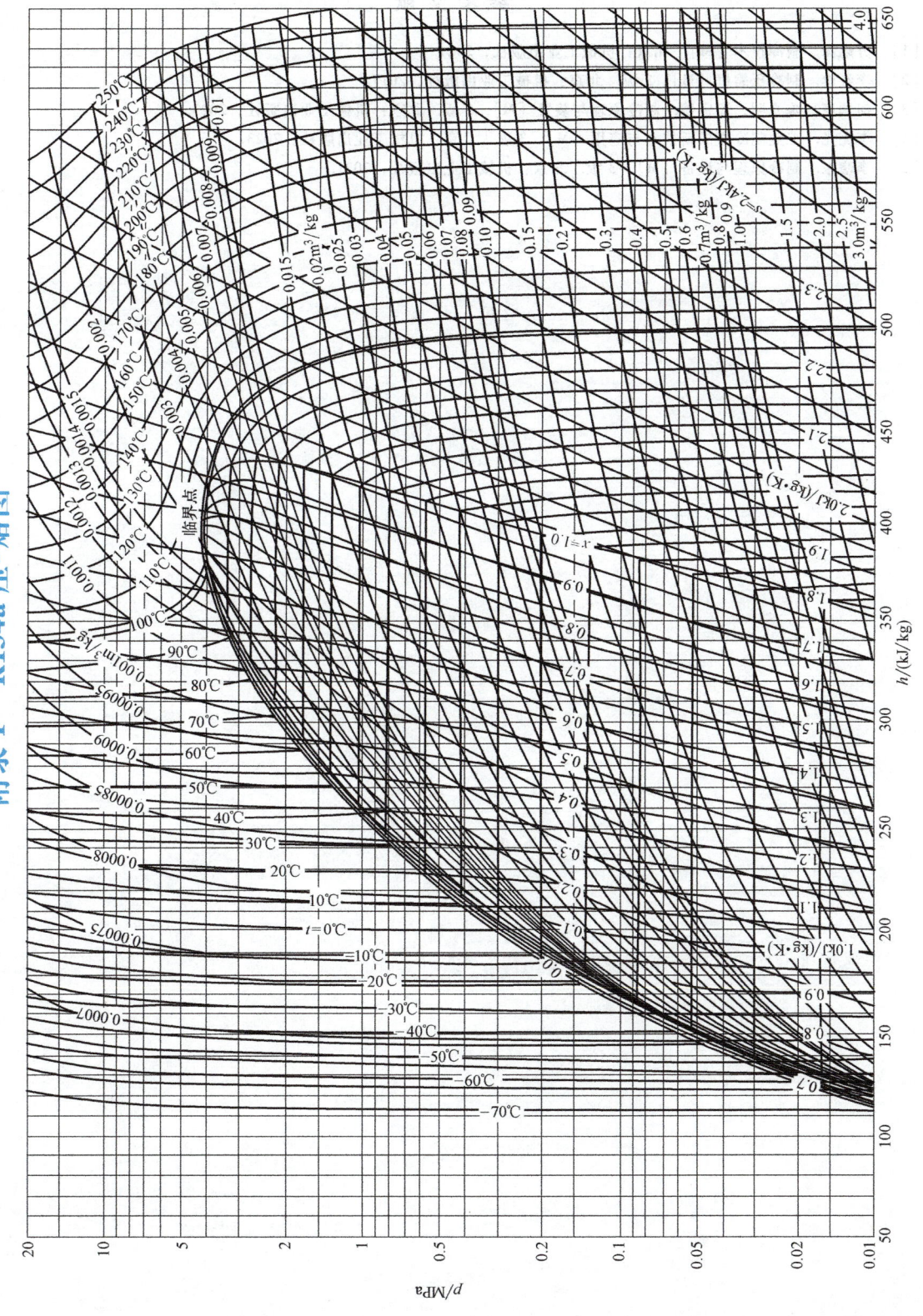

附录 F R134a 压-焓图

参 考 文 献

[1] 方赵嵩. 制冷技术 [M]. 北京：机械工业出版社, 2021.
[2] 李红旗. 制冷压缩机 [M]. 3版. 北京：机械工业出版社, 2017.
[3] 何国庚, 陈光明, 郑贤德. 制冷原理与装置 [M]. 3版. 北京：机械工业出版社, 2023.
[4] 李宪光. 工业制冷集成新技术与应用 [M]. 3版. 北京：机械工业出版社, 2023.
[5] 李晓东. 制冷原理与设备 [M]. 3版. 北京：机械工业出版社, 2021.